高等院校化学化工教学改革规划教材
“十三五”江苏省高等学校重点教材（编号：2020-1-048）

普通化学

主　编　吴　勇　包建春
副主编　朱小红　许冬冬　沈　磊　李　娜
参　编　（按姓氏笔画为序）
庄春林　纪明中　华万森
李卉卉　陈　新　张晋华
张显波　娄凤文　缪震元
主　审　姚　成

特配电子资源

微信扫码
◎ 视频动画
◎ 拓展阅读
◎ 互动交流

南京大学出版社

图书在版编目(CIP)数据

普通化学 / 吴勇，包建春主编. -- 南京 ：南京大学出版社，2023.7

ISBN 978-7-305-26662-1

Ⅰ. ①普… Ⅱ. ①吴… ②包… Ⅲ. ①普通化学—高等学校—教材 Ⅳ. ①O6

中国国家版本馆 CIP 数据核字(2023)第 160625 号

出版发行 南京大学出版社
社　　址 南京市汉口路 22 号　　邮　编 210093
出 版 人 王文军

书　　名 普通化学
主　　编 吴　勇　包建春
责任编辑 刘　飞　　编辑热线 025-83592146

照　　排 南京南琳图文制作有限公司
印　　刷 江苏凤凰通达印刷有限公司
开　　本 787×1092　1/16　印张 19.5　字数 465 千
版　　次 2023 年 7 月第 1 版　2023 年 7 月第 1 次印刷
ISBN 978-7-305-26662-1
定　　价 49.00 元

网址：http://www.njupco.com
官方微博：http://weibo.com/njupco
官方微信号：njupress
销售咨询热线：(025) 83594756

高等院校化学化工教学改革规划教材

编委会

序

教材建设是高等学校教学改革的重要内容，也是衡量教学质量提高的关键指标。高校化学化工基础理论课教材在近几年教学改革中取得了丰硕成果，编写了不少有特色的教材或讲义，但就其内容而言基本上大同小异，在编写形式和介绍方法以及内容的取舍等方面不尽相同，充分体现了各校化学基础理论课的改革特色，但大多数限于本校自己使用，面不广、量不大。由于各校化学基础课教师相互交流、相互讨论、相互学习、相互取长补短的机会少，各校教材建设的特色得不到有效推广，不能实施优质资源共享；又由于近几年教学经验丰富的老师纷纷退休，年轻教师走上教学第一线，特别是江苏高校广大教师迫切希望联合编写有特色的化学化工理论课教材，同时希望在编写教材的过程中，实现教师之间相互教学探讨，既能实现优质资源共享，又能加快对年轻教师的培养。

为此，由南京大学化学化工学院姚天扬、孙尔康两位教授牵头，以地方院校为主，自愿参加为原则，组织了南京大学、南京理工大学、苏州大学、南京师范大学、南京工业大学、南京邮电大学、南通大学、苏州科技大学、南京晓庄师院、淮阴师范学院、盐城工学院、盐城师范学院、常熟理工学院、江苏海洋大学、淮阴工学院、江苏第二师范学院、南理工泰州科技学院等 18 所江苏省高等院校，同时吸收了海军军医大学、湖北工业大学、华东交通大学、湖南文理学院、衡阳师范学院、九江学院等 6 所省外院校，共计 24 所高等学校的化学专业、应用化学专业、化工专业基础理论课一线主讲教师，共同联合编写“高等院校化学化工教学改革规划教材”一套，该系列教材包括《无机化学》《无机化学简明教程》《有机化学（上、下册）》《有机化学简明教程》《分析化学》《物理化学（上、下册）》《物理化学简明教程》《化工原理（上、下册）》《化工原理简明教程》《仪器分析》《无机及分析化学》《大学化学（上、下册）》《普通化学》《高分子导论》《化学与社会》《化学教学论》《生物化学简明教程》

《化工导论》等18部。

该系列教材适合于不同层次院校的化学基础理论课教学任务需求，同时适应不同教学体系改革的需求。

该系列教材体现如下几个特点：

1. 系统介绍各门基础理论课的知识点，突出重点，突出应用，删除陈旧内容，增加学科前沿内容。

2. 该系列教材将基础理论、学科前沿、学科应用有机融合，体现教材的时代性、先进性、应用性和前瞻性。

3. 教材中充分吸取各校改革特色，实现教材优质资源共享。

4. 每门教材都引入近几年相关的文献资料，特别是有关应用方面的文献资料，便于学有余力的学生自主学习。

该系列教材的编写得到了江苏省教育厅高教处、江苏省高等教育学会、相关高校化学化工系以及南京大学出版社的大力支持和帮助，在此表示感谢！

该系列教材已被评为"十二五"江苏省高等学校重点教材，部分改版教材已荣获"十三五"江苏省高等学校重点教材。

该系列教材是由高校联合编写的分层次、多元化的化学基础理论课教材，是我们工作的一项尝试。尽管经过多次讨论，在编写形式、编写大纲、内容的取舍等方面提出了统一的要求，但参编教师众多，水平不一，在教材中难免会出现一些疏漏或错误，敬请读者和专家提出批评和指正，以便我们今后修改和订正。

编委会

前　言

化学是一门实用的学科，化学的核心知识已经应用于自然科学的各个领域，化学是创造自然，改造自然的强大力量的重要支柱。我国高等教育的结构发生了巨大的变革。一些大学通过合并使专业、学科更为齐全，有的学校同时兼具理、工、农、医科等专业。在工科学校尤其是非化学化工类各专业开设普通化学作为一门重要的学科基础已成为大家的共识。为了适应这一需求，江苏省教育厅集江苏优秀的教师联手成套新编江苏省高等学校重点教材 18 部，这本《普通化学》就是其中的一部。

国内外已经出版了大量的《普通化学》，特点各异。但普通化学作为一门有关化学的导论性的基础课程，仍需与时俱进编入新的教学、科研的成果。因此，本书在介绍化学基础知识和基本理论时，着重引导学生从化学的角度思考与工作和生活有关的问题。例如：化学与能源、化学与环境、化学与生物医药。通过学习能用这些原理和方法来观察、思考和处理新能源、新材料、环境污染、化学与生物医药等社会热点问题，为今后的专业学习、科学研究和生产实践打下基础。

本书在保留前版主体内容和特色基础上，结合实际教学需要，并面向新工科教学改革，课程思政教学改革，以及融入党的二十大精神等方面进行了修订和补充。内容上分为五个部分。第一部分由第 1～5 章组成，主要介绍化学反应的基本原理及其应用；第二部分由第 6～8 章组成，介绍原子结构、分子结构和固体结构，通过学习能使学生有一个微观结构概念，并了解物质宏观性质与微观结构的之间关联；第三部分即第 9 章，精炼阐明有机化学的基本知识与内容，让学生具备有机合成方面必要的基础知识；第四部分由第 10～11 章组成，主要介绍化学与能源、环境保护和生物药物，通过学习使学生了解化学与生活的紧密联系。

此外，本书还是新形态的立体化教材，书中以嵌入二维码的形式提供了丰富的电子资源，如微课、动画、案例视频、电子课件等，既彰显了信息化教学改革的追求，也提高了学生自主学习的效果和积极性。

本书由吴勇、包建春主编，朱小红、许冬冬、沈磊和李娜为副主编，参加本书编写工作的有：南京师范大学的吴勇、包建春、许冬冬、李卉卉，淮阴工学院的朱小红，常熟理工学院的沈磊，江苏海洋大学的李娜。此外，南京理工大学的华万森、张晋华、纪明中，海军军医大学的缪震元、庄春林，南京晓庄学院的陈新，南京工业大学的张显波，淮阴师范学院的娄凤文等老师也为本书的编写提供了建议与支持。

本教材的编写得到了江苏省高等教育学会的大力支持。2013 年入选“十二五”江苏省高等学校重点教材，2020 年再次入选“十三五”江苏省高等学校重点教材。在编写过程中我们参考了国内外大学一年级的化学教材，在此对这些教材的作者表示衷心的感谢！感谢姚成教授的精心审阅！化学与药物一节得到先声药业研究院李小敏的指导在此一并致谢！

本书限于编者水平，书中有诸多不尽人意甚至错误之处，敬请读者和专家指正。

编　者

2023 年 6 月

目　录

第1章　化学反应的能量方向限度与速率

化学是在原子、分子及超分子层次上研究物质性质，组成，结构与变化规律的科学。化学是人类用以认识和改造物质世界的主要方法和手段之一，作为一门历史悠久而又富有活力的学科，化学的成就是社会文明的重要标志。

无机化学是研究元素、单质和无机化合物的来源、制备、结构、性质、变化和应用的一门化学分支。对于矿物资源的综合利用，近代技术中无机原材料及功能材料的生产和研究等都具有重大的意义。当前无机化学正处在蓬勃发展的新时期，许多边缘领域迅速崛起，研究范围不断扩大。已形成无机合成、丰产元素化学、配位化学、有机金属化学、无机固体化学、生物无机化学和同位素化学等领域。因此，无机化学是大学化学化工相关专业的必修课程。

无机化学是大学生上大学后的第一门化学课。根据现在江苏省高中学生高考制度，客观上造成了大量学生在上大学之前对化学知识知之甚少。在教学中发现，近4年来，学生普遍反映不喜欢也不太能看懂无机化学教材。教材中的很多内容超越了他们的学习基础，有很多知识点没有阐述清楚，说法不一的现象比较普遍。

本教材起点不高，讲述大学普通化学的基础知识和基本内容，很多知识往往并不涉及其复杂的原理，而只讲解其基本应用，以方便大一非化学专业学生简单快速学习普通化学的主干知识。

§1.1　气体

最常见的物质状态有固态、液态和气态，俗称“物质三态”。气态物质称气体，是指无形状无体积的可变形可流动的流体。气体与液体不同的是气体可以被压缩。气体有实际气体和理想气体之分。气体形态可通过其体积、温度和压强所影响，这几项要素构成了多项气体定律，而三者之间又可以互相影响。

1.1.1　理想气体

相对于气体分子的大小而言，气体分子之间的距离是很大的。因此可以假设气体分子只是一个几何点，只有位置而无体积，如果再假设气体分子之间无相互作用力，该气体就是理想气体。这是一种人为的气体模型。从研究结果易知：低压高温下的实际气体性质非常接近于理想气体，因为这时分子间距大，容积大大超过分子本身所占的体积，故分子本身体积可以相对忽略，同时分子间其他作用力又很小。

对于一定量的理想气体，它的物质的量 n、压力 p（高中阶段叫压强）、体积 V、

热力学温度 T 之间满足理想气体状态方程：

$$pV = nRT$$

其中 T 需要使用热力学温度，单位为 K，它和常用的摄氏温度 t（单位为℃）之间的关系为：

$$T/\text{K}=t/℃+273.15$$

R 叫气体常数，不同的单位对应不同的数值

$$\begin{aligned} R &= 8.314\ \text{J}\cdot\text{mol}^{-1}\cdot\text{K}^{-1} \\ &= 0.082\,06\ \text{atm}\cdot\text{L}\cdot\text{mol}^{-1}\cdot\text{K}^{-1} \\ &= 0.083\,14(10^5\ \text{Pa})\cdot\text{L}\cdot\text{mol}^{-1}\cdot\text{K}^{-1} \end{aligned}$$

上式最后一行用 10^5 Pa 作单位的原因是因为现代物理化学对标准压力（$p^\ominus$）做了调整由原来的1 atm 调整为 10^5 Pa，即

$$p^\ominus = 1\ \text{atm} = 101\,325\ \text{Pa} \qquad \text{老标准}$$

$$p^\ominus = 10^5\ \text{Pa} \qquad \text{新标准}$$

目前国内各书两种标准都在使用。

例如，我们熟知的 1 mol 理想气体在 0 ℃ 和 1 atm 时的体积为 22.4 L，就是符合理想气体状态方程的。将 $p=1$ atm、$V=22.4$ L、$n=1$ mol、$R=0.082\,06\ \text{atm}\cdot\text{L}\cdot\text{mol}^{-1}\cdot\text{K}^{-1}$、$T=273.15$ K代入方程，左右两边完全相等。

在理想气体状态方程中，n 可表示为气体质量 m 和气体摩尔质量 M（其数值即相对分子质量，简称分子量）之比，即

$$pV=\frac{m}{M}RT$$

变形可得：

$$pM=\frac{m}{V}RT$$

m/V 即为气体的密度 ρ，可得：

$$pM=\rho RT$$

【例 1-1】 某气体化合物是氮的氧化物，其中含氮的质量分数为 30.5%。在一容器中充有该氮氧化合物，质量是 4.107 g，其体积为 0.500 L，压力为 202.7 kPa，温度为 0 ℃，求：

(1) 在 STP 条件下该气体的密度；

(2) 该化合物的相对分子质量；

(3) 该化合物的分子式。

解：这里 STP 的含义是标准的温度和压力，特指 0 ℃和 1 atm，即 273.15 K 和101.3 kPa。

用简化公式：

$$p_1V_1 = p_2V_2$$

代入数据：

$$202.7\times0.500=101.3V_2$$

$$V_2=1.000\ \text{L}$$

代入理想气体状态方程：

$$1\times1=4.107\times0.08206\times273.15/M$$

$$M=92.0\ \text{g}\cdot\text{mol}^{-1}$$

由于氮的质量分数为 30.5%

N 原子个数：92×30.5%/14.01=2

O 原子个数：92×(1−30.5%)/16.00=4

该化合物的分子式 N_2O_4。

1.1.2　气体分压定律(Law of partial pressure)

理想气体状态方程式不仅适用于单一气体，而且也适用于混合气体，这是因为混合气体中的各组分气体若相互不发生化学反应，则如同单独存在一样，混合非常均匀，充满整个容器。

1801 年，道尔顿(Dalton)指出：混合气体的总压力等于各组分气体的分压力之和，这就是著名的道尔顿分压定律。这里分压力是指恒温时，每一种气体单独占据整个混合气体的容积时所呈现的压力。

例如，对于理想气体 A、B 混合的情况，它们物质的量分别为 n_A 和 n_B，在 T、V 一定时，

对于气体 A 有：　$p_A=n_A(RT/V)$

对于气体 A 有：　$p_B=n_B(RT/V)$

气体的总压 $p_总=p_A+p_B=(n_A+n_B)(RT/V)$

因为　$p_A/p_总=n_A/(n_A+n_B)=n_A/n_总$

所以　$p_A=(n_A/n_总)p_总$

如果定义一种物质的物质的量与各组分的物质的量总和之比为该组分的摩尔分数，用 x 来表示，即：$x_A=n_A/n_总$

可得：　$p_A=x_Ap_总$

推而广之，如果有多种混合气体，$p_总=\sum p_i=p_1+p_2+p_3+\cdots+p_i$

仍有：　$p_i=x_ip_总$

同理，混合气体中某一组分 i 的分体积 V_i 是该组分单独存在并具有与混合气体相同温度和压力时所占有的体积。即 $V_i=n_iRT/p$

例如，对于理想气体 A、B 混合的情况，它们物质的量分别为 n_A 和 n_B，在 T、p 一定时，

对于气体 A 有：　$V_A=n_A(RT/p)$

对于气体 B 有：　$V_B=n_B(RT/p)$

气体的总压 $V_总=V_A+V_B=(n_A+n_B)(RT/p)$

因为　$V_A/V_总=n_A/(n_A+n_B)=n_A/n_总$

所以　$V_A=(n_A/n_总)V_总$

同样可得： $V_A = x_A V_{总}$

【例 1-2】 293 K 时，乙醚的饱和蒸气压为 5.75×10^4 Pa，今有 293 K、1.01×10^5 Pa 的空气 1 L，缓慢通过乙醚液体，使空气中的乙醚蒸气达饱和。假若 T、p 不变，问(1) 可得到混合气体的体积为多少？(2) 乙醚蒸气的质量。

解： 将空气通入乙醚之后，出来的空气中带有气态的乙醚，这些乙醚也满足气体方程，即 $p_{乙醚}V = n_{乙醚}RT$。饱和蒸气压是指在该温度之下 $p_{乙醚}$ 的最大值，将空气缓慢通过乙醚液体，最终的气体蒸气压非常接近其饱和蒸气压，计算时认为就是其饱和蒸气压。

(1) 通过乙醚之前，总压就是空气的压力 1.01×10^5 Pa，通过乙醚之后，总压仍然是 1.01×10^5 Pa，但是它是空气后来的压力(p_2)加上乙醚的蒸气压。

$$p_2 = 1.01\times10^5\ \text{Pa} - 5.75\times10^4\ \text{Pa} = 4.35\times10^4\ \text{Pa}$$

对于后来的体积 V，有：

$$4.35\times10^4 V = 1.01\times10^5\times1$$

$$V = 2.32\ \text{L}$$

(2)

$$p_{乙醚}V = n_{乙醚}RT$$

$$5.75\times10^4\times2.32 = n_1\times8.314\times10^3\times293$$

$$n_1 = 0.054\,8\ \text{mol}$$

带走乙醚的质量为：$m = 0.054\,8\times74.0 = 4.06$ g。

§1.2 反应热

1.2.1 热力学第一定律

动画>系统和环境

热力学第一定律也就是能量守恒和转化定律，它认为，在热力学变化发生时，系统的热力学能(又称内能)的变化(ΔU)取决于系统和环境之间传递的热(Q)和功(W)的总和，即

$$\Delta U = Q + W$$

在做功时，有一种特殊的功叫体积功，体积发生变化是必不可少的，如果体系的外压恒定为 p，体积从 V_1 变化到 V_2，$\Delta V = V_2 - V_1$，那么根据高中物理学推导，体积功 $W_V = -p\Delta V$。这里规定外界对体系做功为“+”号。

1.2.2 焓

对于一个封闭的体系，如果它只有体积功，没有其他功时。

1. 恒容过程

这时体积功 $W_V = 0$，根据热力学第一定律就有：

$$\Delta U = Q$$

这里需注意：$W_V = -p\Delta V \neq V\Delta P$，当体积不变时，没有任何体积功。作为强调给 Q 加下标 V 表示体积不变。

$$\Delta U = Q_V$$

2. 恒压过程

将体积功 $W_V = -p\Delta V$，代入热力学第一定律就有（同样，给 Q 加下标 p 表示压力不变）：

$$\Delta U = Q + W = Q_p - p\Delta V$$

即：　$U_2 - U_1 = Q_p - (pV_2 - pV_1)$

整理可得：　$Q_p = (U_2 + pV_2) - (U_1 + pV_1)$

可以设：　$H \equiv U + pV$

这样可以简化为：　$Q_p = H_2 - H_1 = \Delta H$

由于实际化学反应都是在恒压条件下进行的，所以习惯上用 ΔH 表示反应热。与 Q_p 的符号规定一样，$\Delta H < 0$ 为放热反应，$\Delta H > 0$ 为吸热反应。

对于一个化学反应，如果反应物和产物为理想气体，则有

$$\Delta H = \Delta U + p\Delta V = \Delta U + \Delta nRT$$

其中 Δn 为反应前后气体物质的计量系数之差。由于理想气体的内能只是温度的函数，所以焓也只是温度的函数。

1.2.3　生成焓(热)

一定温度下，101.3 kPa 时由指定元素的单质合成 1 mol 的某物质的等压热效应就是该物质的生成焓（也叫生成热）。又称标准摩尔生成焓，符号为 $\Delta_f H_m^{\ominus}(T)$（其中下标“f”表示 formation，“m”表示 mol，右上角的“$\ominus$”表示热力学标准状态，T 表示热力学温度），单位为 $kJ \cdot mol^{-1}$。附录 1 列出了常见物质在 298 K 时的 $\Delta_f H_m^{\ominus}$。

例如：在 298 K

$$C(石墨) + O_2(g) = CO_2(g)$$

$$C(石墨) + 1/2\ O_2(g) = CO(g)$$

$$Zn(s) + S(斜方) = ZnS(s)$$

$$Zn(s) + S(斜方) + 2O_2(g) = ZnSO_4(s)$$

上面四个反应的 $\Delta H^{\ominus}$ 对应的就是 $CO_2(g)$、$CO(g)$、$ZnS(s)$ 和 $ZnSO_4(s)$ 的生成焓。

热化学方程式书写时需注意注明物质的状态。如果不是 25 ℃和标准压力，还需标出反应的实际温度和压力。如果某物质有好几种不同的单质，需指定一种作

为“指定单质”，碳指定为石墨，硫指定为斜方硫，磷指定为白磷。例如反应

$$C(金刚石)+O_2(g)=\!=\!=CO_2(g)$$

就不能对应 $CO_2(g)$ 的生成焓。

同样，考虑下面反应：

$$ZnS(s)+O_2(g)=\!=\!=ZnSO_4(s)$$

该反应的 ΔH 也不是 $ZnSO_4(s)$ 的生成热。但是可以由上面最后两个反应组合得到 ΔH，这其实就是用生成热计算化学反应热的原理。

对于一般化学反应，用生成热计算反应热的公式如下：

$$\Delta_r H_m^\ominus = \sum \upsilon_i \Delta_f H^\ominus_{i(生成物)} - \sum \upsilon_i \Delta_f H^\ominus_{i(反应物)}$$

其中 υ_i 为方程式中反应物或生成物前的系数。

【例 1-3】 计算下面反应的反应热 $\Delta_r H$（这里 r 表示反应 reaction）。

$$3CO(g)+Fe_2O_3(s)=\!=\!=2Fe(s)+3CO_2(g)$$

解：本题没有指出温度和压力，应该为默认值 298.15 K 和 1 $p^\ominus$，从附录 1 中可以查到相应的生成热数据，因此

$$\begin{aligned}\Delta_r H^\ominus &= 2\Delta_f H^\ominus_{(Fe,s)} + 3\Delta_f H^\ominus_{(CO_2,g)} - 3\Delta_f H^\ominus_{(CO,g)} - \Delta_f H^\ominus_{(Fe_2O_3,s)} \\ &= 3\times(-393.509\ kJ\cdot mol^{-1}) - 3\times(-110.525\ kJ\cdot mol^{-1}) - \\ &\quad (-824.2\ kJ\cdot mol^{-1}) \\ &= -24.752\ kJ\cdot mol^{-1}\end{aligned}$$

1.2.4 燃烧焓(热)

燃烧热是指 1 mol 物质完全燃烧所放出的热量。符号是 $\Delta_c H_m^\ominus$（其中下标“c”表示 combustion），单位为 $kJ\cdot mol^{-1}$。物质的完全燃烧需生成稳定的化合物，例如 CO_2、H_2O、SO_2、SiO_2、CuO 等。常规定，各种指定燃烧产物以及氧气的标准燃烧焓为零。由燃烧热计算反应热的方法是：

$$\Delta_r H^\ominus = \sum \upsilon_i \Delta_c H^\ominus_{i(反应物)} - \sum \upsilon_i \Delta_c H^\ominus_{i(生成物)}$$

值得注意的是，该表达式和生成热的计算方法正好相反。

【例 1-4】 反应 $2N_2(g)+O_2(g)=\!=\!=2N_2O(g)$ 在 298 K 时，$\Delta_r H_m^\ominus$ 为 164.0 $kJ\cdot mol^{-1}$，则反应的 $\Delta_r U_m^\ominus$ 为多少？

解：$\Delta_r H_m^\ominus = \Delta_r U_m^\ominus + \Delta n RT = \Delta_r U_m^\ominus - RT$

$$\begin{aligned}\Delta_r U_m^\ominus &= \Delta_r H_m^\ominus + RT \\ &= (164.0\ kJ\cdot mol^{-1} + 8.314\ J\cdot mol^{-1}\cdot K^{-1}\times 298\ K\times 10^{-3}) \\ &\quad kJ\cdot mol^{-1} \\ &= 166.5\ kJ\cdot mol^{-1}\end{aligned}$$

§1.3　化学反应方向

1.3.1　自发反应和熵

自发反应是指可以自动发生的反应，例如铁生锈、白磷自然。自发反应的机理涉及很多物理化学的基本内容，这里只使用物理化学的结论而不做理论研究。

熵的概念难以理解，这里只从应用的角度考虑。熵是一定量的物质混乱程度的标志，混乱程度越高，熵就越大。温度升高时，混乱程度也增加，所以物质的熵随温度的升高而增加。

一定量物质的熵还跟物质的状态有关，一般有 S(固)<S(液)<S(气)。而且，由于物质汽化后的混乱程度大大增加，所以气态物质的熵远高于其他状态，对于具体的化学反应，就可以通过反应后气体分子数的变化来判断反应的 ΔS，例如下面三个反应：

$$C(s)+1/2\ O_2(g)=\!=\!=CO(g)$$

$$CO(g)+1/2\ O_2(g)=\!=\!=CO_2(g)$$

$$C(s)+O_2(g)=\!=\!=CO_2(g)$$

第一个反应，气体分子数增加($\Delta n=1/2$)，因此 $\Delta S>0$；第二个反应，气体分子数减少($\Delta n=-1/2$)，因此 $\Delta S<0$；第三个反应，气体分子数不变($\Delta n=0$)，因此 $\Delta S\approx 0$。

任何理想晶体在热力学零度时，熵都等于零。对 1 mol 物质在标准态所计算出的熵叫作标准熵，符号为 $S_m^\ominus$，单位是 $J\cdot mol^{-1}\cdot K^{-1}$。常见物质的标准熵 $S_m^\ominus$ 可以在附录 1 中查到。类似于生成热，化学反应的 ΔS 一样可以如下计算：

$$\Delta_r S_T^\ominus=\sum \upsilon_i S_{i(生成物)}^\ominus-\sum \upsilon_i S_{i(反应物)}^\ominus$$

1.3.2　吉布斯自由能 G

$\Delta S>0$ 的判据是考虑体系和环境的熵变的总和，如果只是考虑体系(就是要考虑的某化学反应)，则 $\Delta G<0$ 是化学反应自发进行的判据。G 是 Gibbs 自由能，其定义为：

$$G\equiv H-TS$$

G 可用热化学定律的方法计算得到，各种物质都有各自的标准 Gibbs 生成自由能，这是指在标态与温度 T 条件下，由稳定态单质生成 1 mol 化合物时的 Gibbs 自由能变，符号为 $\Delta_f G_m^\ominus(T)$，单位为 $kJ\cdot mol^{-1}$。附录 1 列出了常见物质在 298 K 时的 $\Delta_f G_m^\ominus$。对于一个恒温恒压的化学反应(理论上，所有的化学反应都是这么开始研究的)，它的自由能从开始时的 G_1 变化到最后的 G_2，有：

$$G_1=H_1-TS_1$$

$$G_2 = H_2 - TS_2$$

因此 $$\Delta G = \Delta H - T\Delta S$$

这就是著名的吉布斯-赫姆霍兹方程。利用该方程可以判断大量实际反应能否自发进行。应用吉布斯-赫姆霍兹方程时需注意，一个化学反应的 ΔH 和 ΔS 随温度的变化不大，一般可以认为它们是常数，因此一个化学反应的 $\Delta G - T$ 关系往往是一条直线，其斜率就是 $-\Delta S$。类似于标准生成焓 $\Delta_f H_m^\ominus$ 和标准熵 $S_m^\ominus$，可利用各种物质的 $\Delta_f G_m^\ominus$，计算化学反应的 $\Delta_r G_m^\ominus$

$$\Delta_r G_m^\ominus = \sum \upsilon_i \Delta_f G_m^\ominus(\text{生成物}) - \sum \upsilon_i \Delta_f G_m^\ominus(\text{反应物})$$

1.3.3 吉布斯-赫姆霍兹方程的应用

【例 1-5】 试根据计算判断反应 $CaCO_3(s) \!=\!=\!= CaO(s) + CO_2(g)$ 在 1 173 K 时是否自发？

解：这类题目的一般方法是，从附录 1 中查到各物质生成热和绝对熵的数值，然后计算反应的 $\Delta_r H$ 和 $\Delta_r S$，然后用 $\Delta G = \Delta H - T\Delta S$ 计算 $\Delta_r G$，通过 $\Delta_r G$ 的正负判断反应能否进行。

$$\Delta_r H^\ominus_{298\,K} = \Delta_f H^\ominus_{(CO_2,g)} + \Delta_f H^\ominus_{(CaO,s)} - \Delta_f H^\ominus_{(CaCO_3,s)}$$
$$= 179.0\ kJ \cdot mol^{-1}$$
$$\Delta S^\ominus_{298\,K} = \Delta_f S^\ominus_{(CO_2,g)} + \Delta_f S^\ominus_{(CaO,s)} - \Delta_f S^\ominus_{(CaCO_3,s)}$$
$$= 161.0\ J \cdot mol^{-1} K^{-1}$$
$$\Delta G^\ominus_{1\,173} = \Delta H^\ominus_{298} - 1\,173 \times \Delta S^\ominus_{298\,K}$$
$$= -10\ kJ \cdot mol^{-1} < 0$$

因此，该反应在 1 173 K 时可以自发进行。

由于该反应的 $\Delta_r H > 0$，所以在温度较低时，肯定会有 $\Delta_r G > 0$，那么 $\Delta_r G$ 从正转负的转折点温度是多少呢？

由 $\Delta G = \Delta H - T\Delta S$ 可知，$\Delta G = 0$ 时的 $T = \Delta H / \Delta S$。因此本题的转折温度为：

$$T = \frac{179.0\ kJ \cdot mol^{-1} \times 10^{-3}}{161.0\ J \cdot mol^{-1} K^{-1} \times 10^{-3}} = 1\,110\ K$$

【例 1-6】 已知：$\Delta_f G^\ominus = 2.89\ kJ \cdot mol^{-1}$，$\Delta S^\ominus_{石墨} = 5.69\ J \cdot mol^{-1} K^{-1}$，$\Delta_f H^\ominus_{金刚石} = 1.9\ kJ \cdot mol^{-1}$，$\Delta_f G^\ominus_{金刚石} = 2.89\ kJ \cdot mol^{-1}$，求 $S^\ominus_{石墨}$，$S^\ominus_{金刚石}$。

解：设计反应 C(石墨)═══C(金刚石)，则

$$\Delta G^\ominus_{298} = \Delta H^\ominus_{298} - 298 \cdot \Delta S^\ominus_{298}$$
$$\Delta_f G^\ominus_{金}\ \Delta_f G^\ominus_{石} = \Delta_f H^\ominus_{金} - \Delta_f H^\ominus_{石} - 298(S^\ominus_{金} - S^\ominus_{石})$$

代入数据即可得答案：$S^\ominus$(金刚石)$= 2.37\ J \cdot mol^{-1} \cdot k^{-1}$

【例 1-7】 通过热力学数据估算金属 Hg 的正常沸点。

解：设计反应　　$Hg(l) \longrightarrow Hg(g)$

	$Hg(l)$	$Hg(g)$
$\Delta_f H^{\ominus}/kJ \cdot mol^{-1}$	0	61.32
$S^{\ominus}/J \cdot mol^{-1}K^{-1}$	76	174.9

$\Delta H^{\ominus}=61.32\ kJ \cdot mol^{-1}$

$\Delta S^{\ominus}=174.9-76=98.9(J \cdot mol^{-1}K^{-1})$

由 $\Delta G^{\ominus}=\Delta H^{\ominus}-T\Delta S^{\ominus}$ 可得：

$$T=\frac{\Delta H^{\ominus}}{\Delta S^{\ominus}}=620.0\ K$$

该数值和 Hg 沸点的实验值 629.6 K 相差不多，说明该估计非常准确。爱思考的学生可以想想，相差的数值 9.6 K 从何而来，如何估计得更准确？

如果一个反应的 $\Delta_r G<0$，反应就可以自发进行；如果一个反应的 $\Delta_r G>0$，反应就不可以自发进行，但是该反应的逆反应的 $\Delta_r G<0$，因此，逆反应就可以自发进行。如果一个反应的 $\Delta_r G=0$，该反应在整体上既不会向左又不会向右进行，它就处于平衡状态，这就是下面研究的化学平衡。

§1.4　化学平衡

研究一个化学反应时，不仅要研究该反应在给定的条件下的反应方向和反应速度问题，还需要知道该反应最终能够进行到什么程度，也就是说，需要知道在特定条件下究竟有多少反应物能够转变成产物，这在化工生产实践中有非常重要的意义。

从反应速度的角度考虑，在宏观条件一定的可逆反应中，如果化学反应正逆反应速率相等，那么反应物和生成物各组分浓度不再改变的状态，就认为它处于化学平衡。

从吉布斯自由能的角度考虑，$\Delta G=0$ 意味着化学平衡。

1.4.1　平衡常数

平衡常数的概念在描述上比理解难，维基百科上平衡常数的定义是：可逆化学反应达到平衡时，每个产物浓度系数次幂的连乘积与每个反应物浓度系数次幂的连乘积成正比，这个比值叫作平衡常数。平衡常数是在指定温度下的，温度变化了，平衡常数就要改变。

举例说明比较容易，对于任意化学反应 $aA+bB \longrightarrow dD+eE$，用 $c(A)$或$[A]$表示物质 A 的平衡浓度，则下面比值为平衡常数。

$$K_c=\frac{c^d(D)c^e(E)}{c^a(A)c^b(B)}$$

其中，K 加了下标 c，是因为该平衡常数是用浓度来表示的，平衡常数还可以用压力 K_p 来表示如下，当然式中的压力 p 都必须是平衡时的压力。

$$K_p=\frac{p^d(\mathrm{D})p^e(\mathrm{E})}{p^a(\mathrm{A})p^b(\mathrm{B})}$$

抛开更多理论上的严密推导，平衡常数 K_c 和 K_p 可以由实验来证明，也就是说，只要反应体系处于宏观上浓度不再变化时（实际上此时化学反应仍然在进行，只是正反应速度和逆反应速度正好相等），该比值就是平衡常数。

如果不处于化学平衡状态时，这两个表达式仍然存在，当然就不等于化学平衡常数了，我们叫它们为反应商，用 Q 表示。对应的浓度商和压力商分别为：

$$Q_c=\frac{c^d(\mathrm{D})c^e(\mathrm{E})}{c^a(\mathrm{A})c^b(\mathrm{B})}$$

$$Q_p=\frac{p^d(\mathrm{D})p^e(\mathrm{E})}{p^a(\mathrm{A})p^b(\mathrm{B})}$$

由于理论研究化学平衡的要求，在表示平衡常数时往往忽略它的单位，即只有“光秃秃”的数值而没有单位，与此相对应的浓度和压力的单位则必须为 $\mathrm{mol\cdot L^{-1}}$ 和 $p^\ominus$（两个标准都在使用，老标准为 atm，新标准为 10^5 Pa）。

理论上实际提出了标准平衡常数一说，在标准平衡常数的表达式中，所有的浓度必须除以标准浓度 $c^\ominus$（规定 $1c^\ominus=1\ \mathrm{mol\cdot L^{-1}}$），所有的压力必须除以标准压力 $p^\ominus$，这样，浓度和压力都只有“光秃秃”的数值了，相应的标准平衡常数自然只有数值而无单位。标准平衡常数的表示加上标“$\ominus$”如下式所示：

$$K_c^\ominus=\frac{\left(\frac{c(\mathrm{D})}{c^\ominus}\right)^d\left(\frac{c(\mathrm{E})}{c^\ominus}\right)^e}{\left(\frac{c(\mathrm{A})}{c^\ominus}\right)^a\left(\frac{c(\mathrm{B})}{c^\ominus}\right)^b}$$

$$K_p^\ominus=\frac{\left(\frac{p(\mathrm{D})}{p^\ominus}\right)^d\left(\frac{p(\mathrm{E})}{p^\ominus}\right)^e}{\left(\frac{p(\mathrm{A})}{p^\ominus}\right)^a\left(\frac{p(\mathrm{B})}{p^\ominus}\right)^b}$$

对于气相反应，K_p 和 K_c 之间是可以互相转化的，假设气体是理想气体，则有：$pV=nRT$，气体的浓度 $c=n/V$，因此有：$p=cRT$。

假定反应物和生成物的气体分子数之差为 Δn，则有：

$$K_p=K_c(RT)^{\Delta n}$$

应用此公式时需注意，由于 K_p 和 K_c 都省略了单位，所以在它们二者之间换算时，不需考虑单位，但是 R 的取值却跟单位有关，由于计算 K_p 和 K_c 时对应的浓度和压力的单位必须为 $\mathrm{mol\cdot L^{-1}}$ 和 $p^\ominus$，所以 $R=0.082\ 06\ \mathrm{atm\cdot L\cdot mol^{-1}\cdot K^{-1}}$（老标准），或 $R=0.083\ 14(10^5\ \mathrm{Pa})\cdot\mathrm{L\cdot mol^{-1}\cdot K^{-1}}$（新标准，建议采用新标准）。且只用数值，不用单位。

标准平衡常数之间的换算规则为：

$$K_p^\ominus=K_c^\ominus\left(\frac{RTc^\ominus}{p^\ominus}\right)^{\Delta n}$$

1.4.2　平衡常数的书写规则

书写平衡常数时，需注意纯固体、纯液体的浓度当成 1(其原因是这些物质的浓度和压力在反应前后没有变化，是一个常数，可以把它归并到平衡常数中去)。例如：

$$CaCO_3(s) = CaO(s) + CO_2(g)$$

平衡常数为：

$$K_c = c(CO_2)$$

$$K_p = p(CO_2)$$

在稀溶液中进行的反应，不需考虑水的浓度变化，即水的浓度也当成 1，例如，重铬酸根跟水反应生成铬酸根：

$$Cr_2O_7^{2-} + H_2O = 2CrO_4^{2-} + 2H^+$$

$$K_c = \frac{c^2(CrO_4^{2-})c^2(H^+)}{c(Cr_2O_7^{2-})}$$

但如果该反应不是以水为溶剂的，其中的水则必须出现水的浓度。例如，酯化反应(生成乙酸乙酯)：

$$CH_3COOH + CH_3CH_2OH = CH_3COOCH_2CH_3 + H_2O$$

$$K_c = \frac{c(CH_3COOCH_2CH_3)c(H_2O)}{c(CH_3COOH)c(CH_3CH_2OH)}$$

书写平衡的化学反应方程式时，是写“$=$”还是“$\rightleftharpoons$”呢？彻底解决这个问题需要用到物理化学的相应原理，简单来说，由于所有反应都是对应着化学平衡的，都有平衡常数，所以所有的反应都应该用“$\rightleftharpoons$”，由于所有的反应都用“$\rightleftharpoons$”，用“$\rightleftharpoons$”就没有什么特别的意义了，所以用“$=$”代替“$\rightleftharpoons$”就变得十分合适。本节中的化学平衡方程式一律用“$=$”。

在非平衡计算的环节，用“$=$”还是“$\rightleftharpoons$”的问题在学术界其实是有争议的。一般来说，化学反应根据平衡常数的大小可以分为 3 类，如果平衡常数特别大(一般 $K>10^5$)，可以认为该反应完全发生，则用“$=$”，例如：

$$C(s) + O_2(g) = CO_2(g)$$

如果平衡常数特别小(一般 $K<10^{-5}$)，可以认为该反应完全不发生，方程式就不需要写了，但是理论上研究时，这种反应虽然进行得很少，但是仍然很重要，需要写方程式，则用“$\rightleftharpoons$”，例如：

$$H_2O(l) \rightleftharpoons H^+(aq) + OH^-(aq)$$

该反应的平衡常数是水的离子积常数($K_w = 10^{-14}$)

如果平衡常数不大也不小(一般 $10^{-5}<K<10^5$)，这才是传统意义上的化学平衡，用“$\rightleftharpoons$”表示，例如合成氨：

$$N_2(g) + 3H_2(g) \rightleftharpoons 2NH_3(g)$$

1.4.3 转化率

转化率(用α表示)是指某反应物中已经消耗的部分占该反应物起始量的百分数。

$$\text{转化率}=\frac{\text{已转化的物质的量}}{\text{转化前的物质的量}}\times 100\%$$

有时也把转化率叫作离解率或产率,转化率的概念既可以对于反应物而言,也可以对于产物而言,计算方法相差不大。

从定义来看,转化率的概念与化学平衡无关,但是实际经常会计算化学平衡时的转化率。

【例 1-8】 已知气相反应 $CO+H_2O \rightleftharpoons H_2+CO_2$ 在 773 K 时 $K_c=9.0$,CO 和 H_2O 初始值为 0.020 mol·L^{-1},求平衡转化率。

解:先列表表示出反应物生成物浓度变化的关系如下:

	CO +	$H_2O \rightleftharpoons$	H_2 +	CO_2
起始浓度	c	c	0	0
转化浓度	$-x$	$-x$	$+x$	$+x$
平衡浓度	$c-x$	$c-x$	x	x

代入平衡常数表达式:

$$K_c=\frac{c(H_2)c(CO_2)}{c(CO)c(H_2O)}$$

得

$$\frac{x^2}{(0.02-x)^2}=9$$

$$x=0.015\ \text{mol}\cdot\text{L}^{-1}$$

转化率

$$\alpha=\frac{0.015}{0.020}\times 100\%=75\%$$

【例 1-9】 在 101.325 kPa 325 K 时,反应 $N_2O_4(g) \rightleftharpoons 2NO_2(g)$ 达到平衡时的密度 $D=2.3$ g·L^{-1} 求平衡常数 K_p 和转化率α。

解:此题有多种解法,但是都必须先计算混合气体的平均分子量。

由于对于理想气体有: $pV=nRT$

气体的质量m和平均分子量M、物质的量n的关系为:$n=m/M$

气体的质量m和密度D、体积V的关系为:$D=m/V$

整理后可得: $pM=DRT$

代入数据可得:$M=61.3$ g·mol^{-1}

方法一:设起始有 N_2O_4 1 mol,平衡后总物质的量为$(1+\alpha)$mol,具体如下:

$N_2O_4(g) \rightleftharpoons$	$2NO_2(g)$
1	0
$-a$	$+2a$
$1-a$	$2a$

起始量/mol

转化量/mol

平衡量/mol　　　　　　　　　　　　　　　　　　　总和为 $1+\alpha$

根据质量守恒,反应前后的质量不变,有(N_2O_4 的分子量 92)

$$(1+\alpha)61.3=92\times1$$

解方程得:$\alpha=0.5=50\%$

计算平衡常数时还需要用到上面的平衡关系:

	$N_2O_4(g)$	$\rightleftharpoons 2NO_2(g)$	
平衡量/mol	$1-\alpha$	2α	总和为 $1+\alpha$
物质的量分数	$\frac{1-\alpha}{1+\alpha}$	$\frac{2\alpha}{1+\alpha}$	
分压/$p^\ominus$	$\frac{1-\alpha}{1+\alpha}\times1$	$\frac{2\alpha}{1+\alpha}\times1$	

因此有:

$$K_p=\frac{\left(\frac{2\alpha}{1+\alpha}\right)^2}{\frac{1-\alpha}{1+\alpha}}=1.33$$

方法二:设平衡混合物中 N_2O_4 的摩尔分数为 x,那么 NO_2 的摩尔分数为 $(1-x)$,则

$$92x+46(1-x)=61.3$$

解方程得:

$$x=0.333$$

$$K_p=\frac{(1-x)^2}{x}=1.33$$

再假设平衡时总物质的量为 1 mol,利用平衡关系:

	$N_2O_4(g)$	$\rightleftharpoons$ $2NO_2(g)$
平衡量/mol	x	$1-x$
转化量/mol	$-(1-x)/2$	$+(1-x)$
起始量/mol	$x+(1-x)/2$	0

$$\alpha=\frac{(1-x)/2}{x+(1-x)/2}=0.5=50\%$$

上面的平衡关系部分同学反应理解困难,它其实就是

	$N_2O_4(g)$	$\rightleftharpoons$ $2NO_2(g)$
起始量/mol	0.666	0
转化量/mol	−0.333	+0.666
平衡量/mol	0.333	0.666

其他方法如十字相乘法也可以轻松地解此题。

1.4.4 多重平衡规则

如果某个反应可以表示为两个或多个反应的总和。则总反应的平衡常数等于各分步反应平衡常数之积，这就叫多重平衡规则。

具体可以看下面的例子，反应：

$$CO_2(g)+H_2(g)=\!=\!=CO(g)+H_2O(g)$$

$$K_p=\frac{p(CO)p(H_2O)}{p(H_2)p(CO_2)}$$

可以看成下面两个反应相加而得：

$$1/2O_2(g)+H_2(g)=\!=\!=H_2O(g) \qquad K_{p_1}=\frac{p(H_2O)}{p(O_2)^{\frac{1}{2}}p(H_2)}$$

$$CO_2(g)=\!=\!=CO(g)+1/2O_2(g) \qquad K_{p_2}=\frac{p(O_2)^{\frac{1}{2}}p(CO)}{p(CO_2)}$$

那么总反应的平衡常数就等于这两个平衡常数相乘：

$$K_p=\frac{p(CO)p(H_2O)}{p(CO_2)p(H_2)}=\frac{p(H_2O)}{p^{\frac{1}{2}}(O_2)p(H_2)}\times\frac{p^{\frac{1}{2}}(O_2)p(CO)}{p(CO_2)}=K_{p_1}K_{p_2}$$

如果用 K_c 可以得到一样的结果。

通过热力学方法也可以证明多重平衡规则，平衡常数和化学反应 $\Delta_r G^\ominus$ 之间有如下关系：

$$\Delta_r G^\ominus=-RT\ln K$$

这个公式是连接热力学和化学平衡的桥梁。

如果总反应是两个方程式相加而得，则有：

$$\Delta_r G^\ominus=\Delta_r G_1^\ominus+\Delta_r G_2^\ominus$$

代入： $$-RT\ln K=-RT\ln K_1-RT\ln K_2$$

因此： $$K=K_1K_2$$

多重平衡规则还可以理解为多个方程式相加，则平衡常数相乘；或相减，则相除；或乘以 n，则 n 次方。

对于公式 $\Delta_r G^\ominus=-RT\ln K$ 需要说明的是，如果是气相反应，则必须用 K_p，如果是液相反应，则使用 K_c。它的应用非常多，具体见下面的例子。

【例 1-10】 氧化银遇热分解：$2Ag_2O(s)=\!=\!=4\ Ag(s)+O_2(g)$ 已知 298 K 时，$Ag_2O(s)$ 的 $\Delta H_f^\ominus=-31.1\ kJ\cdot mol^{-1}$，$\Delta G_f^\ominus=-11.2\ kJ\cdot mol^{-1}$，求：(1) 在 298 K 时体系的 $p(O_2)$；(2) Ag_2O 的热分解温度。(设 $p(O_2)=100\ kPa$)

解：对于反应 $2Ag_2O(s)=\!=\!=4Ag(s)+O_2(g)$

$$\begin{aligned}\Delta_r H^\ominus&=4\Delta H_f^\ominus(Ag)+\Delta H_f^\ominus(O_2)-2\Delta H_f^\ominus(Ag_2O)\\&=4\times0+1\times0-2\times(-31.1\ kJ\cdot mol^{-1})=62.2\ kJ\cdot mol^{-1}\end{aligned}$$

同样可得：　　　　$\Delta_r G^{\ominus} = 22.4\ \text{kJ} \cdot \text{mol}^{-1}$

由于　　　　　　　$\Delta_r G^{\ominus} = -RT\ln K$

代入可得：　　　　$22.4 = -8.314 \times 10^{-3} \times 298 \ln K$

可得　　　　　　　$K_p = 0.000\ 119$

由于本方程的 $K_p = p(O_2)$，因此有：

$$p(O_2) = 1.19 \times 10^{-4}\ \text{atm}$$

由于 $\Delta G = \Delta H - T\Delta S$，即 $\Delta_r G^{\ominus} = \Delta_r H^{\ominus} - T\Delta_r S^{\ominus}$，因此

$$\Delta_r S^{\ominus} = (\Delta_r H^{\ominus} - \Delta_r G^{\ominus})/T = 1.334\ 9\ \text{J} \cdot \text{mol}^{-1} \cdot \text{K}^{-1}$$

转折温度为：　　　$T = \Delta_r H^{\ominus}/\Delta_r S^{\ominus} = 465.95\ \text{K}$

§1.5　化学平衡的移动

1.5.1　Van't Hoff 等温式

在§1.3 中学过，化学反应的 ΔG 和 $\Delta G^{\ominus}$ 是不一样的，他们之间是什么关系呢？下面的 Van't Hoff 等温式正好回答了这个问题。

$$\Delta G = \Delta G^{\ominus} + RT\ln Q$$

式中：$\Delta G^{\ominus}$ 为标况下的自由能变化；ΔG 为实际情况下的自由能变化；R 为气体常数；T 为温度；Q 就是上面提到的反应商。

证明该式需用到大量物理化学的原理，这里只需要以下三个理解。

1. 标准状况

利用 Van't Hoff 等温式可知，在 $\Delta G = \Delta G^{\ominus}$ 时就是标准状况。怎样才能 $\Delta G = \Delta G^{\ominus}$ 呢？就是 $RT\ln Q = 0$，由于是指定温度下的标准状况，显然 RT 不可能为零，因此得到 $\ln Q = 0$，即 $Q = 1$。

是不是所有 $Q = 1$ 的状况都是标准状况呢？也不是。从反应商 Q 的表达式可知，凑好数据完全可能确保 Q 正好为 1，但是如何确保 Q 始终为 1 且对所有反应都适用？只有在所有反应物的浓度(液相反应)都为 $1\ \text{mol} \cdot \text{L}^{-1}$、所有反应物的压力(气相反应)都为 $1p^{\ominus}$ 时才是标准状况。

标准状况是不是平衡状态呢？肯定不是，因为此时如果平衡的话，平衡常数只能等于 1，这种情况是极其罕见的。

2. 平衡和平衡常数

$\Delta G = 0$ 是平衡状态，唯有此时 $Q = K$，代入 Van't Hoff 等温式可得：

$$\Delta G^{\ominus} + RT\ln K = 0$$

即　　　　　　　　$\Delta G^{\ominus} = -RT\ln K$

3. 化学反应方向

将 $\Delta G^{\ominus} = -RT\ln K$ 再代入 Van't Hoff 等温式，可得：

$$\Delta G = -RT\ln K + RT\ln Q$$
$$= RT\ln(Q/K)$$

这样，Q 和 K 的相对大小就对应着 ΔG 的正负，从而决定了化学反应的方向。具体见表 1－1。

表 1－1

ΔG	Q 和 K 的相对关系	化学反应的方向
<0	$Q<K$	向右
$=0$	$Q=K$	平衡
>0	$Q>K$	向左

【例 1－11】 求反应 $Zn(s)+1/2\ O_2(g) = ZnO(s)$ 在 400 K 和 10^{-9} Pa 的空气中能否自发进行？已知：ZnO 的 $\Delta_f H_m^\ominus = -350.5\ kJ \cdot mol^{-1}$，$S_m^\ominus = 43.7\ J \cdot mol^{-1} \cdot K^{-1}$，Zn 和 O_2 的 $S_m^\ominus$ 分别为 $41.6\ J \cdot mol^{-1} \cdot K^{-1}$ 和 $205.2\ J \cdot mol^{-1} \cdot K^{-1}$

解：解题思路就是先计算反应的 $\Delta_r H^\ominus$ 和 $\Delta_r S^\ominus$，然后计算 $\Delta_r G^\ominus$，最后计算 $\Delta_r G$，因此：

$$\Delta_r H^\ominus = \Delta_f H^\ominus(ZnO) - 1/2\Delta_f H^\ominus(O_2) - \Delta_f H^\ominus(Zn)$$
$$= -350.5\ kJ \cdot mol^{-1} - 0\ kJ \cdot mol^{-1} - 0\ kJ \cdot mol^{-1}$$
$$= -350.5\ kJ \cdot mol^{-1}$$

同样可得： $\Delta_r S^\ominus = -100.5 J \cdot mol^{-1} \cdot K^{-1}$

因此：$\Delta_r G^\ominus = \Delta_r H^\ominus - T\Delta_r S^\ominus$
$$= -350.5\ kJ \cdot mol^{-1} - 400\ K \times (-100.5 \times 10^{-3}\ kJ \cdot mol^{-1} \cdot K^{-1})$$
$$= -310.3\ kJ \cdot mol^{-1}$$

最后代入公式：$\Delta G = \Delta G^\ominus + RT\ln Q$，该反应的 $Q_p = p(O_2)^{-1/2}$

假设空气中氧气占 1/5，那么 $p(O_2) = 10^{-9}\ Pa/5 = 2 \times 10^{-10}\ Pa$

$Q_p = p(O_2)^{-1/2} = 2.236 \times 10^{-7}\ Pa$

$\Delta G = \Delta G^\ominus + RT\ln Q = -254.02\ kJ \cdot mol^{-1}$

由于 $\Delta G<0$，该反应还是能够正常进行。由于此时空气中的氧气已经很少了，但是只要有 Zn 存在，就一定会生成 ZnO。

1.5.2 浓度对化学平衡的影响

不管是反应物还是生成物，只要浓度发生改变，就一定会影响浓度商 Q_c，从而使平衡发生移动。

对于化学反应 $aA + bB = dD + eE$，平衡常数设为 K_c，(假设为气相反应或水溶液中的反应)有：

$$K_c^{\ominus}=\frac{\left(\frac{c(\mathrm{D})}{c^{\ominus}}\right)^d\left(\frac{c(\mathrm{E})}{c^{\ominus}}\right)^e}{\left(\frac{c(\mathrm{A})}{c^{\ominus}}\right)^a\left(\frac{c(\mathrm{B})}{c^{\ominus}}\right)^b}$$

如果添加A，将物质A的浓度变为2倍，则有：

$$Q_c=K_c^{\ominus}=\frac{\left(\frac{c(\mathrm{D})}{c^{\ominus}}\right)^d\left(\frac{c(\mathrm{E})}{c^{\ominus}}\right)^e}{\left(\frac{c(2\mathrm{A})}{c^{\ominus}}\right)^a\left(\frac{c(\mathrm{B})}{c^{\ominus}}\right)^b}=\frac{1}{2^a}K_c<K_c$$

平衡向右移动。

相反，如果添加D，将物质D的浓度变为2倍，则有：

$$Q_c=\frac{\left(\frac{c(2\mathrm{D})}{c^{\ominus}}\right)^d\left(\frac{c(\mathrm{E})}{c^{\ominus}}\right)^e}{\left(\frac{c(\mathrm{A})}{c^{\ominus}}\right)^a\left(\frac{c(\mathrm{B})}{c^{\ominus}}\right)^b}=\frac{2^d}{1}K_c>K_c$$

平衡向左移动。

因此，如果改变一个物质的浓度，平衡就向能够减弱这种改变的方向移动。

【例1-12】 在2 000 ℃时，反应 $N_2(g)+O_2(g)=\!=\!=2NO(g)$ 的 $K=9.8\times10^{-2}$，判断在下列条件下反应进行的方向：

	$p(N_2)$/kPa	$p(O_2)$/kPa	$p(NO)$/kPa
(1)	82.1	82.1	1.00
(2)	5.1	5.1	1.6
(3)	2.0×10^3	5.1×10^3	4.1×10^3

解：本反应的气体分子数不变，即 $\Delta n=0$，因此 $Q_c=Q_p$，本题只需计算相应的 Q_p 即可。

$$Q_p=\frac{p^2(\mathrm{NO})}{p(\mathrm{NO})p(\mathrm{O_2})}$$

(1) $Q_p=1.48\times10^{-4}<K_p$，正向自发；

(2) $Q_p=9.8\times10^{-2}=K_p$，平衡；

(3) $Q_p=1.6>K_p$，正向非自发。

1.5.3 压力对化学平衡的影响

压力对化学平衡的影响其实和浓度的影响类似，但是压力的影响是整体的，不像浓度的影响可以单个的研究。

同样假设气相化学反应 $aA+bB=\!=\!=dD+eE$，平衡常数设为 K_p，得：

$$K_p=\frac{p^d(\mathrm{D})p^e(\mathrm{E})}{p^a(\mathrm{A})p^b(\mathrm{B})}$$

如果增加压力，使总压变为 2 倍，则有：$\Delta n = d + e - a - b$，

$$Q_p = \frac{[2p(\mathrm{D})]^d [2p(\mathrm{E})]^e}{[2p(\mathrm{A})]^a [2p(\mathrm{B})]^b} = 2^{\Delta n} K_p$$

当 $\Delta n > 0$ 时，$Q_p > K_p$，平衡向左移动；

当 $\Delta n < 0$ 时，$Q_p < K_p$，平衡向右移动；

当 $\Delta n = 0$ 时，$Q_p = K_p$，平衡不移动。

因此，如果改变压强，平衡就向能够减弱这种改变的方向移动。

【例 1 - 13】 NO_2 和 N_2O_4 混合气体的针管实验是高中化学的经典素材。理论估算和实测发现，混合气体体积由 V 压缩为 $V/2$ 时，温度由 298 K 升至 311 K。已知这两个温度下 $N_2O_4(g) \rightleftharpoons 2NO_2(g)$ 的压力平衡常数 K_p 分别为 0.141 和 0.363。设起始压力为 $p^\ominus$。

(1) 通过计算回答，混合气体经上述压缩后，NO_2 的浓度比压缩前增加了多少倍。

(2) 动力学实验证明，上述混合气体几微秒内即可达成化学平衡。压缩后的混合气体在室温下放置，颜色如何变化？为什么？

解：此题的解答分 5 个部分，其结果颠覆了以前的传统认识。

(1) 混合气体未被压缩前，在 298 K 和体积 V_1 温度 T_1 下达平衡，设 $N_2O_4(g)$ 的平衡分压为 p_1，$NO_2(g)$ 的平衡分压为 p_2，则

$$p_1 + p_2 = 1\ \mathrm{atm} \quad ①$$

$$K_p(298\ \mathrm{K}) = {p_2}^2/p_1 = 0.141 \quad ②$$

解联立方程①和②，得

$p_1 = 0.688\ \mathrm{atm}$，$p_2 = 0.312\ \mathrm{atm}$

(2) 设针管压缩时未发生平衡移动，已知总压 $p_{t1} = 1\ \mathrm{atm}$，$T_1 = 298\ \mathrm{K}$，$T_2 = 311\mathrm{K}$，$V_2/V_1 = 1/2$，根据理想气体状态方程 $p_{t1}V_1/T_1 = p_{t2}V_2/T_2$ 解得：

压缩后总压 $p_{t2} = 2.087\ \mathrm{atm}$。

按比例增加就可以得到两种气体后来的分压：

N_2O_4 分压 $p_3 = (2.087 \times 0.688/1)\mathrm{atm} = 1.436\ \mathrm{atm}$

NO_2 分压 $P_4 = (2.087 \times 0.312/1)\mathrm{atm} = 0.651\ \mathrm{atm}$

(3) 压缩后的 Q_p 变化为：$Q_\mathrm{p} = 0.651^2/1.436 = 0.296$。

$Q_p < K_p = 0.363$，因此平衡正向移动。

设达平衡时，N_2O_4 分压减小 x atm，则 NO_2 分压增大 $2x$ atm，有：

$K_p(311\ \mathrm{K}) = (p_4 + 2x)^2/(p_3 - x) = 0.363$

解方程得：$x = 0.031\ 7\ \mathrm{atm}$

因此 N_2O_4 平衡分压 $p_5 = p_3 - x = 1.404\ \mathrm{atm}$

NO_2 平衡分压为 $p_6 = p_4 + 2x = 0.714\ \mathrm{atm}$

(4) 分压比：$p_6/p_5 = 0.714/0.312 = 2.29$

由于 $pV = nRT$，得 $p = cRT$，因此

$$\frac{c_6}{c_5}=\frac{p_6}{p_5}\frac{T_1}{T_2}=\frac{0.714}{0.312}\times\frac{298}{311}=2.20$$

浓度增加 1.20 倍。

(5) 我们以前错误地认为，在系统加压后，气体被压缩，浓度增加，因而颜色变深，而后平衡移动 NO_2 浓度减小，颜色又由深变浅。

上面的观点是错误的。因为化学平衡 $N_2O_4(g) \rightleftharpoons 2NO_2(g)$ 移动的速度非常快，只有 10^{-6} s，肉眼是看不到这个变化的，实际上，加压时，由于外界对体系做功，导致温度升高，平衡常数增大，平衡向右移动，NO_2 浓度增加，同时压缩也导致 NO_2 浓度增加(见上面的计算)，颜色变深。压缩后的混合气体在室温下放置，温度逐渐下降，平衡向放热方向移动，NO_2 聚合成 N_2O_4，颜色由深变浅，直至体系温度降至室温，颜色不再变化。

1.5.4　温度对化学平衡的影响

由于 $\Delta G^\ominus=\Delta H^\ominus-T\Delta S^\ominus$ 和 $\Delta G^\ominus=-RT\ln K$，联立可得：

$$\Delta H^\ominus-T\Delta S^\ominus=-RT\ln K$$

两边同时除以 $-RT$：

$$-(\Delta H^\ominus/T-\Delta S^\ominus)/R=\ln K$$

由于在不同温度时 $\Delta H^\ominus$ 和 $\Delta S^\ominus$ 可以认为是不变的，有：

$$-\Delta H^\ominus/RT_1-\Delta S^\ominus/R=\ln K_1$$

$$-\Delta H^\ominus/RT_2-\Delta S^\ominus/R=\ln K_2$$

两式相减：$\ln\frac{K_2}{K_1}=-\frac{\Delta H}{R}\left(\frac{1}{T_2}-\frac{1}{T_1}\right)$

从上面的表达式可知，对于 $\Delta H^\ominus>0$ 的反应，$T_2>T_1$ 时，$K_2>K_1$，即温度升高时平衡常数增加，导致 $Q<K$，因此平衡向右移动。向右移动是吸热的，也就是说，升高温度向吸热方向移动。

同理可得，$\Delta H^\ominus<0$ 时，温度升高时平衡向左移动，即向放热方向移动。

如果像浓度压力那样总结一下，就是：如果改变温度，平衡就向能够减弱这种改变的方向移动。

法国化学家勒夏特列(Le Chatelier，Henri Louis，1850—1936，化学教授，法国矿业部长和武装部长)提出了勒夏特列原理，即平衡移动原理：如果改变影响平衡的一个条件(如浓度、压强或温度等)，平衡就向能够减弱这种改变的方向移动。

该原理完美地解决了化学平衡移动过程中的定性问题，又和理论上的分析完全一致。

【例 1-14】 反应 $Fe(s)+H_2O(g) \rightleftharpoons FeO(s)+H_2(g)$，700 ℃时，$K_p$ 为 2.35，700 ℃时用总压为 101 kPa 的等物质的量的 $H_2O(g)$、$H_2(g)$混合气体处理 FeO，FeO 能否被还原为 Fe? 若 $H_2O(g)$、$H_2(g)$混合气体的总压仍为 101 kPa，要使 FeO 不被还原，$p_{H_2O(g)}$ 最小应为多少?

解：对于等物质的量的 $H_2O(g)$、$H_2(g)$混合气体，$p(H_2)=p(H_2O)=\frac{1}{2}p^{\ominus}$，则

$$Q_p=\frac{p(H_2)}{p[H_2O(g)]}=\frac{\frac{1}{2}\times 101\ \text{kPa}}{\frac{1}{2}\times 101\ \text{kPa}}=1$$

由于 $Q_p<K_p$，正反应自发，FeO 不能被还原。

若要使 FeO 不被还原，必须至少满足 $Q_p=K_p$，即

$$Q_p=\frac{p(H_2)\text{kPa}}{p[H_2O(g)]\text{kPa}}=\frac{101-p[H_2O(g)]}{p[H_2O(g)]}=2.35$$

$p(H_2O)=30$ kPa，故

$p(H_2O)$最小值应为 30 kPa。

§1.6 化学反应速度

化学反应的快慢程度用化学反应速度来描述。物理学上速度是一个矢量，其大小用速率来表示，从这点来说，化学反应速度没有必要用一个矢量来描述，因此很多书上直接用化学反应速率。但是，由于化学反应速度是一个更加常用的概念，用它来表示反应的快慢也没什么不可以，从这点来说，化学反应速度和化学反应速率其实是一样的。

1.6.1 化学反应速度的表示方法

化学反应速度属于化学动力学的范畴，以 N_2O_5 的分解反应为例

$$N_2O_5 = 2NO_2 + 1/2\ O_2$$

平均速度是指 $\bar{v}(N_2O_5)=-\frac{\Delta c(N_2O_5)}{\Delta t}$

瞬时速度是指 $v(N_2O_5)=-\frac{dc(N_2O_5)}{dt}$

用反应物和生成物的浓度变化都可以表示反应速度，显然有

$$\frac{1}{2}\frac{-dc(N_2O_5)}{dt}=\frac{1}{4}\frac{dc(NO_2)}{dt}=\frac{dc(O_2)}{dt}$$

一般来说，对于任意化学反应 $aA+bB = dD+eE$，总存在

$$\frac{1}{a}\frac{-dc(A)}{dt}=\frac{1}{b}\frac{-dc(B)}{dt}=\frac{1}{d}\frac{-dc(D)}{dt}=\frac{1}{e}\frac{-dc(E)}{dt}$$

$$\frac{V_a}{a}=\frac{V_b}{b}=\frac{V_d}{d}=\frac{V_e}{e}=V$$

化学反应速度的单位如 $mol\cdot L^{-1}\cdot s^{-1}$、$mol\cdot L^{-1}\cdot min^{-1}$等。

1.6.2 化学反应速度方程式

对于化学反应 $aA+bB = dD+eE$

反应速度 $v=kc_A^m c_B^n$

m 和 n 的数值都需要由实验来确定，k 为速度(率)常数。如果上述反应是基元反应(在反应中一步直接转化为产物的反应)，则可以写成

$$v=kc_A^a c_B^b$$

$m+n$ 叫反应级数，如果只有一个反应物 A，且 $m=1$ 的一级反应，速度方程式为

$$v=kc_A$$

即 $v=-\frac{dc_A}{dt}=kc_A$

解这个微分方程可得 $c_A=c_{A_0}e^{-kt}$

其中，c_{A_0} 为物质 A 的初始浓度，反应物消耗一半对应的时间叫半衰期，这里半衰期为 $c_A=1/2c_{A_0}$ 时的时间 $t_{1/2}$

代入、化简可得 $t_{1/2}=\frac{\ln 2}{k}=\frac{0.693}{k}$

【例 1-15】 实验已确定，丁二烯的液相聚合反应，对丁二烯为一级，实验测得该反应在 50 ℃时的速度常数 $k=3.3\times10^{-2}\ min^{-1}$，求当丁二烯的转化率达到 80% 时，需要多少时间？(催化剂为环烷酸镍-三氟化硼乙酸配合物-三异丁基铝，溶剂为汽油)

解：对于反应：$nC_4H_6 \xrightarrow{汽油、催化剂} (C_4H_6)_n$，有：

$$c=c_0e^{-kt}$$

$$0.2C_0=C_0\exp(-3.3\times10^{-2}\ t)$$

$$t=48.78\ min$$

做此题时需注意，转化 80%时，剩下 20%，所以需将 $0.2c_0$ 代入左边。

1.6.3 温度对化学反应速度的影响

阿累尼乌斯发现，化学反应的速度常数和温度之间有如下关系：

$$k=Ae^{-\frac{E_a}{RT}}$$

这就是著名的 Arrhenius 公式。其中，k 为速度常数，A 叫指前因子，R 是气体常数，E_a 为活化能，其单位为 $kJ \cdot mol^{-1}$。如果对应不同的温度有

$$\ln k_1 = \ln A - \frac{E_a}{RT_1}$$

$$\ln k_2 = \ln A - \frac{E_a}{RT_2}$$

将两式相减可得： $$\ln \frac{k_2}{k_1} = -\frac{E_a}{R}\left(\frac{1}{T_2} - \frac{1}{T_1}\right)$$

【例 1 - 16】 实验测得化学反应 $2NOCl(g) \xlongequal{} 2NO(g) + Cl_2(g)$ 在 300 K 和 400 K 时的速度常数分别为 $2.8 \times 10^{-5}\ L \cdot mol^{-1} \cdot s^{-1}$ 和 $0.70\ L \cdot mol^{-1} \cdot s^{-1}$，求该反应的活化能。

解：代入公式

$$\ln \frac{k_2}{k_1} = -\frac{E_a}{R}\left(\frac{1}{T_2} - \frac{1}{T_1}\right)$$

$$E_a = 101\ kJ \cdot mol^{-1}$$

【例 1 - 17】 某城市位于海拔高度较高的地理位置，水的沸点为 92.00 ℃，在海边城市3 min 能煮熟的鸡蛋，在这城市却花了 4.5 min 才煮熟。该反应的活化能是多少？

解：煮鸡蛋的反应速度应该和煮熟鸡蛋的时间成反比，因此 $T_1 = 92.00$ ℃时的 $k_1 \sim \frac{1}{4.5}$，$T_2 = 100.00$ ℃时的 $k_2 \sim \frac{1}{3}$，因此

$$\frac{k_1}{k_2} = \frac{3}{4.5}$$

代入公式可得：$$\ln \frac{3}{4.5} = \frac{-E_a\ kJ \cdot mol^{-1}}{8.314\ J \cdot mol^{-1} K^{-1}}\left(\frac{1}{373.15\ K} - \frac{1}{365.15\ K}\right)$$

$$E_a = 57.4\ kJ \cdot mol^{-1}$$

知识链接　　阿累尼乌斯和电离学说

【生平简介】

阿累尼乌斯(Svante August Arrhenius，1859—1927)瑞典物理化学家，生于乌普萨拉的知识分子家庭，从小受到良好教育，毕业于乌鲁萨拉大学化学系并留校，不久到斯德哥尔摩准备博士论文。1884 年以《电解质的导电性研究》论文申请博士，这项划时代的杰出工作差点没能通过答辩，竟然被评为有保留通过的四等。1903 年获诺贝尔化学奖。后任斯德哥尔摩诺贝尔物理化学研究所所长，瑞典皇家科学院院士，英国皇家学会海外会员。

【成功之路】

在19世纪上半叶，科学界普遍认为溶液中“离子是在电流的作用下产生的”。阿累尼乌斯在研究电解质溶液的导电性时发现，浓度影响着许多稀溶液的导电性。阿累尼乌斯对这一发现非常感兴趣，特地向导师请教，埃德伦德教授很欣赏他的敏锐的观察能力，为他指出了进一步做好实验、深入探索是关键所在。阿累尼乌斯在实验中对教授设计的仪器做了大胆的改进，几个月的时间过去了，他得到了一大堆实验测量的结果。处理、计算这些结果又用去了好长时间。此间他又发现了一些更有趣的事实。例如，气态的氨是根本不导电的，但氨的水溶液却能导电，而且溶液越稀导电性越好。大量的实验事实表明，氢卤酸溶液也有类似的情况。多少个不眠之夜过去了，阿累尼乌斯紧紧地抓住稀溶液的导电问题不放。他的独到之处就是，把电导率这一电学属性，始终同溶液的化学性质联系起来，力图以化学观点来说明溶液的电学性质。

实验仅仅是研究工作的开始，更重要的是对实验结果的思考。阿累尼乌斯已经完成了足够的实验，他离开了斯德哥尔摩大学的实验室，回到乡下的老家。通过实验和计算，阿累尼乌斯发现，电解质溶液的浓度对导电性有明显的影响。“浓溶液和稀溶液之间的差别是什么?”阿累尼乌斯反复思考着这个很简单的问题。“浓溶液加了水就变成稀溶液了，可水在这里起了很大的作用。”“纯净的水不导电，纯净的固体食盐也不导电，把食盐溶解到水里，盐水就导电了。水在这里起了什么作用?”他想起英国科学家法拉第1834年提出的一个观点：“只有在通电的条件下，电解质才会分解为带电的离子。”“是不是食盐溶解在水里就电离成为氯离子和钠离子了呢?”这是一个非常大胆的设想。因为法拉第认为：“只有电流才能产生离子。”可是现在食盐溶解在水里就能产生离子，与法拉第的观点不一样。法拉第是伟大的实验物理学家，虽然1867年他已经去世了，但是他对物理上的一些观点在当时还是金科玉律。另外，还有一个问题要想清楚，氯是一种有毒的黄绿色气体，盐水里有氯，并没有哪个人因为喝了盐水而中毒，看来氯离子和氯原子在性质上是有区别的。因为离子带电，原子不带电。那时候，人们还不清楚原子的构造，也不清楚分子的结构。阿累尼乌斯能有这样的想象能力已经是很不简单的了。

阿累尼乌斯带着论文回到乌普萨拉大学后，向化学教授克莱夫请教。阿累尼乌斯向他详细地解释了电离理论，但是克莱夫对于理论不感兴趣，只说了一句：“这个理论纯粹是空想，我无法相信”。克莱夫是一位很有名望的实验化学家，他已经发现了两种化学元素：钬和铥。他的这种态度给满怀信心的阿累尼乌斯当头一棒，他知道要通过博士论文并非易事，虽然他认为自己的观点和实验数据并没有错，但是要说服乌普萨拉大学那一帮既保守又挑剔的教授们谈何容易。阿累尼乌斯小心翼翼地准备着他的论文，既要坚持自己的观点，又不能过分与传统的理论对抗。4小时的答辩终于过去了，阿累尼乌斯如坐针毡，因为阿累尼乌斯的材料和数据都很充分，教授们又查看了他大学读书时所有的成绩，他的生物学、物理学和数学的考试成绩都非常好，答辩委员会认为虽然论文不是很好，但仍然可以以“及格”的三等成绩“勉强获得博士学位”。(多么可笑的错误!)

他认为，当溶液稀释时，由于水的作用，它的导电性增加，为什么呢? 他指出：“要解释电解质水溶液在稀释时导电性的增强，必须假定电解质在溶液中具有两种不同的形态，非活性的——分子形态，活性的——离子形态。实际上，稀释时电解质的部分分子就分解为离子，这是活性的形态；而另一部分则不变，这是非活性的形态……”他又说：“当溶液稀释时，活性形态的数量增加，所以溶液导电性增强”。多么伟大的发现! 阿累尼乌斯的这些想法，终于突破了法拉第的传统观念，提出了电解质自动电离的新观点。为了从理论上概括和阐明自己的研究成果和新的创见，他写成了两篇论文。第一篇是叙述和总结实验测量和计算的结果，题为“电解质的电导率研究”，第二篇是在实验结果的基础上，对于水溶液中物质形态的理论总结，题名为“电解质的化学理论”，专门阐述电离理论的基本思想。阿累尼乌斯把这两篇论文，送到瑞典科学院请求专家们审议。1883年6月6日，经过斯德哥尔摩的瑞典科学院讨论后，被推荐予以发表，刊登在

1884 年初出版的《皇家科学院论著》杂志的第十一期上。他也因此当选为瑞典科学院院士。

1901 年，开始首届评选诺贝尔奖的时候，阿累尼乌斯是物理奖的 11 个候选人之一，可惜落选了。1902 年他又被提名诺贝尔化学奖，他也没有被选上。1903 年，评奖委员会很多人都推举阿累尼乌斯，但是，对于他应获得物理奖还是化学奖发生分歧。诺贝尔化学奖委员会提出给他一半物理奖，一半化学奖，这一方案过于奇特，被否定了。又提出他获奖问题延期至第二年，也被否决。电离学说在物理学和化学两个学科都具有很重要的作用，人们一时很难确定他应该获得哪一个奖项。最后，阿累尼乌斯获得了 1903 年诺贝尔化学奖。他是第一个获得这种崇高荣誉的诺贝尔的同胞。

练习

1. 测得 3.492 g 氯化汞在 440 ℃的 1.000 L 容积的真空系统里完全蒸发达到的压力为 74.18 kPa，求氯化汞蒸气的摩尔质量和化学式。

2. 在 25 ℃时将相同压力的 5.0 L 氮气和 15 L 氧气压缩到一个 10.0 L 的真空容器中，测得混合气体的总压为 150 kPa，求：

(1) 求两种气体的初始压力；

(2) 求混合气体中氮和氧的分压；

(3) 将温度上升到 320 ℃，容器的总压。

3. 在 58 ℃将某不溶于水的气体通过一盛水容器，在 100 kPa 下收集该气体 1.00 dm^3。求：(已知 58 ℃时，$P_水$ = 18.1 kPa，10 ℃时 $P_水$ = 1.23 kPa)

(1) 温度不变时，将压力降为 50.0 kPa 时，气体的体积是多少？

(2) 温度不变时，将压力增加到 200 kPa 时，气体的体积是多少？

(3) 压力不变时，将温度升高到 100 ℃时，气体的体积是多少？

(4) 压力不变时，将温度降至 10 ℃时，气体的体积是多少？

4. 反应 $CaC_2(s)+2H_2O(l)=\!=\!=Ca(OH)_2(s)+C_2H_2(g)$ 在 298 K 下的标准摩尔热力学能变化量为 $-128.0\ kJ\cdot mol^{-1}$。求该反应的标准摩尔焓变。

5. 诺贝尔(Alfred Nobel 1833—1896)发明的炸药爆炸可使产生的气体因热膨胀体积增大 1 200 倍，其化学原理是硝酸甘油发生如下分解反应：

$$4C_3H_5(NO_3)_3(l)=\!=\!=6N_2(g)+10H_2O(g)+12CO_2(g)+O_2(g)$$

已知 $C_3H_5(NO_3)_3(l)$ 的标准摩尔生成焓为 $-355\ kJ\cdot mol^{-1}$，计算爆炸反应的标准摩尔反应焓。

6. 生命体的热源通常以摄入的供热物质折合成葡萄糖燃烧释放的热量，已知葡萄糖[$C_6H_{12}O_6(s)$]的标准摩尔生成焓为 $-1\ 273\ kJ\cdot mol^{-1}$，计算它的燃烧热。

7. 经测定，葡萄糖完全氧化反应：$C_6H_{12}O_6(s)+6O_2(g)=\!=\!=6CO_2(g)+H_2O(l)$ 的标准摩尔反应自由能为 $\Delta_r G_m^\ominus=-2\ 840\ kJ\cdot mol^{-1}$，试查出产物的标准生成自由能，计算葡萄糖的标准摩尔生成自由能。将所得数据与上题的生成焓数据做比较。

8. 若在常温下将石墨氧化为一氧化碳的反应做成燃烧电池，这个电池可以提供的最大电能多大？在电池放电时，吸热还是放热？这个电池的焓变多大？由此题你对焓的概念有什么新的认识？

9. 碘钨灯因在灯内发生如下可逆反应：

$$W(s)+I_2(g) \rightleftharpoons WI_2(g)$$

碘蒸气与扩散到玻璃内壁的钨会反应生成碘化钨气体，后者扩散到钨丝附近会因钨丝的高温而分解出钨重新沉积到钨丝上去，从而延长灯丝的使用寿命。

已知在 298 K 时：	W(s)	$WI_2(g)$	$I_2(g)$
$\Delta_f G_m^\ominus/kJ \cdot mol^{-1}$	0	−8.37	19.327
$S_m^\ominus/J \cdot mol^{-1} \cdot K^{-1}$	33.5	251	260.69

(1) 设玻璃内壁的温度为 623 K，计算上式反应的 $\Delta_f G_m^\ominus(623\ K)$；

(2) 估计 $WI_2(g)$在钨丝上分解所需的最低温度。

10. 用凸透镜聚集太阳光可以加热试管中的样品。例如加热倒置在液汞上的装满液汞的试管内的氧化汞，可使氧化汞分解出氧气，这是拉瓦锡时代的古老实验。查出氧化汞、氧气和液汞的标准生成焓和标准熵，估算：使氧气的压力达到标态压力和 1 kPa 时氧化汞分解所需的最低温度（忽略汞的蒸气压），并估计为使氧气压力达 1 kPa，试管的长度至少多长？

11. 石灰窑的碳酸钙需加热到多少度才能分解（这时，二氧化碳的分压达到标准压力）？若在一个用真空泵不断抽真空的系统内，系统内的气体压力保持 1Pa，加热到多少度，碳酸钙就能分解？

12. 快速判断以下反应，哪些在常温的热力学标态下能否自发向右进行？

298 K	$\Delta_r H_m^\ominus/kJ \cdot mol^{-1}$	$\Delta_r S_m^\ominus/J \cdot mol^{-1} \cdot K^{-1}$
(1) $2CO_2(g)=2CO(g)+O_2(g)$	566.1	174
(2) $2N_2O(g)=N_2(g)+O_2(g)$	−163	22.6
(3) $NO_2(g)=2N_2(g)+O_2(g)$	113	145
(4) $2NO_2(g)=2NO(g)+O_2(g)$	−67.8	120
(5) $CaCO_3(l)=CaO(l)+CO_2(g)$	178.0	161
(6) $C(s)+O_2(g)=CO_2(g)$	−393.5	3.1
(7) $CaF_2(s)+aq=CaF_2(aq)$	6.3	−152

13. 银器遇硫化物反应表面变黑是生活中的常见现象。

(1) 设空气中 H_2S 气和 H_2 气"物质的量"都只达 10^{-5} mol，问在常温下银和硫化氢能否反应生成氢气？温度达多高，银器表面才不会因上述反应而变黑？

(2) 如果考虑空气中的氧气加入反应，使反应改为 $2Ag(s)+H_2S(g)+1/2O_2(g)=Ag_2S(s)+H_2O(l)$，该反应是否比银单独和硫化氢反应放出氢气更容易发生？通过计算来回答温度对该反应自发性的影响如何？（在 298 K，Ag_2S 的标准生成焓和标准熵分别为 $-32.6\ kJ \cdot mol^{-1}$ 和 $144\ J \cdot mol^{-1} \cdot K^{-1}$）

14. 高价金属的氧化物在高温下容易分解为低价氧化物。以氧化铜分解为氧化亚铜为例，估算分解反应的温度。该反应的自发性是焓驱动还是熵驱动的？温度升高对反应自发性的影响如何？

15. 很早就有人用热力学理论估算过，CuI_2 固体在 298 K 下的标准摩尔生成焓和标准摩尔生成自由能分别为$-21.34\ kJ \cdot mol^{-1}$和$-23.85\ kJ \cdot mol^{-1}$。可是，碘化铜固体却至今并没有制得过。试分析是什么原因。

16. 在 300 K 下，氯乙烷分解反应的速率常数为$2.5\times10^{-3}\ min^{-1}$，求：

(1) 该反应是几级反应？说明理由。

(2) 氯乙烷分解一半，需多少时间？

(3) 氯乙烷浓度由 $0.040\ mol \cdot L^{-1}$降为 $0.010\ mol \cdot L^{-1}$，需要多少时间？

(4) 若初始浓度为 $0.40\ mol \cdot L^{-1}$，反应进行 8 h 后，氯乙烷浓度还剩余多少？

17. 放射性$^{60}_{27}Co$(半衰期 $t_{1/2}=5.26$ a，a 为时间单位年，其英文 annual)发射的强辐射广泛用于治疗癌症(放射疗法)。放射性物质的放射性活度以 Ci(居里)为单位表示。某医院购买了一个含 20Ci 的钴源，在 10 年后，放射性活度还剩余多少？

18. 碳 14 半衰期为 5 720 a，今测得北京周口店山顶洞遗址出土的古斑鹿骨化石中的$^{14}C/^{12}C$ 比值是当今活着的生物的 0.109 倍，估算该化石是距今多久？周口店北京猿人距今约 50 万年，若有人提议用碳 14 法测定它的生活年代，你认为是否可行？

19. 测得某反应在 273 K 和 313 K 下的速率常数分别为1.06×10^{-5}和2.93×10^{-3}，求该反应在 300 K 下的速率常数。

20. 某一级反应，在 300 K 时反应完成 50%需时 25.0 min，在 350 K 时反应完成 50%需时 10.0 min，计算该反应的活化能。

21. 写出下列各反应的平衡常数表达式。

(1) $2SO_2(g)+O_2(g)\!=\!=\!=2SO_3(g)$

(2) $NH_4HCO_3(s)\!=\!=\!=NH_3(g)+CO_2(g)+H_2O(g)$

(3) $CaCO_3(s)\!=\!=\!=CO_2(g)+CaO(s)$

(4) $Ag_2O(s)\!=\!=\!=2Ag(s)+1/2O_2(g)$

(5) $CO_2(g)\!=\!=\!=CO_2(aq)$

(6) $Cl_2(g)+H_2O(l)\!=\!=\!=H^+(aq)+Cl^-(aq)+HClO(aq)$

(7) $HCN(aq)\!=\!=\!=H^+(aq)+CN^-(aq)$

(8) $Fe_2O_3(s)+CO(g)\!=\!=\!=2Fe(s)+CO_2(g)$

(9) $BaSO_4(s)+CO_3^{2-}(aq)\!=\!=\!=BaCO_3(s)+SO_4^{2-}(aq)$

(10) $Fe^{2+}(aq)+1/2O_2(g)+2H^+(aq)\!=\!=\!=Fe^{3+}(aq)+H_2O(l)$

22. 已知反应 $ICl(g)\!=\!=\!=1/2I_2(g)+1/2Cl_2(g)$在 25 ℃时的平衡常数为$K^\ominus=2.2\times10^{-3}$，试计算下列反应的平衡常数：

(1) $2ICl(g)\!=\!=\!=I_2(g)+Cl_2(g)$

(2) $1/2I_2(g)+1/2Cl_2(g)\!=\!=\!=ICl(g)$

23. 下列反应的 K_p 和 K_c 之间存在什么关系？

(1) $4H_2(g)+Fe_3O_4(s)\!=\!=\!=3Fe(s)+4H_2O(g)$

(2) $N_2(g)+3H_2(g)\!=\!=\!=2NH_3(g)$

(3) $N_2O_4(g)\!=\!=\!=2NO_2(g)$

24. 已知：

$HCN \longequal H^+ + CN^-$　　$K_1 = 4.9 \times 10^{-10}$

$NH_3 + H_2O \longequal NH_4^+ + OH^-$　　$K_2 = 1.8 \times 10^{-5}$

$H_2O \longequal H^+ + OH^-$　　$K_3 = 1.0 \times 10^{-14}$

求反应 $NH_3 + HCN \longequal NH_4^+ + CN^-$ 的平衡常数 K。

25. 将 SO_3 固体置于一反应器内，加热使 SO_3 气化并令其分解，测得温度为 900 K，总压为 $p^\ominus$ 时，气体混合物的密度为 $D = 0.925\ g/dm^3$，求 SO_3 的平衡解离度 α。

26. 已知反应 $N_2O_4(g) \rightleftharpoons 2NO_2(g)$ 在 308 K 下的标准平衡常数 K_p 为 0.320。求反应系统的总压为 $p^\ominus$ 和 $2p^\ominus$，N_2O_4 的解离度及其比。计算结果是否符合勒夏特列原理？如果升高温度，使其平衡常数变为 0.563，再计算离解度，说明什么？

27. 雷雨导致空气中的氮气和氧气化合为 NO 是自然界中氮的固定的主要反应之一。经热力学计算得知，在 2 033 K 和 3 000 K 下该反应达平衡时系统中 NO 的体积分数分别为 0.8%和 4.5%，试问：

(1) 该反应是吸热反应还是放热反应？

(2) 计算 2 533 K 时的平衡常数。

28. 下面各种改变对反应 $2SO_2(g) + O_2(g) \rightleftharpoons 2SO_3(g)$（$\Delta_r H_m^\ominus = 198\ kJ \cdot mol^{-1}$）中的 SO_3 的平衡分压有何影响？

(1) 将反应容器的体积加倍；

(2) 保持体积而增加反应的温度；

(3) 加多氧量；

(4) 保持反应容器的体积而加入氩气。

29. $PCl_5(g)$分解成 $PCl_3(g)$和 $Cl_2(g)$的反应是一个吸热反应。以下各种措施对于五氧化磷的解离有何影响？

(1) 压缩气体混合物；

(2) 增加气体混合物的体积；

(3) 降低温度；

(4) 保持混合气体的体积不变的前提下向气体混合物添加氩气。

30. 在 200 ℃下的体积为 V 的容器里，下面的吸热反应达成平衡态：

$$NH_4HS(g) \rightleftharpoons NH_3(g) + H_2S(g)$$

通过以下各种措施，反应再达到平衡时，NH_3 的分压跟原来的分压相比，有何变化？

(1) 增加氨气；

(2) 增加硫化氢气体；

(3) 增加 NH_4HS 固体；

(4) 增加温度；

(5) 加入氩气以增加体系的总压；

(6) 把反应容器的体积增加到 $2V$。

31. 已知氯气在饱和食盐水里的溶解度小于在纯水里的溶解度。试从平衡移动的原理加以解释。实验测得氯气溶于水后约有三分之一的 Cl_2 发生歧化转化为盐酸和次氯酸，求该反应的平衡常数（293 K 下氯气在水中的溶解度为 0.09 mol·L^{-1}）。

32. 汽车的尾气里有 NO 气体，它是汽车内燃机燃烧的高温引起的氮气和氧气的反应：

$$N_2(g)+O_2(g)=\!=\!=2NO(g) \qquad K_c=0.10\ (2\,000\ ℃时)$$

在一个 2 L 的容器里进行实验，起始时，氮气和氧气的浓度分别为 0.78 mol·L^{-1}，求达到平衡时 NO 气体的浓度。

33. 实验指出，无水三氯化铝极易升华，在热力学标准压力下的以下各温度时测定的密度为：

T/℃	200	600	800
D/g·L^{-1}	6.8×10^{-3}	2.65×10^{-3}	1.51×10^{-3}

(1) 求三氯化铝在 200 ℃和 800 ℃时的分子式；

(2) 求 600 ℃下的平衡物种；

(3) 求 600 ℃下物种的平衡分压；

(4) 求 600 ℃的 K_c 和 K_p。

第 2 章　溶液中的离子反应

§2.1　物质的量浓度和溶解度

2.1.1　物质的量浓度

浓度是溶液中的溶质相对于溶液或溶质的相对量。一般使用物质的量浓度来描述。它指每升溶液中溶质的物质的量，单位 $mol \cdot L^{-1}$，符号 c，使用时可以用 $c(H^+)$或$[H^+]$表示氢离子的浓度。

浓度的表示方法很多，常见的有质量分数和摩尔分数。摩尔分数为溶液中的一种物质的物质的量与各组分的总物质的量之比，用 x 表示，这样某溶液中物质 B 的摩尔分数为：

$$x(B)=n(B)/n(总)$$

2.1.2　溶解度

在一定温度和压力下，溶质在一定量溶剂中形成饱和溶液时，被溶解的溶质的量即为该物质的溶解度。因此，只要是饱和溶液，第 2.1.1 中任何一种浓度都可以看成是溶解度。但是习惯上最常用的溶解度表示方法是 100 g 溶剂中所能溶解的溶质的最大克数。

例如，20 ℃时，NaCl 的溶解度为 35.7 g，即在 100 g 水中最多只能溶解 35.7 g 固体 NaCl。该溶液的质量分数 x 为：

$$x=35.7\ g/(100\ g+35.7\ g)\times 100\%=26.3\%$$

该饱和溶液的密度为 $1.36\ g \cdot mL^{-1}$，该溶液的物质的量浓度为：

$$c=\frac{1\ 000\ mL \cdot L^{-1}\times 26.3\%\times 1.36\ g \cdot L^{-1}}{58.44\ g \cdot mol^{-1}}=6.08\ mol \cdot L^{-1}$$

§2.2　酸碱质子理论

人类对于酸和碱的认识是渐进的。高中阶段介绍的理论是电离理论，该理论是 1887 年瑞典科学家阿累尼乌斯提出的，至今仍然广泛使用。但是也有缺陷，如无法解释 Na_2CO_3 的碱性，气态 HCl 和 NH_3 的酸碱性等。丹麦化学家布朗斯台德(Brønsted)和英国化学家劳里(Lowry)于 1923 年分别提出酸碱质子理论。

2.2.1 酸碱的定义

质子理论认为：凡是能够给出质子的物质都是酸，凡是能够接受质子的物质都是碱。该定义的核心是该物质能提供或者接受质子。由此定义可知，酸和碱不一定是分子，也可以是离子。例如 HCl、NH_4^+、HSO_4^- 都是酸，CN^-、NH_3、SO_4^{2-} 都是碱。如果某物质既能给出质子，又能接受质子，它就既是酸又是碱，可称为酸碱两性物质，如 HCO_3^-、HSO_4^- 等。

由于物质得到质子后必然又可以失去，失去质子后必然又可以得到，所以酸和碱可以通过质子相互转化，这种关系称为共轭关系。可以用通式表示为：酸$\rightleftharpoons$碱＋质子，相差一个质子的一对酸碱称为共轭酸碱对，所以该通式中的酸碱为共轭酸碱。常见的共轭酸碱如下：

$$
\begin{array}{cccc}
\text{酸} & \rightleftharpoons & \text{碱} & + \ \text{质子} \\
HCl & \rightleftharpoons & Cl^- & + \ H^+ \\
NH_4^+ & \rightleftharpoons & NH_3 & + \ H^+ \\
H_2SO_4 & \rightleftharpoons & HSO_4^- & + \ H^+ \\
HSO_4^- & \rightleftharpoons & SO_4^{2-} & + \ H^+ \\
Al(H_2O)_6^{3+} & \rightleftharpoons & Al(H_2O)_6(OH)^{2+} & + \ H^+
\end{array}
$$

可以看出，H_2SO_4 和 HSO_4^- 是一对共轭酸碱，而 HSO_4^- 和 SO_4^{2-} 是另一对共轭酸碱，HSO_4^- 的两性是体现在不同的共轭酸碱对中的。

2.2.2 酸碱反应

根据酸碱质子理论，酸碱反应其实就是两对共轭酸碱对之间交换质子的反应，通式为：

$$\text{酸 1}+\text{碱 2}\rightleftharpoons\text{碱 1}+\text{酸 2}$$

例如：

$HCl+NH_3\rightleftharpoons Cl^-+NH_4^+$

$H_2O+NH_3\rightleftharpoons OH^-+NH_4^+$　　（碱的电离）

$H_2SO_4+H_2O\rightleftharpoons HSO_4^-+H_3O^+$　　（强酸电离）

$HSO_4^-+H_2O\rightleftharpoons SO_4^{2-}+H_3O^+$　　（酸式盐电离）

$H_2O+H_2O\rightleftharpoons OH^-+H_3O^+$　　（自偶电离）

$H_3O^++OH^-\rightleftharpoons H_2O+H_2O$　　（中和反应）

$H_2O+CO_3^{2-}\rightleftharpoons OH^-+HCO_3^-$　　（盐的水解）

由此可见，酸碱质子理论中没有盐的概念，也不需要盐的概念。有关电离理论中盐的内涵都已经包含在酸碱反应的概念之中了。

在普通化学中，常用 H^+ 代替 H_3O^+，因此上面的中和反应可以简写为：

$$H^++OH^-\rightleftharpoons H_2O$$

§2.3 水的离子积、pH 计算

水有微弱的导电性，这是由于水中会发生自偶电离(也叫自解离)：

$$H_2O + H_2O \rightleftharpoons OH^- + H_3O^+$$

该反应常简化为：$H_2O \rightleftharpoons OH^- + H^+$

平衡常数：$K_w = c(H^+)c(OH^-)$，称为水的离子积。

水的离子积是温度的函数，温度升高时，该平衡常数显著增大，表 2-1 列出了不同温度下的该常数。一般在不作精密计算时，不考虑溶液温度的变化，通常取 $K_w = 1.00 \times 10^{-14}$。因此，对于纯水和中性溶液：

$$c(H^+) = c(OH^-) = \sqrt{K_w} = 1.00 \times 10^{-7}\ mol \cdot L^{-1}$$

表 2-1 不同温度下水的离子积常数

t/℃	20	30	60	70	80	90	100
$K_w/10^{-14}$	0.681	1.47	9.61	15.8	25.1	38.0	55.0

1909 年，丹麦生理学家索伦生提出用 pH 表示水溶液的酸度：

$$pH = -\lg c(H^+)$$

这里，lg 表示以 10 为底的常用对数。对于 $c(H^+) = 1.00 \times 10^{-7}\ mol \cdot L^{-1}$ 的中性溶液，$pH = -\lg(1.00 \times 10^{-7}) = 7$；$c(H^+) > 1.00 \times 10^{-7}\ mol \cdot L^{-1}$ 的酸性溶液，$pH < 7$；$c(H^+) < 1.00 \times 10^{-7}\ mol \cdot L^{-1}$ 的碱性溶液，$pH > 7$。

这里需注意，常温下，pH=7 为中性溶液，如果温度变化，需进行温度的校正，再用此标准就不对了。

类似于 pH 的表示法，还可以得 $pOH = -\lg c(OH^-)$、$pK_w = -\lg[c(H^+) \cdot c(OH^-)]$，因此对关系式 $K_w = c(H^+) \cdot c(OH^-)$ 的两边同时取常用对数，并加负号可得：

$$pK_w = pH + pOH$$

或者：$pH + pOH = 14$

2.3.1 强电解质和弱电解质

根据中学化学知识，强电解质溶于水后完全电离，生成离子，它包括强酸、强碱以及各种盐。例如：

$$HCl = H^+ + Cl^-$$

$$HNO_3 = H^+ + NO_3^-$$

$$NaOH = Na^+ + OH^-$$

$$K_2CO_3 = 2K^+ + CO_3^{2-}$$

其中 aq 表示 aqueous，其英文原意是“水的”，可以理解为该离子的水合物，不能将 aqueous 理解为“溶液”。

弱电解质溶于水后不能完全电离，它对应的是弱酸和弱碱：

$$CH_3COOH \rightleftharpoons H^+ + CH_3COO^-$$

$$H_2S \rightleftharpoons H^+ + HS^-$$

$$NH_3 + H_2O \rightleftharpoons NH_4^+ + OH^-$$

可以用电离度来表示类似于化学平衡中的转化率，它指已经电离的分子数与分子总数之比：

$$\text{电离度}\ \alpha = \frac{\text{已电离的分子数}}{\text{总分子数}} \times 100\%$$

溶液的浓度越小，电离度越大，电解质的电离程度越高，不同浓度的醋酸溶液的电离度见表 2-2。

表 2-2　不同浓度的醋酸溶液的电离度

醋酸浓度/mol·L^{-1}	0.2	0.1	0.02	0.001
电离度/%	0.93	1.3	3.0	12

2.3.2　电离平衡常数

对于任意一元弱酸 HA，有电离平衡：

$$HA \rightleftharpoons H^+ + A^-$$

$$K_a = \frac{c(H^+)c(A^-)}{c(HA)}$$

同样，对于任意一元弱碱 A^-，有电离平衡：

$$A^- + H_2O \rightleftharpoons OH^- + HA$$

$$K_b = \frac{c(OH^-)c(HA)}{c(A^-)}$$

将这两个方程式相加可得：$H_2O \rightleftharpoons OH^- + H^+$

其平衡常数(K_w)为两者相乘，即

$$K_w = K_a K_b = \frac{c(H^+)c(A^-)}{c(HA)} \frac{c(OH^-)c(HA)}{c(A^-)} = c(H^+)c(OH^-)$$

此式同多重平衡规则相吻合。

【例 2-1】 已知醋酸的电离平衡常数是 1.75×10^{-5}，求其共轭碱的碱常数。

解： $K_b = \frac{K_w}{K_a} = \frac{10^{-14}}{1.75 \times 10^{-5}} = 5.71 \times 10^{-10}$

2.3.3　一元弱酸的平衡近似计算

对于一元弱酸 HA 的电离平衡：

	$HA \rightleftharpoons$	H^+	$+A^-$
起始浓度	c	0	0
转化浓度	$-x$	$+x$	$+x$
平衡浓度	$c-x$	x	x

代入平衡常数表达式：

$$K_a=\frac{c(H^+)c(A^-)}{c(HA)}=\frac{x^2}{c-x}$$

代入平衡常数即可求解。$x=\dfrac{-K_a+\sqrt{K_a^2+4K_ac}}{2}$

如果 x 相对于 c 很小，即 $c-x\approx c$，上面的方程可以简单求解，得：

$$c(H^+)=x=\sqrt{K_ac}$$

此式为计算弱酸酸度的最简式，一般认为，当 $c/K_a>400$ 时，即可使用最简式。

$$电离度\ \alpha=\frac{x}{c}\times 100\%$$

视频 用 MATLAB 简化计算[H^+]

【例 2-2】　计算 0.10 mol·L^{-1} 丙酸的 pH 和电离度。($K_a=1.34\times10^{-5}$)

解：由于 $c/K_a=0.1/1.34\times10^{-5}\gg400$，使用最简式，则

$c(H^+)=x=\sqrt{K_ac}=\sqrt{1.34\times10^{-5}\times0.10}=1.16\times10^{-3}\ \text{mol}\cdot\text{L}^{-1}$

$pH=-\lg(1.16\times10^{-3})=2.94$

电离度 $\alpha=x/c=(1.16\times10^{-3}/0.10)\times100\%=1.16\%$

【例 2-3】　已知氯乙酸 $ClCH_2COOH$ 的 $K_a=3.32\times10^{-2}$，计算其 0.020 mol·L^{-1} 溶液的 pH 和电离度。

解：由于 $c/K_a=0.6$，不能使用最简式，则

$$\frac{x^2}{0.020-x}=3.32\times10^{-2}$$

解方程得：　$x=0.014\ \text{mol}\cdot\text{L}^{-1}$

$$pH=-\lg(0.014)=1.85$$

电离度 $\alpha=x/c=(0.014/0.020)\times100\%=70\%$

多元弱酸的电离是分步进行的，例如，磷酸的电离如下：

$$H_3PO_4 \rightleftharpoons H_2PO_4^- + H^+$$

$$H_2PO_4^- \rightleftharpoons HPO_4^{2-} + H^+$$

$$HPO_4^{2-} \rightleftharpoons PO_4^{3-} + H^+$$

由于第一步电离的氢离子大大抑制了第二步电离，往往只按第一步电离的氢离子浓度来计算溶液的 pH。

【例 2－4】 计算 0.100 $mol \cdot L^{-1}$ H_3PO_4 溶液中 PO_4^{3-}、HPO_4^{2-}、$H_2PO_4^-$、H_3PO_4 浓度和 pH。已知 H_3PO_4 的 $K_{a_1}=7.52\times10^{-3}$、$K_{a_2}=6.23\times10^{-8}$、$K_{a_3}=2.20\times10^{-13}$。

解：首先，只需考虑平衡：

$$H_3PO_4 \rightleftharpoons H_2PO_4^- + H^+$$

用同【例 2－3】一样的方法可得：

$$\frac{x^2}{0.100-x}=7.52\times10^{-3}$$

解方程得：$x=0.0239$

即 $c(H^+)=c(H_2PO_4^-)=0.0239(mol \cdot L^{-1})$

$$pH=-\lg(0.0239)=1.62$$

$$c(H_3PO_4)=c-x=0.0761\ mol \cdot L^{-1}$$

对于平衡 $H_2PO_4^- \rightleftharpoons HPO_4^{2-} + H^+$，得：

$$K_{a_2}=\frac{c(H^+)c(HPO_4^{2-})}{c(H_2PO_4^-)}$$

代入数据 $c(H^+)=c(H_2PO_4^-)=0.0239\ mol \cdot L^{-1}$，可得：

$$c(HPO_4^{2-})=K_{a_2}=6.23\times10^{-8}\ mol \cdot L^{-1}$$

再考虑平衡 $HPO_4^{2-} \rightleftharpoons PO_4^{3-} + H^+$，得：

$$K_{a_3}=\frac{c(H^+)c(PO_4^{3-})}{c(HPO_4^{2-})}$$

代入数据 $c(H^+)=0.0239\ mol \cdot L^{-1}$，$c(HPO_4^{2-})=6.23\times10^{-8}\ mol \cdot L^{-1}$，可得：

$$c(PO_4^{3-})=5.73\times10^{-19}(mol \cdot L^{-1})$$

另外，本题中 H_3PO_4 的电离度 $\alpha=x/c=0.0239/0.100\times100\%=23.9\%$

2.3.4 一元弱碱的平衡近似计算

对于一元弱碱 A^-，同样存在电离平衡：

	$A^- + H_2O \rightleftharpoons$	OH^-	$+HA$
起始浓度	c	0	0
转化浓度	$-x$	$+x$	$+x$
平衡浓度	$c-x$	x	x

代入平衡常数表达式：

$$K_b=\frac{c(OH^-)c(HA)}{c(A^-)}=\frac{x^2}{c-x}$$

代入平衡常数即可求解：

$$x=c(OH^-)=\frac{-K_b+\sqrt{K_b^2+4K_bc}}{2}$$

同样有最简式：$c(OH^-)=\sqrt{K_bc}$，其判据为 $c/K_b>400$。

【例 2-5】 计算 0.20 mol·L^{-1}氨水的 pH。($K_b=1.77\times10^{-5}$)

解：由于 $c/K_b\sim10^4>400$，因此

$$c(OH^-)=\sqrt{K_bc}=\sqrt{1.77\times10^{-5}\times0.2}=1.88\times10^{-3}\ mol\cdot L^{-1}$$

$$pH=-\lg c(H^+)=-\lg(10^{-14}/c(OH^-)=11.27$$

酸碱电离理论中的正盐，例如 Na_2CO_3、Na_3PO_4 都可以看成多元弱碱。CO_3^{2-} 的电离如下：

$$CO_3^{2-}+H_2O\rightleftharpoons HCO_3^-+OH^-$$

$$HCO_3^-+H_2O\rightleftharpoons H_2CO_3+OH^-$$

同样，由于第一步电离的氢氧根离子大大抑制了第二步电离，只需考虑按第一步电离来计算溶液的 pH。

【例 2-6】 计算 0.100 mol·L^{-1} Na_2CO_3 溶液中 CO_3^{2-}、HCO_3^- 浓度和 pH 。(已知 H_2CO_3 的 $pK_{a_1}=6.352$、$pK_{a_2}=10.329$)

解：首先，只需考虑：

$$CO_3^{2-}+H_2O\rightleftharpoons HCO_3^-+OH^-$$

方法用同【例 2-5】可得：

$$\frac{x^2}{0.100-x}=K_{b_1}=\frac{10^{-14}}{10^{-10.329}}$$

解方程得：$x=4.51\times10^{-3}\ mol\cdot L^{-1}$

$$即\ c(OH^-)=c(HCO_3^-)=4.51\times10^{-3}\ mol\cdot L^{-1}$$

$$pH-14+\lg(4.51\times10^{-3})=11.654$$

$$c(CO_3^{2-})=c-x=0.095\,5\ mol\cdot L^{-1}$$

对于平衡：$HCO_3^-+H_2O\rightleftharpoons H_2CO_3+OH^-$，有：

$$K_{b_2}=\frac{c(OH^-)c(H_2CO_3)}{c(HCO_3^-)}$$

代入数据 $c(OH^-)=c(HCO_3^-)=4.51\times10^{-3}\ mol\cdot L^{-1}$，可得

$$c(H_2CO_3)=K_{b_2}=10^{-14+6.352}=2.25\times10^{-8}\ mol\cdot L^{-1}$$

§2.4 同离子效应和缓冲溶液

2.4.1 同离子效应

上一节解决的是弱酸和弱碱的电离平衡问题，若是混合溶液，例如醋酸和氢氧化钠的混合溶液，就需要用新的方法。

【例 2-7】 计算溶液中同时有 0.100 mol·L^{-1}的盐酸和 0.100 mol·L^{-1}丙酸(K_a=1.34×10^{-5})时的 pH。

解：从【例 2-2】可知，如果溶液中没有 HCl，那么 $c(H^+)$=1.16×10^{-3} mol·L^{-1}，但是由于溶液中还有 HCl，根据化学平衡移动的原理，将使丙酸 CH_3CH_2COOH 的电离程度大大降低。

	CH_3CH_2COOH ⇌	H^+	$+CH_3CH_2COO^-$
起始浓度	0.100	0.100	0
转化浓度	$-x$	$+x$	$+x$
平衡浓度	$0.100-x$	$0.100+x$	x

代入平衡常数表达式：

$$\frac{x(0.100+x)}{0.100-x}=1.34\times10^{-5}$$

$x=1.34\times10^{-5}\ \text{mol}\cdot\text{L}^{-1}$

$c(H^+)=0.100+x\approx0.100\ \text{mol}\cdot\text{L}^{-1}$

可以看出，实际上有 HCl 存在时，溶液中的氢离子几乎都是 HCl 电离的。丙酸电离出的氢离子极少，其原因就是氢离子的同离子效应大大抑制了丙酸的电离。

【例 2-8】 计算溶液中同时有 0.100 mol·L^{-1}的 NaOH 和 0.100 mol·L^{-1}丙酸(K_a=1.34×10^{-5})时的 pH。

解：从题意可以简单看出，首先发生中和反应：

$$NaOH+CH_3CH_2COOH \rightleftharpoons H_2O+CH_3CH_2COONa$$

根据中和反应，溶液中的丙酸钠浓度应该为 0.100 mol·L^{-1}，换句话说，本题实际上就是求0.100 mol·L^{-1}的丙酸钠溶液的 pH，因此

$$c(OH^-)=\sqrt{K_bc}=\sqrt{\frac{10^{-14}}{1.34\times10^{-5}}\times0.1}=8.6\times10^{-6}\ \text{mol}\cdot\text{L}^{-1}$$

$$pH=-\lg c(H^+)=-\lg(10^{-14}/c(OH^-))=8.94$$

【例 2-9】 计算溶液中同时有 0.050 mol·L^{-1}的 NaOH 和 0.100 mol·L^{-1}丙酸(K_a=1.34×10^{-5})时的 pH。

解：本题和上题的不同就在于 NaOH 的浓度下降为 0.050 mol·L^{-1}，根据中和反应：

$$NaOH + CH_3CH_2COOH \rightleftharpoons H_2O + CH_3CH_2COONa$$

	NaOH	CH_3CH_2COOH	H_2O	CH_3CH_2COONa
起始浓度	0.050	0.100		
转化浓度	−0.050	−0.050		0.050
完全转化时浓度	≈0	0.050		0.050

这样，溶液中就同时存在一对共轭酸碱（CH_3CH_2COOH 和 $CH_3CH_2COO^-$），它们对应着平衡：

$$CH_3CH_2COOH \rightleftharpoons H^+ + CH_3CH_2COO^-$$

	CH_3CH_2COOH	H^+	$CH_3CH_2COO^-$
起始浓度	0.050		0.050
转化浓度	$-x$	x	x
平衡浓度	$0.050-x$	x	$0.050+x$
近似浓度	0.050	x	0.050

代入平衡常数表达式：$K_a=\dfrac{c(H^+)c(CH_3CH_2COO^-)}{c(CH_3CH_2COOH)}=1.34\times10^{-5}$

可得：

$$K_a=\frac{c(H^+)\times0.050}{0.050}=1.34\times10^{-5}$$

$$c(H^+)=1.34\times10^{-5}\ mol\cdot L^{-1}$$

$$pH=-\lg c(H^+)=4.87$$

对于【例 2-9】，如果不近似，则代入：$K_a=\dfrac{x(0.050-x)}{(0.050+x)}=1.34\times10^{-5}$

仍然有：$x=1.34\times10^{-5}\ mol\cdot L^{-1}$

这说明，在溶液中存在大量共轭酸碱时，可以忽略弱酸的电离对其浓度的影响。

2.4.2　缓冲溶液

如果一个溶液中同时存在一定浓度的共轭酸碱，由于同离子效应的作用，它们往往会形成缓冲溶液。【例 2-9】就是一个缓冲溶液的实例。

微课>缓冲溶液

缓冲溶液是指向一个溶液中加入强酸或强碱时，溶液的 pH 会维持在一个数值附近不会作太大变化。也就是说，加入的强酸或强碱被溶液缓冲掉了。

对于任意弱酸的电离：

$$HA \rightleftharpoons H^+ + A^-$$

	HA	H^+	A^-
起始浓度	c_a	0	c_b
转化浓度	$-x$	$+x$	$+x$
平衡浓度	c_a-x	x	c_b+x
近似浓度	c_a	x	c_b

代入平衡常数：$K_a=\dfrac{c(H^+)c(A^-)}{c(HA)}$，可得

$$K_a=\frac{c(H^+)c_b}{c_a}$$

方程两边同时取对数：$\lg K_a=\lg c(H^+)+\lg(c_b/c_a)$

移项，并由于 $pH=-\lg c(H^+)$，$pK_a=-\lg K_a$，得

缓冲溶液计算 pH 的一般公式：

$$pH=pK_a-\lg(c_a/c_b)$$

【例 2-10】 在 1 000 mL 同时有 0.50 mol·L^{-1}的丙酸钠和 0.50 mol·L^{-1}丙酸($K_a=1.34\times10^{-5}$)的缓冲溶液中，加入(1) 1 mL 10 mol·L^{-1}浓盐酸；(2) 1 mL 15 mol·L^{-1}NaOH，求溶液的 pH。

解：由于加入的浓盐酸或浓氢氧化钠对溶液体积的影响极小，可以忽略。

对于平衡：	$CH_3CH_2COOH \rightleftharpoons H^+ + CH_3CH_2COO^-$	
起始物质的量	0.5	0.5
加入盐酸转化的量	+0.01	−0.01
转化后的量	0.51	0.49
加入 NaOH 转化的量	−0.015	+0.015
转化后的量	0.485	0.515

代入缓冲溶液计算 pH 的一般公式：$pH=pK_a-\lg(c_a/c_b)$，其中浓度比就是物质的量之比。

(1) 加入 1 mL 浓度为 10 mol·L^{-1}浓盐酸时的 pH 为：

$pH=pK_a-\lg(c_a/c_b)=p(1.34\times10^{-5})-\lg(0.51/0.49)=4.85$

(2) 加入 1 mL 浓度为 15 mol·L^{-1}NaOH 的 pH 为：

$pH=pK_a-\lg(c_a/c_b)=p(1.34\times10^{-5})-\lg(0.485/0.515)=4.90$

由上面的计算可以看出，在该溶液中加入强酸或强碱时，其 pH 几乎不变，这就是缓冲溶液的最重要的特征。作为比较，上述强酸或强碱如果加到水中，它们的浓度则稀释至原来的 1/1 000，因此

$c(HCl)=0.010\ mol\cdot L^{-1}$，其 pH 为 2.00；

$c(HCl)=0.015\ mol\cdot L^{-1}$，其 pH 为 12.18。

两者比较，可以看出缓冲溶液的巨大作用。

实践中，化工生产、生物制药、工农业生产及科研中经常会用到缓冲溶液。例如，无论是酸性还是碱性的土壤，其 pH 都相当稳定，外加酸性或碱性的化肥不至于使其 pH 发生剧烈的变化；人血的 pH 在 7.4 附近，一般不会发生偏移。

【例 2-11】 欲配制 pH=9.20 的缓冲溶液 1 000 mL，还需要在 50 mL 浓度为15 mol·L^{-1}的浓氨水($K_b=1.77\times10^{-5}$)中加入多少克固体 NH_4Cl，如何配制？

解：由于 $pH=pK_a-\lg(c_a/c_b)$，代入数据得：

$$9.20=-\lg(10^{-14}/1.77\times10^{-5})-\lg(c_a/c_b)$$

可得：$c_a/c_b = n_a/n_b = 1.117$

式中 n_a 和 n_b 为共轭酸碱的物质的量。

共轭碱 NH_3 物质的量为：$n_b = 50\ mL \times 15\ mol \cdot L^{-1} = 750\ mmol = 0.75\ mol$

共轭酸 NH_4Cl 物质的量为：$n_a = 0.75\ mol \times 1.117 = 0.837\ 6\ mol$

NH_4Cl 质量为：$m = 0.837\ 6\ mol \times 53.5\ g \cdot mol^{-1} = 44.8\ g$

具体配制时，实际上是用少量水溶解 44.8 g 固体 NH_4Cl，然后加入到浓氨水中，并加水稀释到 1 000 mL 即可。

2.4.3　复杂溶液中浓度的综合计算

1. 酸碱滴定法

酸碱滴定是指利用酸和碱在水中以质子转移反应为基础的滴定分析方法，可用于测定酸、碱和两性物质。其基本反应为 $H^+ + OH^- \longrightarrow H_2O$，也称中和法，是一种利用酸碱反应进行容量分析的方法。用酸作滴定剂可以测定碱，用碱作滴定剂可以测定酸。

微课 酸碱滴定

在用强碱滴定弱酸时，滴定开始之前，溶液中是一元弱酸 HA，滴定完成之时，全部转化为其共轭碱 NaA，反应如下：

$$HA + OH^- \rightleftharpoons H_2O + A^-$$

在滴定过程中，由于 NaOH 不足量，在消耗完 NaOH 后，未消耗的 HA 和反应生成的 A^- 组成缓冲溶液。

为方便理解，假设原来的弱酸浓度为 $1\ mol \cdot L^{-1}$，体积为 20 mL，NaOH 浓度为 $1\ mol \cdot L^{-1}$，这样加入的 NaOH 体积有如下关系。

表 2-3　加入不同量的 NaOH 时酸碱浓度比

NaOH 体积/mL	反应的 HA 物质的量/mol	未反应的 HA 物质的量/mol	生成的 A^- 物质的量/mol	共轭酸碱浓度比
1	1	19	1	19/1
5	5	15	5	15/5
10	10	10	10	10/10
16	16	4	16	4/16

据此，可得如下结论：对于一个未知浓度的一元弱酸，滴定终点时的 NaOH 体积设为 x mL，滴定过程中加入 a mL NaOH 时的共轭酸碱浓度比为 $(x-a)/a$。

【例 2-12】 将一未知一元弱酸溶于未知量水中，并用一未知浓度的强碱滴定。已知用去 3.05 mL 强碱时，溶液 pH＝4.00；用去 12.91 mL 强碱时，溶液 pH＝5.00。问该酸的电离平衡常数是多少？

解：假设滴定结束时消耗 x mL 强碱，用去 3.05 mL 和 12.91 mL 强碱时，共轭酸碱浓度比为：$(x-3.05)/3.05$ 和 $(x-12.91)/12.91$，代入公式可得：

$$4.00 = pK_a - \lg[(x-3.05)/3.05]$$

$$5.00 = pK_a - \lg[(x-12.91)/12.91]$$

解方程时，将上面两式相减，化简后可得：$x=20.15$ mL

$$K_a = 1.78\times10^{-5}$$

2. 电位滴定法

电位滴定法是在滴定过程中通过测量电位变化以确定滴定终点的方法。普通滴定法是依靠指示剂颜色变化来指示滴定终点，如果待测溶液有颜色或浑浊时，终点的指示就比较困难，或者根本找不到合适的指示剂。电位滴定法是靠电极电位的突跃来指示滴定终点。在滴定到达终点前后，滴液中的待测离子浓度往往连续变化 n 个数量级，引起电位的突跃，被测成分的含量仍然通过消耗滴定剂的量来计算。

滴定到终点时称为化学计量点，可记为 sp，可以理解为滴加时标准溶液与待测组分恰好反应完全的点，若待测组分为二元弱酸，就会有两个化学计量点 sp1 和 sp2。

【例 2－13】 称取纯酸 H_2A 0.365 8 g，用水溶解后，用 0.095 4 mol・L^{-1} NaOH 进行电位滴定，出现两个突跃，得到下表数据：

加入 NaOH 体积/mL	pH
18.42	2.85
36.84(sp1)	4.26
55.25	5.66
73.66(sp2)	8.50

(1) 写出到达 sp1 时发生的化学反应方程式；

(2) 计算 H_2A 的摩尔质量；

(3) 求 H_2A 的电离平衡常数 pK_{a_1} 和 pK_{a_2}。

解：弱酸和 NaOH 的中和反应分两步来完成，分别如下：

$$H_2A + NaOH = NaHA + H_2O$$

$$NaHA + NaOH = Na_2A + H_2O$$

(1) 第一步反应即为到 sp1 时发生的化学反应。

(2) 终点时的体积 73.66 mL，对应的 NaOH 物质的量为：

0.095 4 mol・L^{-1}×73.66 mL＝7.027 mmol＝7.027×10^{-3} mol

H_2A 的摩尔质量为：2×0.365 8 g/7.027×10^{-3} mol＝104.1 g・mol^{-1}

(3) 加入 18.42 mL 时共轭酸碱浓度比(即 $c(H_2A)/c(HA^-)$)为 1，同样加入 55.25 mL 时共轭酸碱浓度比(即 $c(HA^-)/c(A^{2-})$)也为 1。因此，代入公式 $pH = pK_a - \lg(c_a/c_b)$，则

$$pK_{a_1} = 2.85, pK_{a_2} = 5.66$$

§2.5　多相离子平衡

2.5.1　溶度积原理

理论上，任何物质都可以溶于水中，所谓的难溶物其实就是在水中的溶解度小一点而已，绝对不溶于水的物质是没有的。因此，难溶盐溶于水后有沉淀溶解平衡，例如：

$$AgCl(s) \rightleftharpoons Ag^+(aq) + Cl^-(aq)$$

该反应的平衡常数记为 K_{sp}，且 $K_{sp}=c(Ag^+)\,c(Cl^-)$。

更多的例子如下：

$Ag_2CrO_4(s) \rightleftharpoons 2Ag^+(aq) + CrO_4^{2-}(aq)$　　　$K_{sp}=c(Ag^+)^2c(CrO_4^{2-})$

$Hg_2Cl_2(s) \rightleftharpoons Hg_2{}^{2+}(aq) + Cl^-(aq)$　　　$K_{sp}=c(Hg_2{}^{2+})c(Cl^-)^2$

$Mg(OH)_2(s) \rightleftharpoons Mg^{2+}(aq) + 2OH^-(aq)$　　　$K_{sp}=c(Mg^{2+})c(OH^-)^2$

同样，根据平衡移动原理，含有固体 AgCl 的溶液中，如果它的“浓度积”$c(Ag^+)c(Cl^-)<K_{sp}$，则平衡向 AgCl 溶解的方向移动，直到 $c(Ag^+)c(Cl^-)=K_{sp}$，相反，如果“浓度积”$c(Ag^+)c(Cl^-)>K_{sp}$，则平衡向生成 AgCl 沉淀的方向移动，直到 $c(Ag^+)c(Cl^-)=K_{sp}$。这就是溶度积原理。

【例 2－14】　已知 Ag_2CrO_4 和 AgCl 的 K_{sp} 分别为 1.12×10^{-12} 和 1.77×10^{-10}，求它们在水中的溶解度，并比较大小。

解：溶解度以其饱和溶液的物质的量浓度表示，设 Ag_2CrO_4 和 AgCl 的溶解度分别为 s_1 和 s_2，对于

$$Ag_2CrO_4(s) \rightleftharpoons 2\,Ag^+(aq) + CrO_4^{2-}(aq)$$

平衡浓度为（mol・L^{-1}）　　$2s_1$　　　s_1

因此：$K_{sp}=c(Ag^+)^2\cdot c(CrO_4^{2-})=4s_1^3$

代入数据可得：$s_1=\sqrt[3]{\dfrac{K_{sp}}{4}}=\sqrt[3]{\dfrac{1.12\times10^{-12}}{4}}=6.54\times10^{-5}\ mol\cdot L^{-1}$

对于　　　$AgCl(s) \rightleftharpoons Ag^+(aq) + Cl^-(aq)$

平衡浓度为（mol・L^{-1}）　　s_2　　　s_2

因此：$K_{sp}=s_2^2$

代入数据可得：$s_2=\sqrt{K_{sp}}=\sqrt{1.77\times10^{-10}}=1.33\times10^{-5}\ mol\cdot L^{-1}$

由于 $K_{sp}(AgCl)>K_{sp}(Ag_2CrO_4)$，故

溶解度 $s_2(AgCl)<s_1(Ag_2CrO_4)$

总结：物质在水中的溶解度是和 K_{sp} 有关的，一般来说，K_{sp} 越大，溶解度越大；K_{sp} 越小，溶解度越小。但是在比较不同类型的盐时，需小心处理。

【例 2-15】 肾结石的主要成分是草酸钙。研究发现，大量饮水、少吃草酸含量高的食物、服用补钙剂与吃饭时间错开等均可降低患肾结石的风险。已知：$K_{sp}(CaC_2O_4)=2\times10^{-9}$，则纯水中草酸钙的溶解度为多少；$0.10\ mol\cdot L^{-1}\ CaCl_2$ 溶液中草酸钙的溶解度为多少？

解：设 CaC_2O_4 溶解度为 s，则由 $CaC_2O_4 \rightleftharpoons Ca^{2+}+C_2O_4^{2-}$ 可知

在纯水中：$s=\sqrt{K_{sp}}=\sqrt{2\times10^{-9}}=4.47\times10^{-5}\ mol\cdot L^{-1}$

在 $0.10\ mol\cdot L^{-1}\ CaCl_2$ 溶液中，$c(Ca^{2+})=0.10\ mol\cdot L^{-1}$，故

$c(C_2O_4^{2-})=K_{sp}/c(Ca^{2+})=2\times10^{-8}\ mol\cdot L^{-1}$，这就是草酸钙的溶解度。

沉淀的溶解度其实受很多因素的影响，一般有同离子效应、盐效应和配合效应。例如，如果向有固体 AgCl 的水溶液中加入 Cl^-，刚开始时，由于同离子效应，AgCl 的溶解度会下降很多；随着 Cl^- 离子浓度增加，溶液中的总离子强度也在上升，盐效应也会越来越强，使 AgCl 的溶解度不再下降；如果再增加 Cl^- 离子浓度，则发生反应 $AgCl+Cl^- = AgCl_2^-$，使 AgCl 的溶解度反而上升。

2.5.2 沉淀生成和溶解

【例 2-16】 往 10.0 mL 的 $0.020\ mol\cdot L^{-1}\ BaCl_2$ 溶液中，加入 10.0 mL 的 $0.040\ mol\cdot L^{-1}\ Na_2SO_4$ 溶液，可否使 Ba^{2+} 沉淀完全？已知在 298 K 时，$BaSO_4$ 的 $K_{sp}=1.07\times10^{-10}$。

解：	$Ba^{2+}(aq)$	$+SO_4^{2-}(aq) = BaSO_4(s)$
起始浓度	0.010	0.020
平衡浓度		0.010

由于 $K=1/K_{sp}=9.35\times10^9$ 很大，而 SO_4^{2-} 过量，则

Ba^{2+} 几乎全部与 SO_4^{2-} 反应，平衡时 $c(SO_4^{2-})$ 浓度 $0.010\ mol\cdot L^{-1}$

$K_{sp}=c(Ba^{2+})c(SO_4^{2-})=x\times0.010=1.07\times10^{-10}$

$c(Ba^{2+})=x=1.07\times10^{-8}\ll10^{-5}\ mol\cdot L^{-1}$

因此，Ba^{2+} 已被沉淀完全。

这是利用“同离子效应”加入过量沉淀剂，使某种离子沉淀完全的例子。

再看配位化合物中存在配位平衡，例如：

$$Zn^{2+}(aq)+4NH_3(aq) \rightleftharpoons [Zn(NH_3)_4]^{2+}(aq)$$

其平衡常数称为稳定常数，用 $K_{稳}$ 或 K_f 表示：

$$K_f=\frac{c(Zn(NH_3)_4^{2+})}{c(Zn^{2+})c(NH_3)^4}$$

【例 2-17】 向硫酸锌水溶液中滴加适当浓度的氨水至过量，发生两步主要反应，写出反应的离子方程式。

解：向硫酸锌水溶液中滴加氨水，溶液中先生成白色沉淀 $Zn(OH)_2$，然后该沉淀溶解，恢复为无色溶液。方程式为：

$$Zn^{2+}(aq)+2NH_3(aq)+2H_2O(l)=\!=\!=Zn(OH)_2(s)+2NH_4^+(aq) \quad (1)$$

$$Zn(OH)_2(s)+2NH_4^+(aq)+2NH_3(aq)=\!=\!=[Zn(NH_3)_4]^{2+}(aq)+2H_2O(l) \quad (2)$$

而反应(2)由下面三个反应组成：

$$Zn(OH)_2(s)=\!=\!=Zn^{2+}(aq)+2OH^-(aq) \quad K_{sp}=10^{-16.92}$$

$$Zn^{2+}(aq)+4NH_3(aq)=\!=\!=[Zn(NH_3)_4]^{2+}(aq) \quad K_f=10^{9.46}$$

$$2NH_4^+(aq)+2OH^-(aq)=\!=\!=2NH_3(aq)+2H_2O(l) \quad K=K_b^{-2}=(10^{-4.77})^{-2}=10^{9.54}$$

因此该反应的平衡常数为：$K=K_{sp}K_fK_b^{-2}=10^{2.08}$，说明此反应能向右进行！

上例中第(2)个方程式写成：

$Zn(OH)_2(s)+4NH_3(aq)=\!=\!=[Zn(NH_3)_4]^{2+}(aq)+2OH^-(aq)$

是不对的。因为该反应可以看成是由下面两个反应组成：

$$Zn(OH)_2(s)=\!=\!=Zn^{2+}(aq)+2OH^-(aq) \quad K_{sp}=10^{-16.92}$$

$$Zn^{2+}(aq)+4NH_3(aq)=\!=\!=[Zn(NH_3)_4]^{2+}(aq) \quad K_f=10^{9.46}$$

因此该反应的平衡常数为：$K=K_{sp}K_f=10^{-7.46}$，说明此反应不能进行！

EDTA 是分析化学中常用的配合剂，其阴离子用 Y^{4-} 表示，常用的是 EDTA 二钠盐，可写为 Na_2H_2Y，EDTA 在配位滴定时，和金属阳离子(如 Bi^{3+}、Pb^{3+})发生配位反应，其物质的量之比为1∶1。

$$Bi^{3+}+Y^{4-}\rightleftharpoons BiY^-$$

$$Pb^{2+}+Y^{4-}\rightleftharpoons BiY^{2-}$$

六次甲基四胺($(CH_2)_6N_4$)是一种有机弱碱，其共轭酸($(CH_2)_6N_4H^+$)是一元有机弱酸。

【例 2-18】 某溶液中 Zn^{2+} 和 Mn^{2+} 的浓度都为 0.10 mol·L^{-1}，向溶液中通入 H_2S 气体，使溶液中的 H_2S 始终处于饱和状态，溶液 pH 应控制在什么范围可以使这两种离子完全分离？

解：根据 $K_{sp}(ZnS)=2.93\times10^{-25}$，$K_{sp}(MnS)=4.65\times10^{-14}$ 可知，ZnS 比 MnS 更容易生成沉淀。

先计算 Zn^{2+} 沉淀完全时的 $c(S^{2-})$、$c(H^+)$和 pH：

$$c(S^{2-})=\frac{K_{sp}(ZnS)}{c(Zn^{2+})}=\frac{2.93\times10^{-25}}{1.0\times10^{-6}}=2.9\times10^{-19}\ \text{mol}\cdot\text{L}^{-1}$$

$$c(H^+)=\sqrt{\frac{K_{a_1}\cdot K_{a_2}c(H_2S)}{c(S^{2-})}}=\sqrt{\frac{1.4\times10^{-21}}{2.9\times10^{-19}}}=6.9\times10^{-2}\ \text{mol}\cdot\text{L}^{-1}$$

pH=1.12

§2.6 配合物简介

中学阶段遇到过一些配位化合物的例子，例如 $Ag(NH_3)_2^+$、$Cu(NH_3)_4^{2+}$。配位化合物的最主要的特征就是在其中有一个位于中心的物质，一般是金属阳离子，用 M^{n+} 来表示，在 $Ag(NH_3)_2^+$ 中，就是 Ag^+ 离子，其他的物质则位于 M^{n+} 的旁边，用 L 来表示，而 M^{n+} 和 L 之间形成的化学键是配位键，用箭头来表示。

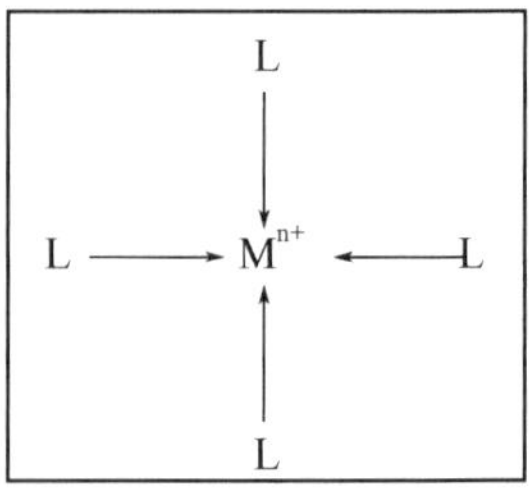

图 2-1 配位化合物的简单模型

一般来说，配合物是由可以给出孤对电子或多个不定域电子的一定数目的离子或分子(称为配体)和具有接受孤对电子或多个不定域电子的空位的原子或离子(统称为中心原子)按一定空间构型和组成所形成的化合物。

在配合物 $Ag(NH_3)_2^+$ 中，Ag^+ 是中心原子，NH_3 是配体，配位数是指它们之间形成配位键的数目，这里是 2；在配合物 $Cu(NH_3)_4^{2+}$ 中，Cu^{2+} 是中心原子，NH_3 是配体，配位数是 4。

2.6.1 简单配合物的命名

配位化合物的命名符合一般无机化合物的命名规则，在涉及配合物时，先命名配体，然后中心原子并用罗马数字表示其价态，中间加"合"字，如果配体的个数比较多时，用数字二、三、四等表示配体的个数，不同的配体之间用圆点隔开，具体例子如下：

$H_2[SiF_6]$	六氟合硅(Ⅳ)酸
$Cu_2[SiF_6]$	六氟合硅(Ⅳ)酸亚铜
$[Pt(NH_3)_6]Cl_4$	四氯化六氨合铂(Ⅳ)
$[Pt(NH_3)_6](SO_4)_2$	硫酸六氨合铂(Ⅳ)
$K_2[Fe(CN)_5(NO)]$	五氰·亚硝酰合铁(Ⅲ)酸钾

2.6.2 配位平衡及其平衡常数

在水溶液中，配合物分子或离子存在着配合物的解离反应和生成反应之间的平衡，这种平衡称为配位—解离平衡，简称配位平衡。

配离子在水溶液中的解离是分步解离出其组成部分，每一步都能达到平衡，其每一步解离反应的平衡常数用 $K_{dn}^{\ominus}$ 表示。例如：

$$[Cu(NH_3)_4]^{2+} \rightleftharpoons [Cu(NH_3)_3]^{2+} + NH_3$$

$$K_{d1}^{\ominus} = \frac{\{c([Cu(NH_3)_3]^{2+})\}\{c(NH_3)\}}{\{c([Cu(NH_3)_4]^{2+})\}}$$

$$[Cu(NH_3)_3]^{2+} \rightleftharpoons [Cu(NH_3)_2]^{2+} + NH_3$$

$$K_{d2}^{\ominus}=\frac{\{c([Cu(NH_3)_2]^{2+})\}\{c(NH_3)\}}{\{c([Cu(NH_3)_3]^{2+})\}}$$

$[Cu(NH_3)_2]^{2+} \rightleftharpoons [Cu(NH_3)]^{2+} + NH_3$

$$K_{d3}^{\ominus}=\frac{\{c([Cu(NH_3)]^{2+})\}\{c(NH_3)\}}{\{c([Cu(NH_3)_2]^{2+})\}}$$

$[Cu(NH_3)]^{2+} \rightleftharpoons Cu^{2+} + NH_3$

$$K_{d4}^{\ominus}=\frac{\{c(Cu^{2+})\}\{c(NH_3)\}}{\{c([Cu(NH_3)]^{2+})\}}$$

总解离反应：

$$[Cu(NH_3)_4]^{2+} \rightleftharpoons Cu^{2+} + 4NH_3$$

$$K_{d}^{\ominus}=\frac{\{c(Cu^{2+})\}\{c(NH_3)\}^4}{\{c([Cu(NH_3)_4]^{2+})\}}=K_{d1}^{\ominus}K_{d2}^{\ominus}K_{d3}^{\ominus}K_{d4}^{\ominus}$$

$K_{d1}^{\ominus}$、$K_{d2}^{\ominus}$、$K_{d3}^{\ominus}$和 $K_{d4}^{\ominus}$称为$[Cu(NH_3)_4]^{2+}$的分步解离常数或逐级解离常数，将各级解离常数相乘得到 $K_{d}^{\ominus}$，称为$[Cu(NH_3)_4]^{2+}$的总解离常数，又称为配离子的不稳定常数。$K_{d}^{\ominus}$ 值越大，配合物越易解离，越不稳定。

与解离反应相对应，配合物中的金属离子与配位体形成配合物的过程也是逐步完成的，而每一步都会有相应的平衡与平衡常数，这些平衡常数称为逐级稳定常数 $K_{fn}^{\ominus}$。

$Cu^{2+} + NH_3 \rightleftharpoons [Cu(NH_3)]^{2+}$　　$K_{f1}^{\ominus}=\frac{\{c([Cu(NH_3)]^{2+})\}}{\{c(Cu^{2+})\}\{c(NH_3)\}}$

$[Cu(NH_3)]^{2+} + NH_3 \rightleftharpoons [Cu(NH_3)_2]^{2+}$

$$K_{f2}^{\ominus}=\frac{\{c([Cu(NH_3)_2]^{2+})\}}{\{c([Cu(NH_3)]^{2+})\}\{c(NH_3)\}}$$

$[Cu(NH_3)_2]^{2+} + NH_3 \rightleftharpoons [Cu(NH_3)_3]^{2+}$

$$K_{f3}^{\ominus}=\frac{\{c([Cu(NH_3)_3]^{2+})\}}{\{c([Cu(NH_3)_2]^{2+})\}\{c(NH_3)\}}$$

$[Cu(NH_3)_3]^{2+} + NH_3 \rightleftharpoons [Cu(NH_3)_4]^{2+}$

$$K_{f4}^{\ominus}=\frac{\{c([Cu(NH_3)_4]^{2+})\}}{\{c([Cu(NH_3)_3]^{2+})\}\{c(NH_3)\}}$$

总生成反应：

$$Cu^{2+} + 4NH_3 \rightleftharpoons [Cu(NH_3)_4]^{2+}$$

$$K_{f}^{\ominus}=\frac{\{c([Cu(NH_3)_4]^{2+})\}}{\{c(Cu^{2+})\}\{c(NH_3)\}^4}=K_{f1}^{\ominus}K_{f2}^{\ominus}K_{f3}^{\ominus}K_{f4}^{\ominus}$$

$K_{f1}^{\ominus}$、$K_{f2}^{\ominus}$、$K_{f3}^{\ominus}$和 $K_{f4}^{\ominus}$称为$[Cu(NH_3)_4]^{2+}$的逐级生成常数或逐级稳定常数，将各级稳定常数相乘，用β表示这些连乘积（$\beta_n = \prod K_{fn}^{\ominus}$，即 $\beta_1=K_{f1}^{\ominus}$，$\beta_2=K_{f1}^{\ominus}K_{f2}^{\ominus}$，$\beta_3=K_{f1}^{\ominus}K_{f2}^{\ominus}K_{f3}^{\ominus}$……），称为累积稳定常数。最后一级累积稳定常数就是配离子的总的稳定常数 $K_{f}^{\ominus}$。$K_{f}^{\ominus}$ 值越大，配合物越稳定，越不易解离。由此也可以推得，对于同一配离子，$K_{d}^{\ominus}$ 和 $K_{f}^{\ominus}$ 的关系为：

$$K_{f}^{\ominus}=\frac{1}{K_{d}^{\ominus}}$$

根据稳定常数可以判断反应的方向和限度、计算配离子溶液中有关离子的浓度等。在此不详述。

2.6.3 配合物的同分异构现象

以最常见的六配位八面体型配位化合物为例，由于配合物的空间构型不同，会产生不同的同分异构体。对于 MA_1B_5 型的配合物，由于八面体的六个顶点是平权的，所以不产生同分异构体；对于 MA_2B_4 型的配合物，则主要产生顺式、反式两种异构；对于 MA_3B_3 型的配合物，则主要产生面式、经式两种异构。

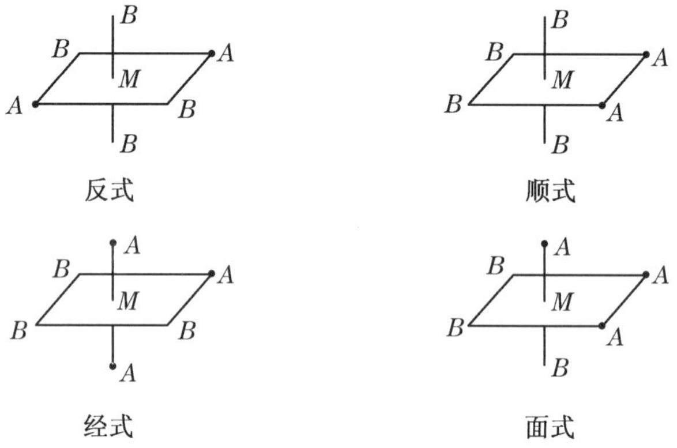

图 2-2 配合物的同分异构现象

练 习

1. 下列各种商品溶液都是常用试剂，试根据他们的质量分数和密度计算它们的物质的量浓度，感兴趣的同学还可以计算它们的摩尔分数。

(1) 浓盐酸含 HCl 37%，密度 1.19 g · mL^{-1}；

(2) 浓硫酸含 H_2SO_4 98%，密度 1.84 g · mL^{-1}；

(3) 浓硝酸含 HNO_3 70%，密度 1.42 g · mL^{-1}；

(4) 浓氨水含 NH_3 28%，密度 0.90 g · mL^{-1}。

2. 以黄铁矿为原料生产硫酸的工艺流程图如下：

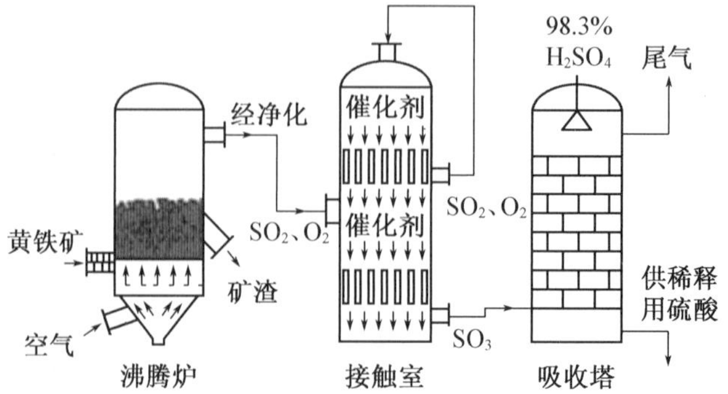

（1）将燃烧黄铁矿的化学方程式补充完整：

$$4\boxed{\quad}+11O_2 \xlongequal{\text{高温}} 2Fe_2O_3+8SO_2$$

（2）写出接触室中发生反应的化学方程式。

（3）依据工艺流程图判断下列说法正确的是(选填序号字母)________。

① 为使黄铁矿充分燃烧，需将其粉碎

② 过量空气能提高 SO_2 的转化率

③ 使用催化剂能提高 SO_2 的反应速率和转化率

④ 沸腾炉排出的矿渣可供炼铁

（4）每 160 g SO_3 气体与 H_2O 化合放出 260.6 kJ 的热量，写出该反应的热化学方程式。

（5）吸收塔排出的尾气先用氨水吸收，再用浓硫酸处理，得到较高浓度的 SO_2 和铵盐。

① SO_2 既可作为生产硫酸的原料循环再利用，也可用于工业制溴过程中吸收潮湿空气中的 Br_2。写出 SO_2 吸收 Br_2 的离子方程式。

② 为测定该铵盐中氮元素的质量分数，将不同质量的铵盐分别加入到 50.00 mL 相同浓度的 NaOH 溶液中，沸水浴加热至气体全部逸出(此温度下铵盐不分解)。该气体经干燥后用浓硫酸吸收完全，测定浓硫酸增加的质量。

部分测定结果：铵盐质量为 10.00 g 和 20.00 g 时，浓硫酸增加的质量相同；铵盐质量为 30.00 g 时，浓硫酸增加的质量为 0.68 g；铵盐质量为 40.00 g 时，浓硫酸的质量不变。

计算：该铵盐中氮元素的质量分数；若铵盐质量为 15.00 g，浓硫酸增加的质量为多少？(计算结果保留两位小数)

3. 根据酸碱质子理论，以下哪些物种是酸和碱，哪些具有酸碱两性？并写出它们的共轭碱和酸。

SO_4^{2-}，S^{2-}，$H_2PO_4^-$，NH_3，HSO_4^-，$[Al(H_2O)_5OH]^{2+}$，CO_3^{2-}，NH_4^-，H_2S，H_2O，OH^-，H_3O^+，HS^-，HPO_4^{2-}

4. 计算下列各种溶液的 pH：

（1）食醋的$[H^+]=1.26\times10^{-3}\ mol\cdot L^{-1}$；

（2）1 000 mL $4.0\times10^{-3}\ mol\cdot L^{-1}$的 NaOH；

（3）$0.034\ mol\cdot L^{-1}$的 CO_2。($K_{a_1}=4.5\times10^{-7}$，$K_{a_2}=4.7\times10^{-11}$)

5. 某弱酸 HA，$0.00150\ mol\cdot L^{-1}$时电离度为 1.80%，浓度为 $0.10\ mol\cdot L^{-1}$时电离度多大？

6. 某未知浓度的一元弱酸用未知浓度的 NaOH 滴定，当用去 5.25 mL NaOH 时，混合溶液的 pH=5.15，当用去 13.45 mL NaOH 时，混合溶液的 pH=6.88，求该弱酸的电离常数。

7. 某含杂质的一元碱样品 0.210 8 g(已知该碱的相对分子质量为 59.1)，用 $0.1000\ mol\cdot L^{-1}$ HCl 滴定，需用 32.17 mL；在滴定过程中，加入 24.68 mL 酸时，

溶液的 pH 为 10.44。求该碱的电离常数和样品的纯度。

8. 将 5.723 g $Na_2CO_3 \cdot 10H_2O$ 溶解于水配成 100.00 mL 纯碱溶液，求溶液中碳酸根离子的平衡浓度和 pH。($pK_{a_1}=6.352$、$pK_{a_2}=10.329$)

9. 计算 10 mL 浓度为 0.30 mol·L^{-1}的 HAc 和 20 mL 浓度为 0.15 mol·L^{-1} HCN 混合得到的溶液中的$[H^+]$、$[Ac^-]$、$[CN^-]$。($K_a(HAc)=1.8\times10^{-5}$，$K_a(HCN)=6.2\times10^{-10}$)

10. 分别计算下列混合溶液的 pH：

(1) 50.0 mL 0.200 mol·L^{-1} NH_4Cl 和 50.0 mL 0.200 mol·L^{-1} NaOH。($K_b=1.77\times10^{-5}$)；

(2) 50.0 mL 0.200 mol·L^{-1} NH_4Cl 和 25.0 mL 0.200 mol·L^{-1} NaOH；

(3) 25.0 mL 0.200 mol·L^{-1} NH_4Cl 和 50.0 mL 0.200 mol·L^{-1} NaOH；

(4) 20.0 mL 1.00 mol·L^{-1} $H_2C_2O_4$ 和 30.0 mL 1.00 mol·L^{-1} NaOH。($pK_{a_1}=1.252$、$pK_{a_2}=4.266$)

11. 将 0.010 0 mol·L^{-1} $Pb(NO_3)_2$ 与 0.0500 mol·L^{-1} Na_2SO_4 溶液等体积混合，有无 $PbSO_4$ 沉淀生成？($K_{sp}(PbSO_4)=2.5\times10^{-8}$)

12. (1) 已知 25 ℃时 PbI_2 在纯水中溶解度为 1.29×10^{-3} mol·L^{-1}，求 PbI_2 的溶度积；

(2) 已知 25 ℃时 $BaCrO_4$ 在纯水中溶解度为 2.91×10^{-3} g·L^{-1}，求 $BaCrO_4$ 的溶度积。

13. 已知 25 ℃时 $K_{sp}(BaSO_4)=1.08\times10^{-10}$，$K_{sp}(Mg(OH)_2)=5.61\times10^{-12}$，$K_{sp}(AgBr)=5.35\times10^{-13}$，它们在水中溶解度大小顺序如何？

14. 现有 100 mL Ca^{2+} 和 Ba^{2+} 的混合溶液，两种离子的浓度都为 0.010 mol·l^{-1}。[$K_{sp}(BaSO_4)=1.08\times10^{-10}$，$K_{sp}(CaSO_4)=4.93\times10^{-5}$]

(1) 用 Na_2SO_4 作沉淀剂能否将 Ca^{2+} 和 Ba^{2+} 分离？

(2) 加入多少克 Na_2SO_4 才能达到 $BaSO_4$ 全沉淀的要求(忽略加入 Na_2SO_4 引起的体积变化)？

15. 某溶液含 Fe^{3+} 和 Fe^{2+}，其浓度均为 0.10 mol·L^{-1}，要求 $Fe(OH)_3$ 完全沉淀不生成 $Fe(OH)_2$ 沉淀，需控制 pH 在什么范围？[$K_{sp}(Fe(OH)_2)=4.87\times10^{-17}$，$K_{sp}(Fe(OH)_3)=2.79\times10^{-39}$]

16. 计算下列反应的平衡常数，并讨论反应的方向：

(1) $PbS+HAc\longrightarrow Pb^{2+}+Ac^-$

(2) $Mg(OH)_2+2NH_4^+\longrightarrow Mg^{2+}+2NH_3\cdot H_2O$

(3) $Cu^{2+}+H_2S+H_2O\longrightarrow CuS+H_3O^+$

17. 计算 $Fe(NO_3)_3$ 的浓度为多大时，产生 $Fe(OH)_3$ 沉淀。已知水合 Fe^{3+} 的 $pK_a=2.20$，$K_{sp}(Fe(OH)_3)=2.79\times10^{-39}$。

18. 配位化学创始人维尔纳发现，将等物质的量的黄色 $CoCl_3\cdot6NH_3$、紫红色 $CoCl_3\cdot5NH_3$、绿色$CoCl_3\cdot4NH_3$和紫色 $CoCl_3\cdot4NH_3$ 四种配合物溶于水，加入硝酸银，立即沉淀的氯化银分别为 3 mol、2 mol、1 mol、1 mol(相对于 1 mol 反应

物)，请根据实验事实推断它们所含的配离子的组成。用电导法可以测定电解质在溶液中电离出来的离子数，离子数与电导的大小成正相关性。请预言，这四种配合物的电导之比呈现什么定量关系？

19. 写出下列配合物的化学式：

(1) 氯化二氯一水三氨合钴(Ⅲ)；　　(2) 六氯合铂酸钾；

(3) 二氯・四硫氰合铬酸铵；　　(4) 二(草酸根)二氨合钴(Ⅲ)酸钙。

第 3 章　氧化还原平衡

§3.1　电化学电池

化学反应按其本质可分为氧化还原反应和非氧化还原反应两大类。氧化还原反应中，发生了电子的转移，元素的氧化数(假设把每个化学键中的电子指定给电负性大的原子，从而得到的某原子在化合状态时的“形式电荷数”，可以是整数也可以是分数)发生了改变，这类反应在科学技术和工农业生产中应用很广。

氧化还原反应物间不直接接触，而是通过导体来实现电子的转移，使电子定向移动产生电流，那么氧化还原反应就与电流联系起来了。电化学电池便是利用氧化还原反应，实现化学能与电能相互转化的装置。

3.1.1　氧化还原反应的基本概念

氧化还原反应：是一类化学反应中伴随有电子转移的反应。

氧化剂：在氧化还原反应的过程中得到电子被还原。

还原剂：在氧化还原反应的过程中失去电子被氧化。

$$Cu^{2+}(a^{\ominus})+Zn(s)=\!=\!=Cu(s)+Zn^{2+}(a^{\ominus})\text{得失电子}$$

3.1.2　氧化值

为了描述原子带电状态的改变，表明元素被氧化的程度，人们提出了氧化态的概念。元素的氧化态是用一定的数值来表示。

氧化值：是指某元素的一个原子的荷电数，该荷电数是假定把每一化学键中的电子指定给电负性更大的原子而求得的。

确定氧化值的规则：① 单质中，元素的氧化值为零，O_2、O_3。② 在单原子离子中，元素的氧化值等于该离子所带的电荷数，Na^+：+1，Cl^-：−1。③ 在大多数化合物中，氢的氧化值为+1，HCl；只有在金属氢化物中氢的氧化值为−1，CaH_2。④ 通常，氧在化合物中的氧化值为−2，CaO；但是在过氧化物中，氧的氧化值为−1，H_2O_2；在氟的氧化物中，如 OF_2 和 O_2F_2 中，氧的氧化值分别为+2 和+1。⑤ 中性分子中，各元素原子的氧化值的代数和为零，复杂离子的电荷等于各元素氧化值的代数和。

例：H_5IO_6　　I 的氧化值为+7；　　$S_2O_3^{2-}$　　S 的氧化值为+2

$S_4O_6^{2-}$　　S 的氧化值为+2.5；　　Fe_3O_4　　Fe 的氧化值为$+\frac{8}{3}$

3.1.3 氧化还原反应方程式的配平

配平原则：

(1) 电荷守恒：氧化剂得电子数等于还原剂失电子数。

(2) 质量守恒：反应前后各元素原子总数相等。

配平步骤：

① 用离子式写出主要反应物和产物(气体、纯液体、固体和弱电解质则写分子式)。

② 分别写出氧化剂被还原和还原剂被氧化的半反应。

③ 分别配平两个半反应方程式，等号两边的各种元素的原子总数各自相等且电荷数相等。

④ 确定两半反应方程式得、失电子数目的最小公倍数。将两个半反应方程式中各项分别乘以相应的系数，使得、失电子数目相同。然后，将两者合并，就得到了配平的氧化还原反应的离子方程式。有时根据需要可将其改为分子方程式。

【例 3－1】 配平下面反应方程式：

$$KMnO_4(aq)+K_2SO_3(aq)\xrightarrow{\text{酸性条件下}}MnSO_4(aq)+K_2SO_4(aq)$$

解：$3H_2SO_4(aq)+2KMnO_4(aq)+5K_2SO_3(aq)=\!=\!=2MnSO_4(aq)+6K_2SO_4(aq)+3H_2O$

说明：酸性介质：多 n 个 O＋$2n$ 个 H^+，另一边＋n 个 H_2O；

碱性介质：多 n 个 O＋n 个 H_2O，另一边 ＋$2n$ 个 OH^-。

3.1.4 原电池的构造

氧化还原反应伴随有电子的转移，所以人们可以利用氧化还原反应来获得电流。

利用自发的氧化还原反应，将化学能转变为电能的装置叫作原电池。

将锌片放入硫酸铜溶液中，将会发生如下氧化还原反应：

$$Zn+Cu^{2+}=\!=\!=Zn^{2+}+Cu$$

Zn 和 Cu^{2+} 间发生电子转移，电子直接从锌片转移给 Cu^{2+}，得不到电流，化学能只能以热的形式表现出来。

如果把 Zn 和 Cu^{2+} 的氧化还原反应放在原电池中进行，就会发生电子的定向转移，产生电流。化学能就可以转变为电能。

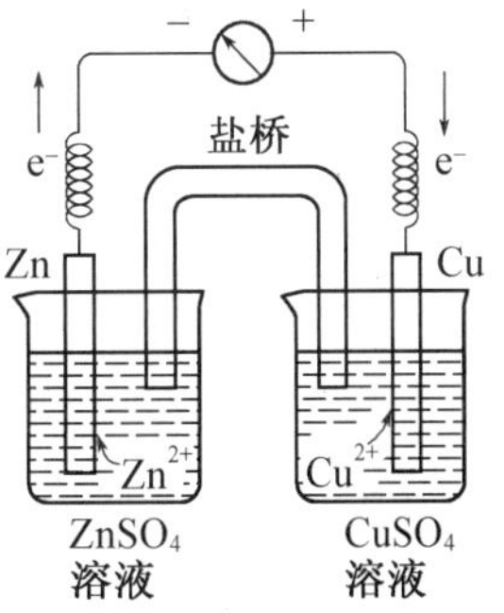

图 3－1 Cu-Zn 原电池示意图

动画 原电池

在一个烧杯中放入锌片和 $ZnSO_4$ 溶液，另一个烧杯中放入铜片和 $CuSO_4$ 溶液，再用盐桥(一个装满用 KCl 饱和溶液与琼脂做成的冻胶的 U 形管)连接 2 个烧杯中的溶液，然后用导线将检流计和 Zn 片以及 Cu 片连接起来，就构成了 Cu-Zn 原电池，见图 3-1。

当电路接通后，检流计指针立即向一方偏转，说明导线中有电流通过，而且从偏转方向可知，电流是从 Cu 片流向 Zn 片，即电子是从 Zn 片流向 Cu 片的。

原电池由 2 个半电池组成。如 Cu-Zn 原电池中，Zn 和 $ZnSO_4$ 溶液组成一个半电池，Cu 和 $CuSO_4$ 溶液组成另一个半电池。每个半电池含有同一元素不同氧化数的两种物质，其中高氧化数的称为氧化型物质，如锌半电池的 Zn^{2+} 和铜半电池的 Cu^{2+}；低氧化数的称为还原型物质，如锌半电池的 Zn 和铜半电池的 Cu。氧化型与还原型物质组成了氧化还原电对，简称电对，记为“氧化型/还原型”，如：Zn^{2+}/Zn、Cu^{2+}/Cu。组成半电池的导体称为电极，如 Zn 片和 Cu 片，可分别称为 Zn 电极和 Cu 电极。电子流出的电极称为负极，发生氧化反应；电子流入的电极称为正极，发生还原反应。Cu-Zn 原电池中，Zn 较 Cu 活泼，Zn 失去电子，所以 Zn 是负极。Zn 极流出的电子经过导线流向 Cu 极，$CuSO_4$ 溶液中的 Cu^{2+} 在 Cu 极上获得电子，还原为 Cu 原子沉积在 Cu 极上，所以 Cu 是正极。这种分别发生在电极上的氧化或还原反应，叫作电极反应。总的氧化还原反应称为电池反应。

负极反应：$Zn \rightleftharpoons Zn^{2+} + 2e^-$（氧化反应）

正极反应：$Cu^{2+} + 2e^- \rightleftharpoons Cu$（还原反应）

电池反应：$Zn + Cu^{2+} \rightleftharpoons Zn^{2+} + Cu$（氧化还原反应）

原电池除了用图表示外，还可用符号来表示。原电池符号书写规则为：

(1) 负极写在左边，标(－)号；正极写在右边，标(＋)号；

(2) 不同相界面用“|”表示，物相相同的物质间用“,”分开；

(3) 用“||”表示盐桥；

(4) 标明各物质的聚集状态，溶液还应注明浓度(严格来说是活度)，气体应注明分压。

上述 Cu-Zn 原电池用电池符号可表示为：

$$(-)Zn|ZnSO_4(c_1)||CuSO_4(c_2)|Cu(+)$$

氧化还原电对：由同一种元素的氧化型物质和还原型物质构成。

Zn^{2+}(氧化型物质)，Zn(还原型物质)，Zn^{2+}/Zn，氧化还原电对；

Cu^{2+}(氧化型物质)，Cu(还原型物质)，Cu^{2+}/Cu，氧化还原电对。

氧化还原电对表示方法：氧化型物质/还原型物质，如：Cu^{2+}/Cu、Zn^{2+}/Zn、H^+/H_2、Sn^{4+}/Sn^{2+}。

3.1.5 原电池电动势的测定

原电池能够自发产生电流，说明在原电池两电极之间存在电势差，就如同水自发地从势能高的地方流向势能低的地方一样。原电池中，电流自发地从电势高的电极(正极)流向电势低的电极(负极)，两个电极电势的差值就构成了原电池的电动势，用 E_{MF} 来表示。$E_{MF}=E_+ - E_-$，式中 E_+ 和 E_- 分别代表正极和负极的电势。

目前还无法由实验测定单个电极电势的绝对值，但原电池的电动势可以用“对消法”进行测定，其值是当外电路电流为零时电极电势差的极限值。

例如：(－)Zn|Zn^{2+}(1.0 mol·L^{-1})||Cu^{2+}(1.0 mol·L^{-1})|Cu(＋)

E_{MF}——电动势，可以由数字电压表或电位差计来测定。$E^{\ominus}_{MF}$——标准电动势，例如，铜-锌原电池 $E^{\ominus}_{MF}=1.10$ V。

3.1.6 原电池的最大功与吉布斯自由能变

电功(J)＝电量(C)×电势差(V)　　　$W_{max}=-zFE_{MF}$

$$\Delta_r G_m = W_{max}$$

电池反应：　　　$\Delta_r G_m = -zFE_{MF}$

E_{MF}——电动势(V)；F——法拉第常数 96 485(C·mol^{-1})；z——电池反应中转移的电子的物质的量。

§3.2 电极电势

电极电势的绝对值是无法测量的，但电池电动势可以准确测得。通常选择标准氢电极作为基准，并人为规定其电极电势为零。将待测电极和标准氢电极组成原电池，通过测定该电池的电动势，可以求出待测电极的电极电势。

3.2.1 标准氢电极

将镀有蓬松铂黑的铂片插入 H^+ 浓度(准确讲是活度，下同)为 1 mol·L^{-1} 的盐酸溶液中，在 298.15 K 时，通入压力为 100 kPa 的纯氢气(见图 3－2)，铂黑吸附氢气达到饱和时与溶液中 H^+ 达到平衡：

$$2H^+ + 2e^- \rightleftharpoons H_2$$

此时铂片上吸附的氢气与盐酸溶液之间产生的电势差称为标准氢电极的电极电势，以符号 $E^{\ominus}$ 表示，规定其数值为零。即：

$$E^{\ominus}(H^+/H_2)=0.00\ V。$$

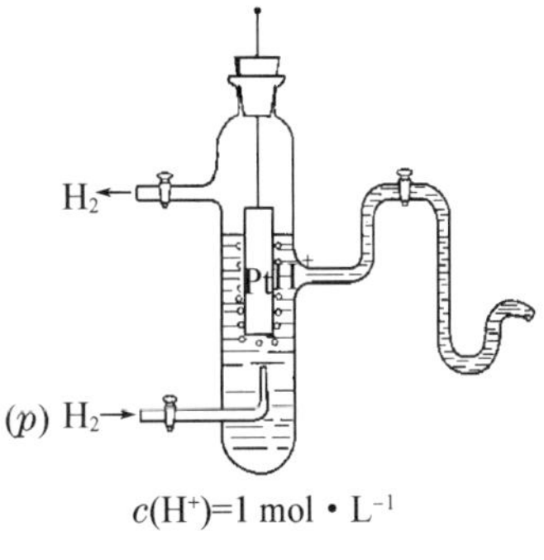

图 3－2　标准氢电极示意图

3.2.2 标准电极电势

将处于热力学标准状态(即：物质皆为纯净物，电极反应中各有关物质浓度为 1 mol·L^{-1}，涉及的气体分压为 100 kPa)下的待测电极与标准氢电极组成原电池，于 298.15 K 时测出该电池的电动势 $E^{\ominus}_{MF}$，根据 $E^{\ominus}_{MF}=E^{\ominus}_{+}-E^{\ominus}_{-}$ 可求出待测电极的标准电极电势。

例如：测定锌电极标准电极电势时，将其与标准氢电极组成原电池，锌电极较活泼，失去电子，为负极，所以其标准电极电势比氢电极的小（小于零），测得电动势为 0.76 V，则：$E^{\ominus}(Zn^{2+}/Zn)=-0.76$ V。

又如：测定铜电极标准电极电势时，将其与标准氢电极组成原电池，铜电极为正极，所以其标准电极电势比氢电极的大（大于零），测得电动势为 0.34 V，则：$E^{\ominus}(Cu^{2+}/Cu)=0.34$ V。

用相同方法测得其他电对的标准电极电势，按由小到大的顺序排列，可得到标准电极电势表（表 3-1）。

表 3-1 常见电对的标准电极电势

电极	电极反应	$E^{\ominus}(M^{n+}/M)/V$
Li^{+}/Li	$Li^{+}+e^{-} \rightleftharpoons Li$	−3.04
K+/K	$K^{+}+e^{-} \rightleftharpoons K$	−2.93
Ba^{2+}/Ba	$Ba^{2+}+2e^{-} \rightleftharpoons Ba$	−2.90
Sr^{2+}/Sr	$Sr^{2+}+2e^{-} \rightleftharpoons Sr$	−2.89
Ca^{2+}/Ca	$Ca^{2+}+2e^{-} \rightleftharpoons Ca$	−2.87
Mg^{2+}/Mg	$Mg^{2+}+2e^{-} \rightleftharpoons Mg$	−2.73
Na^{+}/Na	$Na^{+}+e^{-} \rightleftharpoons Na$	−2.71
Al^{3+}/Al	$Al^{3+}+3e^{-} \rightleftharpoons Al$	−1.66
Zn^{2+}/Zn	$Zn^{2+}+2e^{-} \rightleftharpoons Zn$	−0.76
Cr^{3+}/Cr	$Cr^{3+}+3e^{-} \rightleftharpoons Cr$	−0.74
Fe^{2+}/Fe	$Fe^{2+}+2e^{-} \rightleftharpoons Fe$	−0.45
Ni^{2+}/Ni	$Ni^{2+}+2e^{-} \rightleftharpoons Ni$	−0.23
Sn^{2+}/Sn	$Sn^{2+}+2e^{-} \rightleftharpoons Sn$	−0.15
Pb^{2+}/Pb	$Pb^{2+}+2e^{-} \rightleftharpoons Pb$	−0.13
H^{+}/H_2	$2H^{+}+2e^{-} \rightleftharpoons H_2$	0.00
S/S^{2-}	$S+2H^{+}+2e^{-} \rightleftharpoons H_2S$	+0.14
Sn^{4+}/Sn^{2+}	$Sn^{4+}+2e^{-} \rightleftharpoons Sn^{2+}$	+0.15
$Hg_2Cl_2/Hg,Cl^{-}$	$Hg_2Cl_2+2e^{-} \rightleftharpoons 2Hg+2Cl^{-}$	+0.27
Cu^{2+}/Cu	$Cu^{2+}+2e^{-} \rightleftharpoons Cu$	+0.34
O_2/OH^{-}	$O_2+2H_2O+4e^{-} \rightleftharpoons 4OH^{-}$	+0.40
I_2/I^{-}	$I_2+2e^{-} \rightleftharpoons 2I^{-}$	+0.54
Fe^{3+}/Fe^{2+}	$Fe^{3+}+e^{-} \rightleftharpoons Fe^{2+}$	+0.77
Ag^{+}/Ag	$Ag^{+}+e^{-} \rightleftharpoons Ag$	+0.80
Br_2/Br^{-}	$Br_2+2e^{-} \rightleftharpoons 2Br^{-}$	+1.09

（续表）

电极	电极反应	$E^{\ominus}(M^{n+}/M)/V$
$Cr_2O_7^{2-}/Cr^{3+}$	$Cr_2O_7^{2-}+14H^{+}+6e^{-}\rightleftharpoons 2Cr^{3+}+7H_2O$	+1.36
Cl_2/Cl^{-}	$Cl_2(g)+2e^{-}\rightleftharpoons 2Cl^{-}$	+1.40
MnO_4^{-}/Mn^{2+}	$MnO_4^{-}+8H^{+}+5e^{-}\rightleftharpoons Mn^{2+}+4H_2O$	+1.51
$S_2O_8^{2-}/SO_4^{2-}$	$S_2O_8^{2-}+2e^{-}\rightleftharpoons 2SO_4^{2-}$	+1.96

标准电极电势表由电对、电极反应和标准电极电势 $E^{\ominus}$ 三部分组成。由表可知，从上到下，随着 $E^{\ominus}$ 逐渐增大，氧化型物质的氧化能力逐渐增强；还原型物质的还原能力依次减弱。

标准电极电势表有很重要的应用，可以判断氧化还原反应的方向、进行的程度、氧化剂和还原剂的相对强弱等。这些内容将在后面进行详细的讨论。在查用标准电极电势表时应注意以下几点：

(1) $E^{\ominus}$ 数值与电极反应方向无关。例如：

$$Zn \rightleftharpoons Zn^{2+}+2e^{-} \qquad E^{\ominus}(Zn^{2+}/Zn)=-0.76\ V$$

$$Zn^{2+}+2e^{-} \rightleftharpoons Zn \qquad E^{\ominus}(Zn^{2+}/Zn)=-0.76\ V$$

不过，后一种表示方法更为规范一些。

(2) $E^{\ominus}$ 数值反映了物质得失电子的倾向，是反应体系的强度性质，与半反应中的系数无关。例如：

$$Zn^{2+}+2e^{-} \rightleftharpoons Zn \qquad E^{\ominus}(Zn^{2+}/Zn)=-0.76\ V$$

$$2Zn^{2+}+4e^{-} \rightleftharpoons 2Zn \qquad E^{\ominus}(Zn^{2+}/Zn)=-0.76\ V$$

$$\frac{1}{2}Zn^{2+}+e^{-} \rightleftharpoons \frac{1}{2}Zn \qquad E^{\ominus}(Zn^{2+}/Zn)=-0.76\ V$$

(3) 表 3-1 是 298.15 K 时的标准电极电势。因为电极电势随温度变化不大，所以室温下一般仍可应用该表数值。

3.2.3　甘汞电极

实际测定中，由于标准氢电极的装置和氢气纯化过程都比较复杂，而且十分敏感，外界因素稍有变化就会波动，导致使用时很不方便。因此，常用甘汞电极(见图3-3)代替标准氢电极来测定未知电极的标准电极电势，它与标准氢电极比较而得到的电极电势已精确测出。

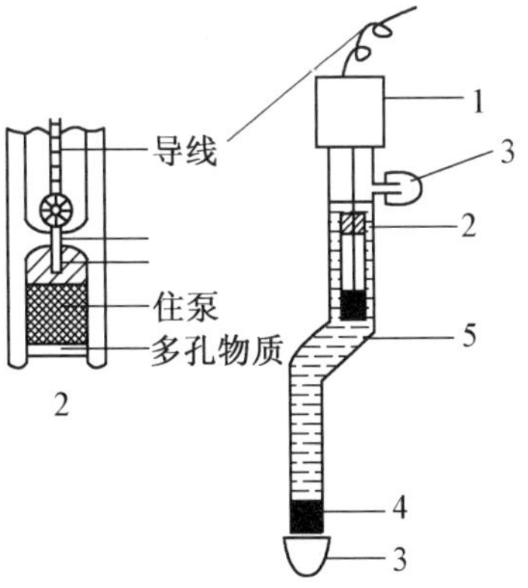

1—绝缘体；2—内部电极；3—橡皮帽；4—多孔性物质；5—饱和 KCl 溶液。

图 3-3　甘汞电极示意图

甘汞电极是由 Hg、$Hg_2Cl_2(s)$ 及 KCl 溶液组成的，其电极反应为：

$$Hg_2Cl_2(s)+2e^{-} \rightleftharpoons 2Hg(l)+2Cl^{-}$$

甘汞电极的电极电势与 KCl 溶液的浓度有关，当 KCl 为饱和溶液时，称为饱和甘汞电极，其电极电势为 0.24 V(298.15 K)。

3.2.4 电池反应热力学

1. 电池电动势与吉布斯自由能变的关系

由热力学可知，反应体系吉布斯自由能减小值等于恒温恒压下利用该反应对环境所做的最大有用功，原电池在自发发生化学反应的同时，对环境做电功，所以有

$$-\Delta G = W_{电}$$

若有 1 mol 物质的反应，就有 n mol 电子通过导线。而电功等于电动势 E_{MF} 和所通过的电量 nF 的乘积，即

$$W_{电} = nFE_{MF}$$

所以有

$$\Delta G = -nFE_{MF} \tag{3-1a}$$

$$\Delta G^{\ominus} = -nFE_{MF}^{\ominus} \tag{3-1b}$$

式中：n 为氧化还原反应转移电子的物质的量，单位是 mol；F 是法拉第常数，$F = 96500\ J \cdot V^{-1} \cdot mol^{-1}$ 或 $C \cdot mol^{-1}$，C(库仑)，即 1 mol 电子所带的电量。

用式(3－1)可以判断氧化还原反应的方向：

$$\Delta G\begin{cases}<0\\>0\\=0\end{cases},\ E_{MF}\begin{cases}>0 & 反应正向自发进行\\<0 & 反应正向非自发进行\\=0 & 反应达平衡状态\end{cases}$$

若反应在标准状态下进行，用 $\Delta G^{\ominus}$ 代替 ΔG，用 $E^{\ominus}$ 代替 E 进行判断。

用式(3－1)还可以进行有关的计算。根据热力学数据 ΔG 可计算电池电动势或电极电势。反之，测得原电池的电动势，也可计算出反应的吉布斯自由能变。

【例 3－2】 试计算铜锌原电池工作时的标准吉布斯自由能变 $\Delta G^{\ominus}$(298.15 K)。

解：铜锌原电池中，电池反应为 $Zn + Cu^{2+} \rightleftharpoons Zn^{2+} + Cu$

查表 3－1 可知，298.15 K 时 $E^{\ominus}(Zn^{2+}/Zn) = -0.76\ V$，$E^{\ominus}(Cu^{2+}/Cu) = 0.34\ V$；且铜电极为正极，锌电极为负极。则电池电动势为：

$$E_{MF}^{\ominus} = E^{\ominus}(Cu^{2+}/Cu) - E^{\ominus}(Zn^{2+}/Zn)$$
$$= 0.34\ V - (-0.76\ V) = 1.10\ V$$

1 mol 的电池反应中，锌电极转移给 Cu^{2+} 的电子数为 2 mol，所以 $n=2$，则

$$\Delta G^{\ominus} = -nFE_{MF}^{\ominus}$$
$$= -2 \times 96500\ J \cdot V^{-1} \cdot mol^{-1} \times 1.10\ V$$
$$= -212300\ J \cdot mol^{-1}$$

2. 电池电动势与标准平衡常数的关系

标准自由能变与标准平衡常数、标准电动势的关系为：

$$\Delta G^{\ominus} = -RT\ln K^{\ominus}$$

$$\Delta G^{\ominus} = -nFE_{MF}^{\ominus}$$

联立上述 2 个等式，可得

$$\ln K^{\ominus} = \frac{nFE_{MF}^{\ominus}}{RT} \qquad (3-2a)$$

当 $T=298.15$ K 时，将 $R=8.314\ \mathrm{J\cdot mol\cdot K^{-1}}$，$F=96500\ \mathrm{J\cdot V^{-1}\cdot mol^{-1}}$ 代入，得

$$\lg K^{\ominus} = \frac{nE_{MF}^{\ominus}}{0.0592} = \frac{n(E_{+}^{\ominus}-E_{-}^{\ominus})}{0.0592} \qquad (3-2b)$$

3. 能斯特方程

许多化学反应实际上并非都是在标准状态下进行的。温度、浓度（或气体的分压）、溶液酸碱性的变化都会影响电极电势和电池的电动势。电极材料、反应温度、物质浓度（或气体的分压）等对电池电动势和电极电势的影响可用能斯特方程来表示。

对于给定的氧化还原反应：

$$aO_1 + bR_2 = cR_1 + dO_2$$

"O""R"分别表示氧化剂和还原剂。等温等压条件下，由化学反应等温式可得

$$\Delta G = \Delta G^{\ominus} + RT\ln \frac{[c(R_1)/c^{\ominus}]^C \cdot [c(O_2)/c^{\ominus}]^d}{[c(O_1)/c^{\ominus}]^a \cdot [c(R_2)/c^{\ominus}]^b}$$

将 $\Delta G=-nFE_{MF}$，$\Delta G^{\ominus}=-nFE_{MF}^{\ominus}$ 代入得

$$-nFE_{MF} = -nFE_{MF}^{\ominus} + RT\ln \frac{[c(R_1)/c^{\ominus}]^C \cdot [c(O_2)/c^{\ominus}]^d}{[c(O_1)/c^{\ominus}]^a \cdot [c(R_2)/c^{\ominus}]^b} \qquad (3-3a)$$

式(3-3a)称为电池反应的能斯特方程式。

代入 R、F 值，并将自然对数转换为常用对数，$T=298.15$ K 时得

$$E_{MF} = E_{MF}^{\ominus} - \frac{0.0592}{n}\lg \frac{[c(R_1)/c^{\ominus}]^C \cdot [c(O_2)/c^{\ominus}]^d}{[c(O_1)/c^{\ominus}]a \cdot [c(R_2)/c^{\ominus}]^b} \qquad (3-3b)$$

将 $E_{MF}=E_{+}-E_{-}$ 和 $E_{MF}^{\ominus}=E_{+}^{\ominus}-E_{-}^{\ominus}$ 代入，可得电极反应的能斯特方程。

对于任一电极反应 $aO+ne \rightleftharpoons bR$，298.15 K 时的电极电势可表示为：

$$E = E^{\ominus} + \frac{0.0592}{n}\lg \frac{[c(O)/c^{\ominus}]^a}{[c(R)/c^{\ominus}]^b} \qquad (3-4)$$

式(3-4)是电极反应的能斯特方程式。

能斯特方程表明了电池电动势、电极电势与电极本性、温度、物质浓度（或气体

分压)之间的定量关系，可用于计算任意状态下的电池电动势或电极电势。

【例 3-3】 $K_2Cr_2O_7$ 在酸性介质中的电极反应为

$$Cr_2O_7^{2-}+14H^++6e^- \rightleftharpoons 2Cr^{3+}+7H_2O$$

其标准电极电势 $E^{\ominus}(Cr_2O_7^{2-}/Cr^{3+})=1.36\ V$，试计算 $c(H^+)$ 分别为 $1.0\times10^{-3}\ mol\cdot L^{-1}$ 和 $2.0\ mol\cdot L^{-1}$ 时的电极电势。

解:(1) 当 $c(H^+)=1.0\times10^{-3}\ mol\cdot L^{-1}$ 时的电极电势为:

$$E=E^{\ominus}+\frac{0.0592}{n}\lg\frac{[c(Cr_2O_7^{2-})/c^{\ominus}][c(H^+)/c^{\ominus}]^{14}}{[c(Cr^{3+})/c^{\ominus}]^2}$$

$$=1.36\ V+\frac{0.0592}{6}\lg(10^{-3})^{14}\ V=0.95\ V$$

(2) 当 $c(H^+)=2.0\ mol\cdot L^{-1}$ 时的电极电势为:

$$E=E^{\ominus}+\frac{0.0592}{n}\lg\frac{[c(Cr_2O_7^{2-})/c^{\ominus}][c(H^+)/c^{\ominus}]^{14}}{[c(Cr^{3+})/c^{\ominus}]^2}$$

$$=1.36\ V+\frac{0.0592}{6}\lg(2)^{14}\ V=1.40\ V$$

计算结果表明，溶液酸度对 $E(Cr_2O_7^{2-}/Cr^{3+})$ 有较大影响。酸度增大时，$E(Cr_2O_7^{2-}/Cr^{3+})$ 增大，$Cr_2O_7^{2-}$ 氧化能力增强；酸度减小，$E(Cr_2O_7^{2-}/Cr^{3+})$ 减小，Cr^{3+} 还原能力增强。因此，可利用控制溶液酸度的办法来控制氧化剂和还原剂的氧化还原能力。

对于没有 H^+ 和 OH^- 参加的反应，溶液酸度不会影响其电极电势。

§3.3 电极电势的应用

3.3.1 判断氧化剂、还原剂的相对强弱

电极电势的大小可以反映出氧化还原电对中氧化型物质和还原型物质氧化还原能力的相对强弱。

电极电势越大，该电对中氧化型物质就越容易获得电子，是越强的氧化剂，其对应的还原型物质越难失去电子，是越弱的还原剂；反之，电极电势越小，该电对中还原型物质就越容易失去电子，是越强的还原剂，其对应的氧化型物质是越弱的氧化剂。

【例 3-4】 有一含有 Cl^-，Br^-，I^- 三种离子的混合液，欲使 I^- 氧化成 I_2，而又不使 Cl^-，Br^- 氧化，氧化剂 $Fe_2(SO_4)_3$ 和 $KMnO_4$ 哪一种才符合要求?

解: 首先查表得所涉及的氧化还原电对的标准电极电势：$E^{\ominus}(Cl_2/Cl^-)=1.40\ V$，$E^{\ominus}(Br_2/Br^-)=1.09\ V$，$E^{\ominus}(I_2/I^-)=0.54\ V$，$E^{\ominus}(Fe^{3+}/Fe^{2+})=0.77\ V$，$E^{\ominus}(MnO_4^-/Mn^{2+})=1.51\ V$。

由题意可知，所选择的氧化剂其电极电势应该比 $E^\ominus(I_2/I^-)$ 大，比 $E^\ominus(Cl_2/Cl^-)$和$E^\ominus(Br_2/Br^-)$都小，即：$0.54\ V<E^\ominus<1.09\ V$。若 $E^\ominus<0.54\ V$，则 I^- 不能被氧化；若$E^\ominus>1.09\ V$，则 Br^- 可被氧化；若 $E^\ominus>1.40\ V$，则 Cl^- 也可被氧化。从电极电势可知，$Fe_2(SO_4)_3$ 是符合要求的氧化剂。

若在非标准状态下，应该用能斯特方程式计算出 E 值后，再进行比较。

【例 3-5】 若溶液中 $c(MnO_4^-)$和 $c(Mn^{2+})$相等，问当 pH=2 时，MnO_4^- 能否氧化 I^-？已知 $E^\ominus(MnO_4^-/Mn^{2+})=1.51\ V$，$E^\ominus(I_2/I^-)=0.54\ V$。

解：首先写出电对的电极反应，再根据能斯特方程求出 E 值，再根据 E 值的大小进行判断。

MnO_4^-/Mn^{2+} 电对的电极反应为：$MnO_4^- + 8H^+ + 5e^- \rightleftharpoons Mn^{2+} + 4H_2O$

I_2/I^- 电对的电极反应为：$2I^- + 2e^- \rightleftharpoons I_2$

当 pH=2 时，MnO_4^-/Mn^{2+} 电对的电极电势为：

$$E=E^\ominus(MnO_4^-/Mn^{2+})+\frac{0.059\,2}{n}\lg\frac{[c(MnO_4^-)/c^\ominus][c(H^+)/c^\ominus]^8}{[c(Mn^{2+})/c^\ominus]}$$

$$=1.51+\frac{0.059\,2}{5}\lg[c(H^+)/c^\ominus]^8$$

$$=1.51-8\times\frac{0.059\,2}{5}\times \mathrm{pH}$$

$$=1.51-8\times\frac{0.059\,2}{5}\times 2=1.32\ V$$

I_2/I^- 电对的电极反应无 H^+ 和 OH^- 参加，所以 pH 对该电对电极电势无影响，即：$E(I_2/I^-)=E^\ominus(I_2/I^-)$。

因为 $E(MnO_4^-/Mn^{2+})=1.32\ V>E(I_2/I^-)$，所以 pH=2 时 MnO_4^- 能氧化 I^-。

3.3.2 判断氧化还原反应进行的方向

根据自由能判据，$\Delta G<0$ 时，$E>0$，即 $E_+^\ominus>E_-^\ominus$，正反应自发进行；$\Delta G>0$ 时，$E<0$，即 $E_+^\ominus<E_-^\ominus$，逆反应自发进行；$\Delta G=0$ 时，$E_+^\ominus=E_-^\ominus$，反应达到平衡。因此，当反应处于标准状态时，可直接根据 2 个电极的标准电极电势来判断反应进行的方向；当反应处于非标准状态时，应先用能斯特方程计算出电极电势的大小，然后再进行比较和判断。

当 $E(O_1/R_1)>E(O_2/R_2)$时，电对 O_1/R_1 中 O_1 是强氧化剂，R_1 是弱还原剂；电对 O_2/R_2 中 R_2 是强还原剂，O_2 是弱氧化剂。发生反应时，总是强氧化剂与强还原剂反应生成弱还原剂与弱氧化剂。

$$O_1(强)+R_2(强)\longrightarrow R_1(弱)+O_2(弱)$$

【例 3-6】 试判断反应 $Pb^{2+}+Sn \rightleftharpoons Pb+Sn^{2+}$ 在标准状态下及 $c(Pb^{2+})=$

0.01 mol·L^{-1}，$c(Sn^{2+})$=2.00 mol·L^{-1}时的反应方向。

解：(1)在标准状态下，首先查表得所涉及的氧化还原电对的标准电极电势为：

$$E^{\ominus}(Sn^{2+}/Sn) = -0.15\ V \qquad E^{\ominus}(Pb^{2+}/Pb) = -0.13\ V$$

因为 $E^{\ominus}(Pb^{2+}/Pb) > E^{\ominus}(Sn^{2+}/Sn)$，所以 Pb^{2+} 是强氧化剂，Sn 是强还原剂，两者发生反应生成 Sn^{2+} 和 Pb 是能自发进行的，即反应能自发向右进行。

(2) 在非标准状态下，先写出两个电极反应：

$$Pb^{2+} + 2e \rightleftharpoons Pb \qquad Sn^{2+} + 2e \rightleftharpoons Sn$$

再计算出两个氧化还原电对的电极电势：

$$E(Pb^{2+}/Pb) = E^{\ominus}(Pb^{2+}/Pb) + \frac{0.0592}{2}\lg\frac{c(Pb^{2+})}{c^{\ominus}}$$

$$= -0.13 + \frac{0.0592}{2}\lg\frac{0.01}{1} = -0.19\ V$$

$$E(Sn^{2+}/Sn) = E^{\ominus}(Sn^{2+}/Sn) + \frac{0.0592}{2}\lg\frac{c(Sn^{2+})}{c^{\ominus}}$$

$$= -0.15 + \frac{0.0592}{2}\lg\frac{2.00}{1} = -0.14\ V$$

因为 $E(Sn^{2+}/Sn) > E(Pb^{2+}/Pb)$，所以 Sn^{2+} 是强氧化剂，Pb 是强还原剂，二者发生反应生成 Sn 和 Pb^{2+} 是能自发进行的，即反应能自发向左进行，或者说逆反应能自发进行。

3.3.3 判断氧化还原反应进行的程度

氧化还原反应进行的程度，可通过氧化还原反应标准平衡常数的大小来衡量。298.15 K 时利用式(3-2b)可以计算出氧化还原反应的标准平衡常数，可以此来判断氧化还原反应进行的程度。

【例 3-7】 计算 298.15 K 时反应的标准平衡常数。

$$Zn + Cu^{2+} \rightleftharpoons Zn^{2+} + Cu$$

解：正反应中 Cu^{2+} 是氧化剂，Zn 是还原剂，所以 Cu^{2+}/Cu 为正极，Zn^{2+}/Zn 为负极。

首先查表得所涉及的氧化还原电对的标准电极电势：

$$E^{\ominus}(Zn^{2+}/Zn) = -0.76\ V \qquad E^{\ominus}(Cu^{2+}/Cu) = 0.34\ V$$

$$\lg K^{\ominus} = \frac{n(E_{+}^{\ominus} - E_{-}^{\ominus})}{0.0592} = \frac{2\times[0.34-(-0.76)]}{0.0592} = 37.16$$

$$K^{\ominus} = 1.46\times10^{37}$$

由计算结果可知，平衡常数 $K^{\ominus}$ 值很大，说明反应正向进行得很完全。

知识链接　实用电池

以原电池为基本模型的能持续产生直流电的装置，统称为化学电源，常称为电池。在电池中，化学能转化为电能。实际应用中，既有能产生兆瓦级的燃料电池发电站，也有小如纽扣的电池，品种多样。

图3-4　各类电池

图3-5　百万瓦燃料电池

一、一次电池

1. 锌锰干电池

日常生活中使用最多的干电池，其电容量按体积大小可分为1号、2号、5号、7号等型号，电压一般为1.5 V。1888年Gassner最早制出锌-二氧化锰干电池，其结构如图3-6所示。金属锌外壳是负极，轴心的石墨棒是正极，在石墨棒周围裹上一层MnO_2和炭黑的混合物。在两极之注入NH_4Cl、$ZnCl_2$和淀粉制成的糊状物，此湿盐混合物作为电解质。电极反应是复杂的，可简化表达为：

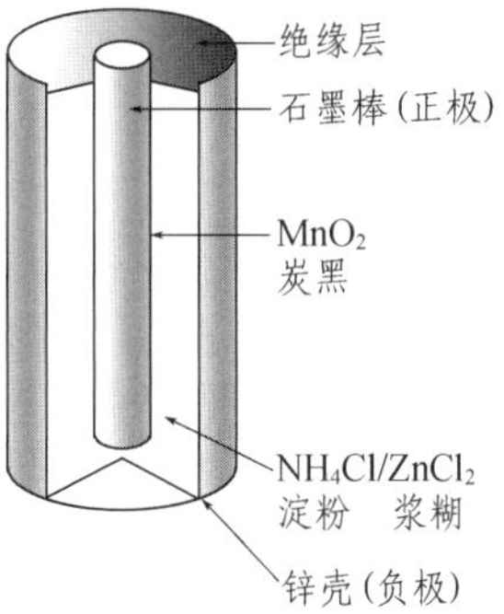

图3-6　锌锰干电池结构

负极：$Zn \longrightarrow Zn^{2+} + 2e^-$

正极：$2NH_4^+ + 2MnO_2 + 2e^- \longrightarrow Mn_2O_3 + H_2O + 2NH_3$

电池反应：$Zn + 2NH_4^+ + 2MnO_2 \longrightarrow Zn^{2+} + Mn_2O_3 + H_2O + 2NH_3$

使用过程中，锌皮和MnO_2不断被消耗，电池电压不断下降，直至电能殆尽，这是其不足之处。当参加电极反应的活性物质耗尽时只能废弃而不能再生的电池，叫作一次电池。因此，干电池属于一次电池。

2. 锌-氧化银微型电池

微型电池是指自动照相机、数字计算器、石英电子表及录音机等小型精密仪器内使用的一种质量轻、体积小的“纽扣”电池。其中应用最普遍、用量最大的是纽扣式锌-氧化银电池，电压为1.5 V，具有很高的电池容量和较长的寿命。其电极材料是Ag_2O和Zn，电极和电池反应为：

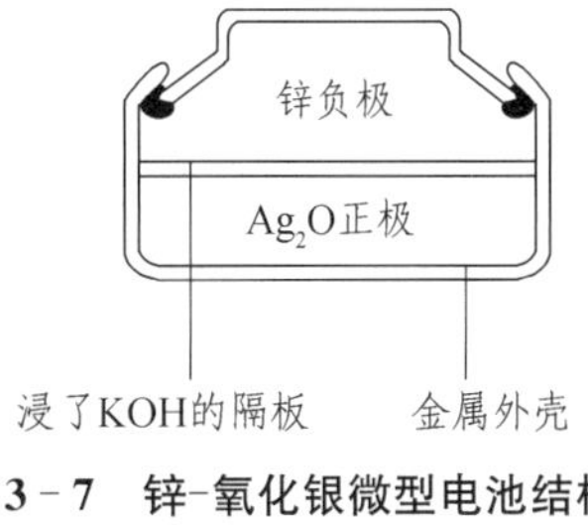

图3-7　锌-氧化银微型电池结构

负极：$Zn + 2OH^- \longrightarrow Zn(OH)_2 + 2e^-$

正极：$2MnO_2 + H_2O + 2e^- \longrightarrow Mn_2O_3 + 2OH^-$

电池反应：$Zn + 2MnO_2 + H_2O \longrightarrow Zn(OH)_2 + Mn_2O_3$

锌-氧化银微型电池和锌锰干电池一样，也是一次电池。废弃的一次电池中含有重金属和酸碱化学物质，对人体健康和生态环境具有潜在的危害，必须妥善处理，加以回收利用，还可以减少矿产资源的极大浪费。

二、二次电池

当某些电池的化学能转化为电能之后，利用化学反应的可逆性，在外加直流电源作用下，使电极的活性物质再生到最初或接近最初的状态，将电能重新转化为化学能。这种再生后的电池能继续放电，叫作二次电池，或蓄电池、可充电电池。

1. 铅酸蓄电池

铅酸蓄电池是G. Plante于1859年发明的，历经150多年的发展，已广泛应用于实验室、工业和生活中。其电极主要由铅及其氧化物制成，正极填充PbO_2，负极填充灰铅。正、负极板交替排列，浸泡在30%硫酸电解液中。放电时，电极和电池反应为：

负极（灰铅）：$Pb + SO_4^{2-} \longrightarrow PbSO_4 + 2e^-$

正极（PbO_2）：$PbO_2 + SO_4^{2-} + 4H^+ + 2e^- \longrightarrow PbSO_4 + 2H_2O$

电池反应：$PbO_2 + Pb + 2H_2SO_4 \underset{充电}{\overset{放电}{\rightleftharpoons}} 2PbSO_4 + 2H_2O$

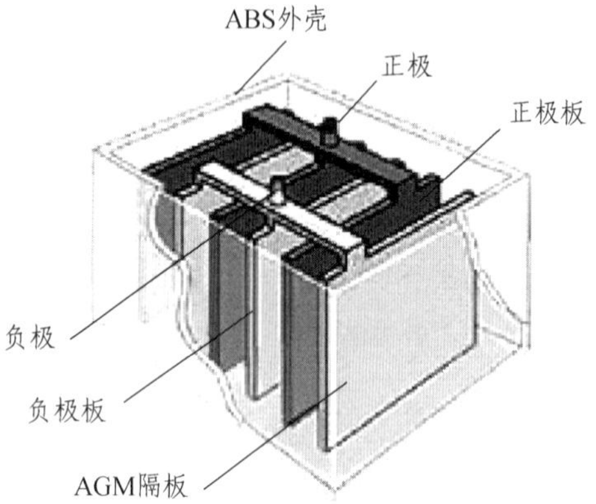

图3-8 铅酸蓄电池结构

铅酸蓄电池每个单元电压是2.0 V左右，多个单元串联组成一个电池组。放电后，单元电压降至1.8 V时须对电池充电。充电时的电极反应恰为放电时的逆过程。

铅酸蓄电池具有电容量大、电压稳定和价格低廉等优点。传统铅酸蓄电池的主要缺点是能量密度低即过于笨重，易发生溢酸、渗酸及气体酸雾逸出现象，与电池中的铅都会对环境造成污染。随着科技进步和技术革新，出现了新种类、新结构的铅酸蓄电池，技术工艺和设备不断更新换代，使得铅酸电池逐步向着清洁生产和节能减排方向发展。

2. 碱性蓄电池

电解液是碱性溶液（如KOH、NaOH等）的蓄电池，称为碱性蓄电池。与铅酸蓄电池相比，它具有体积小、便于携带、工作电压平稳和使用寿命长（可反复充、放电$2\times10^3 \sim 4\times10^3$）等特点，但价格较贵。

（1）镍镉电池

镍镉电池的负极以金属镉为活性物质，正极的活性物质为羟基氧化镍（NiO(OH)）。它具有内阻小、工作电压恒定、耐过充放电能力强和维护简单等优点，缺点则是具有记忆效应——这会严重影响电池的容量，降低电池的使用时间，以及镉的重金属污染。其电池反应为：

$$Cd + 2NiO(OH) + 2H_2O \underset{充电}{\overset{放电}{\rightleftharpoons}} 2Ni(OH)_2 + Cd(OH)_2$$

（2）镍氢电池

镍氢电池是当今迅速发展起来的一种高能绿色充电电池，具有能量密度高、可快速充放电、循环寿命长、无记忆效应及无污染等优点，被认为是可取代镍镉电池的新型碱性蓄电池，在笔记本电脑、数码相机和电动自行车等领域得到了广泛应用，但价格比镍镉电池贵很多。其正极材料为NiO(OH)，负极板材料为储氢合金MH，电解液通常用30%的KOH水溶液，并加入少量的NiOH。电池反应为：

$$MH+NiO(OH)\underset{\text{充电}}{\overset{\text{放电}}{\rightleftharpoons}}Ni(OH)_2+M$$

三、锂离子电池

在商品化的可充电电池中，锂离子电池的比能量最高，尤其是聚合物锂离子电池，用聚合物凝胶化液态有机溶剂或直接用全固态电解质，可实现可充电电池的薄形化，且工作电压高、循环寿命长和无污染，是现代高性能电池的代表。

锂电子电池主要依靠锂离子在正极和负极之间移动来工作，因此也被称作摇椅电池。其正极材料常用氧化钴锂等过渡金属氧化物，负极一般采用石墨或其他碳材料。石墨和氧化钴锂都具有层状结构，特定电压下锂离子能够嵌入或脱出这种层状结构，材料结构本身不发生不可逆变化。充电时，Li^+ 从正极脱嵌，经过电解质嵌入负极，负极处于富锂状态；放电时则相反。

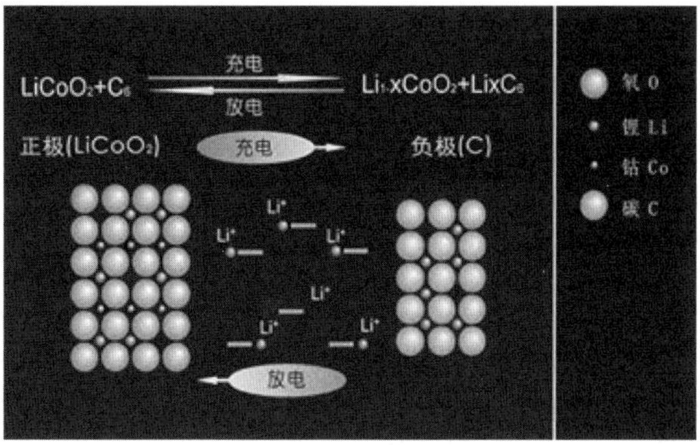

图 3-9　聚合物锂离子电池原理示意图

四、燃料电池

电池中燃料直接氧化，其化学能转变为电能的装置叫燃料电池。燃料通常是氢气、天然气、水煤气、甲醇等，氧化剂为纯氧或空气中的氧。最简单的燃料电池是氢氧燃料电池，结构如图 3-10 所示。电池以多孔镍电极为负极，多孔氧化镍覆盖的镍为正极，用多孔隔膜将电池分成三部分，左侧通入燃料 H_2，中间盛有 KOH 溶液，右侧通入氧化剂 O_2。

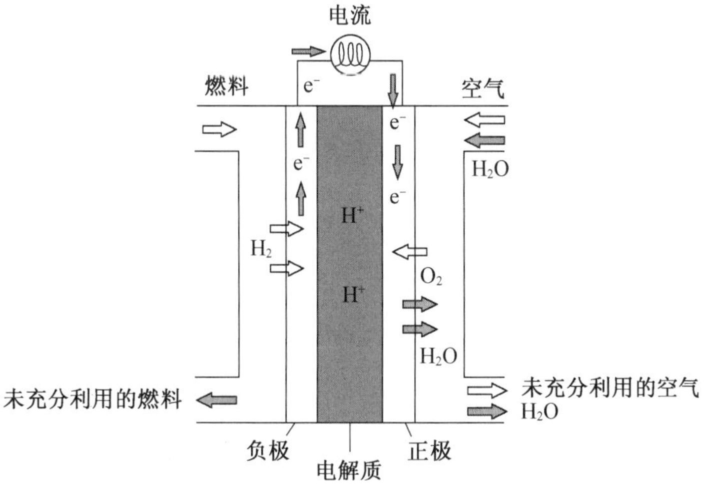

图 3-10　氢氧燃料电池示意图

正极上，氧气通过多孔的电极材料被催化还原：

$$O_2(g)+2H_2O(l)+4e^- \longrightarrow 4OH^-(aq)$$

负极上，氢气通过多孔的电极材料被催化氧化：

$$2H_2(g)+4OH^-(aq) \longrightarrow 4H_2O(l)+4e^-$$

电池反应为：

$$2H_2(g)+O_2(g) \longrightarrow 2H_2O(l)$$

由于化学能直接转变为电能，燃料电池的能源利用率可高达60%～70%，且产物为水，对环境无污染。目前在宇航技术领域得到应用。更有趣的是电池中产生的水经净化后可供宇航员饮用。

除上述介绍的几种电池外，还有光电化学电池、钠硫电池、导电高聚物电池、超级电容器等，都是比较新型的化学电源。随着各国对绿色、可再生能源重视程度的加深，更多新型化学电源的研究成果将不断涌现出来。

电解池

将电能转变成化学能的装置称为电解池。它也有2个电极，与电源负极相连的电极叫作阴极，发生还原反应；与电源正极相连的电极叫作阳极，发生氧化反应。当电流通过电解池中的电解质溶液或熔融电解质时，会在阴、阳两极上引起氧化还原反应，这个过程叫作电解。电解是电化学工业中规模最大的生产工艺，广泛应用于有色金属的冶炼和精制、氯碱和无机盐生产以及电解加工方面。

一、电解精制金属

工业上采用电解法精制金属时，电极电势比待精制金属大的杂质不溶解，留在阳极泥中；而电极电势比待精制金属小的杂质在阳极溶解，进入电解液，但不能在阴极析出，留在电解液中。这就实现了分离杂质、提纯金属的目的。如：粗铜的精炼除杂。在 $CuSO_4$ 和 H_2SO_4 混合液的电解池内，以粗铜为阳极，纯铜为阴极进行电解，电极反应为：

阳极反应：$Cu(粗)-2e^- \longrightarrow Cu^{2+}$

阴极反应：$Cu^{2+}+2e^- \longrightarrow Cu(精铜，99.95\%)$

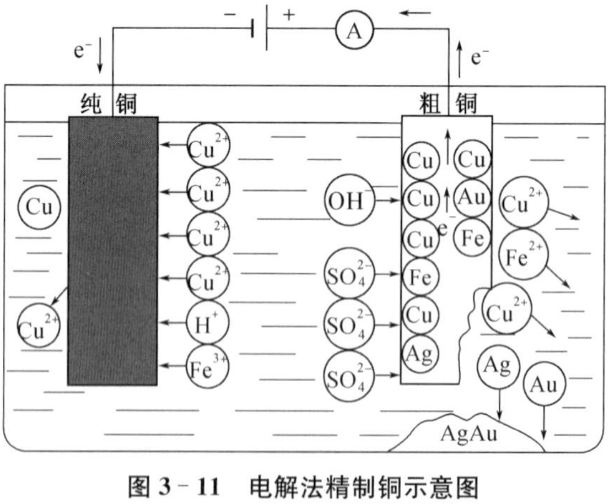

图 3-11 电解法精制铜示意图

电解过程中，阳极粗铜所含杂质金、银和铂系金属沉积在阳极底部，称为“阳极泥”，是提炼贵金属的重要原料。

二、金属腐蚀与防腐

据报道，全世界每年因金属腐蚀造成的直接经济损失约达 7 000 亿美元，我国因金属腐蚀造成的损失占国民生产总值的 4%。如何防止和控制金属腐蚀具有重要的现实意义。

金属腐蚀可分为化学腐蚀、生物化学腐蚀和电化学腐蚀三类。其中，电化学腐蚀是金属腐蚀中最普遍、最主要的一类，它是指金属材料(合金或不纯的金属)与电解质溶液接触，通过电极反应产生的腐蚀。例如：在潮湿的空气中钢铁所发生的腐蚀(见图 3-12)即为电化学腐蚀。

图 3-12 钢铁锈蚀图片

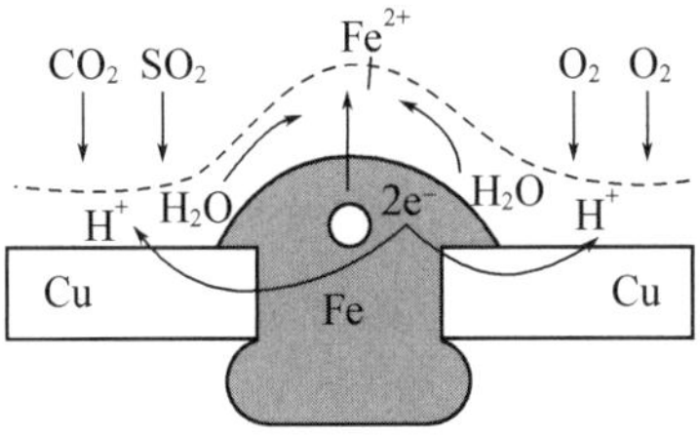

图 3-13 电化学腐蚀示意图

铜板上的铁铆钉特别容易生锈，这是为什么呢?

因为带有铁铆钉的铜板若暴露在空气中，表面会被潮湿的空气或雨水浸润，空气中的 CO_2、SO_2 和海边空气中的 NaCl 溶解其中形成电解质溶液，这样就组成了原电池，铜为负极，铁为正极，所以铁很快腐蚀形成铁锈。

那么，该如何预防金属腐蚀呢? 目前主要有以下几种方法：

(1) 在金属表面覆盖保护层

在金属表面涂上油漆、搪瓷、塑料、沥青等，将金属与腐蚀介质隔开；或者在需保护的金属表面用电镀或化学镀的方法镀上 Au，Ag，Ni，Cr，Zn，Sn 等金属，保护内层不被腐蚀。

(2) 将金属制成耐腐蚀合金

如型号为"18.8"的不锈钢，含 18%的 Cr 和 8%的 Ni，具有较好的耐腐蚀能力。

图 3-14 Teflon 涂层螺栓

图 3-15 耐腐蚀合金

(3) 电化学保护法

又可分为阳极保护法和阴极保护法。

前者是指用外电源，将被保护金属设备作阳极，在一定的介质和外电压作用下，在阳极表面形成致密的氧化物保护膜，腐蚀率急速下降，从而使金属设备得以保护。

后者是指外加电源组成一个电解池，将被保护金属作阴极，废金属或导电的不溶性物质(如石墨)作阳极，在直流电作用下金属设备得到保护；或者采用牺牲阳极的办法，连接一个电极电势较低的金属，如在钢铁设备上连接锌、铝或镁等活泼金属作阳极，因后者电势较低，作为阳极逐渐被腐蚀，

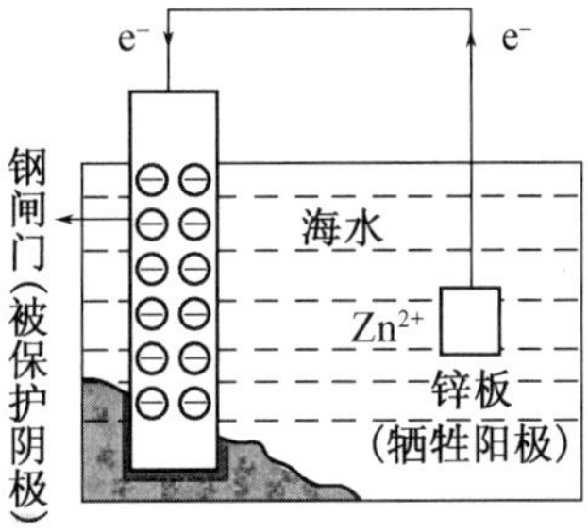

图 3-16 牺牲阳极的阴极保护法

作阴极的钢铁设备得到了保护。

(4) 在介质中加入缓蚀剂

在可能组成原电池的体系中加入缓蚀剂,改变介质的性质,从而降低金属的腐蚀速度。

练习

1. 解释下列基本概念。

(1) 什么是氧化还原反应?其主要特征和本质是什么?

(2) 什么是氧化还原电对?如何表示?

(3) 标准电极电势如何测量?怎样使用标准电极电势判断氧化型物质和还原型物质得失电子的能力?

(4) 如何用图式表示原电池?

(5) 如何利用电极电势来判断原电池的正极和负极?如何计算原电池的电动势?

(6) 电极电势有哪些应用?

(7) 怎样理解介质的酸性增强,$KMnO_4$ 的电极电势增大、氧化性增强?

2. 写出下列电池中各电极的反应和电池反应。

(1) $(-)Pt|Fe^{3+},Fe^{2+}||Ag^+|Ag(+)$

(2) $(-)Pt|H_2|H||Cl|Cl_2|Pt(+)$

(3) $(-)Pt|Fe^{3+},Fe^{2+}||MnO_4^-,Mn^{2+},H^+|Pt(+)$

3. 试将下述化学反应设计成原电池。

(1) $Fe+Cu^{2+} \rightleftharpoons Fe^{2+}+Cu$

(2) $Ni^{2+}+Pb \rightleftharpoons Ni+Pb^{2+}$

(3) $Cu^{2+}+Ag \rightleftharpoons Cu+2Ag^+$

(4) $Sn+2H^+ \rightleftharpoons Sn^{2+}+H_2$

4. 判断下列氧化还原反应进行的方向(298.15 K 的标准状态下)。

(1) $Ag^++Fe^{2+} \rightleftharpoons Ag+Fe^{3+}$

(2) $2Cr^{3+}+3I_2+7H_2O \rightleftharpoons Cr_2O_7^{2-}+6I^-+14H^+$

(3) $Cu+2FeCl_3 \rightleftharpoons CuCl_2+2FeCl_2$

5. 在 pH=4.0 时,下列反应能否自发进行?(除 H^+ 外,其他物质均处于标准状态)

(1) $Cr_2O_7^{2-}+H^++Br^- \longrightarrow Br_2+Cr^{3+}+H_2O$

(2) $MnO_4^-+H^++Cl^- \longrightarrow Cl_2+Mn^{2+}+H_2O$

6. 将下列反应组装成原电池(298.15 K):

$$2I^- + 2\ Fe^{3+} \rightleftharpoons I_2 + 2\ Fe^{2+}$$

（1）用图示表示原电池；

（2）计算原电池的 $E^{\ominus}_{MF}$；

（3）计算反应的 $\Delta G^{\ominus}$ 和 $K^{\ominus}$；

（4）若 $c(I^-)=1.0\times10^{-2}$，$c(Fe^{3+})=1/10\ c(Fe^{2+})$，计算原电池的电动势。

7. 参见标准电极电势表 3-1，回答问题：

（1）分别选择一种合适的氧化剂，能够氧化① Cl^- 成 Cl_2；② Pb 成 Pb^{2+}；③ Fe^{2+} 成 Fe^{3+}；

（2）分别选择一种合适的还原剂，能够还原① Ag^+ 成 Ag；② I_2 成 I^-；③ Fe^{3+} 成 Fe。

8. 指出下列物质哪些可作为氧化剂，哪些可作为还原剂？并根据标准电极电势排出它们氧化能力和还原能力大小的顺序：

$$Fe^{3+},MnO_4^-,Cl^-,S_2O_8^{2-},Cu^{2+},Sn^{2+},Fe^{2+},Zn$$

第 4 章 定量分析基础

§4.1 分析化学概述

4.1.1 分析化学的任务和作用

分析化学是关于研究物质的组成、含量、结构和形态等化学信息的分析方法及理论的一门科学，是化学的一个重要分支，是人们理解物质化学特性的基础学科。分析化学主要由定性分析和定量分析两部分组成，定性分析的任务是鉴定物质的化学组成；定量分析的任务是测定物质各组分的含量。本章主要讨论定量分析化学。

分析化学不仅在化学各学科的发展中起到了重要作用，在其他学科，如生物学、物理学、环境科学等，也广泛依赖分析化学的各类研究方法。其次，分析化学对人类社会的进步和物质文明建设也做出了重要贡献，普遍应用于地质普查、矿产勘探、冶金、能源、农业、医药、临床化验、环境保护、商品检验、考古分析、法医刑侦鉴定等领域。例如，在农业生产方面，从土壤成分、肥料、农药的分析至农作物生长过程的研究都离不开分析化学。在国防和公安方面，从武器装备的生产和研制，到刑事案件的侦破等也都需要分析化学的密切配合。

因此，分析化学已然成为人类认识自然、改造自然的重要工具，是现代科技发展依赖的重要科学手段，已渗透在各类理工类学科中。对于理工科专业而言，学好分析化学可为将来科学研究打下坚实的理论基础。

4.1.2 分析化学的分类

分析化学的研究目的和内容多种多样，分类较为繁多，一般根据分析任务、分析对象、分析原理、试样用量和组分含量等的不同，大致有如下分类。

1. 定性分析、定量分析和结构分析

根据实际分析任务的不同，分析化学可分为定性分析、定量分析和结构分析。定性分析的任务是鉴定物质由哪些元素、原子团或化合物所组成。定量分析的任务是测定物质中有关成分的准确含量。结构分析的任务是研究物质的分子结构、晶体结构、能态等。本课程内容中，主要涉及的就是定量分析。

2. 常量分析、半微量分析和微量分析

根据分析过程中试样的用量及操作方法不同，可分为常量分析

(macroanalysis)、半微量分析(semimicro analysis)、微量分析(microanalysis)、超微量分析(ultramicroanalysis)等。通常认为,常量分析的试样用量在 0.1 g 以上(试液体积大于 10 mL);半微量分析的试样用量为 0.01～0.1 g(试液体积为 1～10 mL);微量分析的试样用量为 0.000 1～0.01 g(试液体积为 0.01～1 mL);超微量分析的试样用量则更少,详见表 4-1。

表 4-1　各类分析方法的试样用量

分类名称	所需试样的质量/mg	所需试样的体积/mL	分类名称	所需试样的质量/mg	所需试样的体积/mL
常量分析	100～1 000	>10	半微量分析	10～100	1～10
微量分析	0.1～10	0.01～1	超微量分析	<0.1	<0.01

3. 化学分析和仪器分析

(1) 化学分析法

以各种物质的化学反应为基础的分析方法称为化学分析法(chemical analysis)。化学分析法是化学学科发展早期采用的最基础的分析方法,历史悠久,常称经典分析法。化学分析法主要分为重量分析法(gravimetric analysis)和滴定分析法(titration analysis)等。

重量分析法是根据反应物(通常是沉淀)的质量来确定被测组分在试样中的含量。通过适当的化学反应和分离方法,以固定化学组成形式从待测组分的试样中分离,然后得其质量,根据称得的质量计算出待测组分的含量。重量分析法通常适用于待测组分含量大于 1% 的常量分析,其特点是准确度高,但分析过程较为繁琐。

滴定分析法是用一种已知准确浓度的试剂溶液(标准溶液),滴到被测物质的溶液中,在特定指示剂存在条件下,可准确地让标准试剂与被测物质按化学计量关系定量反应,然后根据所用体积及浓度定量计算出被测物质的准确含量。该法也称为容量分析法,较适用于常量分析,具有准确度高、操作简便、快速等特点,因此应用广泛。

(2) 仪器分析法

以物质的物理性质或物理化学性质为基础的分析方法,称为物理分析法或物理化学分析法。由于这两类分析方法都需要较特殊的仪器,所以一般称为仪器分析法(instrumental analysis)。仪器分析法所涉及的原理包含多个学科,包括物理学、化学、材料学、数学、计算机、生物学等,是自然科学和当代科学技术发展的一个重要体现,仪器种类更是包罗万象。目前,常用的仪器分析方法主要包括光学分析、电化学分析、色谱分析等几类。

光学分析法是利用物质的光学性质进行分析的一类方法,主要包括:分子光谱法,如紫外-可见光度法、发光分析法、红外光谱法、分子荧光及磷光分析法;原子光谱法,如原子发射光谱法、原子吸收光谱法等。

电化学分析法是利用物质的电化学性质来进行化学分析的方法，主要包括库仑分析法、极谱分析法、电位分析法、电导分析法等。

色谱分析法是利用物质在两相（固定相和流动相）中的溶解、解析、脱附、吸附及其他亲和作用的差异，进行各类物质的分离与测定的方法，主要包括气相色谱法和液相色谱法两大类。此法具有高效分离、灵敏、快速等优点，广泛应用于环境污染物监测等领域。色谱还可以与其他仪器分析方法联用，如气相色谱-质谱联用技术等。

仪器分析法除上述三大主要类型外，常见的还有质谱分析法、核磁共振波谱分析法、电子探针和离子探针微区分析法、放射分析法、差热分析法、光声光谱分析法等。仪器分析是目前自然科学研究中最普遍依赖的表征手段，技术层次也在日益更新。我国大型分析仪器自主研发水平还有待进一步提高，如透射电子显微镜、核磁共振波谱仪等，各科研院所使用的这些最先进的仪器设备大多数是进口的，这需要中国的科研工作者在此方面投入更多的精力。

总的来说，仪器分析法具有测试快速、灵敏度高、准确度高等优点，适用于微量或痕量分析，但仪器价格一般较贵，难以大范围普及。因此，化学分析法和仪器分析法都有各自的优缺点和局限，不同的场景下择优选用。

4.1.3 定量分析方法的一般步骤

本书主要讨论的是定量分析方法，而定量分析的任务主要是确定某待测试样中有关组分的准确含量，要想完成这项定量分析任务，一般需要经过若干步骤。尽管不同试样的处理和测定方法不同，但大致可按照如下步骤进行定量分析。

（1）取样

试样的类别常见有固体、液体或气体，对于某一试样的组分分析首先要选取能代表整体试样性质的样本，要求所选样本能很好代表试样总体。对于不同的试样要选用合理的取样方式，这是分析结果是否准确可靠的基础，因而需采用特定的方法和程序。例如，对于某矿物组分的测定，一般来说要多点取样（不同部位、深度），然后将大量样本充分粉碎并混合均匀，再从所得样本中取少量物质作为试样进行定量分析。样本的选择必须具有科学性，如某一地区空气污染物浓度的测定，需要在不同地点、不同时间段、不同天气等环境下取样，再进行深入分析，方能得出科学的结论，切不可以点代面、以偏概全。

（2）试样的处理

定量分析中常采用溶液反应分析，即需要将试样溶解配置成均匀溶液，然后进行定量分析。根据试样物质本身的化学性质，选用合适的溶解方法，如酸溶法、碱溶法和熔融法等。

（3）测定

根据分析要求以及样品的性质选取合适的分析方法进行测定。对于常量组分而言，常采用化学分析方法，如滴定分析、重量分析等；对于微量组分，常需要高灵敏度的仪器分析方法。

(4) 数据处理

根据上述测定的数据计算出待测组分的准确含量，并对数据进行可靠性分析，最后得出结论。

§4.2 有效数字与运算规则

不同分析仪器的精密度不同，在进行定量分析的过程中，需要记录准确的数据并进行合理的数据处理和运算。例如，量取溶液体积时记录为 25.00 mL 和 25.0 mL，虽然数值大小相同，但精确程度相差 10 倍。记录的数据不仅表示测量值的大小，同时也反应测量仪器的精密程度，因此需要熟知有效数字的基本概念、修约与运算规则。

4.2.1 有效数字

有效数字(significant figures)是指在分析过程中实际能测得的数字，包括确定的数字及不确定的数字(最后一位为估读)。如用分析天平称取试样的质量时应记录为 7.318 6 g，它表示 7.318 是准确值，最后一位 6 是不确定数，即 7.318 6 有五位有效数字。分析天平有±0.000 1 g 的误差，因此其实际质量是 7.318 5～7.318 7 g 范围内的某一值。不同的分析者在读取最后一位的数值时，可能存在差异，例如，在用滴定管量取固定体积溶液时，甲同学读出来是 12.12 mL，乙同学是 12.13 mL，丙同学是 12.14 mL，三位同学读取的数值都没问题，但会有不同的误差。在实际实验数据记录中，务必根据实际使用仪器的精密度来记录数据，否则会带来很大的误差，也不能反应真实使用的仪器规格。

特殊地，对于数据中的“0”，是否为有效数字，取决于其在数据中的作用。当“0”用来表示与测量精度有关的数值时，就是有效数字，而作为定位用则不是有效数字。例如，酸式滴定管读数为 18.00 mL，两个“0”都是测量数字，为有效数字。相对应地，如果用升(L)来表示相同的体积，则写成 0.018 00 L，“1”前面的两个“0”只是用于定位，不是有效数字，最后面两个“0”仍是有效数字，因此 0.018 00 的有效数字是四位。对于以“0”结尾的正整数，有效数字位数不确定，一般采用指数形式来表示。如 2 900，可用 2.9×10^3、2.90×10^3、2.900×10^3 来表示，对应的有效数字分别为 2、3、4。尤其注意在进行单位换算时，不能改变数据的有效数字，如将 15.0 mL 换算成 μL 时，应写为 1.50×10^4 μL，切不可写成 15 000 μL。下面用几组数据来说明有效数字：

2.008 2	563.10	五位有效数字
0.240 0	45.23	四位有效数字
0.002 54	2.31×10^{-5}	三位有效数字
2 500	810	有效数字含糊

特殊地，对于 pH 的有效数字问题，如 8.34 或 11.65，其有效数字均为两位，原因是 pH 是经过对数计算而来，整数位只表示该数的方次。对于某数的首位数字

大于或等于 8，则有效数字多算一位，如 8.12，其有效数字为四位。

4.2.2 有效数字的修约规则

我们在记录和分析实验数据中，往往涉及不同有效数位的测量值，就需要按照一定的规则进行运算。

运算过程中应按有效数字修约的规则进行修约后再计算结果。目前，对数字的修约规则基本采取**“四舍六入五留双”**办法，基本要点为：当尾数≤4 时舍弃；尾数≥6 时则进入；尾数＝5 时，若 5 后面的数字为“0”，则按 5 前面是偶数则舍弃（0 视为偶数），是奇数则进入；若 5 后面的数字是不为“0”的任何数，则不论 5 前面的数为偶数或奇数均进入。按照这一规则，将下列测量值修约为一位有效数字：

15.345 7→15.3；15.361 8→15.4；15.350 3→15.4

15.450 0→15.4；15.350 0→15.4；15.050 0→15.0

特别说明：如果舍弃的数字是多位，切不可连续进行多次修约，如将 23.456 5 修约为整数，结果为 23，但如果连续修约，则 23.456 5→23.456→23.46→23.5→24，显然是错误的。

4.2.3 有效数字的运算规则

对于不同精确度的测量数值，其运算规则如下。

1. 加减法

对于不同数值相加减的运算时，有效数字取决于数据中绝对误差最大的那个数值，即加减运算中有效数字的保留，以小数点后位数最少的一个数字为依据。例如：

$$31.2+5.62+0.6957=?$$

显然，31.2 的绝对误差最大（±0.1），所以其他数值应以它为准，小数点后保留一位，修约后进行运算，即

$$31.2+5.62+0.6957=31.2+5.6+0.7=37.5$$

2. 乘除法

与加减法不同，在乘除法运算中，有效数字的保留应以各数值中相对误差最大的那个数为依据，通常是根据有效位数最少的数来进行修约，其结果所保留位数与该有效数字的位数相同。例如：

$$5.5839\times0.157\times42.18=?$$

三个数的相对误差分别为±0.001 8%、±0.64%、±0.024%，所以有效数值最少的是 0.157，相对误差最大，计算结果取三位有效数字，即 37.0。

在使用计算器运算过程时，可不必对每一步的计算结果进行修约，但最后结果的有效数字位数必须遵循上述规则，切不可照抄计算器上的多位数字。

§4.3　定量分析中的误差与表示方法

定量分析的主要任务是准确分析被测试样各组分的含量，因此需要所得结果必须达到足够的准确度。然而，在实际的定量分析过程中，由于各方面因素的影响，如分析方法、测量仪器、分析人员主观认识等，会使得测量结果和真实值之间产生一定的误差。我们可以通过改良测量仪器、完善分析方法、提高测试人员专业知识和技巧等方法，来尽量减小这种误差，但需要指出这种误差不可能减少至零。为了尽可能地减小误差，需要对各类误差的产生原因和规律进行充分认识，并采取合适措施，以提高数据的准确度和精密度。

4.3.1　误差的种类和产生原因

分析数据的误差按其性质可以分为系统误差(systematic error)和随机误差(random error)两大类。

1. 系统误差

系统误差是由于某些固定的原因造成的误差，使得结果偏大或偏小，对结果影响比较固定。系统误差的特点是具有单向性和重复性，即每次测量都系统地偏大或偏小且会重复出现。系统误差产生都是由固定因素引起的，是可测的。因此，我们需要找出产生误差的原因，降低系统误差对结果的影响。根据系统误差产生的原因，可将其大致分为如下几类。

(1) 方法误差

方法误差是由于分析方法本身缺陷所形成的误差。例如，酸碱滴定法中指示剂的变色点与化学计量点不一致。这将无法避免地使得分析结果偏大或偏小。

(2) 仪器误差

仪器误差是由于测量仪器本身不够精确而形成的误差。例如，量筒、天平砝码、各类仪表刻度等不准确。

(3) 试剂误差

分析过程中使用的试剂由于存在杂质等而引起的误差。例如，试剂纯度不够、存在未知的杂质、干扰组分等。

(4) 操作误差

操作误差是由操作人员的主观原因所造成的误差。例如，在酸碱滴定过程中，有些操作人员对颜色的辨别不是很敏感，使得终点颜色偏深或偏浅；平行实验中，主观希望前后测定结果吻合等所引起的操作误差。需要指出某些错误的操作习惯带来的数据不准确性，不能归为操作误差。例如，读取量筒数据时仰视或俯视刻度，这是错误的结果，不得作为分析结果而进行后续数据处理。

2. 随机误差

随机误差又称偶然误差或不可测误差，它是由某些不可测的随机偶然因素造成的。在进行多次测量过程中,尽管想方设法地降低了系统误差,但仍然存在与真实结果不一致的现象,结果忽高忽低,不可预测。随机误差在分析测定过程中是客观存在且不可避免的。但如果进行足够多次测量,会发现随机误差的分布是有规律的,符合正态分布规律,即绝对值相等的正误差和负误差出现的概率相同。绝对值小的误差出现的概率大,绝对值大的误差出现的概率小,绝对值很大的误差出现的概率非常小。

4.3.2 提高分析结果准确度的方法

为了提高分析结果的准确度,就需要尽可能地较少测量过程中存在的系统误差和随机误差。在了解两种主要误差产生的原因后,可以有针对性地采取合适的方法来尽可能降低误差。

1. 消除系统误差

系统误差的存在会对分析结果产生很大的影响,考虑到系统误差的可测性特点,要求分析人员在数据测量前就应该尽可能找出引起系统误差的各类因素,并消除。大部分系统误差可用下面的方法进行检验和消除。

(1) 对照试验

在保证测量条件相同的前提下,同时测定标准试样与被测试样的数据,通过比对标准试样的测量结果与其标准值的比较,即可判断是否存在系统误差。也可采用其他公认较为可靠的分析方法与拟采用的方法进行对照,检验是否存在系统误差。对于分析人员来说,可以把相同测量安排给更有经验的分析人员或其他单位来进行对照分析,即“内检”和“外检”。

(2) 空白试验

空白试验就是不加待测试样,其他条件相同,测定结果称为空白值。从试样测量结果中扣去空白值,可得到较可靠的测定结果。常用来消除试验试剂、器皿、环境等因素造成的系统误差。

(3) 校准仪器

对于砝码、量筒、滴定管等测量仪器不准确引起的系统误差,可通过校准仪器来减小。常规的玻璃测量仪器,在使用很长时间后,就会带来很大的仪器误差,最好的办法就是更换新仪器;在做精密测量时,应尽量选择可靠的仪器生产商,从而确保仪器本身的精度。

(4) 校正方法

对于某些因分析方法引起的系统误差可用其他分析方法直接校正。例如,在酸碱滴定中,选择更接近反应计量点的酸碱指示剂。

2. 减小随机误差

在消除系统误差的前提下,还需尽可能减小随机误差。基于随机误差的特点,不可能完全消除,但可以通过增加测量次数来尽量减小随机误差。理论上说,平行测量次数越多,随机误差就越小,越接近真实值。但考虑到增加测量次数带来的耗时耗力等弊端，一般而言，在常规分析测量中，平行测定 3～4 次，即可保证较为准确的分析结果。

4.3.3　准确度与精密度

定量分析结果的优劣，可用准确度(accuracy)和精密度(precision)来评判。

1. 准确度与误差

准确度是指测量值与真值之间的符合程度。准确度越高，表示测量值与真值越接近。准确度的高低一般用误差来表示，分为绝对误差(absolute error)和相对误差(relative error)。

(1) 绝对误差

绝对误差 E_a 表示某次测定值(x)与真值(x_T)之差，即

$$E_a = x - x_T \tag{4-1}$$

(2) 相对误差

相对误差 E_r 表示绝对误差(E_a)在真值(x_T)中所占的百分数，即

$$E_r = \frac{E_a}{x_T} \times 100\% \tag{4-2}$$

从式 4-1 和式 4-2 可以看出，绝对误差和相对误差都有正负之分。正值表示测定结果偏高，称为正误差；负值表示测定结果偏低，称为负误差。相对误差更能反映出误差在真值中所占的比例，因此，绝对误差用来表示准确度更科学合理。

对于真值，理论上是指某一物理量本身具有的客观存在的真实数值，但考虑到任何测量方法都存在误差，所以真值往往是未知的。分析化学中所谓的真值一般指在可靠的分析方法下，经过具有丰富经验的分析人员进行反复多次的平行测定，并通过数理统计的方法处理得到的数值。如被国际公认的一些量值、国家标准样品的标准值等，都可以认为是真值。

2. 精密度与偏差

精密度表示多次测量数值相互接近的程度，其高低可用偏差(deviation)来表示。偏差越小，测定数据的离散程度越小，精密度越高。偏差类别包含绝对偏差和相对偏差、平均偏差和相对平均偏差、标准偏差和相对标准偏差等。

(1) 绝对偏差和相对偏差

对于同一试样，在相同条件下测量 n 次，结果为 $x_1, x_2, x_3, \cdots, x_i$，其平均值为

$$\bar{x} = \frac{x_1 + x_2 + \cdots + x_i}{n} = \frac{\sum x_i}{n} \tag{4-3}$$

绝对偏差(d_i)表示测定值(x_i)与平均值($\bar{x}$)的差值，即

$$d_i = x_i - \bar{x} \tag{4-4}$$

相对偏差($d_{r,i}$)表示绝对偏差(d_i)在平均值($\bar{x}$)中所占的百分数，即

$$d_{r,i}=\frac{d_i}{\bar{x}}\times100\% \tag{4-5}$$

由式 4-4 和式 4-5 可知，绝对偏差和相对偏差均有正负之分，分别表示各次测定值与平均值间的正负偏离。绝对偏差之和与相对偏差之和均为零。

(2) 平均偏差和相对平均偏差

平均偏差($\bar{d}$)为各单次绝对偏差绝对值的平均值，即：

$$\bar{d}=\frac{\sum|d_i|}{n} \tag{4-6}$$

相对平均偏差($\bar{d}_i$)为平均偏差($\bar{d}$)在平均值($\bar{x}$)中所占的百分数：

$$\bar{d}_i=\frac{\bar{d}}{\bar{x}}\times100\% \tag{4-7}$$

平均偏差和相对平均偏差没有正负之分，数值越大，这组数据相互偏离越严重，精密度越低；数值越小，说明精密度越高。

(3) 标准偏差和相对标准偏差

在用平均偏差和相对平均偏差表示精密度时，对于一些数据中的大偏差值很难得到体现。因此，为了突出大偏差值对结果的影响，常用标准偏差来表示精密度。标准偏差又称均方根偏差，大测量次数趋于无穷大时，总体标准偏差(σ)可表示为

$$\sigma=\sqrt{\frac{\sum(x_i-\mu)^2}{n}} \tag{4-8}$$

式中：μ 为总体平均值，即无穷次测定的平均值；σ 为无限次测定时的标准偏差。

在实际分析工作中，不可能无限次测量，实际测定次数 n 往往是有限的，总体平均值(μ)很难得到，可用样品平均值($\bar{x}$)来代替总体平均值(μ)，此时用样本标准偏差(s)来表示：

$$s=\sqrt{\frac{\sum(x_i-\bar{x})^2}{n-1}}=\sqrt{\frac{\sum d_i^{\,2}}{n-1}} \tag{4-9}$$

式中：$n-1$ 称为自由度。当 n 很大时，$\bar{x}\to\mu$，则 $s\to\sigma$。

相对标准偏差也称变异系数(CV)，计算公式为

$$\mathrm{CV}=\frac{s}{\bar{x}}\times100\% \tag{4-10}$$

【例 4-1】 某分析人员在测量某一试样中矿物质的含量(质量分数)时，得到的结果为 35.18%、34.92%、35.36%、35.19%。试计算结果的平均值、平均偏差、标准偏差及变异系数(CV)。

解：$\bar{x}=\frac{(35.18+34.92+35.36+35.11+35.19)\%}{5}=35.15\%$

单次测量的偏差分别为 $d_1=0.03\%$，$d_2=-0.23\%$，$d_3=0.21\%$，$d_4=-0.04\%$，$d_5=0.04\%$，则

$$\bar{d}=\frac{\sum|d_i|}{n}=\frac{(0.03+0.23+0.21+0.04+0.04)\%}{5}=0.11\%$$

$$s=\sqrt{\frac{\sum d_i^2}{n-1}}=\sqrt{\frac{(0.03\%)^2+(-0.23\%)^2+(0.21\%)^2+(-0.04\%)^2+(0.04\%)^2}{5-1}}$$
$$=0.16\%$$

$$\text{CV}=\frac{s}{\bar{x}}\times100\%=\frac{0.16\%}{35.15\%}\times100\%=0.46\%$$

3. 准确度和精密度的关系

准确度与精密度在定量分析中常常并用，准确度表示测定值与真值相符合的程度，用误差的大小来量度，它与系统误差和随机误差均有关，表示测定的准确性。精密度表示平行测得的多个测定值与平均值相符合的程度，用偏差的大小来量度，它主要与随机误差有关，表示测定的重现性。

在实际分析测量试验中，数据要求达到一定的准确度，而精密度是保证准确度的先决条件。若精密度差，表明测定结果不可靠，也失去了衡量准确度的前提。但是精密度高不代表准确度一定高，如果存在较大的系统误差，精密度可以很高，但准确度不高。所以理想的分析结果是精密度和准确度都高。如图 4－1 所示，A、B、C 三名选手去参加射击选拔赛，A 的准确度和精密度都很差；B 的精密度很高，但准确度很差，可能是 B 存在系统误差（比如生理因素）；C 的精密度和准确度都很高，所以 C 是较为理想的参赛选手。对于实际的测量数据，还存在一种情况，即平均值很接近真实值，但精密度很差，这是系统误差相抵消的缘故，数据也不可靠。所以，准确度高一定需要精密度高，但精密度高不一定准确度高。

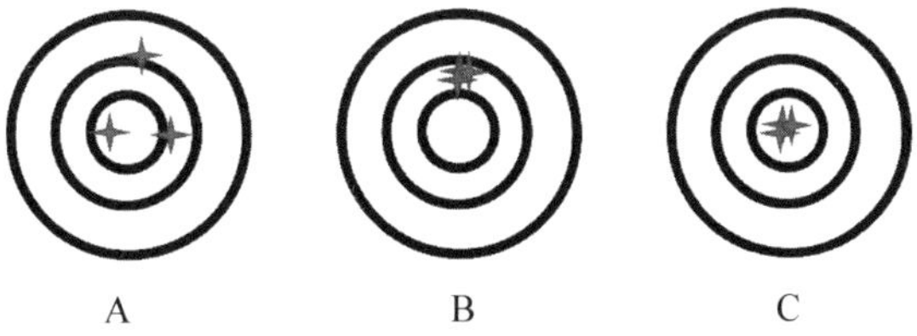

图 4－1　不同选手射击的结果（准确度和精密度）

§4.4　有限次实验数据的统计处理

众所周知，无限次测量数据符合正态分布规律，但在实际的测量过程中，只能进行相对有限次测量，这就需要对有限次测量数据进行统计处理。

4.4.1 *t* 分布曲线与平均值的置信区间

对于有限次测量数据，显然总体标准偏差 σ 是无法得到的，只能用有限次数据的标准偏差 s 来代替 σ，此时正态分布会存在偏差。可用 t 分布进行处理，t 分布曲线图 4 - 2 所示，纵坐标是概率密度，横坐标变为统计量 t。t 的定义为

$$t=x-\frac{x-\mu}{s} \tag{4-11}$$

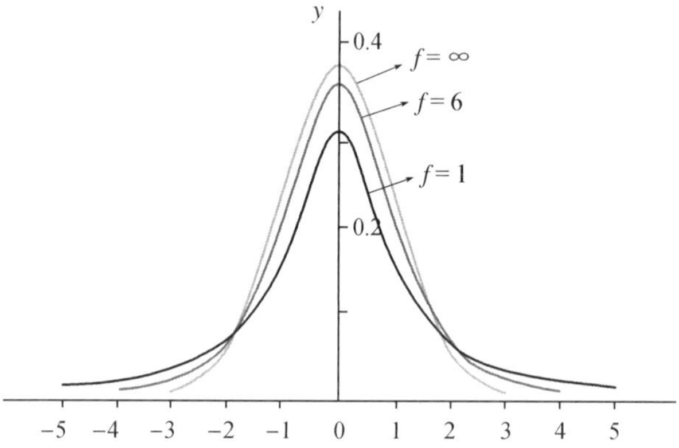

图 4 - 2 几个不同自由度的 *t* 分布曲线

t 分布与正态分布类似，左右对称，但 t 分布峰型的宽窄与高低与自由度 f 密切相关。当 $f\rightarrow\infty$时，即为正态分布。对于有限次测量，真实值 μ 与平均值 $\bar{x}$ 之间的关系为

$$\mu=\bar{x}\pm\frac{ts}{\sqrt{n}} \tag{4-12}$$

式中：s 为标准偏差；n 为测量次数；t 为在某一置信度 P 下的概率（见表4 - 2），其值与置信度和自由度有关。式 4 - 12 表示一定置信度下，以测量结果 $\bar{x}$ 的平均值为中心，包括总体平均值 μ 的范围，即平均值的置信区间。

表 4 - 2 不同置信度下的 *t* 值

测量次数 n	置信度 P			
	50%	90%	95%	99%
2	1.000	6.314	12.706	63.657
3	0.816	2.920	4.303	9.925
4	0.765	2.353	3.182	5.841
5	0.741	2.132	2.776	4.604
6	0.727	2.015	2.571	4.032
7	0.718	1.943	2.447	3.707

（续表）

测量次数 n	置信度 P			
	50%	90%	95%	99%
8	0.711	1.895	2.365	3.500
9	0.706	1.860	2.306	3.355
10	0.703	1.833	2.262	3.250
11	0.700	1.812	2.228	3.169
21	0.687	1.725	2.086	2.845
∞	0.674	1.645	1.960	2.576

【例4-2】 对某试样中含铁量进行测定，先测2次，质量分数分别为1.12%、1.15%；再测3次，数据为1.11%、1.16%、1.12%。试计算前2次测定和按5次测定数据来表示的平均值的置信区间（置信度为95%）。

解：(1) 测定2次时，$n=2$，置信度 $P=95\%$，查表4-2得 $t=12.706$

$$\bar{x}=\frac{1.12\%+1.15\%}{2}=1.14\%$$

$$s=\sqrt{\frac{(1.12\%-1.14\%)^2+(1.15\%-1.14\%)^2}{2-1}}=0.022\%$$

得出平均值的置信区间：

$$\mu=\bar{x}\pm\frac{ts}{\sqrt{n}}=1.14\%\pm\frac{12.706\times0.022\%}{\sqrt{2}}=1.14\%\pm0.20\%$$

即试样中含铁量有95%的把握落在1.14%±0.20%范围内。

(2) 测定5次时，$n=5$，置信度 $P=95\%$，查表4-2得 $t=2.776$

$$\bar{x}=\frac{1.12\%+1.15\%+1.11\%+1.16\%+1.12\%}{2}=1.13\%$$

$$s=0.022\%$$

$$\mu=\bar{x}\pm\frac{ts}{\sqrt{n}}=1.13\%\pm\frac{2.776\times0.022\%}{\sqrt{5}}=1.13\%\pm0.027\%$$

即当测量5次时，试样中含铁量有95%的把握落在1.13%±0.027%范围内。

由例4-2计算可知，在相同置信度下，增加测量次数，平均值的置信区间将从1.14%±0.20%缩小至1.13%±0.027%。说明在一定置信度下，增加平行测定次数可使置信区间缩小，测量的平均值越接近总体平均值。

另外，从 t 值表中还可以得出：相同置信度下，测量次数 n 越大，t 值减小；当测定次数大于20次以上时，t 值相差已不大；表明在实际测量中，更多的测定次数对提高测定结果的准确度没有太大意义。

4.4.2 可疑值的取舍

在实际平行测定数据时，经常会出现少数偏差比较大的数据，偏离平均值太多，这类数据称为可疑值或异常值。在分析所得数据之前，应该对这些可疑值进行充分讨论，不能“去真”，也不能“存伪”，否则将导致数据偏离真实值。例如，由实验过失造成的个别数据则必须舍弃；而其他数据是否舍弃需用统计方法来判断。可疑值取舍的方法有很多，常用的有四倍法、格鲁布斯法和 Q 检验法等，本书只介绍 Q 检验法。

Q 检验法一般适用 3～10 次的测定，在一定置信度下，Q 检验法可按下列标准步骤进行：

(1) 先将数据从小到大排列为：$x_1, x_2, \cdots, x_{n-1}, x_n$。

正常来说，可疑值大部分为最小或最大值。

(2) 按式 4-13 计算出舍弃商 $Q_{计}$：

$$Q_{计}=\frac{|可疑值-相邻值|}{x_n-x_1} \tag{4-13}$$

式中：x_n-x_1 称为极差，常用 R 表示。

(3) 比较 $Q_{计}$ 和 $Q_{表}$：根据表 4-3 的数值，若 $Q_{计}>Q_{表}$，该可疑值舍弃；若 $Q_{计}<Q_{表}$，该可疑值保留。

表 4-3 Q 值表

置信度(P)	测量次数(n)							
	3	4	5	6	7	8	9	10
90%	0.94	0.76	0.64	0.56	0.51	0.47	0.44	0.41
95%	0.98	0.85	0.73	0.64	0.59	0.54	0.51	0.48
99%	0.99	0.93	0.82	0.74	0.68	0.63	0.60	0.57

【例 4-3】 对某试样中含金量进行测定，4 次测量结果分别为 26.8%、26.1%、27.1%、27.5%，试用 Q 值检验法判断在置信度为 90%时，26.1%是否应该保留。

解：Q 值检验法判断可疑值，按如下步骤进行：

(1) 排序：26.1%、26.8%、27.1%、27.5%

(2) 计算舍弃商 $Q_{计}$：

$$Q_{计}=\frac{|可疑值-相邻值|}{x_n-x_1}=\frac{|26.1\%-26.8\%|}{27.5\%-26.1\%}=0.5$$

(3) 查表 4-3 可知，在置信度 90%时，$Q_{表}=0.76$，$Q_{计}<Q_{表}$，因此该数据应该保留。

练 习

1. 在标定 NaOH 时，要求消耗 0.1 mol·L^{-1} NaOH 溶液体积为 20～30 mL，问：

(1) 应称取邻苯二甲酸氢钾基准物质（$KHC_8H_4O_4$）多少克？

(2) 如果改用草酸（$H_2C_2O_4 \cdot 2H_2O$）作基准物质，又该称取多少克？

(3) 若分析天平的称量误差为±0.000 2 g，试计算以上两种试剂称量的相对误差。

(4) 计算结果说明了什么问题？

2. 测定铁矿石中铁的质量分数（以 $\omega_{Fe_2O_3}$ 表示），5 次结果分别为：67.48%、67.37%、67.47%、67.43%和 67.40%。计算：(1) 平均偏差；(2) 相对平均偏差；(3) 标准偏差；(4) 相对标准偏差；(5) 极差。

3. 某试样经分析测得含锰的质量分数分别为 41.24%、41.27%、41.23%和 41.26%。求分析结果的平均偏差、相对平均偏差、标准偏差和相对标准偏差。

4. 某铁矿石中铬的质量分数为 39.19%，若甲的测定结果为：39.12%、39.15%、39.18%；乙的测定结果为：39.19%、39.24%、39.28%。试比较甲、乙两人测定结果的准确度和精密度（精密度以标准偏差和相对标准偏差表示）。

5. 按有效数字运算规则，计算下列各式：

(1) $2.187\times0.854+9.6\times10^{-2}-0.032\,6\times0.008\,14$；

(2) $\dfrac{0.101\,2\times(25.44-10.21)\times26.962}{1.004\,5\times1\,000}$；

(3) pH=4.03，计算 H^+ 浓度。

6. 某合金中铁的质量分数的测定结果为 20.37%、20.40%、20.36%。计算标准偏差及置信度为 90%时的置信区间。

7. 用某一方法测定矿样中铜含量的标准偏差为 0.12%，铜含量的平均值为 9.56%。设分析结果是根据 4 次或 6 次测得的，计算两种情况下的平均值的置信区间（95%置信度）。

8. 测定某一热交换器中水垢的 P_2O_5 和 SiO_2 的含量如下：

$\omega(P_2O_5)/\%$：8.44，8.32，8.45，8.52，8.69，8.38；

$\omega(SiO_2)/\%$：1.50，1.51，1.68，1.20，1.63，1.72。

根据 Q 检验法对可疑数据决定取舍，然后求出平均值、平均偏差、标准偏差、相对标准偏差和置信度为 90%时平均值的置信区间。

第 5 章　滴定分析法

滴定分析法是将一种已知准确浓度的溶液（标准溶液）作为滴定剂，逐渐滴加到被测溶液中，直到二者正好发生完全的化学反应，根据滴定剂的浓度和滴加的体积，以及化学反应的计量关系，求得被测组分含量的方法。这种方法也称为容量分析法，是一种简便、快速的定量分析方法，常用于常量分析，应用较为广泛。滴定分析法根据反应类型可分为酸碱滴定法、氧化还原滴定法、沉淀滴定法和配位滴定法。

§5.1　酸碱滴定法

建立酸碱滴定分析方案一般包括以下四个基本步骤：

① 选择恰当的滴定反应确定滴定产物；

② 估算化学计量点时滴定体系的 pH；

③ 选择一种在该 pH 附近变色的指示剂；

④ 考察滴定误差是否符合分析任务的要求。

以测定 HAc 溶液的浓度为例。

① 选择用 NaOH 标准溶液进行滴定，两者反应完全、迅速，化学计量比为 1∶1，符合滴定分析对化学反应的基本要求，反应产物为 NaAc，即化学计量点时，滴定体系为一定浓度的 NaAc 水溶液。

② 估算该浓度 NaAc 水溶液的 pH。

③ 若经估算得到 NaAc 溶液 pH 为 8.9，查《分析化学手册》等工具书可知，酚酞的理论变色点为 pH=9.1（实际变色范围是 pH=8.0～10.0），可用作该滴定反应的指示剂。

④ 由于指示剂的理论变色点与滴定反应的化学计量点不完全一致所造成的误差称为滴定误差，它特指这种系统误差，与不同的人进行的具体滴定操作无关。计算由此产生的滴定误差，若其小于等于分析任务的允许误差，则该方法可行，否则需做出改进。

解决上了上述四个问题，就解决了滴定分析方法设计的主要问题。

5.1.1　酸碱平衡体系中型体分布

1. 质子条件式

根据酸碱质子理论，酸碱反应的本质是质子的转移。当酸碱反应达平衡时，酸失去的质子数目应该与碱得到的质子数目相等，这种数量关系称为质子条件。根据质子条件得出的物质浓度之间的关系式叫质子条件式或质子平衡方程(Proton Balance Equation,PBE)。质子条件式是准确计算酸碱溶液 pH 的依据和起点。

书写质子条件式时,酸失去的质子数目以失去质子后的产物浓度进行计量,碱得到质子数目以碱得到质子后的产物浓度进行计量。

例如,NaAc 水溶液中存在两个酸碱反应平衡:

$$Ac^- + H_2O \rightleftharpoons HAc + OH^-$$

$$H_2O + H_2O \rightleftharpoons H_3O^+ + OH^-$$

该体系的原始组成为 $NaAc + H_2O$。其中,Na^+ 与得失质子无关;Ac^- 得质子产物为 HAc,用[HAc]表示得质子的多少;H_2O 得质子产物为 H_3O^+,用$[H_3O^+]$表示得质子的多少;H_2O 失质子产物为 OH^-,用$[OH^-]$表示失质子的多少。由此得质子条件式为

$$[H_3O^+] + [HAc] = [OH^-]$$

一般可将 H_3O^+ 简记为 H^+,则

$$[H^+] + [HAc] = [OH^-]$$

再如一元弱酸 HA 水溶液,溶液中存在以下两个酸碱平衡:

$$HA + H_2O \rightleftharpoons A^- + H_3O^+ \tag{5-1}$$

$$H_2O + H_2O \rightleftharpoons H_3O^+ + OH^- \tag{5-2}$$

式 5-1 中的 HA 和式 5-2 中的第一个 H_2O 是酸,失去的质子数以$[A^-]+[OH^-]$计,式 5-1 中的 H_2O 和式 5-2 中的第二个 H_2O 是碱,得到质子数以$[H_3O^+]$计。质子条件式为

$$[H_3O^+] = [A^-] + [OH^-]$$

简写为 $$[H^+] = [A^-] + [OH^-]$$

正确写出酸碱物质水溶液的质子条件式,应注意以下五点:

(1) 必须选一些物质作为参考,以它们作为水准来考虑质子的得失,这个水准称为零水准或参考水准。一般选用水溶液中大量存在并参与质子得失的原始物质为零水准物质;

(2) 质子条件式中不得出现溶液的原始物质(零水准物质);

(3) 某产物从其原始组成起得失的质子数要体现在该产物的系数上;

(4) 得质子的产物相加在等式左边,失质子的产物相加在等式右边;

(5) 共轭酸碱体系由于得失质子后的组分会出现重叠,可将其等效为简单体系后再写质子条件式。

【例 5-1】 分别写出 NH_3、NH_4Cl、Na_2HPO_4、$NH_4H_2PO_4$ 溶液的质子条件。

解:(1) NH_3 溶液。溶液的原始组成为 NH_3 和 H_2O,选择 NH_3 和 H_2O 为质子得失的零水准物质。得质子后的产物有 H^+(H_2O 得质子后的 H_3O^+)、NH_4^+

(NH_3 得到一个质子);失质子后的产物有 OH^-(H_2O 失质子)。故质子条件为 $[H^+]+[NH_4^+]=[OH^-]$。

(2) NH_4Cl 溶液。溶液的原始组成为 NH_4^+、Cl^- 和 H_2O,溶液中 Cl^- 与得失质子没有关系,选择 NH_4^+ 和 H_2O 为质子得失的零水准物质。得质子后的产物有 H^+(H_2O 得质子后的 H_3O^+);失质子后的产物有 OH^-(H_2O 失质子)、NH_3(NH_4^+ 失去一个质子)。故质子条件式为:$[H^+]=[OH^-]+[NH_3]$。

(3) Na_2HPO_4 溶液。该溶液的原始组成为 Na_2HPO_4 和 H_2O,溶液中 Na^+ 与得失质子没有关系,选择 HPO_4^{2-} 和 H_2O 为质子得失的零水准物质。得质子后的产物有 H^+(H_2O 得质子后的 H_3O^+)、$H_2PO_4^-$(HPO_4^{2-} 得一个质子)、H_3PO_4(HPO_4^{2-} 得两个质子,写质子条件式时要在其浓度前乘 2);失质子后的产物有:OH^-(H_2O 失质子)、PO_4^{3-}(HPO_4^{2-} 失一个质子)。故 Na_2HPO_4 溶液的质子条件为 $[H^+]+[H_2PO_4^-]+2[H_3PO_4]=[OH^-]+[PO_4^{3-}]$。

(4) $NH_4H_2PO_4$ 溶液。选择 NH_4^+、$H_2PO_4^-$ 和 H_2O 为零水准物质,根据得失质子的情况,可得质子条件为 $[H^+]+[H_3PO_4]=[NH_3]+[HPO_4^{2-}]+2[PO_4^{3-}]+[OH^-]$。

表 5-1 列出了几类典型酸碱水溶液质子条件式的写法。读者可仔细研读表中的内容,体会质子条件式的写法。

表 5-1 几种典型酸碱溶液质子条件式的写法

体系	考察对象(体系原始组成)	得失质子后的产物	质子条件式(H_3^+O 记为 H^+)
一元强酸 c mol · L^{-1} HCl 溶液	HCl	失:Cl^-	$[H^+]=[Cl^-]+[OH^-]$ 或 $[H^+]=c+[OH^-]$
	H_2O	得:H_3^+O 失:OH^-	
一元强碱 c mol · L^{-1} NaOH 溶液	NaOH	得:H_2O	$[H^+]=[OH^-]-c$ 或 $[H^+]+c=[OH^-]$
	H_2O	得:H_3^+O 失:OH^-	
一元弱酸 c mol · L^{-1} HAc 溶液	HAc	失:Ac^-	$[H^+]=[Ac^-]+[OH^-]$
	H_2O	得:H_3^+O 失:OH^-	
一元弱碱 c mol · L^{-1} NaAc 溶液	NaAc	得:HAc	$[H^+]+[HAc]=[OH^-]$
	H_2O	得:H_3^+O 失:OH^-	
两性物质 c mol · L^{-1} $(NH_4)_2HPO_4$ 溶液	$(NH_4)_2HPO_4$	得:$H_2PO_4^-$,H_3PO_4 失:NH_3,PO_4^{3-}	$[H^+]+[H_2PO_4^-]+2[H_3PO_4]=[OH^-]+[NH_3]+[PO_4^{3-}]$
	H_2O	得:H_3^+O; 失:OH^-	

（续表）

体系	考察对象（体系原始组成）	得失质子后的产物	质子条件式（H_3^+O 记为 H^+）
混合酸 HCl+HAc 溶液	HCl	失：Cl^-	$[H^+]=[Cl^-]+[Ac^-]+[OH^-]$
	HAc	失：Ac^-	
	H_2O	得：$H_3{}^+O$；失：OH^-	
混合碱 c_1 mol·L^{-1} NaOH+ c_2 mol·L^{-1} NaAc 溶液	NaOH	得：H_3^+O（在量上等于 c_1）	$c_1+[HAc]+[H^+]=[OH^-]$
	NaAc	得：HAc	
	H_2O	得：H_3^+O；失：OH^-	
共轭酸碱 c_1 mol·L^{-1} HAc+ c_2 mol·L^{-1} NaAc 溶液	等效于 (c_1+c_2) mol·L^{-1} NaAc $+c_1$ mol·L^{-1} HCl 或 (c_1+c_2) mol·L^{-1} HAc $+c_2$ mol·L^{-1} NaOH		$[H^+]+[HAc]=[OH^-]+c_1$ 或 $[H^+]+c_2=[Ac^-]+[OH^-]$
共轭酸碱 c_1 mol·L^{-1} NH_4Cl $+c_2$ mol·L^{-1} NH_3 溶液	等效于 (c_1+c_2) mol·L^{-1} NH_3 $+c_1$ mol·L^{-1} HCl 或 (c_1+c_2) mol·L^{-1} NH_4Cl $+c_2$ mol·L^{-1} NaOH		$[H^+]+[NH_4{}^+]=[OH^-]+c_1$ 或 $[H^+]+c_2=[NH_3]+[OH^-]$

注：NaOH 溶液中的 OH^- 包括两部分，一部分是由 H_2O 失去质子而形成的，与得失质子相关；另一部分是由 NaOH 离解而产生的，与得失质子无关。

2. 各种酸碱体系$[H^+]$的计算公式

从质子条件式出发可推导出不同酸碱溶液$[H^+]$的计算公式，表 5-2 为各种典型简单体系$[H^+]$的近似计算公式。

表 5-2　各种酸碱体系$[H^+]$的计算公式

酸碱溶液	计算公式	适用条件	备注
一元强酸	$[H^+]=c$		
	根据质子条件式解方程计算	$c<10^{-6}$	极稀溶液
一元弱酸	$[H^+]=\dfrac{-K_a+\sqrt{K_a^2+4K_a\cdot c}}{2}$	$cK_a\geqslant 20K_w$	近似式
	$[H^+]=\sqrt{K_ac}$	$cK_a\geqslant 20K_w$，且 $c/K_a\geqslant 400$	最简式 浓度不低，较弱的酸
	$[H^+]=\sqrt{K_ac+K_w}$	$cK_a<20K_w$，且 $c/K_a\geqslant 400$	极稀或极弱酸

（续表）

酸碱溶液	计算公式	适用条件	备注
多元弱酸	$[H^+]=\dfrac{-K_{a_1}+\sqrt{K_{a_1}^2+4K_{a_1}\cdot c}}{2}$	$cK_{a_1}\geqslant 20K_w$，且 $\dfrac{K_{a_2}}{\sqrt{cK_{a_1}}}<0.025$	按一元弱酸处理
多元弱酸	$[H^+]=\sqrt{K_{a_1}c}$	同上，且 $c/K_{a_1}\geqslant 400$	最简式 浓度不低，一级电离较小
多元弱酸	根据质子条件式解方程计算		各级电离常数相差不大
混合弱酸	$[H^+]=\sqrt{K_{a,HA}c_{HA}+K_{a,HB}c_{HB}}$		
弱酸＋弱碱	$[H^+]=\sqrt{\dfrac{c_{HA}}{c_B}K_{a,HA}K_{a,HB}}$		
两性物质（酸式盐）	$[H^+]=\sqrt{\dfrac{K_{a_1}(K_{a_2}c+K_w)}{K_{a_1}+c}}$		对 NaH_2PO_3、$NaHCO_3$ 等适用。对 Na_2HPO_4 要用 K_{a_2}、K_{a_3} 计算
两性物质（酸式盐）	$[H^+]=\sqrt{\dfrac{K_{a_1}K_{a_2}c}{K_{a_1}+c}}$	$cK_{a_2}\geqslant 20K_w$	
两性物质（酸式盐）	$[H^+]=\sqrt{K_{a_1}K_{a_2}}$	同上，且 $c>20K_{a_1}$	适度稀释时 pH 不变
两性物质（弱酸弱碱盐）	$[H^+]=\sqrt{\dfrac{K_a(K'_a c+K_w)}{K_a+c}}$	同酸式盐，其中： K_a 为弱酸的电离常数； K'_a 为弱碱共轭酸的电离常数	NH_4Ac 这类弱酸弱碱组成比 1∶1 的体系

注：表中仅列出了酸的情况，碱的情况可以类比。对于较简单的体系，可以直接利用相应的公式，借助计算器进行计算。对于较复杂的体系，或表中未列出的情况，仍需从质子条件式出发，通过解方程进行计算。

3. 分布分数及计算公式

一种弱酸或弱碱在水溶液中可能以多种型体存在。酸碱离解或酸碱反应达到平衡时，各种型体的浓度称为平衡浓度，用[ ]表示；而各种型体的平衡浓度之和称为总浓度或分析浓度，用 c 表示。某种型体的平衡浓度在其总浓度中所占的比例称为分布分数，用 δ 表示。

一元弱酸（以 HAc 为例）水溶液中，HAc 有 HAc 和 Ac^- 两种型体存在，则

$$c=[HAc]+[Ac^-]$$

$$\delta_{HAc}=\frac{[HAc]}{c}=\frac{[HAc]}{[HAc]+[Ac^-]}=\frac{1}{1+\dfrac{[Ac^-]}{[HAc]}}=\frac{1}{1+\dfrac{K_a}{[H^+]}}=\frac{[H^+]}{[H^+]+K_a}$$

$$\delta_{Ac^-}=\frac{[Ac^-]}{c}=1-\delta_{HAc}=\frac{K_a}{[H^+]+K_a}$$

$$\delta_{HAc}+\delta_{Ac^-}=1$$

当$[H^+]=K_a$,即 $pH=pK_a$ 时,$\delta_{HAc}=\delta_{Ac^-}=1/2$。

只要将一元弱酸水溶液中各种型体分布分数计算公式中的$[H^+]$替换为$[OH^-]$,K_a 替换为 K_b,就可以得到一元弱碱水溶液中各种型体分布分数的计算公式。例如,NH_3 水溶液中

$$\delta_{NH_3}=\frac{[OH^-]}{[OH^-]+K_b}$$

$$\delta_{NH_4^+}=\frac{K_b}{[OH^-]+K_b}$$

二元弱酸 $H_2C_2O_4$ 水溶液中有

$$c=[H_2C_2O_4]+[HC_2O_4^-]+[C_2O_4^{2-}]$$

$$\delta_{H_2C_2O_4}=\frac{[H_2C_2O_4]}{c}=\frac{[H_2C_2O_4]}{[H_2C_2O_4]+[HC_2O_4^-]+[C_2O_4^{2-}]}$$

$$=\frac{1}{1+\frac{[HC_2O_4^-]}{[H_2C_2O_4]}+\frac{[C_2O_4^{2-}]}{[H_2C_2O_4]}}=\frac{1}{1+\frac{K_{a_1}}{[H^+]}+\frac{K_{a_1}K_{a_2}}{[H^+]^2}}$$

$$=\frac{[H^+]^2}{[H^+]^2+[H^+]K_{a_1}+K_{a_1}K_{a_2}}$$

同理

$$\delta_{HC_2O_4^-}=\frac{[H^+]K_{a_1}}{[H^+]^2+[H^+]K_{a_1}+K_{a_1}K_{a_2}}$$

$$\delta_{C_2O_4^{2-}}=\frac{K_{a_1}K_{a_2}}{[H^+]^2+[H^+]K_{a_1}+K_{a_1}\mathrm{K}_{a_2}}$$

三元弱酸 H_3PO_4 水溶液中

$$\delta_{H_3PO_4}=\frac{[H^+]^3}{[H^+]^3+[H^+]^2K_{a_1}+[H^+]K_{a_1}K_{a_2}+K_{a_1}K_{a_2}K_{a_3}}$$

$$\delta_{H_2PO_4^-}=\frac{[H^+]^2K_{a_1}}{[H^+]^3+[H^+]^2K_{a_1}+[H^+]K_{a_1}K_{a_2}+K_{a_1}K_{a_2}K_{a_3}}$$

$$\delta_{HPO_4^{2-}}=\frac{[H^+]K_{a_1}K_{a_2}}{[H^+]^3+[H^+]^2K_{a_1}+[H^+]K_{a_1}K_{a_2}+K_{a_1}K_{a_2}K_{a_3}}$$

$$\delta_{PO_4^{3-}}=\frac{K_{a_1}K_{a_2}K_{a_3}}{[H^+]^3+[H^+]^2K_{a_1}+[H^+]K_{a_1}K_{a_2}+K_{a_1}K_{a_2}K_{a_3}}$$

n 元酸的水溶液共有 $n+1$ 种不同的存在型体,分布分数有通式

$$\delta_{H_{n-i}A^{-i}} = \frac{[H^+]^{n-i}\prod_{i=0}^{i} K_{a_i}}{\sum_{i=0}^{n}([H^+]^{n-i}\prod_{i=0}^{i} K_{a_i})} \quad (i=0,1,\cdots,n)$$

其中,约定 $K_{a_0}=1$,H_0A^{-n}即为 A^{-n}。

弱酸及其离解产物的分布分数计算公式规律为:

① 各种型体的分布分数其分母均相同,分母中相加的各项分别对应于各种型体的比例,以各项依次做分子,即得各种型体的分布分数。

② n 元酸及其离解产物,分布分数的分母中第一项即为$[H^+]^n$,其后各项中$[H^+]$的次方依次递减,每递减一次方,即由 K_{a_1},K_{a_2},…,K_{a_n} 依次连乘替换。

③ 各种型体的分布分数之和为 1。

④ 分布分数的大小由弱酸弱碱所处的介质条件(pH)所决定,与总浓度 c 无关。pH 相同时,不论其初始总浓度如何,各种型体所占的比例不变。

应用分布分数能方便计算在给定 pH 条件下的各种型体的浓度,也为精确计算溶液的 pH 提供了有效的途径。

【例 5-2】 计算 pH 分别为 8.00 和 12.00 时,0.10 mol/L KCN 溶液中 CN^- 的平衡浓度。

解题思考:本题 pH 既可以为 8.00,又可以为 12.00,因此除 KCN 外,溶液中一定还有其他共存的未知组分对 pH 产生了影响,而本题并未提供相关组分的信息,所以用一般化学平衡的计算方法难以进行。用总浓度乘以分布分数直接得到某种型体的平衡浓度是解决这类问题的常用方法。

解:

$$[CN^-]=c\delta_{CN^-}=0.10\times\frac{K_{a,HCN}}{[H^+]+K_{a,HCN}}$$

$$[CN^-]=c\delta_{CN^-}=0.10\times\frac{K_{a,HCN}}{[H^+]+K_{a,HCN}}$$

pH=8.00 时,$[CN^-]=c\delta_{CN^-}=0.10\times\frac{10^{-9.21}}{10^{-8}+10^{-9.21}}=5.8\times10^{-3}\ mol\cdot L^{-1}$

pH=12.00 时,$[CN^-]=c\delta_{CN^-}=0.10\times\frac{10^{-9.21}}{10^{-12}+10^{-9.21}}=0.10\ mol\cdot L^{-1}$

【例 5-3】 血液分析中测得某人的全血样品 pH 为 7.40,$[HCO_3^-]$=25 mmol/L,推算该血样中碳酸(H_2CO_3)的平衡浓度。

解题思考:该题中并未提供 H_2CO_3 的总浓度,所以不能直接用总浓度乘以 HCO_3^- 分布分数的方法来求$[H_2CO_3]$。根据分布分数计算公式的特点,分母相同,而分子分别对应于各种型体。因此,在同一体系中,各种形体的浓度之比等于其分布分数计算公式的分子之比。

解：

$$\frac{[H_2CO_3]}{[HCO_3^-]}=\frac{c\delta_{H_2CO_3}}{c\delta_{HCO_3^-}}=\frac{[H^+]^2}{[H^+]K_{a_1,H_2CO_3}}=\frac{[H^+]}{K_{a_1,H_2CO_3}}$$

$$[H_2CO_3]=\frac{[H^+][HCO_3^-]}{K_{a_1,H_2CO_3}}=\frac{10^{-7.40}\times 25}{10^{-6.38}}=2.4\ \text{mmol}\cdot L^{-1}$$

4. 分布曲线

分布分数 δ 与溶液 pH 间的关系曲线称为分布曲线。学习和详细解读分布曲线，可以帮助我们深入地理解酸碱平衡和酸碱滴定体系的变化，并对反应条件的选择和控制具有指导意义。

计算以上三种弱酸及其离解产物在不同$[H^+]$时的分布分数 δ，并作δ－pH图。

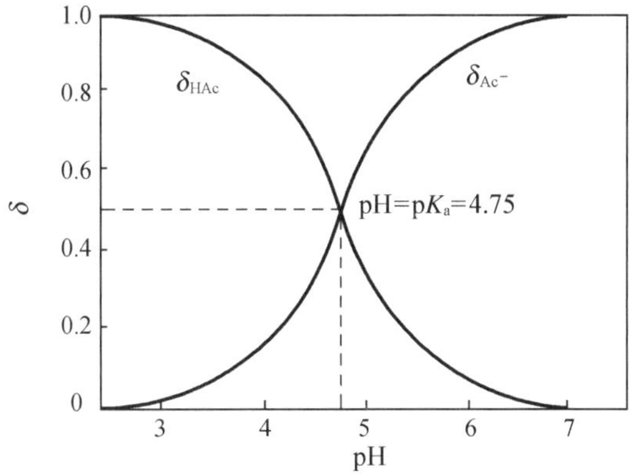

图 5－1 乙酸溶液中各种型体的 δ－pH 曲线

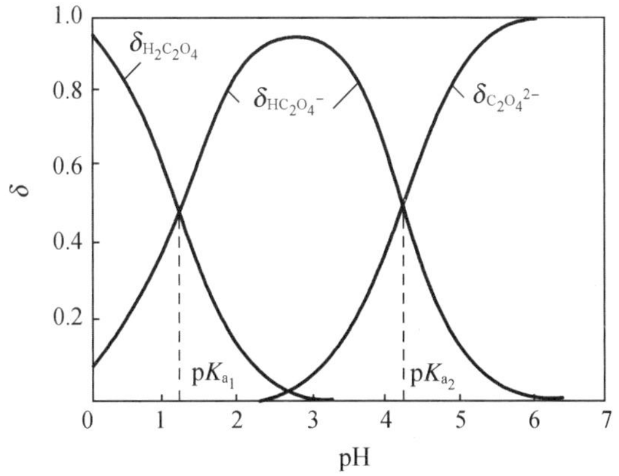

图 5－2 草酸溶液中各种型体的 δ－pH 曲线

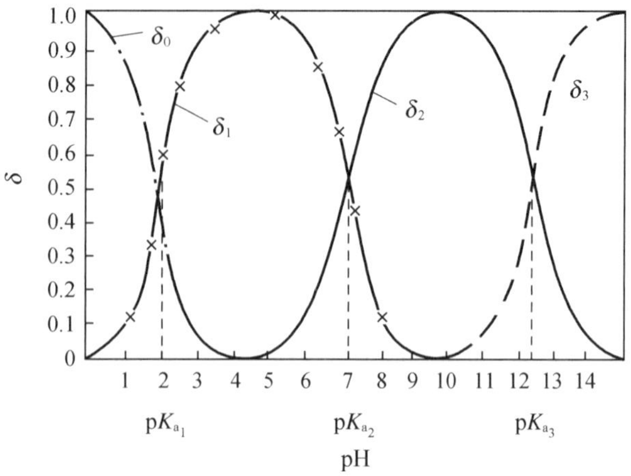

图 5-3 磷酸溶液中各种型体的 δ-pH 曲线

分布曲线直观地反映了存在型体与溶液 pH 的关系，在选择反应条件时，有时并不需要计算出分布分数的大小也能得到许多有效的信息，以下具体说明。

由图 5-3 可见，对于各级电离常数相差较大($\Delta pK_a>5$)的多元弱酸：

当体系的 $pH=pK_{a_i}$ 时，一对共轭酸碱的分布分数曲线相交于一点，此时两者的分布分数相等，均为约 0.5，即两者各占一半。

当体系的 pH 位于相邻的两个 pK_{a_i} 之间，即 $pH=(pK_{a_i}+pK_{a_{i+1}})/2$ 时，一种型体的比例绝对占优，接近 100%。

用 NaOH 标准溶液滴定磷酸 H_3PO_4 溶液的浓度为例。若以甲基橙为指示剂，变色点在 pH=4 附近，由图 5-3 可知，此时磷酸几乎全部转化为 $H_2PO_4^-$，NaOH 与 H_3PO_4 反应的化学计量比为 1∶1；若以酚酞为指示剂，变色点在 pH=9 附近，此时磷酸几乎全部转化为 HPO_4^{2-}，NaOH 与 H_3PO_4 反应的化学计量比为 2∶1。

由图 5-2 可见，对于各级电离常数相差不大的多元弱酸，当 pH 位于相邻的两个 pK_{a_i} 之间时，一种型体的比例虽然占优，但达不到接近 100%，存在三种型体交叉同时存在的状况。因此，做定量测定时，不能将 pH 控制在这个区间内终止滴定，否则没有简单明确的化学计量关系。

若欲用 NaOH 标准溶液滴定草酸($H_2C_2O_4$)溶液的浓度，可选择甲基红为指标剂滴定至 pH=6.0 左右，此时草酸恰好全部转化为 $C_2O_4^{2-}$，NaOH 与 $H_2C_2O_4$ 反应的化学计量比为 2∶1。若以 $C_2O_4^{2-}$ 为沉淀剂欲将溶液中的 Ca^{2+} 沉淀完全，则应控制溶液 pH≥5.0，此时 $C_2O_4^{2-}$ 为主要存在型体，有利于 CaC_2O_4 沉淀的形成和稳定。

5.1.2 酸碱指示剂

酸碱滴定过程一般本身并不发生显著的外观变化，需借用其他物质来指示滴定终点，在酸碱滴定中用来指示滴定终点的物质叫酸碱指示剂。酸碱指示剂能指示滴定终点主要依据其在滴定过程中的颜色突变。

1. 酸碱指示剂的作用原理

酸碱指示剂本身就是有机弱酸或弱碱，其酸式与共碱式具有不同的结构，且颜色不同。当溶液 pH 改变时，指示剂因得失质子而发生结构和颜色的变化，要求这种变化是可逆的，而且能迅速完成，形成易观察的突变。

下面以有机弱酸指示剂 HIn 为例，讨论指示剂颜色的变化与溶液 pH 的关系。HIn 在水溶液中存在下列离平衡：

$$HIn \rightleftharpoons H^+ + In^-$$

$$K_a(HIn)=\frac{[H^+][In^-]}{[HIn]}$$

$$K_a(HIn)[H^+]=\frac{K_a[HIn]}{[In^-]}$$

$$pH=pK_a(HIn)+\lg\frac{[In^-]}{[HIn]}$$

指示剂所呈现的颜色由其两种形式的浓度比$\frac{[In^-]}{[HIn]}$决定，因为 $K_a(HIn)$为常数，所以颜色取决于$[H^+]$。pH 变化时，$\frac{[In^-]}{[HIn]}$发生变化，溶液的颜色相应改变。人眼对颜色过渡变化的分辨能力是有限的，当某种颜色占有较大优势后，就不易观察出总体色调的变化。一般地，若指示剂的酸型与碱型浓度相差 10 倍后，就只能看到浓度大的型式的颜色，即：$\frac{[In^-]}{[HIn]}=\frac{1}{10}$时，$[In^-]$的颜色基本消失，观察到的仅是 HIn 的颜色；$\frac{[In^-]}{[HIn]}=\frac{10}{1}$时，HIn 颜色基本消失，观察到的仅是 In^- 的颜色。$\frac{[In^-]}{[HIn]}=1$ 时，即 $pH=pK_a(HIn)$称为指示剂的理论变色点。$pH=pK_a(HIn)\pm 1$称为指示剂的理论变色范围。

指示剂的理论变色范围为 2 个 pH 单位。但由于人眼对各种颜色的敏感程度不同以及指示剂两色之间的相互掩盖，一般人眼实际观察到的大多数指示剂的颜色变化范围小于 2 个 pH 单位，所以各种指示剂实际变色范围与理论变色范围会有些差别。

2. 常见酸碱指示剂及选择原则

常用酸碱指示剂的特性及配制方法见表 5 - 3。

表 5-3 常用酸碱指示剂

指示剂	变色范围	颜色		$pK_a(HIn)$	浓度
		酸色	碱色		
甲基橙	3.1～4.4	红	黄	3.4	0.05%的水溶液
甲基红	4.4～6.2	红	黄	5.2	0.1%的60%乙醇溶液或其钠盐的水溶液
酚酞	8.0～10.0	无	红	9.1	0.1%的90%乙醇溶液

在很多要求较高的滴定分析中，尤其是在很多标准方法中，为了尽可能减小系统误差，需要将滴定终点控制在很窄的pH范围内，以提高分析的准确度。此时可采用混合指示剂。

常见的混合指示剂有两类组合：一类是由两种或两种以上指示剂按一定比例混合而成，利用颜色的互补作用，使指示剂的变色范围变窄。例如，甲基红（pK_a＝5.2）和溴甲酚绿（pK_a＝4.9）按2∶3（质量比）配制的混合指示剂，pH＝5.0以下为酒红色，pH＝5.1为灰绿色，pH＝5.2以上为绿色（pH增大0.2，即从酒红色变为绿色，变色非常敏锐）。另一类混合指示剂是在指示剂中加入某种惰性染料，以惰性染料作为衬色而使变色范围变窄。例如，中性红与亚甲基蓝按1∶1（质量比）配制的混合指示剂，在pH＝7.0呈紫蓝色，其酸色为紫蓝色，碱色为绿色，只有0.2个pH单位的变色范围，比单独使用中性红（pH＝6.8～8.0由红变黄）范围要窄得多。

酸碱滴定过程中，溶液的pH在化学计量点前后很小的范围内会发生突变。我们把化学计量点（100%被滴定）之前（99.9%被滴定）和之后（100.1%被滴定）的区间内发生的pH变化叫滴定突跃。一般要求酸碱指示剂的变色范围全部或部分与滴定突跃重叠。

在实际工作中，对于同一酸碱反应体系，用酸滴定碱和用碱滴定酸时，同一指示剂的实际使用效果有时会有明显差别。例如，酚酞由酸式变为碱式，即由无色到红色，变化明显，易于辨别；反之观测红色褪去，由于视觉暂留，则变化不明显，非常容易滴定过量。同样，甲基橙由黄变红，比由红变黄更易于辨别。因此，用强酸滴定强碱，一般用甲基橙作指示剂；用强碱滴定强酸，更宜用酚酞作指示剂。

此外，指示剂的变色点还与指示剂用量、温度、溶剂、溶液中的盐类等有关。

3. pH试纸

将各种酸碱指示剂按照特定的配方和工艺预先浸渍和干燥于滤纸上即得pH试纸。广泛pH试纸可以在pH＝1～14范围内随pH不同而呈现出由暗红到深蓝的14个不同色阶，生产该试纸时浸渍液的配方为每升水溶液中含1 g溴甲酚绿、1 g百里酚蓝和2 g甲基红。精密pH试纸可以在较小的pH范围内呈现出比广泛pH试纸更多的色阶。如某种精密pH试纸其浸渍液的配方为每升水溶液中含0.03 g甲基红、0.6 g溴百里香酚蓝，在pH＝6～9范围内随pH不同而呈现出浅黄绿、黄绿、绿、深绿、蓝绿、深蓝共6个不同色阶。pH试纸的正确使用方法：取一小块试纸在表面皿或玻片上，用洁净干燥的玻棒蘸取待测试液点滴于试纸中部，观察变化稳定后的颜色，与标准比色卡对照读取相应的数值。不可将试纸直接浸渍于溶液中读数，非水溶液中慎用。

5.1.3 酸碱滴定曲线

滴定过程中随着滴定剂的加入，溶液 pH 不断发生变化，pH 可依据有关公式进行计算。以溶液 pH 为纵坐标，滴定剂加入量（通常用滴定百分数表示，滴定反应化学计量点时滴定百分数为 100%）为横坐标作图得到滴定曲线。

根据指示剂的颜色突变而终止滴定时的滴定百分数，称为滴定终点（end point，ep）。

滴定百分数在化学计量点前后 0.1%之间，溶液 pH 的变化范围称为滴定突跃。滴定突跃与酸碱强度及浓度有关。滴定稀酸稀碱或弱酸弱碱时，滴定突跃较小。只要在滴定突跃内终止实验，滴定终点与化学计量点的误差就在±0.1%以内。

由于滴定分析中移取溶液时最常使用的是 25 mL 移液管，考虑到滴定体积的读数误差（±0.02 mL），滴定剂的消耗量不宜低于 20 mL，最好在 25 mL 左右。因此，在滴定分析中，滴定剂与被滴定物质的实际浓度一般总是接近 1∶1 的，否则易出现滴定剂消耗体积过少，或用完 1 整支滴定管里的滴定剂而终点还未达到的情况，这两种情况均会增加实验误差。

下面以 $0.10\ mol \cdot L^{-1}$ NaOH 溶液滴定 $0.10\ mol \cdot L^{-1}$ 20.00 mL HCl 溶液为例说明滴定过程中 pH 的变化。

滴定前，HCl 溶液的初始浓度决定溶液的 pH：$[H^+]=c(HCl)=0.1\ mol \cdot L^{-1}$ pH=1.00。

滴定开始到化学计量点之前，随着滴定剂 NaOH 溶液的加入，剩余的 HCl 越来越少，HCl 的剩余量和溶液的体积决定了溶液的 pH。例如，加入 18.00 mL NaOH 溶液时（滴定百分数为 90%），则

$$[H^+]=\frac{0.10\ mol \cdot L^{-1}\times(20.00-18.00)\times10^{-3}\ L}{(20.00+18.00)\times10^{-3}\ L}=5.3\times10^{-3}\ mol \cdot L^{-1}$$

pH=2.28。

当加入 19.98 mL NaOH 溶液时（滴定百分数为 99.9%），用同样的方法算得的 pH 为 4.30。

在化学计量点时，即加入 20.00 mL NaOH 溶液时，HCl 全部被中和生成 NaCl 溶液（滴定百分数为 100%），此时 pH 为 7.00。

化学计量点之后，由过剩的 NaOH 和溶液的体积决定溶液的 pH。例如，加入 20.02 mL NaOH 时（滴定百分数为 100.1%）

$$[OH^-]=\frac{0.10\ mol \cdot L^{-1}\times(20.02-20.00)\times10^{-3}\ L}{(20.02+20.00)\times10^{-3}\ L}$$

$$=5.0\times10^{-5}\ mol \cdot L^{-1}$$

pOH＝4.30；pH＝9.70。

任意一点都可以参照上述方法逐一计算，计算结果列于表 5－4。以 pH 为纵坐标，滴定百分数为横坐标作图即得酸碱滴定曲线，见图 5－4。

表 5－4 用 0.1 mol·L^{-1} NaOH 溶液滴定 20.00 mL 0.10 mol·L^{-1} HCl 溶液 pH 变化

体积/mL	滴定百分数	过量 NaOH 体积/mL	$[H^+]$/mol·L^{-1}	pH
0.00	0.0		1.00×10^{-1}	1.00
18.00	90.0		5.26×10^{-3}	2.28
19.80	99.0		5.02×10^{-4}	3.30
19.96	99.8		1.00×10^{-4}	4.00
19.98	99.9		5.00×10^{-5}	4.30
20.00	100.0		1.00×10^{-7}	7.00
20.02	100.1	0.02	2.00×10^{-10}	9.70
20.04	100.2	0.04	1.00×10^{-10}	10.00
20.20	101.0	0.20	2.00×10^{-11}	10.70
22.00	110.0	2.00	2.10×10^{-12}	11.70
40.00	200.0	20.00	3.33×10^{-13}	12.52

从表 5－4 和图 5－4 可以看出，从滴定开始到加入 19.80 mL NaOH 溶液，溶液的 pH 只改变了 2.3 个单位（pH 变化比较缓慢）。再加入 0.18 mL（共滴入 19.98 mL）NaOH 溶液，pH 就改变了一个单位，变化速度加快了。再滴入0.02 mL（约半滴，共滴入 20.00 mL）NaOH 溶液，正好达到化学计量点，此时 pH 迅速增加到 7.0。再滴入 0.02 mL NaOH 溶液，pH 为 9.7。此后过量 NaOH 溶液所引起 pH 的变化又变得比较缓慢。

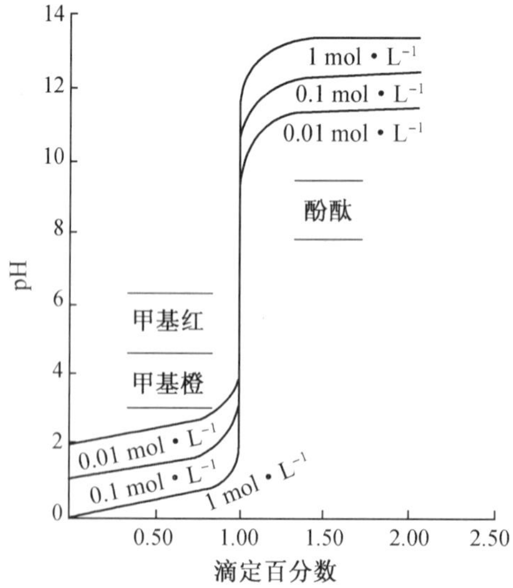

图 5－4 强碱滴定不同浓度强酸的滴定曲线

由此可见，在化学计量点前后，从剩余 0.02 mL HCl 到过量 0.02 mL NaOH，即滴定不足 0.1%到过量 0.1%，溶液的 pH 从 4.3 增加到 9.7，变化了 5.4 个单位，从而形成了滴定曲线中的突跃部分。

酸碱指示剂的选择主要依据滴定曲线的突跃范围，变色范围全部或部分与滴定突跃范围重叠的指示剂都可选用。

不同类型的酸碱滴定曲线具有不同的特点，下面分别讨论。

1. 强碱滴定强酸

用 1 mol·L^{-1}、0.1 mol·L^{-1}和 0.01 mol·L^{-1}的 NaOH 标准溶液分别滴定相同浓度的 HCl 溶液时，滴定曲线如图 5－4 所示。pH 在滴定开始阶段上升平缓，而化学计量点附近曲线非常陡直，之后又趋于平缓，滴定突跃前后的曲线平缓说明强酸强碱也具有缓冲作用。三种不同浓度酸碱的滴定突跃范围分别为 pH＝3.3～10.7(ΔpH＝7.4)、pH＝4.3～9.7(ΔpH＝5.4)、pH＝5.3～8.7(ΔpH＝3.4)，浓度每降低 10 倍，滴定突跃减小约 2 个 pH 单位。

对于 1 mol·L^{-1}、0.1 mol·L^{-1}浓度的酸碱滴定，酚酞、甲基红、甲基橙三个常见酸碱指示剂变色范围均在突跃范围内，可用做滴定的指示剂。对于 0.01 mol·L^{-1}浓度的酸碱滴定，仍可用酚酞和甲基红做指示剂，但如选择甲基橙为指示剂将造成较大的滴定误差。

2. 强碱滴定弱酸

用 0.1 mol·L^{-1} NaOH 标准溶液滴定相同浓度的 HAc 溶液和 HCl 溶液时，滴定曲线如图 5－5 所示。与 HCl 的滴定曲线相比，HAc 的滴定曲线起点 pH 较高，突跃较小，化学计量点前后滴定曲线不对称。化学计量点前也有一个相对平缓的阶段，这是因为生成的 NaAc 与剩余的 HAc 构成了缓冲溶液。化学计量点后两者基本相同。由于突跃范围较小，强碱滴定强酸中使用的某些指示剂(如甲基橙和甲基红)不再适用。

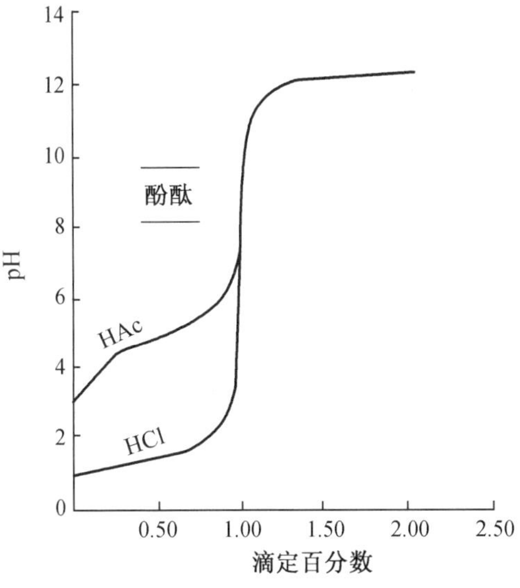

图 5－5　强碱滴定强酸和弱酸时的滴定曲线

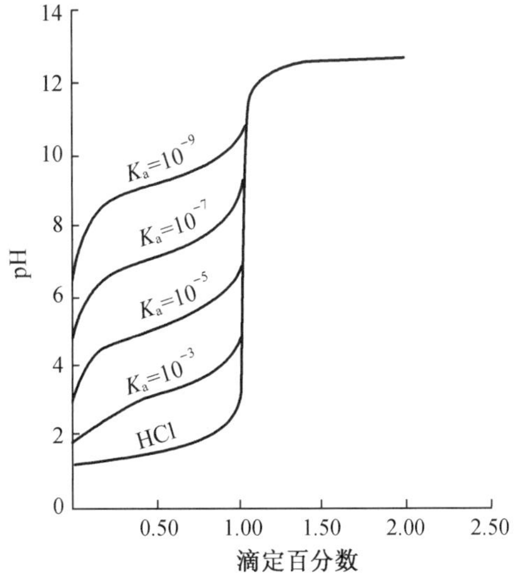

图 5－6　强碱滴定不同强度弱酸时的滴定曲线

用 0.1 mol·L^{-1} NaOH 标准溶液滴定相同浓度的 HCl 溶液和几种不同强度的一元弱酸溶液时，滴定曲线如图 5－6 所示。酸越弱，滴定曲线起点的 pH 越高，突跃越小。当 K_a 降至 10^{-9} 数量级时，滴定曲线上不再出现明显的突跃了，很难找到一种变色范围落在突跃范围里的酸碱指示剂。

【例 5－4】 用 0.10 mol·L^{-1} HCl 溶液滴定 20.00 mL 0.10 mol·L^{-1} NH_3 溶液，计算此滴定体系的化学计量点即突跃范围，并选择合适的指示剂。

解题思考：化学计量点前，溶液中含有剩余的 NH_3 以及反应生成的 NH_4Cl，它们组成了 $NH_3-NH_4^+$ 缓冲溶液。故其 pH 应按缓冲溶液 pH 计算公式计算。

解： 查表可知 NH_3 的 $K_b(NH_3)=1.8\times10^{-5}$。当加入 19.98 mL HCl 时，

$$\begin{aligned}pH&=pK_a(NH_4^+)-\lg\frac{c(NH_4^+)}{c(NH_3)}\\&=-\lg\frac{10^{-14}}{1.8\times10^{-5}}-\lg\frac{19.98\times0.10}{20.00\times0.10-19.98\times0.10}\\&=6.26\end{aligned}$$

化学计量点时，体系为 0.050 mol·L^{-1}的 NH_4Cl 溶液，故

$$[H^+]=\sqrt{K_a(NH_4^+)c(NH_4^+)}=\sqrt{\frac{10^{-14}}{1.8\times10^{-5}}\times0.050}=5.3\times10^{-6}\ mol\cdot L^{-1}$$

$$pH=5.28$$

化学计量点后，溶液为 NH_4Cl 和过量的 HCl 的混合溶液，溶液酸度主要由 HCl 决定。

当加入 HCl 溶液 20.02 mL 时，则

$$[H^+]=\frac{20.02\times0.10-20.00\times0.1}{20.02+20.00}=5.0\times10^{-5}\ mol\cdot L^{-1}$$

$$pH=4.30$$

即此滴定化学计量点 pH＝5.28，突跃范围为 pH＝6.26～4.30，故选择甲基红（变色范围：pH＝4.2～6.4）较为合适。

3. 强碱滴定多元酸

用 0.1 mol·L^{-1}标准溶液滴定相同浓度的三元酸（磷酸）溶液时，滴定曲线如图 5－7 所示。在滴定分数 1 和 2 处，滴定曲线上有两个可以分辨的突跃。

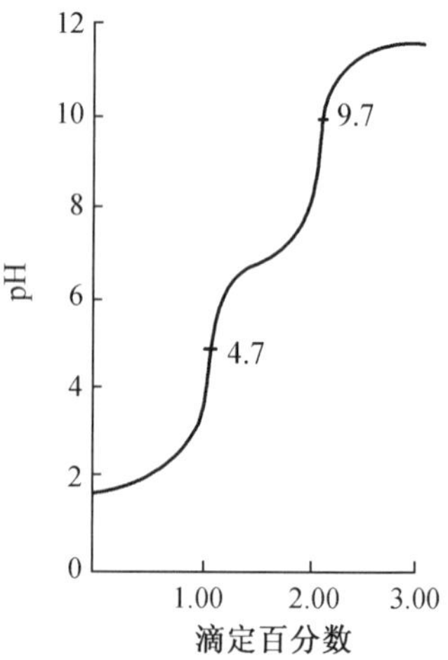

图 5－7 强碱滴定多元弱酸时的滴定曲线

5.1.4　准确滴定和分布滴定的判据

由图5-4至图5-7可见，影响滴定曲线及滴定突跃的主要因素是酸碱的浓度和强度。强度越大，浓度越高，滴定突跃越大；反之则越小。一般来说，如果允许的终点误差在±0.1%以内，弱酸或弱碱能准确滴定的判据为

$$cK_a \geqslant 10^{-8} \text{或} cK_b \geqslant 10^{-8}$$

多元弱酸弱碱是分步解离的，因此除了要判断每步解离能否被准确滴定，还要判断相邻两级解离出的 H^+ 或 OH^- 能否被分步滴定。多元弱酸、弱碱能够进行分步滴定的判据分别为

$$K_{a,n}/K_{a,n+1} \geqslant 10^4 \text{ 和 } K_{b,n}/K_{b,n+1} \geqslant 10^4$$

H_3PO_4 在水溶液中存在三步解离：

$$H_3PO_4(aq) = H^+(aq) + H_2PO_4^-(aq) \qquad K_{a_1} = 7.5 \times 10^{-3}$$
$$H_2PO_4^-(aq) = H^+(aq) + HPO_4^{2-}(aq) \qquad K_{a_2} = 6.2 \times 10^{-8}$$
$$HPO_4^{2}(aq) = H^+(aq) + PO_4^{3-}(aq) \qquad K_{a_3} = 2.2 \times 10^{-13}$$

当用0.1 mol·L^{-1} NaOH溶液滴定同浓度的 H_3PO_4 溶液时，由上述判据式可得：$cK_{a_1} = 7.5 \times 10^{-4} > 10^{-8}$；$cK_{a_2} = 6.2 \times 10^{-9} \approx 10^{-8}$；$cK_{a_3} = 2.2 \times 10^{-14} < 10^{-8}$。$K_{a_1}/K_{a_2} = 1.2 \times 10^5 > 10^4$；$K_{a_2}/K_{a_3} = 1.5 \times 10^5 > 10^4$。

根据计算结果可判断，H_3PO_4 在水溶液中一级和二级解离出的 H^+ 可以被准确滴定，三级解离太弱，所解离出的 H^+ 不能被准确滴定。一级解离和二级解离可以分步滴定，图5-7中可见两个明显的突跃，两个突跃范围分别与甲基橙和酚酞的变色区间相重叠。

5.1.5　酸碱滴定的应用

酸碱滴定法在生产实际中应用广泛。根据测定对象的不同可以采用不同的滴定方式，下面列举一些酸碱滴定的实例。

1. 食品中苯甲酸钠的测定

苯甲酸钠是碳酸饮料、腌制食品、方便食品等中最常见的食品防腐剂之一。测定时一般在食品试样中加入盐酸，使苯甲酸钠转化成苯甲酸，再向溶液中加入乙醚萃取苯甲酸，加热萃取液除去乙醚，用中性乙醇溶解，最后用NaOH标准溶液滴定，以酚酞作指示剂，滴定至呈现粉红色即为终点。苯甲酸钠的质量百分含量可用式5-3计算：

$$\omega(C_7H_5O_2Na) = \frac{C(NaOH)V(NaOH)M(C_7H_5O_2Na)}{m_s \times 10^3} \times 100\% \qquad (5-3)$$

式中：m_s 为试样的质量(g)，体积单位为mL。

2. 醋精中总酸的测定

醋精是一种重要的农产加工品，也是合成多种有机农药的重要原料。醋精中

的主要成分是 HAc，也有少量其他弱酸，如乳酸等。测定时，将醋精用不含 CO_2 的蒸馏水适当稀释后，用 NaOH 标准溶液滴定。以酚酞作指示剂，滴定至呈现粉红色即为终点。

由消耗的标准溶液的体积及浓度计算总酸度。

3. 硼酸的测定

对于许多极弱的酸碱，不满足直接滴定的条件，可以通过一些特定反应产生可以滴定的酸碱，或增强其酸碱性后予以滴定。

硼酸（H_3BO_3）的 $pK_a=9.24$，它是极弱的酸，不能用 NaOH 直接滴定。但在 H_3BO_3 中加入乙二醇、丙三醇、甘露醇等与之反应形成配合酸，配合酸的 $pK_a=4.26$，强于醋酸，使弱酸得到了强化。可选用酚酞或百里酚酞作为指示剂，用 NaOH 标准溶液直接滴定。

4. 混合碱的分析

工业品烧碱（NaOH）中常含有少量纯碱（Na_2CO_3），Na_2CO_3 中也常含有少量 $NaHCO_3$，这两种工业品都称为混合碱。

(1) 烧碱中 NaOH 和 Na_2CO_3 的测定

采用双指示剂法测定。称取试样质量为 m_s(mg)溶解于水，用 HCl 标准溶液滴定，先用酚酞作指示剂，滴定至溶液由红色变为无色（第一化学计量点），此时 NaOH 全部被中和，而 Na_2CO_3 被中和一半（转化为 $NaHCO_3$），所消耗 HCl 标准溶液体积记为 V_1。然后加入甲基橙，继续用 HCl 标准溶液滴定，使溶液由黄色恰好变为橙色（第二化学计量点），此时溶液中 $NaHCO_3$ 被完全中和，所消耗的 HCl 标准溶液体积记为 V_2。因 Na_2CO_3 被中和至 $NaHCO_3$，以及继续转化为 H_2CO_3 这两步所需 HCl 的量相等，故 V_1-V_2 为中和 NaOH 所消耗 HCl 的体积，$2V_2$ 为滴定 Na_2CO_3 所需 HCl 的体积。分析结果计算公式为

$$\omega(\mathrm{NaOH})=\frac{c(\mathrm{HCl})[V_1(\mathrm{HCl})-V_2(\mathrm{HCl})]M(\mathrm{NaOH})}{m_s\times10^3}\times100\%$$

$$\omega(\mathrm{Na_2CO_3})=\frac{c(\mathrm{HCl})V_2(\mathrm{HCl})M(\mathrm{Na_2CO_3})}{m_s\times10^3}\times100\%$$

(2) 纯碱中 Na_2CO_3 和 $NaHCO_3$ 的测定

工业纯碱中常含有 $NaHCO_3$，可参照上述方法测定。但要注意，此时滴定 Na_2CO_3 所消耗的体积为 $2V_1$，而滴定 $NaHCO_3$ 所消耗的体积为 V_2-V_1。分析结果计算公式为

$$\omega(\mathrm{Na_2CO_3})=\frac{c(\mathrm{HCl})V_1(\mathrm{HCl})M(\mathrm{Na_2CO_3})}{m_s\times10^3}\times100\%$$

$$\omega(\mathrm{NaHCO_3})=\frac{c(\mathrm{HCl})[V_2(\mathrm{HCl})-V_1(\mathrm{HCl})]M(\mathrm{NaHCO_3})}{m_s\times10^3}\times100\%$$

NaOH 和 $NaHCO_3$ 不能共存，若某试样中可能含有 NaOH、Na_2CO_3、$NaHCO_3$ 或由它们组成的混合物，假若以酚酞和甲基橙双指示剂法滴定，终点时用

去 HCl 的体积分别为 V_1、V_2，则未知试样的组成与 V_1、V_2 的关系见表 5-5。

表 5-5 V_1、V_2 的大小与试样组成的关系

V_1、V_2 的大小关系	$V_1 \neq 0, V_2 = 0$	$V_1 = 0, V_2 \neq 0$	$V_1 = V_2 \neq 0$	$V_1 > V_2 > 0$	$V_2 > V_1 > 0$
试样的组成	OH^-	HCO_3^-	CO_3^{2-}	$OH^- + CO_3^{2-}$	$HCO_3^- + CO_3^{2-}$

5. 氮的测定

肥料或土壤试样中常需要测定氮的含量，如硫酸铵化肥中含氮量的测定。由于铵盐作为酸太弱，$pK_a = 9.26$，不能直接用碱标准溶液滴定，需采用间接的测定方法，常用的方法有两种：

(1) 蒸馏法

将一定质量的铵盐溶液中加入过量的 NaOH 溶液，加热煮沸。若将蒸出的 NH_3 用一定量过量的硫酸或盐酸标准溶液吸收，过量的酸以甲基红或甲基橙作指示剂，用 NaOH 标准溶液回滴。

若将蒸出的 NH_3 用过量的硼酸吸收，生成的 $H_2BO_3^-$ 是较强的碱，$pK_b = 4.76$，可用甲基红和溴甲酚绿混合指示剂，以 HCl 标准溶液滴定。测定过程反应和计算公式如下：

$$NH_3 + H_3BO_3 = NH_4H_2BO_3$$

$$HCl + H_2BO_3^- = H_3BO_3 + Cl^-$$

$$\omega(N) = \frac{c(HCl)A_r(N)}{m_s} \times 100\% \tag{5-4}$$

(2) 甲醛法

铵盐在水中全部解离，甲醛 NH_4^+ 的反应如下：

$$4NH_4^+ + 6HCHO = (CH_2)_6N_4H^+ + 3H^+ + 6H_2O$$

滴定前溶液为酸性，生成物 $(CH_2)_6N_4H^+$ 是六亚甲基四胺 $(CH_2)_6N_4$ 的共轭酸，其 $pK_a = 5.15$，可用 NaOH 直接滴定。在用 NaOH 滴定至终点时，仍被中和成 $(CH_2)_6N_4$。以酚酞作指示剂，终点为粉红色。

$$\omega(N) = \frac{c(NaOH)V(NaOH)A_r(N)}{m_s} \times 100\% \tag{5-5}$$

若试样中含有游离酸，须事先用甲基红作指示剂，用 NaOH 中和。

蒸馏法操作较烦琐，分析流程长，但准确度高。甲醛法简便、快速，准确度比蒸馏法稍差，但基本可以满足实用需求，应用较广。

§5.2 沉淀滴定法

5.2.1 沉淀的溶解和转化

1. 沉淀的溶解

降低难溶强电解质饱和溶液中阴离子或阳离子的浓度，使难溶电解质的离子积小于溶度积，导致难溶电解质的沉淀溶解，直到建立新的平衡状态，溶解反应停止。通常使沉淀溶解的方法有以下几种：

(1) 生成弱电解质使沉淀溶解

难溶的弱酸盐、氢氧化物等都能溶于酸而生成弱电解质。例如，在含有固体 $CaCO_3$ 的饱和溶液中加入盐酸，系统存在下列平衡的移动：

$$CaCO_3(s) \rightleftharpoons Ca^{2+} + CO_3^{2-}$$

$$+$$

$$HCl \longrightarrow Cl^- + H^+$$

$$\Updownarrow$$

$$HCO_3^- + H^+ \rightleftharpoons H_2CO_3 \longrightarrow CO_2\uparrow + H_2O$$

由于 H^+ 与 CO_3^{2-} 结合生成弱酸 H_2CO_3，后者稳定性差，可分解为 CO_2 和 H_2O，使 $CaCO_3$ 饱和溶液中的 CO_3^{2-} 离子浓度大大减小，从而使 $c(Ca^{2+})c(CO_3^{2-}) < K_{sp}^{\ominus}$，因而 $CaCO_3$ 固体溶解。这种加酸生成弱电解质从而使沉淀溶解的方法，称为沉淀的酸溶解。

金属硫化物也是弱酸盐，在酸溶解时，H^+ 和 S^{2-} 先生成 HS^-，HS^- 又进一步和 H^+ 结合成 H_2S 分子，使得 S^{2-} 减少，$Q_c < K_{sp}^{\ominus}$，金属硫化物开始溶解。例如，FeS 的酸溶解可用下列平衡表示：

$$FeS(s) \rightleftharpoons Fe^{2+} + S^{2-}$$

$$+$$

$$HCl \longrightarrow Cl^- + H^+$$

$$\Updownarrow$$

$$HS^- + H^+ \rightleftharpoons H_2S$$

【例 5-5】 要使 0.1 mol FeS 完全溶于 1.0 L 盐酸中，求所需盐酸的最低温度。

解： 当 0.10 mol FeS 完全溶于 1.0 L 盐酸时，即溶液中 $c(Fe^{2+}) = 0.10\ mol \cdot L^{-1}$，$c(H_2S) = 0.10\ mol \cdot L^{-1}$，反应如下：

$$FeS(s) + 2H^+(aq) \rightleftharpoons Fe^{2+}(aq) + H_2S(aq)$$

根据 $K_{sp}^{\ominus}(FeS) = c(Fe^{2+})c(S^{2-})$，则溶液中 S^{2-} 的浓度为

$$c(S^{2-})=\frac{K_{sp}^{\ominus}}{c(Fe^{2+})}=\frac{6.3\times10^{-18}}{0.10}=6.3\times10^{-17}\ mol\cdot L^{-1}$$

多余的 S^{2-} 则与 HCl 反应生成 H_2S，生成 H_2S 需要 H^+ 0.20 mol。

根据：$K_{a_1}^{\ominus}K_{a_2}^{\ominus}=\frac{c^2(H^+)c(S^{2-})}{c(H_2S)}$，则

$$c(H^+)=\sqrt{\frac{K_{a_1}^{\ominus}K_{a_2}^{\ominus}c(H_2S)}{c(S^{2-})}}=4.8\times10^{-3}\ mol\cdot L^{-1}$$

生成 H_2S 时消耗掉 0.20 mol 盐酸，故所需的盐酸的最初浓度为

$$0.0048+0.20\approx0.205\ mol\cdot L^{-1}$$

难溶的金属氢氧化物，如 $Mg(OH)_2$、$Mn(OH)_2$、$Fe(OH)_3$、$Al(OH)_3$ 等都能溶于酸，这是由于 H^+ 与 OH^- 生成 H_2O，使得 OH^- 浓度不断减小，导致金属氧化物不断溶解。金属氢氧化物溶于强酸的总反应式为

$$M(OH)_n+nH^+\rightleftharpoons M^{n+}+nH_2O$$

反应平衡常数为

$$K=\frac{c(M^{n+})}{c^n(H^+)}=\frac{c(M^{n+})\cdot c^n(OH^-)}{c^n(H^+)\cdot c^n(OH^-)}=\frac{K_{sp}}{(K_w)^n} \tag{5-6}$$

室温时，水的离子积常数 $K_w^{\ominus}=10^{-14}$，而一般 MOH 的 $K_{sp}^{\ominus}$ 大部分都大于 10^{-14}（即 $K_w^{\ominus}$），$M(OH)_2$ 的 $K_{sp}^{\ominus}$ 大于 10^{-28}（即 $(K_w^{\ominus})^2$），$M(OH)_3$ 的 $K_{sp}^{\ominus}$ 大于 10^{-42}（即 $(K_w^{\ominus})^3$），所以式(5-6)的平衡常数 K 大都大于 1，表明金属氢氧化物一般都能溶于强酸。

(2) 通过氧化还原反应使沉淀溶解

有些金属硫化物的 $K_{sp}^{\ominus}$ 数值特别小，因而不能用盐酸溶解。如 CuS 的 $K_{sp}^{\ominus}$ 为 1.27×10^{-36}，如需使其溶解，则 $c(H^+)$ 需达到 $10^6\ mol\cdot L^{-1}$，现在强酸的最大浓度也不超过 $20\ mol\cdot L^{-1}$，可以说 CuS 在酸中是不溶的。CuS 在硝酸中又是可以溶解的，可发生氧化还原反应：

$$CuS(s)\rightleftharpoons Cu^{2+}+S^{2-}$$

$$+$$

$$HNO_3\longrightarrow S\downarrow+NO\uparrow+H_2O$$

原因是其中不仅包含了溶解反应，还含有氧化还原反应。更难溶的 HgS 溶度积更小，为 $K_{sp}^{\ominus}=6.44\times10^{-53}$，在硝酸中也不溶，只能用王水来溶解，即利用浓硝酸的氧化作用使 S^{2-} 的浓度降低，同时利用浓盐酸中 Cl^- 的配位作用使 Hg^{2+} 的浓度也降低，反应如下：

$$3HgS+2HNO_3+12HCl=3H_2[HgCl_4]+3S\downarrow+2NO\uparrow+4H_2O$$

由此可以看出，如果外界条件发生变化，如酸度的变化、氧化剂或还原剂的存在等，都会使金属离子浓度或沉淀剂浓度发生变化，从而影响沉淀的溶解度。

2. 沉淀的转化

在某一沉淀的溶液中，加入适当的试剂，使之转化为另一种沉淀的反应，称为沉淀的转化。如将少量的 AgCl 粉末中加到 KI 溶液中，溶液中白色 AgCl 粉末消失，溶液从无色变为浅黄色，发生如下反应：

$$AgCl+I^- = AgI+Cl^-$$

一般沉淀转化反应由溶解度较大的难溶电解质转化为溶解度较小的物质，两沉淀的溶度积相差越大，沉淀越易转化。

有些沉淀既不溶于水也不溶于酸，也不能用配位溶解和氧化还原的方法将它溶解。这时，可以先将难溶强酸盐转化为难溶弱酸盐，然后再用酸来溶解。如锅炉中的锅垢主要成分为 $CaSO_4$，$CaSO_4$ 不溶于酸，难以除去。若用 Na_2CO_3 溶液处理，可将 $CaSO_4$ 转化为疏松的、溶于酸的 $CaCO_3$，则便于清除锅垢。

5.2.2 分布沉淀

当溶液中含有两种或两种以上可被同一种试剂沉淀的离子时，由于不同沉淀溶度积的差别而按一定顺序先后沉淀的现象，称为分步沉淀。从溶度积原理可以得知，首先满足 $Q>K_{sp}^{\ominus}$ 的离子先被沉淀出来。如果几种离子同时满足 $Q>K_{sp}^{\ominus}$，则可同时沉淀出来。

例如，在含有 0.010 mol·L^{-1} I^- 和 0.010 mol·L^{-1} Cl^- 溶液中逐渐滴加 $AgNO_3$，开始只生成黄色的 AgI 沉淀，加到一定量的 $AgNO_3$ 时，才出现白色的 AgCl 沉淀。开始生成两种沉淀时所分别需要的 Ag^+ 浓度可以通过如下计算：

已知：
$$K_{sp}^{\ominus}(AgCl)=c(Ag^+)c(Cl^-)=1.8\times10^{-10}$$
$$K_{sp}^{\ominus}(AgI)=c(Ag^+)c(I^-)=8.7\times10^{-17}$$

当 Ag^+ 浓度达到：$c(Ag^+)=\dfrac{K_{sp}^{\ominus}(AgI)}{c(I^-)}=8.7\times10^{-15}\,\text{mol/L}$

溶液中开始生成 AgI 沉淀，随着 Ag^+ 不断加入，溶液中 I^- 越来越少，Ag^+ 越来越多。

当 Ag^+ 浓度达到：$c(Ag^+)=\dfrac{K_{sp}^{\ominus}(AgCl)}{c(Cl^-)}=1.8\times10^{-7}\,\text{mol/L}$

溶液中开始生成 AgCl 沉淀，此时溶液中 I^- 的浓度为

$$c(I^-)=\frac{K_{sp}^{\ominus}(AgI)}{c(Ag^+)}=4.6\times10^{-9}\ \text{mol/L}\ll1\times10^{-6}\ \text{mol/L}$$

当 AgCl 开始沉淀时溶液中的 I^- 已经沉淀完全，Cl^-、I^- 被分离。

【例 5-6】 在 1.0 mol/L 的 Co^{2+} 溶液中，含有少量 Fe^{3+} 杂质。应如何控制 pH，才能达到除去 Fe^{3+} 杂质的目的？已知：$K_{sp}^{\ominus}(Co(OH)_2)=1.09\times10^{-15}$，$K_{sp}^{\ominus}(Fe(OH)_3)=4.0\times10^{-38}$。

解：① 使 Fe^{3+} 定量沉淀完全时

$$Fe(OH)_3(s) \rightleftharpoons Fe^{3+} + 3OH^-$$

$$K_{sp}^{\ominus}(Fe(OH)_3) = c(Fe^{3+})c^3(OH^-) = 4.0 \times 10^{-38}$$

$$c(OH^-) = \sqrt[3]{\frac{K_{sp}^{\ominus}(Fe(OH)_3)}{c(Fe^{3+})}} = \sqrt[3]{\frac{4.0 \times 10^{-38}}{1 \times 10^{-6}}} = 3.4 \times 10^{-11}$$

即当 pOH 小于 10.47，pH 大于 3.53 的时候，Fe^{3+} 可被完全去除。

② 使 Co^{2+} 不生成 $Co(OH)_2$ 沉淀时

$$Co(OH)_2(s) \rightleftharpoons Co^{2+} + 2OH^-$$

$$K_{sp}^{\ominus}(Co(OH)_2) = c(Co^{2+})c^2(OH^-) = 1.09 \times 10^{-15}$$

$$c(OH^-) = \sqrt[2]{\frac{K_{sp}^{\ominus}(Co(OH)_2)}{c(Co^{2+})}} = \sqrt[2]{\frac{1.09 \times 10^{-15}}{1}} = 3.3 \times 10^{-8}$$

即当 pOH 为 7.49，pH 为 6.51 时，Co^{2+} 开始沉淀。

因此，如要在 1.0 mol·L^{-1} 的 Co^{2+} 溶液中去除 Fe^{3+}，溶液的 pH 应控制在 3.53～6.51。

【例 5-7】 溶液中 Ba^{2+} 浓度为 0.10 mol·L^{-1}，Pb^{2+} 浓度为 0.001 0 mol·L^{-1}，向溶液中慢慢加入 Na_2SO_4。哪一种沉淀先生成？当第二种沉淀开始生成时，先生成沉淀的那种离子的剩余浓度是多少？（不考虑 Na_2SO_4 溶液加入所引起的体积变化）

解：开始生成 $BaSO_4$ 沉淀所需 SO_4^{2-} 的最低浓度：

$$c(SO_4^{2-}) = \frac{K_{sp}^{\ominus}(BaSO_4)}{c(Ba^{2+})} = \frac{1.1 \times 10^{-10}}{0.10} = 1.1 \times 10^{-9}\ \text{mol} \cdot \text{L}^{-1}$$

开始生成 $PbSO_4$ 沉淀所需 SO_4^{2-} 的最低浓度：

$$c(SO_4^{2-}) = \frac{K_{sp}^{\ominus}(PbSO_4)}{c(Pb^{2+})} = \frac{1.6 \times 10^{-8}}{0.0010} = 1.6 \times 10^{-5}\ \text{mol} \cdot \text{L}^{-1}$$

由于生成 $BaSO_4$ 沉淀所需 SO_4^{2-} 的最低浓度较小，所以先生成 $BaSO_4$ 沉淀。在继续加入 Na_2SO_4 溶液的过程中，随着 $BaSO_4$ 不断沉淀出来，溶液中 Ba^{2+} 浓度不断下降，SO_4^{2-} 的浓度必须不断上升，当 SO_4^{2-} 的浓度达到 1.6×10^{-5} mol·L^{-1} 时，同时满足 $PbSO_4$ 和 $BaSO_4$ 两种沉淀生成的条件，两种沉淀同时生成。但在 $PbSO_4$ 沉淀开始生成时，溶液中剩余 Ba^{2+} 浓度为

$$c(Ba^{2+}) = \frac{K_{sp}^{\ominus}(BaSO_4)}{c(SO_4^{2-})} = \frac{1.1 \times 10^{-10}}{1.6 \times 10^{-5}} = 6.9 \times 10^{-6}\ \text{mol} \cdot \text{L}^{-1}$$

实际上在 $PbSO_4$ 开始沉淀时，Ba^{2+} 已经沉淀得相当完全了，后生成的 $PbSO_4$ 沉淀中基本不含有 $BaSO_4$ 沉淀。

5.2.3 滴定曲线

沉淀滴定法是以沉淀反应为基础的一种滴定分析方法。虽然能形成沉淀的反

应很多,但并不是所有的沉淀反应都能用于沉淀滴定分析。用于沉淀滴定法的沉淀反应必须符合下列几个条件:

(1) 反应必须具有确定的化学计量关系,即沉淀剂与被测组分之间有确定的化合比。

(2) 沉淀反应可以迅速、定量地完成;

(3) 生成的沉淀溶解度必须足够小;

(4) 有确定终点的简单方法。

沉淀滴定法的滴定过程中,溶液中离子浓度的变化情况与酸碱滴定法相似,可以用滴定曲线表示。

$$Ag^+(aq)+Cl^-(aq) \xlongequal{} AgCl(s)\downarrow$$

以 $AgNO_3$ 溶液($mol \cdot L^{-1}$)滴定 20.00 mL NaCl 溶液(0.100 $mol \cdot L^{-1}$)为例,随 $AgNO_3$ 溶液的滴入,Cl^- 浓度不断变化。

从滴定开始到化学计量点前,Cl^- 浓度由溶液中剩余的 Cl^- 计算。例如,加入 $AgNO_3$ 溶液 18.00 mL 时,溶液中氯离子浓度为 $c(Cl^-)=\dfrac{0.100\times 2.00}{20.00+18.00}=5.26\times 10^{-3}\ mol \cdot L^{-1}$。

化学计量点时,溶液中银离子浓度与氯离子浓度相同,$c(Ag^+)=c(Cl^-)=\sqrt{K_{sp}^{\ominus}}$。

化学计量点后,溶液中 Ag^+ 过量时,溶液中 Ag^+ 浓度由过量 $AgNO_3$ 浓度决定,氯离子浓度则由过量的 Ag^+ 和 $K_{sp}^{\ominus}$ 计算。例如,当加入 $AgNO_3$ 溶液 20.02 mL 时

$$c(Ag^+)=\frac{0.100\times 0.02}{20.00+20.02}=5.0\times 10^{-5}\ mol \cdot L^{-1}$$

$$c(Cl^-)=\frac{K_{sp}^{\ominus}}{c(Ag^+)}=3.11\times 10^{-6}\ mol \cdot L^{-1}$$

滴定过程中离子浓度的变化曲线如图5-8。

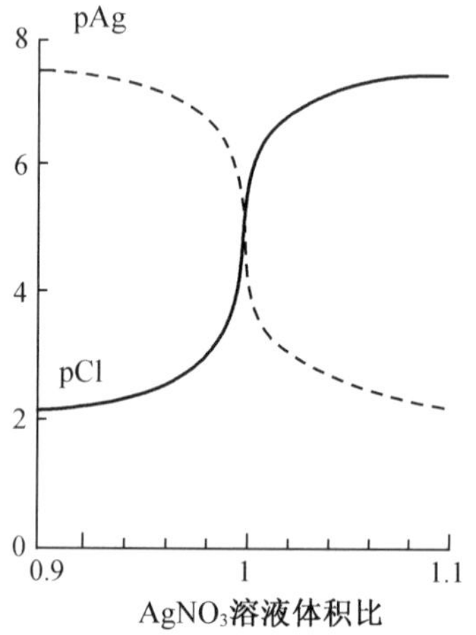

图 5-8 $AgNO_3$ 溶液滴定 NaCl 溶液的滴定曲线

与酸碱滴定相似,滴定开始时溶液 Cl^- 离子浓度较大,滴入 Ag^+ 所引起的 Cl^- 浓度改变不大,曲线比较平坦;接近化学计量点时,溶液中 Cl^- 浓度已经很小,再滴入少量的 $AgNO_3$ 溶液即引起 Cl^- 浓度发生很大的变化而形成突跃。

突跃范围的大小,取决于溶液的浓度和沉淀的溶度积常数。溶液浓度越大,则突跃范围越大。如 $AgNO_3$ 溶液滴定同浓度的 NaCl 溶液,其突跃范围与浓度的关系见表5-6。

表 5-6 $AgNO_3$ 浓度与突跃范围关系

Ag^+初始浓度	1.000 mol·L^{-1}	0.100 0 mol·L^{-1}
突跃范围ΔpAg	3.1	1.1

沉淀的 $K_{sp}^{\ominus}$越小，突跃范围越大。例如，相同浓度的 Cl^-、Br^-、I^-与 Ag^+的沉淀滴定，由于 $K_{sp}^{\ominus}(AgI)<K_{sp}^{\ominus}(AgBr)<K_{sp}^{\ominus}(AgCl)$，所以其滴定曲线和突跃范围见图 5-9 与表 5-7。

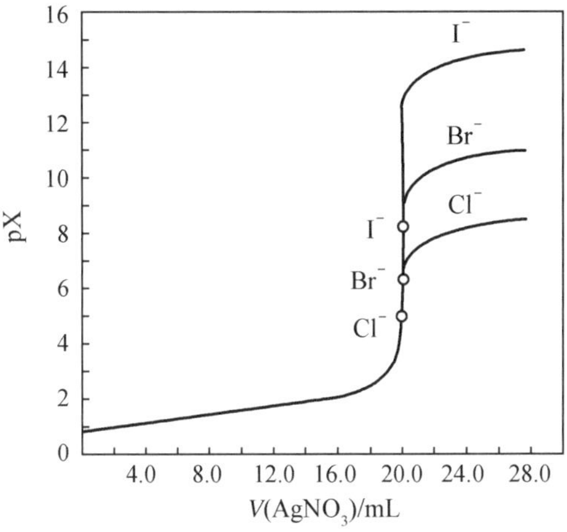

图 5-9 $AgNO_3$(0.100 mol·L^{-1})滴定 20.00 mL NaCl(0.100 mol·L^{-1})，NaBr(0.100 mol·L^{-1})和 KI(0.100 mol·L^{-1})溶液的滴定曲线

表 5-7 $K_{sp}^{\ominus}$与突跃范围关系

AgX	K_{sp}	pAg	ΔpAg
AgCl	1.8×10^{-10}	5.4～4.3	1.1
AgBr	5.0×10^{-13}	7.4～4.3	3.1
AgI	9.3×10^{-17}	11.7～4.3	7.4

5.2.4 银量法

由于很多沉淀的组成不恒定、溶解度较大、易形成过饱和溶液、达到平衡的速度慢以及共沉淀现象严重等，使得能用于沉淀滴定反应并不多。目前，比较有实际意义的是生成难溶性银盐的沉淀反应，称为银量法。

$$Ag^+ + X^- = AgX\downarrow$$

$$Ag^+ + SCN^- = AgSCN\downarrow$$

银量法可以测定 Cl^-、Br^-、I^-、SCN^-和 Ag^+，如在农业上可以测定土壤中水溶性氯化物，农药中的氯化物等。其他方法也可以用于沉淀滴定但不及银量法普遍。如：$K_4[Fe(CN)_6]$与 Zn^{2+}，Ba^{2+}与 SO_4^{2-} 等等。

根据指示终点的不同，可分为直接法和间接法两大类。根据所用指示剂的不同，按照创立者的名字命名，可将银量法分为三种方法：莫尔法、佛尔哈德法和法扬斯法。

1. 莫尔法（以铬酸钾为指示剂）

（1）原理

莫尔（Mohr）法是以铬酸钾为指示剂，在中性溶液或弱碱性溶液中，加入适量的 K_2CrO_4 作指示剂，以 $AgNO_3$ 标准溶液滴定 Cl^-，溶液中的 Cl^- 与 CrO_4^{2-} 能和 Ag^+ 形成白色的 AgCl 及砖红色的 Ag_2CrO_4 沉淀。由于两者的溶度积不同，根据分步沉淀的原理，首先生成的卤化银沉淀，随着 Ag^+ 的不断加入，溶液中的卤素离子浓度越来越小，Ag^+ 浓度相应增大。当卤化银定量沉淀后，过量的滴定剂与指示剂反应，生成砖红色的铬酸银沉淀，指示终点。具体反应如下：

$$Ag^+ + Cl^- \longrightarrow AgCl\downarrow\text{（白色）} \qquad K_{sp}^{\ominus} = 1.8\times10^{-10}$$

$$2Ag^+ + CrO_4^{2-} \longrightarrow Ag_2CrO_4\downarrow\text{（砖红色）} \qquad K_{sp}^{\ominus} = 2.0\times10^{-12}$$

（2）滴定条件

① 指示剂用量。

指示剂 CrO_4^{2-} 的浓度必须合适，若浓度太大将会引起终点提前，且 CrO_4^{2-} 本身的黄色会影响对终点的观察；若浓度太小又会使终点滞后，会影响滴定的准确度。实际滴定时，通常在反应液总体积为 50～100 mL 的溶液中，加入 5%铬酸钾指示剂约 1～2 mL。

② 溶液的酸度。

滴定应该在中性或微碱性介质中进行。若酸度过高，CrO_4^{2-} 将因酸效应致使其浓度降低，导致 Ag_2CrO_4 沉淀出现过迟甚至不沉淀，但溶液的碱性太强，又将生成 Ag_2O 沉淀，故适宜的酸度范围为 pH＝6.5～10.5。

如果溶液中有铵盐存在，溶液呈碱性时溶液中会有产生 NH_3，生成的 NH_3 与 Ag^+ 形成配离子，致使 AgCl 和 Ag_2CrO_4 沉淀出现过迟甚至不沉淀。当铵盐浓度比较低时（小于 0.05 mol · L^{-1}），采用控制溶液 pH＝6.5～7.2 范围内可消除铵根离子的影响。若铵根离子浓度大于 0.15 mol · L^{-1} 时，仅仅通过控制溶液酸度已经不能消除其影响，此时需要在滴定前将大量铵盐除去。

③滴定时应剧烈振摇，使被 AgCl 或 AgBr 沉淀吸附的 Cl^- 或 Br^- 及时释放出来，防止终点提前。

（3）应用范围

铬酸钾指示剂法主要用于 Cl^-、Br^- 和 CN^- 的测定，不适用于滴定 I^- 和 SCN^-。因为 AgI、AgSCN 沉淀对 I^- 和 SCN^- 有强烈的吸附作用，致使终点过早出现。

铬酸钾指示剂法也不适用于以 NaCl 直接滴定 Ag^+。因为 Ag^+ 溶液中加入指示剂，立刻形成 Ag_2CrO_4 沉淀，用 NaCl 溶液滴定时，Ag_2CrO_4 转化成 AgCl 的速度非常慢，致使终点推迟。如用铬酸钾指示剂法测定 Ag^+，必须采用返滴定法。

莫尔法的选择性比较差，凡能与银离子生成沉淀的阴离子（如 S^{2-}、CO_3^{2-}、PO_4^{3-}、SO_3^{2-}、$C_2O_4^{2-}$ 等），能与铬酸根离子生成沉淀的阳离子（如 Ba^{2+}、Pb^{2+} 等），能与银或氯配位的离子（如 $S_2O_3^{2-}$、NH_3、EDTA、CN^- 等），能发生水解的高价金属离子（如 Fe^{3+}、Al^{3+}、Bi^{3+}、Sn^{4+} 等），均对测定有干扰。此外，大量的 Cu^{2+}、Co^{2+}、Ni^{2+} 等有色离子的存在，对终点的颜色的观察也有影响。以上干扰应预先除去。如 S^{2-} 可在酸性溶液中使生成 H_2S 加热除去，SO_3^{2-} 氧化为 SO_4^{2-} 后不再产生干扰，Ba^{2+} 可通过加入过量的 Na_2SO_4 使生成 $BaSO_4$ 沉淀。

莫尔法的优点是操作简便，方法的准确度也较好，不足之处是干扰较多，且只能直接测定氯、溴、氰酸根离子。想直接测定银离子，除了上述使用的返滴定法外，可采用以下方法。

2. 佛尔哈德法（以铁铵矾为指示剂）

（1）原理

在酸性（HNO_3）介质中，以 $NH_4Fe(SO_4)_2 \cdot 12H_2O$ 作指示剂，用 NH_4SCN 或（KSCN）滴定 Ag^+ 的银量法称佛尔哈德（Volhard）法：

$$Ag^+ + SCN^- \xlongequal{} AgSCN（白色） \qquad K_{sp}^{\ominus} = 1.0 \times 10^{-12}$$

$$Fe^{3+} + SCN^- \xlongequal{} [FeSCN]^{2+}（红色） \qquad K = 138$$

当 AgSCN 定量沉淀后，稍过量的 SCN^- 便与 Fe^{3+} 生成红色的配离子 $[FeSCN]^{2+}$ 指示终点。

按照滴定方式的不同，可分为两类：直接滴定法和返滴定法。

（2）滴定条件

① 溶液的酸度。

由于指示剂是 Fe^{3+}，滴定必须在酸性溶液中进行，通常在 0.1～1 $mol \cdot L^{-1}$ HNO_3 介质中进行滴定，Fe^{3+} 以 $[Fe(H_2O)_6]^{3+}$ 存在，颜色较浅。如果酸度较低，Fe^{3+} 发生水解，以羟基化合物或多羟基化合物的形式存在 $[Fe(H_2O)_5(OH)]^{2+}$、$[Fe(H_2O)_4(OH)_2]^+$，呈棕色，影响终点观察。如果酸度更低，甚至产生 $Fe(OH)_3$ 沉淀。

在酸性溶液中进行滴定是佛尔哈德法的最大优点，一些在中性或弱碱性介质中能与 Ag^+ 产生沉淀的阴离子都不能干扰滴定，选择性比较好。

② 指示剂用量。

当滴定至计量点时，$c(SCN^-) = c(Ag^+) = 1.0 \times 10^{-6}\ mol \cdot L^{-1}$，要求此时正好生成 $[FeSCN]^{2+}$ 以确定终点，故此时 $c(Fe^{3+}) = \dfrac{c(FeSCN^{2+})}{138 \times c(SCN^-)}$。一般说来，要能观察到 $[FeSCN]^{2+}$ 的颜色，$c(FeSCN^{2+})$ 要达到 $6 \times 10^{-6}\ mol \cdot L^{-1}$，则 $c(Fe^{3+}) = 0.04\ mol \cdot L^{-1}$，而这样高浓度的 Fe^{3+} 会使溶液呈较深的橙黄色，影响终点的观察，故通常保持在 $0.015\ mol \cdot L^{-1}$，这样引起的误差很小，一般小于 $\pm 0.1\%$。

③ 充分摇动，减少吸附。

(3) 应用范围

采用直接滴定法可以测定 Ag^+ 等。在硝酸介质中，以铁铵矾作指示剂，用 NH_4SCN 或（KSCN）标准溶液滴定，当 AgSCN 定量沉淀后，稍过量的 SCN^- 与 Fe^{3+} 生成的红色配合物可指示终点的到达。为了防止 AgSCN 的吸附 Ag^+，使终点提早到达，需要剧烈地摇晃溶液，使沉淀解析。为了防止 Fe^{3+} 水解，滴定反应需在硝酸溶液中进行，而且是强酸性溶液（$[H^+]=0.2\sim0.5\ mol\cdot L^{-1}$）。

采用返滴定法可以测定 Cl^-、Br^-、I^- 和 SCN^- 等离子。在含有卤素的硝酸溶液中，加入一定量过量的 $AgNO_3$，然后以铁铵矾为指示剂，用 NH_4SCN 标准溶液返滴定过量的 $AgNO_3$（由于在硝酸介质中，许多弱酸盐如 PO_4^{3-}、AsO_4^{3-}、S^{2-} 等都不干扰卤素离子的测定，故此法选择性较高）。

$$Cl^- + Ag^+(\text{过量}) = AgCl\downarrow + Ag^+(\text{剩余}) + SCN^-$$

$$AgCl\downarrow + Ag^+(\text{剩余}) + SCN^- = AgSCN\downarrow + AgCl\downarrow$$

我们可以看到，在用此法测定 Cl^- 时，终点的判断会遇到困难。因为 AgSCN 的溶度积（1.0×10^{-12}）小于 AgCl 的溶度积（1.8×10^{-10}），接近终点时，加入的 NH_4SCN 将于 AgCl 发生沉淀转化。

$$AgCl + SCN^- = AgSCN\downarrow + Cl^-$$

沉淀转化的速度较慢，滴加 NH_4SCN 形成的红色随溶液的摇动而消失。即

$$AgCl + [Fe(SCN)]^{2+} = AgSCN + Fe^{3+} + Cl^-$$

显然到达终点时，无疑多消耗了 NH_4SCN 标准溶液，引入较大的滴定误差。为了避免上述现象的发生，通常采用下列措施：

① 试液中加入过量的 $AgNO_3$ 溶液后，将溶液加热煮沸，使 AgCl 沉淀凝聚，以减少 AgCl 沉淀对 Ag^+ 的吸附。滤去沉淀，并用稀硝酸洗涤沉淀，洗涤液并入滤液中，然后用 NH_4SCN 标准溶液返滴定滤液中过量的 $AgNO_3$。

② 在滴加 NH_4SCN 标准溶液前，加入有机溶剂如硝基苯 1～2 mL，用力摇动之后，硝基苯将 AgCl 沉淀包住，使它与溶液隔开，不再与滴定溶液接触。这就阻止了上述现象的发生，此法很方便，但硝基苯毒性较大。

③ 提高 Fe^{3+} 的浓度以减少终点时 SCN^- 的浓度，从而减少上述误差。席夫特（Shift）等人经实验证实，若溶液中的 $[Fe^{3+}]=0.2\ mol\cdot L^{-1}$，终点误差将小于 0.1%。

用返滴定法测定溴化物或碘化物时，由于 AgBr 和 AgI 的溶解度比 AgSCN 小，所以不会发生沉淀转化反应，不必采取上述措施。

3. 法扬斯法（吸附指示剂）

(1) 滴定原理

用吸附指示剂指示终点的银量法称为法扬斯（Fajans）法。

吸附指示剂一般是有机染料，它的阴离子在溶液中容易被带正电荷的胶状沉淀所吸附。当它被吸附后，会因为结构的改变而引起颜色的变化，从而指示滴定的

终点。吸附指示剂可以分为两类：一类是酸性染料，如荧光黄及其衍生物，它们是有机弱酸，解离出指示剂阴离子；另一类是碱性染料，如甲基紫、罗丹明 6G 等，解离出指示剂阳离子。吸附指示剂种类很多，现将常用的列于表 5－8 中。

表 5－8　常用吸附指示剂

指示剂	待测离子	滴定剂	适用的 pH 范围
荧光黄	Cl^-，Br^-，I^-，SCN^-	Ag^+	7～10
二氯荧光黄	Cl^-，Br^-，I^-，SCN^-	Ag^+	4～6
曙红	Br^-，I^-，SCN^-	Ag^+	2～10
甲基紫	SO_4^{2-}，Ag^+	Ba^{2+}，Cl^-	酸性溶液
溴酚蓝	Cl^-，Ag^+	Ag^+	2～3
罗丹明 6G	Ag^+	Br^-	稀 HNO_3

如用 $AgNO_3$ 滴定 Cl^- 时，用荧光黄作指示剂。荧光黄是一种有机弱酸（用 HFIn 表示），在溶液中解离为黄绿色的阴离子。计量点前，溶液中剩余 Cl^- 生成的 AgCl 先吸附 Cl^- 而带负电荷，荧光黄阴离子受排斥而不被吸附，溶液呈黄绿色；计量点后，Ag^+ 过量，AgCl 沉淀胶粒因吸附过量构晶离子 Ag^+ 而带正电荷，它将强烈吸附荧光黄阴离子。荧光黄阴离子被吸附后，因结构变化而呈粉红色，从而指示滴定终点。

$$AgCl \cdot Ag^+ + FIn^- = AgCl \cdot Ag^+ FIn^- \text{（粉红色）}$$

如果用 NaCl 滴定 Ag^+，则颜色变化正好相反。

（2）滴定条件

① 由于颜色变化时发生在沉淀表面，欲使终点变色明显，应尽量使沉淀的比表面大一些。为此，常加入一些保护胶体（如糊精、淀粉），阻止卤化银聚沉，使其保持胶体状态，使沉淀微粒处于高度分散状态，使更多的沉淀表面暴露在外面，以利于对指示剂的吸附，变色敏锐。

此法不适宜于测定浓度过低的溶液，由于浓度过低而生成的沉淀量太少，使终点不明显。测氯离子时，其浓度要求在 0.005 $mol \cdot L^{-1}$ 以上，测溴、碘、硫氢根离子时灵敏度稍高，0.001 $mol \cdot L^{-1}$ 仍可准确滴定。

② 溶液的酸度要恰当。常用的吸附指示剂大都是有机弱酸，而起指示作用的主要是它们的阴离子，因此必须控制适宜的酸度，使指示剂在溶液中保持阴离子状态。

③ 胶体颗粒对指示剂的吸附能力应略小于对被测离子的吸附能力，否则指示剂将在化学计量点前变色。但也不能太小，否则终点出现过迟。卤化银对卤化物和几种常见吸附指示剂的吸附能力次序为 $I^- > SCN^- > Br^- >$ 曙红 $> Cl^- >$ 荧光黄。因此，滴定 Cl^- 时应选用荧光黄，滴定 Br^- 选曙红为指示剂。

④ 滴定应避免在强光照射下进行，因为吸附着指示剂的卤化银胶体对光极为

敏感，遇光易分解析出金属银，溶液很快变成灰色或黑色。

(3) 应用范围

法扬斯法可测定 Cl^-、Br^-、SCN^-、Ag^+，一般在弱酸性到弱碱性下进行，方法简便，终点也明显，较为准确，但反应条件较为严格，要注意溶液的酸度、浓度及胶体的保护等。

实际工作需要根据测定对象选合适的测定方法，如银合金中银测定，由于用硝酸溶解试样，用佛尔哈德法；测氯化钡中氯离子的含量，用佛尔哈德法或用法扬斯法，不能用莫尔法，因为会生成铬酸钡沉淀；天然水中氯含量的测定，用莫尔法。

5.2.5 重量分析法

重量分析法也叫称量分析法，是通过称量物质的质量进行含量测定的方法。这种分离方法绝大多数是指沉淀物从液相中分离出来。

1. 重量分析法的基本过程和特点

首先将待测样品溶解在一定的溶剂中，溶剂一般为水，也可以是酸、碱、有机物或混合溶剂等。加入沉淀剂使被测组分与沉淀剂形成难溶的化合物而完全沉淀。然后将沉淀过滤、洗涤、烘干或灼烧、称量，最后通过被称量物质的质量计算出待测组分的含量。

重量分析法是一种经典的重要分析方法，当没有基准物质时，可以作为其他分析方法的标准，所以重量分析法属于无标(准物质)分析法。

重量分析法与滴定法及其他仪器分析法相比，具有以下特点：

(1) 它是一种直接测量的方法，无须使用基准物质或标准试剂。

(2) 相对误差小，可达到 0.1%～0.2%，甚至更高；准确度也很高。

(3) 分析操作的步骤多、速度慢、耗时长，但对高含量的 Si、S、P、W、Ni 和稀土元素等的分析，仍需采用重量分析法。

(4) 重量分析法的操作包括了溶样、移液、沉淀、定量转移、洗涤、过滤、干燥或灼烧、称重等操作过程，重量分析法对操作技术的要求很高，对于训练实验室的基本操作来说不失为一种综合性的方法。

(5) 当对用其他分析方法测量的结果产生分歧时，重量分析法往往是仲裁法，许多国家标准都有此规定。

(6) 它所涉及的原理和操作对生产中分离技术的应用具有重要意义。

2. 沉淀形式

被测组分与沉淀剂反应后，生成沉淀，该沉淀的化学式称为沉淀形式。重量分析法对沉淀形式有如下要求：

(1) 沉淀的溶解度要小，即溶度积要小。未被沉淀的待测组分的质量不得超过待测组分总质量的 0.2%。

(2) 沉淀应过滤和洗涤。在重量分析法中希望获得粗大的晶型沉淀。这是因为沉淀的颗粒越大，比表面积越小，吸附的杂质越少，越容易洗涤，洗涤次数少，洗涤损失也少；颗粒大，不会阻塞滤纸的微孔，过滤速度也比较快。

(3) 若沉淀的组成不恒定，则在被烘干或灼烧后，它的组成必须单一、恒定，并与表达式完全一致，如 $SiO_2 \cdot xH_2O$ 经 950℃灼烧后成为 SiO_2。

3. 称量形式

沉淀经过滤、洗涤、烘干或灼烧后进行称量的物质的化学式称为称量形式。称量形式应满足下列要求：

(1) 组成单一，组成和表达分子式完全一致，包括结晶水的数量。

(2) 有足够的化学稳定性，不与空气中的 CO_2 和 O_2 反应，在一定的时间范围内不分解、不变质。

(3) 不易潮解，对水吸收要小。

称量形式的摩尔质量要足够大，越大越好。因为称量形式的摩尔质量越大，相同物质的量的称量形式的质量也越大，而天平的绝对误差为±0.000 2 g，这是固定的，所以称量引起的相对误差就越小。

4. 沉淀剂的选择

沉淀剂必须与待测组分形成沉淀，并且其沉淀的溶解度要符合分析误差；沉淀剂的选择性要好，除与被测组分形成沉淀外，和溶液中其他组分不发生沉淀反应；在实验允许的前提下，沉淀剂最好在灼烧或烘干过程中能被除去，如此，对洗涤的要求便可降低一些；其他要求与对沉淀的要求完全一致。

5. 重量分析法中的计算

在重量分析中，多数情况下称量形式与被测组分的形式不同，这就需要将称得的称量形式的质量换算成被测组分的质量。被测组分的摩尔质量与称量形式的摩尔质量之比是常数，称为换算因数或重量分析因数，常以 F 表示。

$$a\text{ 被测组分}\sim b\text{ 称量形式}$$

$$\text{换算因数}(F)=\frac{a\times\text{被测组分的摩尔质量}}{b\times\text{称量形式的摩尔质量}} \tag{5-7}$$

由称得的称量形式的质量 $m_{\text{称量形式}}$，试样的质量 $m_{\text{样品}}$ 及换算因数 F，即可求得被测组分的质量分数。

$$w=\frac{m_{\text{称量形式}}\cdot F}{m_{\text{样品}}}\times 100\% \tag{5-8}$$

【例 5-8】 测定四草酸氢钾的含量，用 Ca^{2+} 为沉淀剂，最后灼烧成 CaO 称量。称取样品质量为 0.517 2 g。最后得 CaO 为 0.226 5 g，计算样品中 $KHC_2O_4 \cdot H_2C_2O_4 \cdot 2H_2O$ 的质量分数。

解：因为 $KHC_2O_4 \cdot H_2C_2O_4 \cdot 2H_2O \sim 2CaC_2O_4 \sim 2CaO$ 所以

$$F=\frac{254.2}{2\times 56.08}=2.266$$

$$w=\frac{0.226\,5\times 2.266}{0.5172}\times 100\%=99.24\%$$

§5.3 氧化还原滴定法

5.3.1 元素电势图及其应用

如果一种元素具有多种氧化态,就可形成多对氧化还原电对。例如,铁有 0、
+2 和 +3 等氧化态,因此有下列一些电对及相应的电极电势:

$$Fe^{2+} + 2e^- \Longrightarrow Fe \qquad \varphi^\ominus = -0.440 \text{ V}$$

$$Fe^{3+} + e^- \Longrightarrow Fe^{2+} \qquad \varphi^\ominus = 0.771 \text{ V}$$

$$Fe^{3+} + 3e^- \Longrightarrow Fe \qquad \varphi^\ominus = -0.036 \text{ 3 V}$$

为了便于比较各种氧化态的氧化还原性质,可以把它们的 $\varphi^\ominus$ 从高氧化态到
低氧化态以图解的方式表示出来。

$$Fe^{3+} \xrightarrow{\quad 0.771 \text{ V} \quad} Fe^{2+} \xrightarrow{\quad -0.440 \text{ V} \quad} Fe$$
$$\underline{\qquad\qquad -0.036 \text{ 3 V} \qquad\qquad}$$

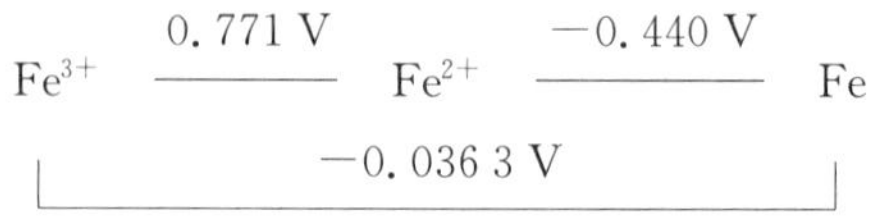

图 5 - 10　Fe 不同氧化态的电极电势

横线上的数字是电对 $\varphi^\ominus$ 值,横线左端是电对的氧化态,右端是电对的还原
态。这种表明元素各种氧化态之间标准电极电势的图叫作元素电势图。

根据溶液酸碱性不同,元素电势图可分为:酸性介质($c(H^+) = 1 \text{ mol} \cdot L^{-1}$ 电
势图 $\varphi_A^\ominus$(下标 A 代表酸性介质)和碱性介质($c(OH^-) = 1 \text{ mol} \cdot L^{-1}$)电势图 $\varphi_B^\ominus$(下
标 B 代表碱性介质)两类。例如,锰元素在酸、碱性介质中的电势图如图 5 - 11
所示。

酸性介质($\varphi_A^\ominus / V$)

$$\underline{\qquad\qquad\qquad\qquad 1.51 \qquad\qquad\qquad\qquad}$$
$$MnO_4^- \xrightarrow{0.56} MnO_4^{2-} \xrightarrow{2.26} MnO_2 \xrightarrow{0.95} Mn^{3+} \xrightarrow{1.51} Mn^{2+} \xrightarrow{1.18} Mn$$
$$\underline{\quad 1.695 \quad} \qquad\qquad \underline{\quad 1.23 \quad}$$

碱性介质($\varphi_B^\ominus / V$)

$$MnO_4^- \xrightarrow{0.56} MnO_4^{2-} \xrightarrow{0.60} MnO_2 \xrightarrow{-0.2} Mn(OH)_3 \xrightarrow{0.1} Mh(OH)_2 \xrightarrow{-1.55} Mn$$
$$\underline{\quad 0.59 \quad} \qquad\qquad \underline{\quad -0.05 \quad}$$

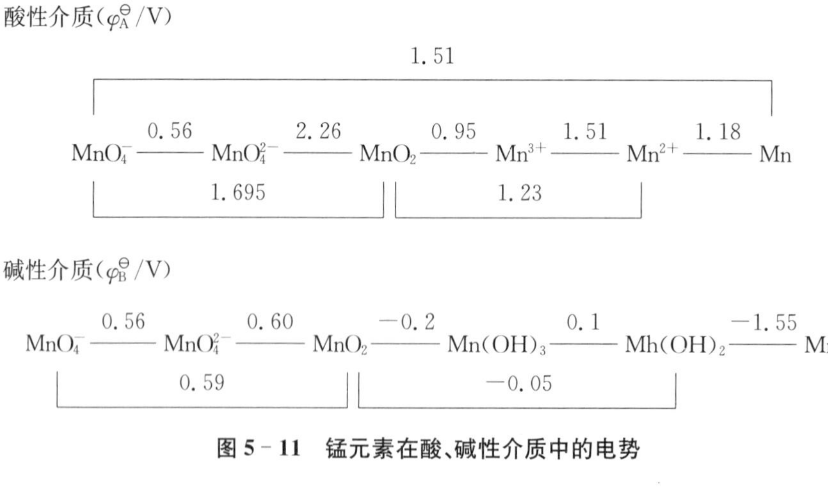

图 5 - 11　锰元素在酸、碱性介质中的电势

元素电势图在无机化学中主要有以下应用。

(1) 比较元素各氧化态的氧化还原能力。例如,从锰电势图 5 - 11 可见,在酸

性介质中，MnO_4^-、MnO_4^{2-}、MnO_2、Mn^{3+}都是较强的氧化剂。因为它们作为电对的氧化态时 $\varphi^{\ominus}$ 值都较大。但在碱性介质中，它们的 $\varphi^{\ominus}$ 值都较小，表明它们在碱性溶液中氧化能力都较弱。在酸性介质中，电对氧化态以 MnO_4^{2-} 时 $\varphi^{\ominus}$ 值最大(2.26 V)，是最强的氧化剂；电对还原态以 Mn 时 $\varphi^{\ominus}$ 值最小(−1.18 V)，是最强的还原剂。

(2) 判断元素某氧化态能否发生歧化反应。设电势图上某氧化态 B 右边的电极电势为 $\varphi^{\ominus}_{\text{右}}$，左边的电极电势为 $\varphi^{\ominus}_{\text{左}}$，即

$$\mathrm{A}\ \overset{\varphi^{\ominus}_{\text{左}}}{\text{————}}\ \mathrm{B}\ \overset{\varphi^{\ominus}_{\text{右}}}{\text{————}}\ \mathrm{C}$$

如果 $\varphi^{\ominus}_{\text{右}} > \varphi^{\ominus}_{\text{左}}$，则氧化态 B 在水溶液中会发生歧化反应：

$$\mathrm{B} \rightarrow \mathrm{A} + \mathrm{C}$$

如果 $\varphi^{\ominus}_{\text{右}} < \varphi^{\ominus}_{\text{左}}$，则会发生反歧化反应(亦称同化反应)：

$$\mathrm{A} + \mathrm{C} \rightarrow \mathrm{B}$$

例如，在酸性介质中，MnO^{3-} 的 $\varphi^{\ominus}_{\text{右}}$ 和 $\varphi^{\ominus}_{\text{左}}$ 分别为 2.26 V 和 0.56 V，$\varphi^{\ominus}_{\text{右}} > \varphi^{\ominus}_{\text{左}}$，所以它会发生如下的歧化反应：

$$3MnO_4^{2-} + 4H^+ = 2MnO_4^- + MnO_2 + 2H_2O$$

为什么 $\varphi^{\ominus}_{\text{右}} > \varphi^{\ominus}_{\text{左}}$ 就会发生歧化反应？这可从下面有关电极反应的对角线关系中看出。

$$MnO_4^- + e^- \rightleftharpoons MNO_4^{2-} \qquad \varphi^{\ominus} = 0.56\ \mathrm{V}$$

$$MNO_4^{2-} + 4H^+ + 2e^- \rightleftharpoons MNO_2 + H_2O \qquad \varphi^{\ominus} = 2.26\ \mathrm{V}$$

根据 $\varphi^{\ominus}_{\text{右}} > \varphi^{\ominus}_{\text{左}}$ 这条规则，还可断定在酸性介质中的 Mn^{3+}，在碱性介质中的 MnO_4^{2-} 和 $Mn(OH)_3$ 都可发生歧化反应。

(3) 用来从几个相邻电对已知的 $\varphi^{\ominus}$，求算未知的电对。例如，从电势图

$$MnO_4^-\ \overset{0.56}{\text{————}}\ MNO_4^{2-}\ \overset{2.26}{\text{————}}\ MnO_2$$

求电对 MnO_4^-/MnO_2 的 $\varphi^{\ominus}$。

这三电对的电极反应及其标准电极电势分别为

$$MnO_4^- + e^- \rightleftharpoons MnO_4^{2-} \qquad \varphi^{\ominus} = 0.56\ \mathrm{V}$$

$$MnO_4^{2-} + 4H^+ + 2e^- \rightleftharpoons MnO_2 + 2H_2O \qquad \varphi^{\ominus} = 2.26\ \mathrm{V}$$

$$MnO_4^- + 4H^+ + 3e^- \rightleftharpoons MnO_2 + 2H_2O \qquad \varphi^{\ominus} = ?$$

将该三电对分别与标准氢电极组成原电池，这三个电池反应及相应的电动势分别为

① $MnO_4^- + \frac{1}{2}H_2 \longrightarrow MnO_4^{2-} + H^+$

$E_1^{\ominus} = \varphi^{\ominus}(MnO_4^-/MnO_4^{2-}) - \varphi^{\ominus}(H^+/H_2) = \varphi^{\ominus}(MnO_4^-/MnO_4^{2-}) = 0.56\ \mathrm{V}$

② $MnO_4^{2-} + 2H^+ + H_2 \longrightarrow MnO_2 + 2H_2O$

$E_2^{\ominus} = \varphi^{\ominus}(MnO_4^{2-}/MnO_2) - \varphi^{\ominus}(H^+/H_2) = \varphi^{\ominus}(MnO_4^{2-}/MnO_2) = 2.26 \text{ V}$

③ $MnO_4^- + H^+ + \dfrac{3}{2}H_2 \longrightarrow MnO_2 + 2H_2O$

$E_3^{\ominus} = \varphi^{\ominus}(MnO_4^-/MnO_2) - \varphi^{\ominus}(H^+/H_2) = \varphi^{\ominus}(MnO_4^-/MnO_2)$

这三个电池反应的标准吉布斯自由能变分别为 $\Delta_r G_1^{\ominus}$、$\Delta_r G_2^{\ominus}$、$\Delta_r G_3^{\ominus}$，因为反应③＝反应①＋反应②，则

$$\Delta_r G_3^{\ominus} = \Delta_r G_1^{\ominus} + \Delta_r G_2^{\ominus}$$

$$-z_3 F E_3^{\ominus} = -z_1 F E_1^{\ominus} - z_2 F E_2^{\ominus}$$

$$E_3^{\ominus} = \frac{z_1 E_1^{\ominus} + z_2 E_2^{\ominus}}{z_3}$$

所以 $E_1^{\ominus} = 0.56 \text{ V}$，$E_2^{\ominus} = 2.26 \text{ V}$，$E_3^{\ominus} = \varphi^{\ominus}(MnO_4^{2-}/MnO_2)$，$z_3 = z_1 + z_2 = 1 + 2$，得

$$\varphi^{\ominus}(MnO_4^-/MnO_2) = \frac{1 \times 0.56 + 2 \times 2.26}{1+2} = 1.69 \text{ V}$$

由此可得如图 5-12 的电势图：

$$MnO_4^- \xrightarrow{\ 0.56\ } MnO_4^{2-} \xrightarrow{\ 2.26\ } MnO_2$$
$$\underset{1.69}{\underline{\qquad\qquad\qquad\qquad}}$$

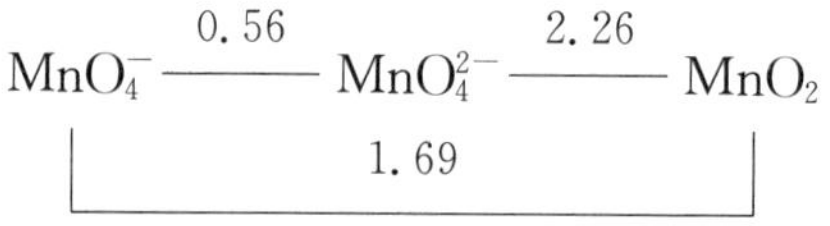

图 5-12　Mn 不同价态的电势图

通过以上的算式推广至一般，可得如下通式：

$$\varphi^{\ominus} = \frac{z_1 \varphi_1^{\ominus} + z_2 \varphi_2^{\ominus} + z_3 \varphi_3^{\ominus} + \cdots}{z_1 + z_2 + z_3 + \cdots} \qquad\qquad (5-9)$$

式中：$\varphi_1^{\ominus}$、$\varphi_2^{\ominus}$、$\varphi_3^{\ominus}\cdots$ 依次代表相邻电对的标准电极电势；$z_1, z_2, z_3 \cdots$ 依次代表相邻电子对转移的电子数；$\varphi^{\ominus}$ 代表两端电对的标准电极电势。

【例 5-9】 已知氯在酸性介质中电势图（$\varphi_A^{\ominus}/V$）如图 5-13 所示。

$$ClO_4^- \xrightarrow{\ 1.23\ } ClO_3^- \xrightarrow{\ 1.21\ } HClO_2 \xrightarrow{\ 1.64\ } HClO \xrightarrow{\ 1.63\ } Cl_2 \xrightarrow{\ 1.36\ } Cl^-$$

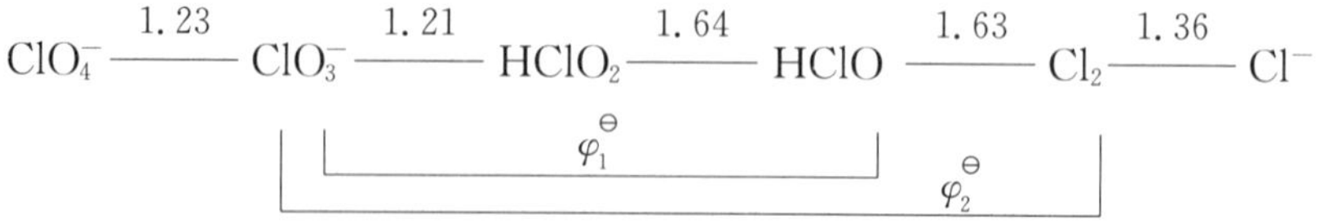

图 5-13　Cl 在酸性介质中不同价态的电势图

(1) 求 $\varphi_1^{\ominus}$ 和 $\varphi_2^{\ominus}$；

(2) 哪些氧化态能发生歧化？

解:(1)
$$\varphi_1^{\ominus} = \frac{2 \times 1.21 + 2 \times 1.64}{2+2} = 1.43 \text{ V}$$

$$\varphi_2^{\ominus}=\frac{4\times1.43+1\times1.63}{4+1}=1.47\ \mathrm{V}$$

(2) 能发生歧化反应的有 $HClO_2$、ClO_3^- 和 HClO。

5.3.2 氧化还原滴定法概述

氧化还原滴定法是以氧化还原反应为基础的滴定分析方法，能直接或间接测定很多无机物和有机物，应用范围广。氧化还原反应是基于电子转移的反应，反应机理比较复杂，有些反应虽可进行得完全但反应速率却很慢；有时由于副反应的发生使反应物间没有确定的计量关系等。因此，在氧化还原滴定中要注意控制反应条件，加快反应速率，防止副反应的发生以满足滴定反应的要求。

关于氧化还原反应的基本原理，如标准电极电势、能斯特方程、氧化还原反应的方向和程度，以及影响氧化还原反应速率的因素等前面已做粗略介绍。现在对条件电极电势做简要介绍。

对于可逆氧化还原电对的电极电势与氧化态和还原态的活度之间的关系可用能斯特方程表示。

实际上，通常知道的是溶液中氧化剂或还原剂的浓度，而不是活度。当溶液中离子强度较大时，用浓度代替活度进行计算，会引起较大的误差。此外，当氧化态或还原态与溶液中其他组分发生副反应，如酸度的影响、沉淀与配合物的形成等都会使电极电势发生变化。

若以浓度代替活度，应该引入相应的氧化态和还原态的活度系数 $\gamma(\mathrm{O})$、$\gamma(\mathrm{R})$。考虑到副反应的发生，还必须引入相应的副反应系数 $a(\mathrm{O})$、$a(\mathrm{R})$。此时

$$a(\mathrm{O})=[\mathrm{O}]\cdot\gamma(\mathrm{O})=\frac{c(\mathrm{O})\cdot\gamma(\mathrm{O})}{a(\mathrm{O})}$$

$$a(\mathrm{R})=[\mathrm{R}]\cdot\gamma(\mathrm{R})=\frac{c(\mathrm{R})\cdot\gamma(\mathrm{R})}{a(\mathrm{R})}$$

式中：$c(\mathrm{O})$ 和 $c(\mathrm{R})$ 分别表示氧化态和还原态的分析浓度。将以上关系代入能斯特方程，得

$$\varphi=\varphi^{\ominus}+\frac{0.0592}{z}\log\frac{\gamma(\mathrm{O})a(\mathrm{O})}{\gamma(\mathrm{R})a(\mathrm{R})}+\frac{0.0592}{z}\log\frac{c(\mathrm{O})}{c(\mathrm{R})} \qquad (5-10)$$

当 $c(\mathrm{O})=c(\mathrm{R})=1\ \mathrm{mol/L}$ 时，得

$$\varphi^{\ominus'}=\varphi^{\ominus}+\frac{0.0592}{z}\log\frac{\gamma(\mathrm{O})a(\mathrm{O})}{\gamma(\mathrm{R})a(\mathrm{R})} \qquad (5-11)$$

式中：$\varphi^{\ominus'}$ 称为条件电极电势或条件电位(conditional potential)。它表示在一定介质条件下，氧化态和还原态的分析浓度都为 1 mol/L 时的实际电极电势。它在一定条件下为常数，因此称条件电极电势。它反映了离子强度与各种副反应影响的总结果。用它来处理问题，才比较符合实际情况。各种条件下的 $\varphi^{\ominus'}$ 值都是由实验测定的。若没有相同条件的 $\varphi^{\ominus'}$ 值，可采用条件相近的 $\varphi^{\ominus'}$ 值，对于没有条

件电极电势的氧化还原电对，则只能用标准电极电势。

引入条件标准电极电势后，能斯特方程表示成

$$\varphi=\varphi^{\ominus'}+\frac{0.0592}{z}\log\frac{c(\mathrm{O})}{c(\mathrm{R})} \tag{5-12}$$

5.3.3 氧化还原滴定法基本原理

1. 滴定曲线

在氧化还原滴定过程中被测试液的特征变化是电极电势的变化，因此，滴定曲线的绘制是以电极电势为纵坐标，以滴定剂体积或滴定分数为横坐标。电极电势可以用实验的方法测得，也可用能斯特方程计算得到，但后一种方法只有当两个半反应都是可逆时，所得曲线才与实际测得结果一致。

图 5-14 为 0.100 0 mol·L^{-1} $Ce(SO_4)_2$ 溶液滴定在不同介质条件下 0.100 0 mol·L^{-1} $FeSO_4$ 溶液的滴定曲线，其中，Ⅰ. 1 mol·L^{-1} H_2SO_4 溶液中($\varphi^{\ominus'}=0.68$ V)，Ⅱ. 1 mol·L^{-1} HCl 溶液中(($\varphi^{\ominus'}=0.70$ V)，Ⅲ. 1 mol·L^{-1} $HClO_4$ 溶液中($\varphi^{\ominus'}=0.73$ V)。

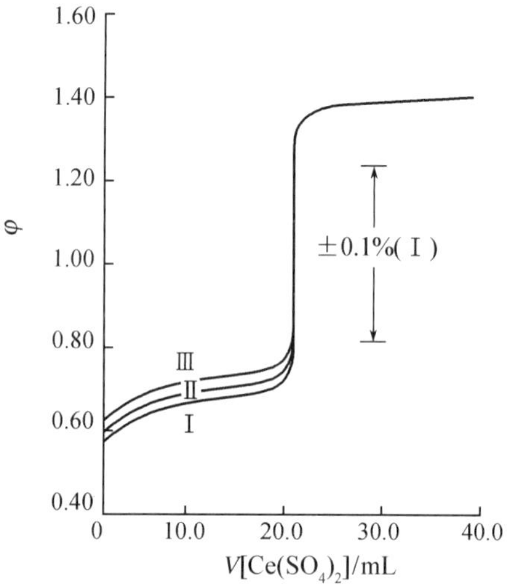

图 5-14 用 $Ce(SO_4)_2$ 溶液在不同介质中滴定 $FeSO_4$ 溶液的滴定曲线

滴定反应为

$$Ce^{4+}+Fe^{2+}=\!=\!=Ce^{3+}+Fe^{3+}$$

某氧化还原反应的通式为

$$z_2Ox_1+z_1Red_2=z_2Red_1+z_1Ox_2$$

对应的两个半反应和条件电极电势分别为

$$Ox_1+z_1e^-=\!=\!=Red_1 \qquad \varphi_1^{\ominus'}$$

$$Ox_2+z_2e^-=\!=\!=Red_2 \qquad \varphi_2^{\ominus'}$$

化学计量点时电极电势计算通式分别是

$$\varphi_{计}=\frac{z_1\varphi_1^{\ominus'}+z_2\varphi_2^{\ominus'}}{z_1+z_2}$$

滴定突跃范围：$\varphi_2^{\ominus'}+\frac{3\times0.059\,2}{z_2}\rightarrow\varphi_1^{\ominus'}-\frac{3\times0.059\,2}{z_1}$

在 1 mol·L^{-1} $FeSO_4$ 介质中，用 Ce^{4+} 滴定 Fe^{2+}，计量点时溶液的电极电势为 1.06 V，滴定突跃为 0.86～1.26 V。

氧化还原滴定突跃的大小取决于反应中两电对的电极电势值的差。相差越大，突跃越大。根据滴定突跃的大小可选择指示剂。若要使滴定突跃明显，可设法降低还原剂电对的电极电势。如加入配位剂，可生成稳定的配离子，以使电对的浓度比值降低，从而增大突跃，反应进行得更完全。

2. 氧化还原滴定中的指示剂

氧化还原滴定法中的指示剂有以下几类：

(1) 自身指示剂

利用滴定剂或被测物质本身的颜色变化来指示滴定终点，无须另加指示剂。例如，用 $KMnO_4$ 溶液滴定 $H_2C_2O_4$ 溶液，滴定至化学计量点后只要有很少过量的 $KMnO_4$（约 2×10^{-6} mol·L^{-1}）就能使溶液呈浅红色，指示终点的到达。

(2) 特殊指示剂

有些物质本身并不具有氧化还原性，但它能与滴定剂或被测物产生特殊的颜色以指示终点。例如，碘量法中，利用可溶性淀粉与 I_3^- 生成深蓝色的吸附化合物，反应特效且灵敏以蓝色的出现或消失指示终点。

(3) 氧化还原指示剂

这类指示剂具有氧化还原性质，其氧化态和还原态具有不同的颜色。在滴定过程中因被氧化或还原而发生颜色变化以指示终点。

氧化还原指示剂的半反应和相应的能斯特方程为

$$\mathrm{ln(Ox)}+z\mathrm{e}^-=\!=\!=\mathrm{ln(Red)}$$

$$\varphi_{\mathrm{In}}=\varphi_{\mathrm{In}}^{\ominus}+\frac{0.059\,2}{z}\log\frac{c[\mathrm{ln(Ox)}]}{c[\mathrm{ln(Red)}]}$$

在滴定过程中，随着溶液电极电势的改变，$c[\mathrm{In(Ox)}]/c[\mathrm{In(Red)}]$随之变化，溶液的颜色也发生变化。当 $c[\mathrm{In(Ox)}]/c[\mathrm{In(Red)}]$从 10～0.1，指示剂由氧化态颜色转变为还原态颜色。相应的指示剂变色范围为 $\varphi_{\mathrm{In}}^{\ominus}\pm\frac{0.059\,2}{z}$。

表 5－9 列出的是常用的氧化还原指示剂。在氧化还原滴定中选择这类指示剂的原则是指示剂变色点的电极电势应处于滴定体系的电极电势突跃范围内。

表 5-9 常用的氧化还原剂指示剂

指示剂	颜色辩变化		$\varphi_{In}^{\ominus}$/V [$c(H^+)=1\ mol\cdot L^{-1}$]	配制方法
	还原态	氧化态		
甲亚基蓝	无色	蓝色	+0.53	质量分数为 0.05%的水溶液
二苯胺	无色	紫色	+0.76	0.25 g 指示剂与 3 mL 水混合溶于 100 mL浓 H_2SO_4 或浓 H_3PO_4
二苯胺磺酸钠	无色	紫红色	+0.85	0.8 g 指示剂加 2 g Na_2CO_3，用水溶解并稀释至 100 mL
邻苯氨基苯甲酸	无色	紫红色	+0.89	0.1 g 指示剂溶于 30 mL 质量分数为 0.6%的 Na_2CO_3 溶液中，用水稀释至 100 mL，过滤，保存在暗处
邻二氮菲-亚铁	红色	淡蓝色	+1.06	1.49 g 邻二氮菲加 0.7 g $FeSO_4\cdot 7H_2O$ 溶于水，稀释至 100 mL

在 H_2SO_4 介质中，用 Ce^{4+} 溶液滴定 Fe^{2+} 溶液宜选用邻二氮菲一亚铁作指示剂。二苯胺磺酸钠常用于在 $HCl-H_3PO_4$ 介质中，用 $K_2Cr_2O_7$ 溶液滴定 Fe^{2+} 溶液的情况下。

5.3.4 氧化还原滴定法的分类及应用示例

根据所用滴定剂的种类不同，氧化还原滴定法可分为高锰酸钾法、重铬酸钾法、碘量法、铈量法等。各种方法都有其特点和应用范围，应根据实际测定情况选用。

1. 高锰酸钾法

(1) 概述

$KMnO_4$ 是一种强氧化剂，在不同酸度条件下，其氧化能力不同。

强酸： $MnO_4^- + 8H^+ + 5e^- \Longrightarrow Mn^{2+} + 4H_2O$ $\varphi^{\ominus} = 1.51$ V

中性、弱酸(碱)： $MnO_4^- + 2H_2O + 3e^- \Longrightarrow MnO_2 + 4OH^-$ $\varphi^{\ominus} = 0.59$ V

强碱： $MnO_4^- + e^- \Longrightarrow MnO_4^{2-}$ $\varphi^{\ominus} = 0.56$ V

$KMnO_4$ 法的优点是氧化能力强，可直接或间接测定多种无机物和有机物；本身可作指示剂。缺点是 $KMnO_4$ 标准溶液不够稳定；滴定的选择性较差。

(2) $KMnO_4$ 标准溶液的配制和标定

市售的 $KMnO_4$ 试剂常含有少量 MnO_2 和其他杂质，蒸馏水中也常有微量的还原性物质。因此，$KMnO_4$ 标准溶液不能直接配制。其配制方法：称取略多于理论计算量的固体 $KMnO_4$，溶解于一定体积的蒸馏水中，加热煮沸约 1 h，或在暗处放置 7～10 天。待还原性物质完全氧化。冷却后用微孔玻璃漏斗过滤除去 $MnO(OH)_2$ 沉淀。过滤后的 $KMnO_4$ 溶液贮存于棕色瓶中，置于暗处，避光保存。

标定 $KMnO_4$ 溶液的基准物质有 $H_2C_2O_4 \cdot H_2O$、$Na_2C_2O_4$、As_2O_3 和 $(NH_4)_2Fe(SO_4)_2 \cdot 6H_2O$ 等。常用的是 $Na_2C_2O_4$，它易提纯、稳定、不含结晶水。在酸性溶液中，$KMnO_4$ 与 $Na_2C_2O_4$ 的反应为

$$2MnO_4^- + 5C_2O_4{}^{2-} + 16H^+ = 2Mn^{2+} + 10CO_2 + 8H_2O$$

为使反应定量进行，需注意以下滴定条件：

① 温度

此反应在室温下速率缓慢，需加热至 70～80 ℃，但高于 90 ℃，$H_2C_2O_4$ 会分解：

$$H_2C_2O_4 \xlongequal{\triangle} CO_2 + CO + H_2O$$

② 酸度

酸度过低，MnO_4^- 会部分被还原成 MnO_2；酸度过高，会促使 $H_2C_2O_4$ 分解，一般滴定开始的最宜酸度为 1 mol · L^{-1}。为防止诱导氧化 Cl^- 的反应发生，应在稀 H_2SO_4 介质中进行。

③ 滴定速度

若开始滴定速度太快，使滴入的 $KMnO_4$ 来不及和 $C_2O_4^{2-}$ 反应，会发生分解反应：

$$4MnO_4^- + 12H^+ = 4Mn^{2+} + 5O_2 + 8H_2O$$

有时也可加入少量 Mn^{2+} 作催化剂以加速反应。

(3) $KMnO_4$ 法应用示例

① 直接滴定法测定 H_2O_2

在酸性溶液中 H_2O_2 被 $KMnO_4$ 定量氧化，其反应为

$$2MnO_4^- + 5H_2O_2 + 6H^+ = 2Mn^{2+} + 5O_2 + 8H_2O$$

可加入少量 Mn^{2+} 加速反应。

② 间接滴定法测定 Ca^{2+}

先用 $C_2O_4{}^{2-}$ 将 Ca^{2+} 全部沉淀为 CaC_2O_4：

$$Ca^{2+} + C_2O_4^{2-} = CaC_2O_4(s)$$

沉淀经过滤、洗涤后溶于稀 H_2SO_4，然后用 $KMnO_4$ 标准溶液滴定，间接测得 Ca^{2+} 的含量。

③ 返滴定法测定 MnO_2 和有机物

在含 MnO_2 试液中加入过量、计量的 $C_2O_4^{2-}$，在酸性介质中发生反应：

$$MnO_2 + C_2O_4^{2-} + 4H^+ = Mn^{2+} + 2CO_2(g) + 2H_2O$$

待反应完全后，用 $KMnO_4$ 标准溶液返滴定剩余的 $C_2O_4^{2-}$，可求得 MnO_2 含量。此法也可用于测定 PbO_2 的含量。

2. 重铬酸钾法

(1) 概述

$K_2Cr_2O_7$ 是一种常用的氧化剂，在酸性介质中的半反应为

$$Cr_2O_7^{2-} + 14H^+ + 6e^- = 2Cr^{3+} + 7H_2O \qquad \varphi^{\ominus} = 1.33\ V$$

$K_2Cr_2O_7$ 法与 $KMnO_4$ 法相比有如下特点：① $K_2Cr_2O_7$ 易提纯、较稳定，在 140～150 ℃干燥后，可作为基准物质直接配制标准溶液；② $K_2Cr_2O_7$ 标准溶液非常稳定，可以长期保存在密闭容器内，溶液浓度不变；③ 在室温下，$K_2Cr_2O_7$ 不与 Cl^- 反应，故可以在 HCl 介质中作滴定剂；④ $K_2Cr_2O_7$ 法需用指示剂。

(2) $K_2Cr_2O_7$ 法应用示例

① 铁的测定

将含铁试样用 HCl 溶解后，先用 $SnCl_2$ 将大部分 Fe^{3+} 还原至 Fe^{2+}。然后在 Na_2WO_4 存在下，以 $TiCl_3$ 还原剩余的 Fe^{3+} 至 Fe^{2+}，而稍过量的 $TiCl_3$ 使 Na_2WO_4 被还原为钨蓝，使溶液呈现蓝色，以指示 Fe^{3+} 被还原完毕。然后以 Cu^{2+} 作催化剂，利用空气氧化或滴加稀 $K_2Cr_2O_7$，溶液使钨蓝恰好褪色。再于 H_3PO_4 介质中(也可用 $H_2SO_4-H_3PO_4$ 介质)，以二苯胺磺酸钠为指示剂，用 $K_2Cr_2O_7$ 标准溶液滴定 Fe^{2+}。加 H_3PO_4 的作用：a. 提供必要的酸度；b. H_3PO_4 与 Fe^{3+} 形成稳定的且无色的 $Fe(HPO4)_2^-$，即使 Fe^{3+}/Fe^{2+} 电对的电极电势降低，使二苯胺磺酸钠变色点的电极电势落在滴定的电极电势突跃范围内，掩蔽了 Fe^{3+} 的黄色，有利于终点的观察。

② 土壤中腐殖质含量的测定

腐殖质是土壤中复杂的有机物质，其含量大小反映土壤的肥力。测定方法是将土壤试样在浓硫酸存在下与已知过量的 $K_2Cr_2O_7$ 溶液共热，使其中的碳被氧化。然后以邻二氮菲亚铁作指示剂，用 Fe^{2+} 标准溶液滴定剩余的 $K_2Cr_2O_7$。最后通过有机碳的含量再换算成腐殖质的含量。反应为

$$2Cr_2O_7^{2-} + 3C + 16H^+ = 4Cr^{3+} + 3CO_2 + 8H_2O$$

$$Cr_2O_7^{2-}(\text{余量}) + 6Fe^{2+} + 14H^+ = 2Cr^{3+} + 6Fe^{2+} + 7H_2O$$

空白测定可用纯砂或灼烧过的土壤代替土样。

$$w(\text{腐殖质}) = \frac{\frac{1}{4}(V_0 - V)c(Fe^{2+})}{m} \times 0.021 \times 1.1$$

式中：V_0 为空白试验所消耗的 Fe^{2+} 标准溶液的体积；V 为土壤试样所消耗的 Fe^{2+} 标准溶液的体积；m 为土样质量。由于土壤中腐殖质氧化率平均仅为 90%，故需乘以校正系数 $1.1\left(\frac{100}{90}\right)$。因反应 1 mmol C 质量为 0.012 g，土壤中腐殖质中碳平均含量为 58%，则 1 mmol 相当于 $0.012 \times \frac{100}{58}$，即约 0.021 g 的腐殖质。

3. 碘量法

(1) 概述

碘量法是基于 I_2 的氧化性及 I^- 的还原性进行测定的方法。固体碘在水中溶解度很小且易于挥发，通常将 I_2 溶解于 KI 以配成碘液。此时 I_2 以 I_3^- 形式存在，其半反应为

$$I_3^- + 2e^- \longequal 3I^- \qquad \varphi^{\ominus} = 0.54\ V$$

为简化并强调化学计量关系，一般仍简写成 I_2。

由 I_3^-/I^- 电对的标准电极电势值可见，I_3^- 是较弱的氧化剂，I^- 则是中等强度的还原剂。用碘标准溶液直接滴定 SO_3^{2-}、As(Ⅲ)、$S_2O_3^{2-}$ 和维生素 C 等强还原剂，这种方法称为直接碘量法或碘滴定法(iodimetry)。而利用 I^- 的还原性，使它与许多氧化性物质如 $Cr_2O_7{}^{2-}$、MnO_4^-、BrO_3^- 和 H_2O_2 等反应，定量地析出 I_2，然后用 $Na_2S_2O_3$ 标准溶液滴定 I_2，以间接地测定这些氧化性物质，这种方法称间接碘量法或滴定碘法(iodometry)。

碘量法采用淀粉作指示剂，灵敏度高。当溶液呈现蓝色(直接碘量法)或蓝色消失(间接碘量法)即为终点。

碘量法中两个主要误差来源是 I_2 的挥发及在酸性溶液中 I^- 易被空气氧化。为防止 I_2 挥发，应加入过量的 KI 使形成 I_3^-；析出 I_2 的反应应在碘量瓶中进行，且置于暗处；滴定时勿剧烈摇动等。为防止 I^- 被氧化，一般反应后应立即滴定，且滴定是在中性或弱酸性溶液中进行。

I_3^-/I^- 电对的可逆性好，其电极电势在很宽的 pH 范围内(pH<9)不受溶液酸度及其他配位剂的影响，且副反应少，因此碘量法应用非常广泛。

(2)标准溶液的配制与标定

碘量法中使用的标准溶液是硫代硫酸钠溶液和碘液。

由于 $Na_2S_2O_3 \cdot 5H_2O$ 纯度不够高，易风化和潮解，因此 $Na_2S_2O_3$ 不能用直接法配制，配好的 Na_2SO_3 溶液也不稳定，易分解，其原因是① 遇酸分解，水中的 CO_2 遇酸分解，使水呈弱酸性：$S_2O_3^{2-} + CO_2 + H_2O \longequal HCO_3^- + HSO^- + S(s)$；② 受水中微生物的作用使 $S_2O_3^{2-} \longrightarrow SO_3^{2-} + S(s)$；③空气中氧的作用使 $S_2O_3^{2-} \longrightarrow SO_4^{-2} + S(s)$；④ 见光分解。另外，蒸馏水中可能含有的 Fe^{3+}、Cu^{2+} 等会催化 $Na_2S_2O_3$ 溶液的氧化分解。

配制 $Na_2S_2O_3$ 溶液的方法：称取比计算用量稍多的 $Na_2S_2O_3 \cdot 5H_2O$ 试剂，溶于新煮沸(除去水中的 CO_2 并灭菌)并已冷却的蒸馏水中，加入少量的 Na_2CO_3，使溶液呈弱碱性，以抑制微生物的生长。溶液储存于棕色瓶中放置数天后进行标定。若发现溶液变浑，需要过滤后再标定，严重时应弃去重新配制。

标定 $Na_2S_2O_3 \cdot 5H_2O$ 溶液的基准物有 $K_2Cr_2O_7$、$KBrO_3$、KIO_3 和纯铜等。$K_2Cr_2O_7$ 最常用，标定实验的主要步骤：在酸性溶液中 $K_2Cr_2O_7$ 与过量 KI 反应，生成与 $K_2Cr_2O_7$ 计量相当的 I_2，在暗处放置 3～5 min 使反应完全。然后加蒸馏水稀释以降低酸度，在弱酸性条件下用待标定的 $Na_2S_2O_3$ 溶液滴定析出的 I_2。近终

点时溶液呈现稻草黄色(I_3^- 黄色与 Cr^{3+} 绿色)时，加入淀粉指示剂(若滴定前加入，由于碘淀粉吸附化合物，不易与 $Na_2S_2O_3$ 反应，会给滴定带来误差)，继续滴定至蓝色消失即为终点。最后准确计算 $Na_2S_2O_3$ 溶液的浓度。

碘标准溶液虽然可以用纯碘直接配制，但由于 I_2 的挥发性强，很难准确称量。一般先称取一定量的碘溶于少量 KI 溶液中，待溶解后稀释到一定体积。溶液保存于棕色磨口瓶中。碘液可以用基准物 As_2O_3 标定，也可用已标定的 $Na_2S_2O_3$ 溶液标定。

(3) 应用示例

① 维生素 C 含量的测定

用 I_2 标准溶液直接滴定维生素 C。维生素 C 分子中的二烯醇基可被 I_2 氧化成二酮基。维生素 C 在碱性溶液中易被空气氧化，因此滴定在 HAc 介质中进行。

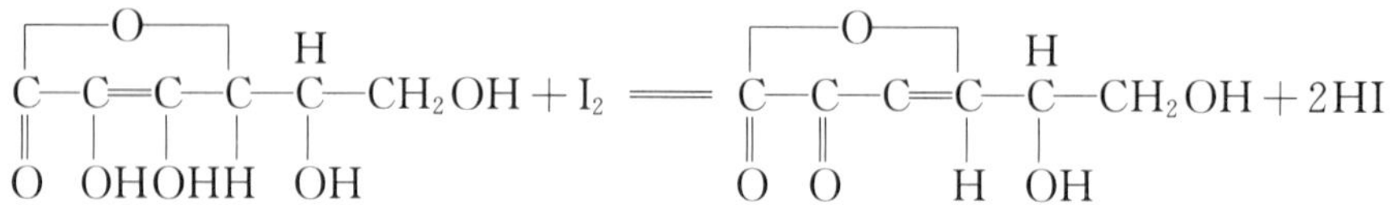

② Cu^{2+} 的测定

在弱酸性溶液中 Cu^{2+} 与 KI 反应：

$$2Cu^{2+} + 4I^- = 2CuI(s) + I_2$$

然后用 $Na_2S_2O_3$ 标准溶液滴定析出的 I_2，间接法求出 Cu^{2+} 含量。为减少 CuI 对 I_2 的吸附，可在近终点时加入 KSCN 溶液，使 CuI 转化为溶解度更小且对 I_2 吸附力弱的 CuSCN。

③ 葡萄糖含量的测定

葡萄糖分子中的醛基在碱性条件下用过量 I_2 氧化成羧基：

$$I_2 + 2OH^- = IO^- + I^- + H_2O$$

$$CH_2OH(CHOH)_4CHO + IO^- + OH^- = CH_2OH(CHOH)_4COO^- + I^- + H_2O$$

剩余的 IO^- 在碱性溶液中歧化：

$$3IO^- = IO_3^- + 2I^-$$

溶液经酸化后又析出：

$$IO_3^- + 5I^- + 6H^+ = 3I_2 + 3H_2O$$

最后用 $Na_2S_2O_3$ 标准溶液滴定析出的 I_2。

④ 卡尔费休(ker-fischer)法测定水

I_2 氧化 SO_2 时需要一定量的 H_2O：

$$I_2 + SO_2 + 2H_2O = H_2SO_4 + 2HI$$

加入吡啶(C_5H_5N)以中和生成的 H_2SO_4，使反应能定量的向左进行。其总反应为

$$C_5H_5N \cdot I_2 + C_5H_5N \cdot SO_2 + C_5H_5N + H_2O \longrightarrow C_5H_5N \cdot SO_3 + 2C_5H_5N \cdot HI$$

而生成的 $C_5H_5N \cdot SO_3$ 也能与水反应，为此需加入甲醇以防止副反应的发生，即

$$C_5H_5N \cdot SO_3 + CH_3OH = C_5H_5NHOSO_2OCH_3$$

因此，该方法测定水时，所用的标准溶液是含有 I_2、SO_2、C_5H_5N 和 CH_3OH 的混合液，称为费休试剂。该试剂呈深棕色，与水作用后呈黄色。滴定时溶液由浅黄色变为红棕色即为终点。测定时所用器皿必须干燥。费休试剂常用标准的纯水-甲醇溶液进行标定。卡尔费休法不仅可测定水分含量，还可根据反应中生成或消耗水的量，间接测定某些有机官能团。

练习

1. 写出下列物质在水溶液中的质子条件式。

(1) $NH_3 \cdot H_2O$； (2) NH_4Ac； (3) $NH_4H_2PO_4$； (4) CH_3COOH； (5) $Na_2C_2O_4$； (6) $NaHCO_3$。

2. 计算下列水溶液的 pH。

(1) 0.100 $mol \cdot L^{-1}$ NaAc 溶液；

(2) 0.150 $mol \cdot L^{-1}$二氯乙酸溶液；

(3) 0.100 $mol \cdot L^{-1}$ NH_4Cl 溶液；

(4) 0.400 $mol \cdot L^{-1}$ $H_2C_2O_4$ 溶液；

(5) 0.100 $mol \cdot L^{-1}$KCN 溶液；

(6) 0.050 $mol \cdot L^{-1}$$Na_3PO_4$ 溶液；

(7) 0.025 $mol \cdot L^{-1}$邻苯二甲酸氢钾溶液；

(8) 0.050 $mol \cdot L^{-1}$ NHAc 溶液。

3. 欲配制 pH＝7.00 的缓冲溶液 500 mL，应选用 HCOOH－HCOONa，HAc－NaAc，NaH_2PO_4－Na_2HPO_4，NH_3－NH_4Cl 中的哪一缓冲对？如果上述各物质溶液的浓度均为 1.00 $mol \cdot L^{-1}$，应如何配制？

4. 配制 1.0 L pH＝9.80，$c(NH_3)$＝0.10 $mol \cdot L^{-1}$的缓冲溶液。需要 6.0 $mol \cdot L^{-1}$ $NH_3 \cdot H_2O$ 多少毫升和固体$(NH_4)_2SO_4$ 多少克？已知$(NH_4)_2SO_4$的摩尔质量为 132 $g \cdot mol^{-1}$。

5. 利用分步系数计算 pH＝3.00，0.100 $mol \cdot L^{-1}$ NH_4Cl 溶液中 NH_3 和 NH_4^+的平衡浓度。

6. 以 0.10 $mol \cdot L^{-1}$的 NaOH 溶液滴定 20 mL 0.1 $mol \cdot L^{-1}$的 HAc 溶液，计算化学计量点的 pH 和滴定突跃范围。可选用哪些酸碱指示剂？

7. 下列弱酸、弱碱能否用酸碱滴定法直接滴定？如果可以，化学计量点的 pH 为多少？应选择什么作指示剂？假设酸碱标准溶液及各弱酸弱碱初始浓度为 0.100 $mol \cdot L^{-1}$。

(1) $CH_2ClCOOH$；(2)HCN；(3)NH_4Cl；(4)$NaCN$；(5)$NaAc$；(6)$Na_2B_4O_7 \cdot 10H_2O$

8. 下列多元弱酸弱碱的初始浓度均为 0.10 mol·L^{-1}，能否用酸碱滴定法直接滴定，如果能滴定，有几个突跃？应选择什么作指示剂？

(1) 邻苯二甲酸；(2) H_2NNH_2；(3) $Na_2C_2O_4$；(4) Na_3PO_4；(5) Na_2S；(6) $H_2C_2O_4$

9. 称取混合碱试样 0.482 6 g，用 0.176 2 mol·L^{-1}的 HCl 溶液滴定至酚散变为无色，用去 HCl 溶液 30.18 mL，再加入甲基橙指示剂滴定至终点，又用去 HCl 溶液 18.27 mL，求试样的组成及各组分的质量分数。

10. 硫酸铵试样 0.164 0 g，溶于水后加入甲醛，反应 5 min，用 0.097 60 mol·L^{-1} NaOH 溶液滴定至酚酞变色，用去 23.09 mL。计算试样中 N 的质量分数。

11. 某溶液中可能含有 H_3PO_4、NaH_2PO_4、Na_2HPO_4，或它们不同比例的混合溶液。酚酞为指示剂时，以 1.000 0 mol·L^{-1}NaOH 标准溶液滴定至终点用去 46.85 mL，接着加入甲基橙，再以 1.000 mol·L^{-1} HCl 溶液回滴至甲基橙终点用去 31.96 mL，该混合溶液组成如何？试计算各组分物质的量。

12. 用酸碱滴定法测定某试样中的含磷量。称取试样 0.965 7 g，经处理后使 P 转化为 H_3PO_4，再在 HNO_3 介质中加入钼酸铵，即生成磷钼酸铵沉淀，其反应式如下：

$$H_3PO_4 + 12MoO_4^{2-} + 2NH_4^+ + 22H^+ = (NH_4)_2HPO_4 \cdot 12MoO_3 \cdot H_2O\downarrow + 11H_2O$$

将黄色的磷钼酸铵沉淀过滤，洗至不含游离酸，溶于 30.48 mL 0.201 6 mol·L^{-1}的 NaOH 溶液中，其反应式如下：

$$(NH_4)_2HPO_4 \cdot 12MoO_3 \cdot H_2O + 24OH^- = 12MoO_4^{2-} + HPO_4^{2-} + 2NH_4^+ + 13H_2O$$

用 0.198 7 mol·L^{-1} HNO_3 标准溶液回滴过量的碱至酚酞变色，耗去 15.74 mL。求试样中的 P 含量。

13. 已知 CaF_2 的溶解度为 2.0×10^{-4} mol·L^{-1}，求其溶度积常数 $K_{sp}^{\ominus}$。

14. 已知 $Ca(OH)_2$ 的 $K_{sp}=5.5\times10^{-6}$，计算其饱和溶液的 pH。

15. 10 mL 0.10 mol·L^{-1}的 $MgCl_2$ 和 10 mL 0.010 mol·L^{-1}的氨水溶液混合时，是否有 $Mg(OH)_2$ 沉淀产生？

16. 已知 $K_{sp}^{\ominus}(LiF)=3.8\times10^{-3}$，$K_{sp}^{\ominus}(MgF_2)=6.5\times10^{-9}$。在含有 0.10 mol·L^{-1} Li^+ 和 0.10 mol·L^{-1} Mg^{2+} 的溶液中，滴加 NaF 溶液。

(1) 通过计算判断首先产生沉淀的物质；

(2) 计算当第二种沉淀析出时，第一种被沉淀的离子浓度。

17. 在下列情况下，分析结果是偏高、偏低，还是无影响？为什么？

(1) 在 pH=4 时用莫尔法测定 Cl^-；

(2) 用佛尔哈德法测定 Cl^- 时，既没有滤去 AgCl 沉淀，又没有加有机溶剂；

(3) 在(2)的条件下测定 Br^-。

18. 称取 NaCl 基准试剂 0.117 3 g，溶解后加入 30.00 mL $AgNO_3$ 标准溶液，

过量的 Ag^+ 需要 3.20 mL NH_4SCN 标准溶液滴定至终点。已知 20.00 mL $AgNO_3$ 标准溶液与 21.00 mL NH_4SCN 标准溶液能完全作用，计算 $AgNO_3$ 和 NH_4SCN 溶液的浓度各为多少？

19. 称取银合金试样 0.300 0 g，溶解后加入铁铵矾指示剂，用 0.100 0 mol・L^{-1} NH_4SCN 标准溶液滴定，用去 23.80 mL，计算银的质量分数。

20. 称取可溶性氯化物试样 0.226 6 g 用水溶解后，加入 0.112 1 mol・L^{-1} $AgNO_3$ 标准溶液 30.00 mL。过量的 Ag^+ 用 0.118 5 mol・L^{-1} NH_4SCN 标准溶液滴定，用去 6.50 mL，计算试样中氯的质量分数。

21. 根据 K_{sp} 值计算下列各难溶电解质的溶解度。

(1) $Mg(OH)_2$ 在纯水中；

(2) $Mg(OH)_2$ 在 0.01 mol・L^{-1} $MgCl_2$ 溶液中；

(3) CaF_2 在 pH=2 的溶液中。

22. 用移液管从食盐槽中吸取试液 25.00 mL，采用莫尔法进行测定，滴定用去 0.101 3 mol・L^{-1} $AgNO_3$ 标准溶液 25.36 mL。往液槽中加入食盐（含 NaCl 96.61%）4.500 0 kg，溶解后混合均匀，再吸取 25.00 mL 试液，滴定用去 $AgNO_3$ 标准溶液为 28.42 mL。如吸取试液对液槽中溶液体积的影响可以忽略不计，计算液槽中食盐溶液的体积为多少升？

23. 取 0.100 0 mol・L^{-1} NaCl 溶液 50.00 mL，加入 K_2CrO_4 指示剂，用 0.100 0 mol・L^{-1} $AgNO_3$ 标准溶液滴定，在终点时溶液体积为 100.0 mL，K_2CrO_4 的浓度为 5×10^{-3} mol・L^{-1}。若生成可察觉的 Ag_2CrO_4 红色沉淀，需消耗 Ag^+ 的物质的量为 2.6×10^{-6} mol，计算滴定误差。

24. 用离子电子法配平下列方程式：

(1) $KOH+Br_2 \longrightarrow KBrO_3+KBr+H_2O$；

(2) $I_2+Cl_2+H_2O \longrightarrow HCl+HIO_3$；

(3) $MnO_4^{2-}+H_2O_2+H^+ \longrightarrow Mn^{2+}+O_2+H_2O$；

(4) $MnO^{4-}+SO_3^{2-}+OH^- \longrightarrow MnO_4^{2-}+SO_4^{2-}+H_2O$。

25. 写出下列电极反应的离子电子式：

(1) $Cr_2O_7^{2-} \longrightarrow Cr^{3+}$（酸性介质）；

(2) $I_3^- \longrightarrow IO_3^-$（酸性介质）；

(3) $MnO_2 \longrightarrow Mn(OH)_2$（碱性介质）；

(4) $Cl_2 \longrightarrow ClO_3{}^-$（碱性介质）。

26. 下列物质 $KMnO_4$、$K_2Cr_2O_7$、$CuCl_2$、$FeCl_3$、I_2 和 Cl_2，在酸性介质中它们都能作为氧化剂。试把这些物质按氧化能力的大小排列，并注明它们的还原产物。

27. 计算下列电极在 298 K 时的电极电势：

(1) Pt | H^+ (1.0×10^{-2} mol・L^{-1})，Mn^{2+} (1.0×10^{-4} mol・L^{-1})，$MnO_4{}^-$ (0.10 mol・L^{-1})；

(2) Ag，AgCl(s) | Cl^- (1.0×10^{-2} mol・L^{-1}) [提示：电极反应为 $AgCl(s)+e^- \rightleftharpoons Ag(s)+Cl^-$]；

(3) Pt, O_2(10.0 kPa)|OH^-(1.0×10^{-2} mol·L^{-1})。

28. 写出下列原电池的电极反应式和电池反应式,并计算原电池的电动势(298 K):

(1) Fe|Fe^{2+}(1.0 mol·L^{-1})||Cl^-(1.0 mol·L^{-1})|Cl_2(100 kPa),Pt;

(2) Pt|Fe^{2+}(1.0 mol·L^{-1}),Fe^{3+}(1.0 mol·L^{-1})||Ce^{4+}(1.0 mol·L^{-1}),Ce^{3+}(1.0 mol·L^{-1})|Pt;

(3) Pt,H_2(100 kPa)|H^+(1.0 mol·L^{-1})||$Cr_2O_7{}^{2-}$(1.0 mol·L^{-1}),Cr^{3+}(1.0 mol·L^{-1}),H^+(1.0×10^{-2} mol·L^{-1})|Pt;

(4) Pt|Fe^{2+}(1.0 mol·L^{-1}),Fe^{3+}(0.10 mol·L^{-1})||$NO_3{}^-$(1.0 mol·L^{-1}),HNO_2(0.010 mol·L^{-1}),H^+(1.0 mol·L^{-1})|Pt。

29. 如果下列反应:

(1) $H_2+\frac{1}{2}O_2 = H_2O \quad \Delta_rG^\ominus=-237\ kJ\cdot mol^{-1}$;

(2) $C+O_2 = CO_2 \quad \Delta_rG^\ominus=-394\ kJ\cdot mol^{-1}$

可以设计成原电池,试计算它们的电动势 $E^\ominus$。

30. 利用电极电势表,计算下列反应在 298 K 时的标准平衡常数。

(1) $Zn+Fe^{2+} = Zn^{2+}+Fe$; (2) $2Fe^{2+}+2Br^- = 2Fe^{2+}+Br_2$。

31. 过量的铁屑置于 0.050 mol·L^{-1} Cd^{2+} 溶液中,平衡后 Cd^{2+} 的浓度是多少?

32. 求下列原电池的以下各项:

Pt|Fe^{2+}(0.1 mol·L^{-1}),Fe^{3+}(1×10^{-5} mol·L^{-1})||$Cr_2O_7{}^{2-}$(0.10 mol·L^{-1}),Cr^{3+}(1×10^{-5} mol·L^{-1}),H^+(1 mol·L^{-1})|Pt(+)

(1) 电极反应式;(2) 电池反应式;(3) 电池电动势;(4) 电池反应的 $K^\ominus$;(5) 电池反应的 Δ_rG。

33. 已知:$PbSO_4+2e^- \rightleftharpoons Pb^{2+}+SO_4^{2-}$ $\varphi^\ominus=-0.3553$ V;$Pb^{2+}+2e^- \rightleftharpoons Pb$ $\varphi^\ominus=-0.126$ V,求 $PbSO_4$ 的溶度积。

34. 已知 $\varphi^\ominus(Ag^+/Ag)=0.799$ V,$K_{sp}^\ominus(AgBr)=7.7\times10^{-13}$。求下列电极反应的 $\varphi^\ominus$:$AgBr+e^-=Ag^++Br^-$。

35. 已知氯在碱性介质中的电势图($\varphi_B^\ominus$/V)为:

$$ClO_4^- \xrightarrow{0.36} ClO_3^- \xrightarrow{0.33} ClO_2^- \xrightarrow{\varphi_1^\ominus} ClO^- \xrightarrow{-0.42} Cl_2 \xrightarrow{-1.36} Cl^-$$

(ClO_3^- — ClO^-: 0.50;ClO^- — Cl^-: $\varphi_2^\ominus$)

试求:(1) $\varphi_1^\ominus$ 和 $\varphi_2^\ominus$;(2)哪些氧化态能歧化?

36. 用一定体积(mL)的 $KMnO_4$ 溶液恰能氧化一定质量的 $KHC_2O_4\cdot H_2C_2O_4\cdot 2H_2O$,同样质量的 $KHC_2O_4\cdot H_2C_2O_4\cdot 2H_2O$ 恰恰能被所需 $KMnO_4$ 体积(mL)一半的 0.2000 mol·L^{-1} NaOH 中和,计算 $KMnO_4$ 的浓度。

37. 称取含 Pb_2O_3 试样 1.2340 g,用 20.00 mL 0.2500 mol·L^{-1} $H_2C_2O_4$ 溶

液处理，Pb(Ⅳ)还原至 Pb(Ⅱ)。调节溶液 pH，使 Pb(Ⅱ)沉淀为 PbC_2O_4。过滤，滤液酸化后，用 0.040 00 mol·L^{-1} $KMnO_4$ 溶液滴定，用去 10.00 mL。沉淀用酸溶解后，用同浓度的 $KMnO_4$ 溶液滴定，用去 30.00 mL，计算试样中 PbO 和 PbO_2 的含量。

38. 称取 1.000 g 卤化物的混合物，溶解后配制在 500 mL 的容量瓶中。吸取 50.00 mL，加入过量的溴水，将 I^- 氧化至 IO_3^-，煮沸除去过量溴。冷却后加入过量 KI，然后用了 19.26 mL 0.050 00 mol·L^{-1} $Na_2S_2O_3$ 溶液滴定，计算 KI 的含量。

第 6 章　原子结构

物质的很多性质与物质的结构有密切联系。为了深入了解物质性质及其变化的规律就有必要了解物质的微观结构。物质结构通常包括原子结构、分子结构、晶体结构等。本章主要讨论原子结构，内容包括原子核外电子的运动规律、氢原子结构、多电子原子结构、元素周期律以及元素性质周期性的变化规律与原子结构的关系。

微课>原子结构

人们对原子结构的认识经历了 200 多年的历史，今天人们借助扫描隧道显微镜(STM)可以直接观察到原子的图像。但人们对原子结构的认识，经历了 200 多年。在这个过程中，原子光谱等实验提供了重要的基础。

§6.1　氢原子结构

6.1.1　氢原子光谱

1. 光和电磁辐射

太阳发出的白光，通过三棱镜分光后，可以得到红、橙、黄、绿、青、蓝、紫等波长的光谱，如图 6－1 。

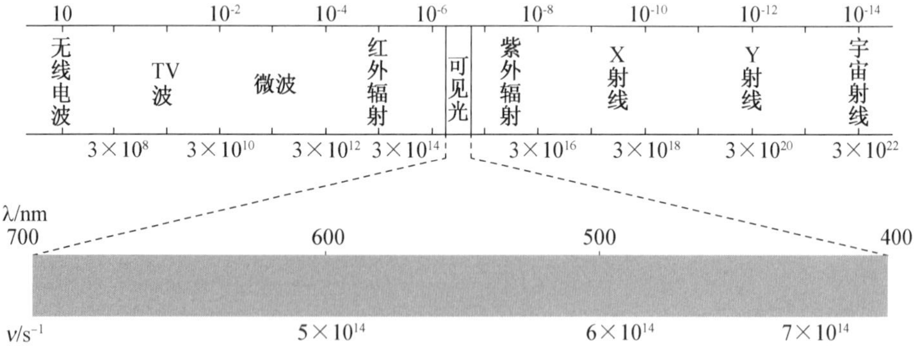

图 6－1　自然光光谱

这种光谱称为连续光谱。

2. 氢原子光谱

氢原子是最简单的原子，受激发后发光。其原子光谱如图 6－2 所示。

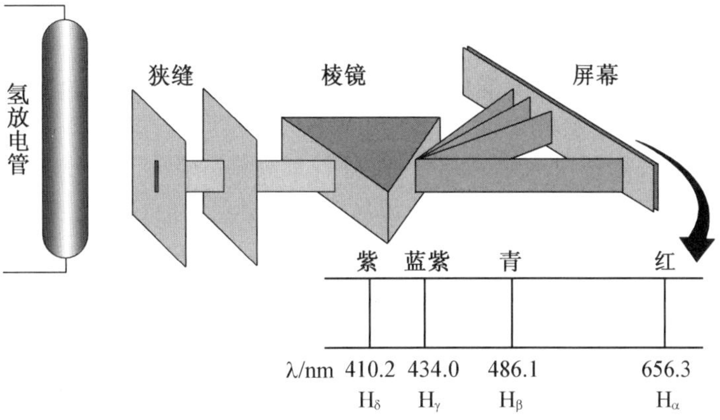

图 6-2　氢原子光谱

氢原子光谱特征：不连续光谱，即线状光谱；其频率具有一定的规律。

1885 年瑞士物理学家 J·巴尔麦提出描述谱线频率的经验公式：

$$\nu=3.289\times10^{15}\left(\frac{1}{2^2}-\frac{1}{n^2}\right)\mathrm{s}^{-1}$$

当 n 取 3、4、5、6 时，由上式即可得到氢原子光谱在可见光区的四条谱线 H_α、H_β、H_γ和 H_δ的波长。

3. Bohr 原子结构理论

为了解释氢原子不连续光谱，1913 年丹麦物理学家玻尔在 Planck 量子论（1900 年）：微观领域能量不连续；Einstein 光子论（1903 年）：光子能量与光的频率成正比，即 $E=h\nu$，E 为光子的能量，ν 为光的频率，h 为 Planck 常量，$h=6.626\times10^{-34}$ J·s 等的基础上提出了氢原子结构模型。

Bohr 理论（三点假设）：

(1) 外电子只能在有确定半径和能量的轨道上运动，且不辐射能量，这种状态称为定态，又称为能级；

(2) 通常，电子处在离核最近的轨道上，能量最低，这种状态称为基态；原子获得能量后，电子被激发到高能量轨道上，此时原子处于激发态；

(3) 电子从激发态回到基态的同时释放光能，光的频率取决于轨道间的能量差。

$$h\nu=E_2-E_1\quad \nu=\frac{E_2-E_1}{h}$$

Bohr 理论意义：① 定态规则：原子的核外电子在轨道上运行时，只能稳定存在于具有分立的、固定能量的状态中，这些状态称为定态（能级）。即处在定态的原子的能量是量子化的，此时原子并不辐射能量，处于稳定状态。② 跃迁规则：在正常状态下，原子尽可能在能量最低的轨道上运动，能量最低的轨道就是离核最近的轨道。此时原子的能量最低，也就是人们常说的原子处于基态。处于基态的原子一旦得到能量就可以跃迁到离核较远的轨道上，此时原子所处的状态称之激发态。处于激发态的电子是不稳定的，电子可以跳回到离核较近的轨道，同时释放出能量。若以光子的形式释放出能量，光子的频率取决于离核较近轨道的能量(E_2)和离核较远的轨道的能量(E_1)的差值。

Bohr 成功的解释了原子的稳定性，氢原子光谱的产生及谱线的不连续性。氢原子通常处在基态，不会发光。当受到放电等能量激发时，电子由基态跃迁到激发态。处于激发态的电子是不稳定的，它可以跳回到离核较近的轨道，同时以光子的形式释放出能量。由于两轨道之间的能量差是一定值，那么光子发射谱线的频率就是确定的。

能级间能量差：
$$\Delta E = R_H\left(\frac{1}{n_1^2}-\frac{1}{n_2^2}\right)$$

式中：R_H为 Rydberg 常数，其值 $R_H = 2.179\times10^{-18}$ J。

Bohr 原子结构的量子论，提出了电子分层分布的模型，开启了人们正确认识原子结构的大门。由于他在原子结构理论和原子辐射方面做出了重要贡献，获得1922 年 Nobel 物理奖。Bohr 理论所提出的量子论、能级、电子跃迁的概念，至今人们还广泛应用。但他毕竟是建立在经典物理学的基础上，有一定的局限性。如它对于多电子原子光谱、氢原子光谱的精细结构就无法解释。

§6.2 微观粒子运动的基本特征

6.2.1 微观粒子的波粒二象性

电子的粒子性人们早就认识，电子的波动性长期以来不被人们认识。直到在上世纪初，人们才认识了光既有波动性，又有粒子性。

1924 年，法国巴黎大学的年轻学生 de Broglie 在 Planck 和 Einstein 的量子论以及 Bohr 原子理论的启发下，提出了微观粒子具有波粒二象性的假设。他指出：微观粒子的波长 λ 和质量 m、运动速率 v 可通过普朗克常数 h 联系起来，即

$$\lambda = h/mv = h/p$$

式中：动量 p 代表粒子性；波长 λ 代表波动性。

1927 年，de Broglie 的预言被两个美国物理学家 Davisson 和 Germer 采用 Ni 晶体进行电子衍射实验，得到电子的衍射图如图 6 - 3 所示，从而证实电子具有波动性。

因此，de Broglie 破天荒地获得博士学位，并获 1929 年 Nobel 物理学奖；Davisson 和 Germer 获 1937 年 Nobel 物理学奖。

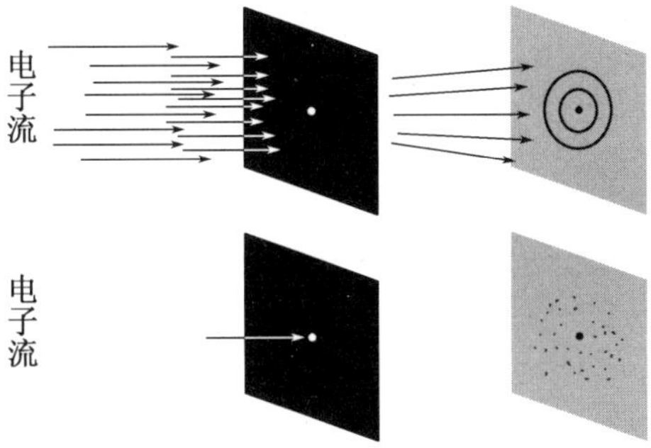

图 6-3　电子衍射实验示意图

6.2.2　不确定原理与微观粒子运动的统计规律

1927 年，德国物理学家 W. Heisenberg 提出不确定原理：对运动中的微观粒子来说，不能同时准确确定它的位置和动量。其关系式为：

$$\Delta x \cdot \Delta p \geqslant \frac{h}{2\pi}$$

式中：Δx 为微观粒子位置的测量偏差；Δp 为微观粒子的动量的测量偏差。该式表明，微观粒子位置的不确定度 Δx 愈小，则相应它的动量的不确定度 Δp 愈大。微观粒子的运动不遵循经典力学的规律。

在电子衍射实验中，用较强的电子流可以在较短的时间内得到电子衍射图像。若改用很弱的电子流则在比较长的时间内也能得到衍射图像。这表明，电子的波动性是大量电子运动的统计结果。电子衍射强度大的地方，波的强度大，电子出现概率大。即空间区域内任一点波的强度与电子出现的概率成正比。

微观粒子的波动性与粒子性行为之间由统计性规律联系在一起，表现为：微观粒子的波动性是大量微粒运动表现出来的性质，即是具有统计意义的概率波。这就是电子的波动和粒子两重性的统一。

§6.3　氢原子结构的量子力学描述

6.3.1　Schrödinger 方程与波函数

1926 年，奥地利物理学家薛定谔 E. Schrödinger 根据微观粒子的波粒二象性，运用 de Broglie 关系式，提出了一个描述微观粒子运动的二阶偏微分方程，即薛定谔方程：

$$\frac{\partial^2 \Psi}{\partial x^2}+\frac{\partial^2 \Psi}{\partial y^2}+\frac{\partial^2 \Psi}{\partial z^2}=-\frac{8\pi^2 m}{h^2}(E-V)\Psi$$

式中：波函数 Ψ 是坐标 x、y、z 的函数；E 是系统的总能量；V 是势能；m 是微观粒子的质量；h 是 Planck 常数。

解 Schrödinger 方程需要较深的数学基础，这在后续课程中解决。我们在这里介绍量子力学处理原子结构问题的思路和一些重要的结论。重点关注方程的解 Ψ 及其表示方法。

为了便于求解薛定谔方程，人们常采用：

坐标变换：需将直角坐标 (x,y,z) 变换为球坐标 (r,θ,φ)，波函数的表示也从 $\Psi(x,y,z)$ 变为 $\Psi(r,\theta,\varphi)$。r,θ,φ 为球坐标中的三个变量。直角坐标与球坐标的关系如图6-4所示。

$$x=r\sin\theta\cos\varphi \quad y=r\sin\theta\sin\varphi$$

$$z=r\cos\theta \quad r=\sqrt{x^2+y^2+z^2}$$

分离变量：$\Psi(r,\theta,\varphi)=R(r)\cdot Y(\theta,\varphi)$（$\theta$：0～2π，$\varphi$：0～π）

式中 $R(r)$ 函数只与电子离核的距离 r 变量有关，称为波函数的径向部分，$Y(\theta,\varphi)$ 只是 θ 和 φ 变量的函数，称为波函数的角度部分。

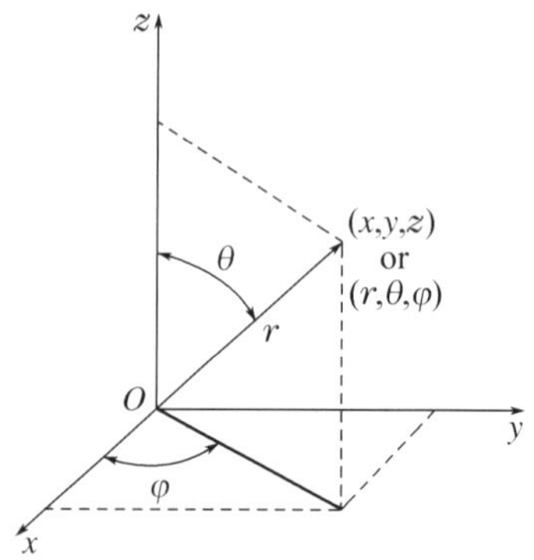

图 6-4 直角坐标与球坐标的关系

4.3.2 量子数

在求解 R,θ 和 φ 方程的过程中，为了得到描述电子运动状态的合理解，必须满足一定的条件。为此引入了取分立值的 3 个参数，即量子数 n、l、m。一组合理的量子数 n、l、m 取值对应一个合理的波函数 $\Psi_{n,l,m}$。n、l、m，分别被称为主量子数、角量子数和磁量子数。

1. 主量子数 n

$n=1,2,3,4,5,6,\cdots$ 正整数，对应 K，L，M，N，O，P，… 电子层，与电子能量有关，对于氢原子而言，电子能量唯一决定于 n。n 愈大，电子离核平均距离愈远，能量愈高，$E=-\dfrac{2.179\times10^{-18}}{n^2}$ J。

2. 角量子数 l

l 与电子运动的角动量有关。取值为 $0,1,2,3,4,\cdots,(n-1)$ 对应着 s，p，d，f，g，… 电子亚层；l 受 n 的限制：$n=1$，$l=0$；表示 1s 亚层。$n=2$，$l=0,1$，分别表示 2s，2p 亚层。$n=3$，$l=0,1,2$，分别表示 3s，3p，3d 亚层。$n=4$，$l=0,1,2,3$，分别表示 4s，4p，4d，4f 亚层。

3. 磁量子数 m

m 决定原子轨道或电子云在空间的伸展方向，取值为 $0,\pm1,\pm2,\pm3,\cdots\pm1$；$m$ 决定原子轨道在核外的空间取向。$l=0$，$m=0$，s 轨道为球形，只一个取向；$l=1$，$m=0,\pm1$，代表 p 亚层 3 个取向的轨道：p_z，p_x，p_y。$l=2$，$m=0,\pm1,\pm2$，代表 d 亚层有 5 个取向的轨道：

$d_{z^2}, d_{xz}, d_{yz}, d_{xy}, d_{x^2-y^2}$

n、l、m 三者之间的取值有如下限制：$n \geqslant l+1, l \geqslant |m|$。$R(r)$ 函数与量子数 n、l 有关，而 $Y(\theta,\varphi)$ 函数只与量子数 l,m 有关。

4. 自旋量子数 m_s

m_s 表示电子自旋的方向。高分辨率研究原子光谱的精细结构发现，氢原子光谱图上每条谱线均由波长相差很小、十分接近的两条谱线组成。这一现象无法用 n、l、m 三个量子数解释。直到 1925 年荷兰莱顿大学两个研究生提出假设：电子除了轨道运动外，还存在自旋运动。电子自旋运动的角动量在磁场方向的分量由自旋磁量子数 m_s 决定。m_s 的取值为 $m_s=+1/2$ 和 $m_s=-1/2$ 来确定，表明电子的自旋运动状态只有两种。后来电子自旋现象被实验证明。

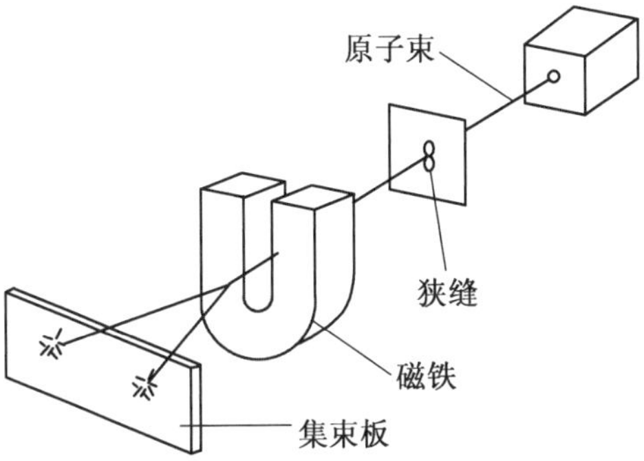

图 6-5 电子自旋实验装置示意图

动画 电子自旋实验

综上所述：一个原子轨道可以用 n、l、m 一组三个量子数确定，但是原子中每个电子的运动状态则需要用 n、l、m、m_s 四个量子数来描述。

$\Psi_{n,l,m}$ 代表原子的单电子波函数，又称原子轨道波函数，例如：$n=1, l=0, m=0$，$\Psi_{1,0,0}=\Psi_{1s}$ 即 1s 轨道；$\Psi_{2,0,0}=\Psi_{2s}$，2s 轨道；$\Psi_{2,1,0}=\Psi_{2pz}$，2pz 轨道；$\Psi_{3,2,0}=\Psi'_{3dz^2}$，$3d_z^2$ 轨道。

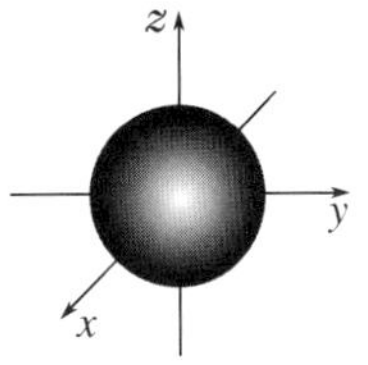

图 6-6 s 轨道角度分布图

氢原子的基态：$n=1, l=0, m=0$

$$E_{1s}=-2.179\times10^{-18}\ \text{J} \quad \Psi_{1s}=R(r)\cdot Y(\theta,\varphi)=\sqrt{\frac{1}{\pi a_0^3}}e^{-r/a_0}$$

其中：$R(r)=2\sqrt{\frac{1}{\pi a_0^3}}e^{-\frac{r}{a_0}}$

式中，$a_0=52.9$ pm，称为 Bohr 半径。

角度部分：$Y(\theta,\varphi)=\sqrt{\frac{1}{4\pi}}$。

表 6-1 量子数与原子轨道

主量子数 n	主层符号	角量子数 l	亚层	磁量子数 m	原子轨道符号
1	K	0	1s	0	1s
2	L	0 1	2s 2p	0 0,±1	2s $2p_z$,$2p_x$,$2p_y$
3	M	0 1 2	3s 3p 3d	0 0,±1 0,±1,±2	3s $3p_z$,$3p_x$,$3p_y$
4	N	0 1 2 3	4s 4p 4d 4f	0 0,±1 0,±1,±2 0,±1,±2,±3	4s $4p_z$,$4p_x$,$4p_y$ ……

6.3.3 概率密度与电子云

通过求解 Schrödinger 方程，人们得到描述单个电子运动状态的波函数 Ψ，并称用波函数描述的波为概率波。

概率：是机会的数学用语；概率密度：是在空间某单位体积内粒子出现的概率。为了形象表示电子在核外空间出现的概率分布情况，常用小黑点的疏密形象地表示电子在核外空间出现的概率密度。

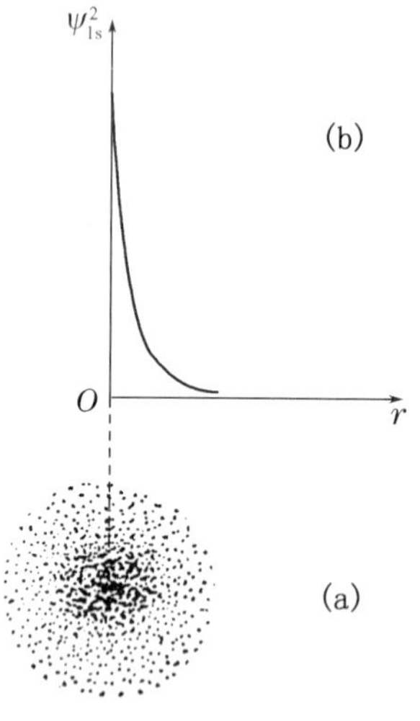

图 6-7 1s 电子云图(a)和 1s 的 ψ^2-r 图(b)

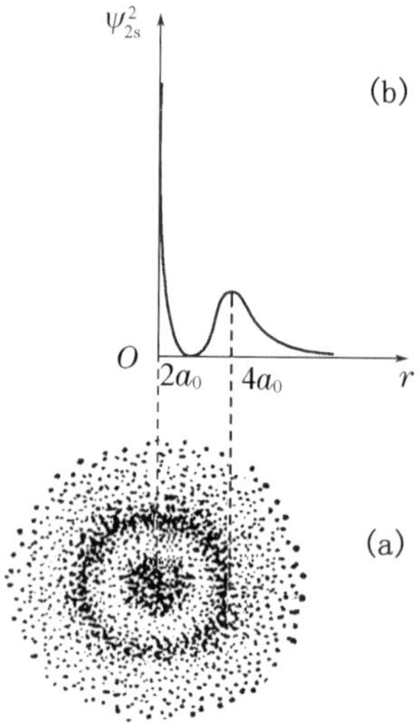

图 6-8 2s 电子云图(a)和 2s 的 ψ^2-r 图(b)

Ψ^2：原子核外电子出现的概率密度。小黑点密集的地方表示电子出现的概率密度大，小黑点稀疏的地方表示电子出现的概率密度小。电子云是电子出现概率密度的形象化描述。

电子出现的概率除用概率密度图表示之外，也可用电子云的等密度面图和界面图来表示。

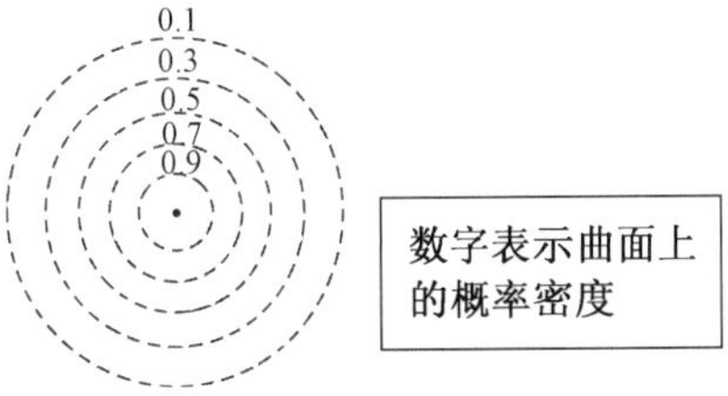

图 6－9　1s 电子云的等密度面图

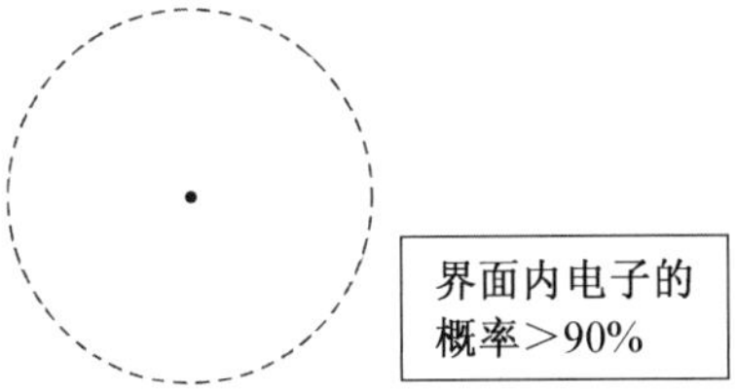

图 6－10　1s 电子云的界面图

6.3.4　原子轨道与电子云的空间图像

角度波函数 $Y(\theta,\varphi)$ 对 θ 和 φ 角作图，可得波函数的角度分布图。

以 Y_{2pz} 为例：将 $n=2$，$l=0$，$m=0$ 带入 Schrodinger 方程求解得：

$$Y(\theta,\varphi)=\sqrt{\frac{3}{4\pi}}\cos\theta=A\cos\theta$$

θ	0°	30°	60°	90°	120°	180°…
$\cos\theta$	1	0.866	0.5	0	−0.5	−1…
Y_{2p2}	A	0.866A	0.5A	0	−0.5A	−A…

作图：

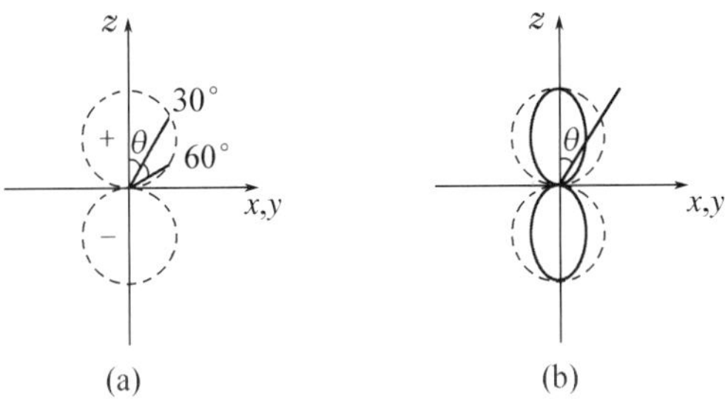

图 6－11　$2p_z$ 轨道的角度分布图 Y_{2pz}

通过类似的方法可以画出原子轨道和电子云的角度分布图。

原子轨道和电子云的角度分布图：

原子轨道角度分布图中正、负区域以及不同的空间取向将对原子之间能否成键以及成键的方向起重要的作用。

小结：一个原子轨道可由 n,l,m 3 个量子数确定。一个电子的运动状态必须用 n,l,m,m_s 4 个量子数描述。其中 n 决定电子云的大小；l 决定电子云的形状；m 决定电子云的伸展方向。

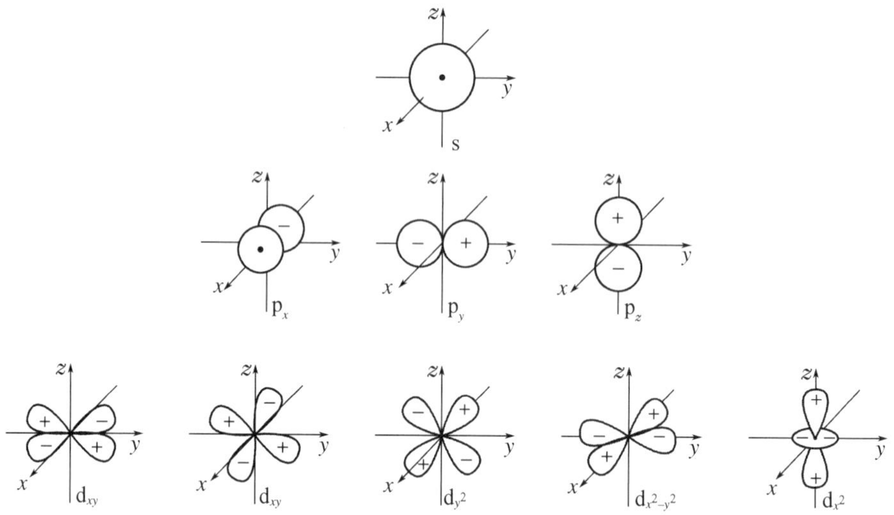

图 6 - 12　原子轨道角度分布图示意图

动画 杂化轨道

电子云

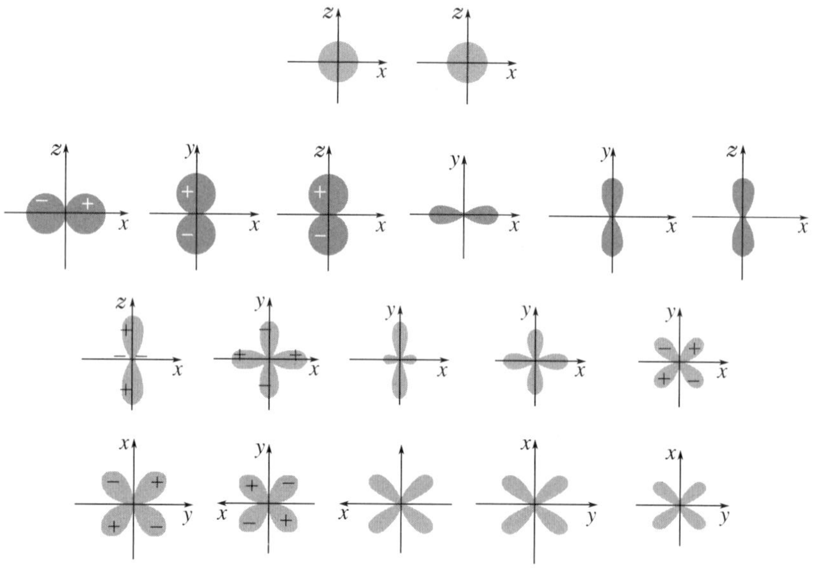

图 6 - 13　原子轨道与电子云角度分布图

§6.4　多电子原子结构

在已发现的元素中，除了氢原子以外的原子都属于多电子原子。在多电子原子结构中我们最关心的是核外电子分布。基态时各元素中电子排布情况是根据光谱实验并加以理论分析得到的，在这方面有几个重要的结论。

6.4.1 多电子原子轨道能级

1. Pauling 近似能级图

在 Pauling 近似能级图中，用小圆圈代表原子轨道，能级相近的划为一组，称为能级组。依 1s、2s、2p、3s、3p、4s、3d、4p、5s、4d、5p、6s、4f、5d、6p……的顺序，能量依次增高。l 相同的能级的能量随 n 增大而升高。$E_{1s}<E_{2s}<E_{3s}<E_{4s}$……；$n$ 相同的能级的能量随 l 增大而升高。$E_{ns}<E_{np}<E_{nd}<E_{nf}$…… 这种现象称为"能级分裂"；$n$ 和 l 都不同时会出现如：$E_{4s}<E_{3d}<E_{4p}$……这种现象称为"能级交错"。

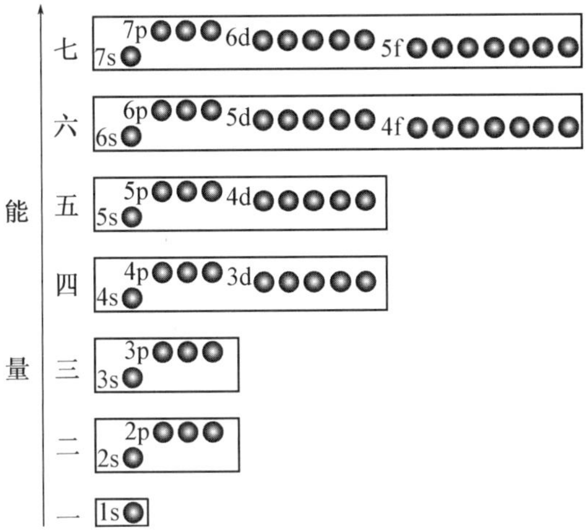

图 6-14 Pauling 近似能级图

6.4.2 核外电子的排布

1. 基态原子的核外电子排布原则

人们根据原子光谱实验和量子力学计算总结出原子中的电子在原子轨道中排布的三个原理。

(1) 最低能量原理：电子在核外排列应尽量先分布在低能级轨道上，使整个原子系统能量最低。

(2) Pauli 不相容原理：每个原子轨道中最多容纳两个自旋方式相反的电子。或者说，同一原子中不能有一组四个量子数完全相同的电子。例如：氢原子核外唯一的电子排在能量最低的 1s 轨道上其电子排布式为 $1s^1$，描述它的量子数为 $n=1$，$l=0$，$m=0$，该电子的自旋量子数 m_s 既可取 $+1/2$ 也可取 $-1/2$。

(3) Hund 规则：在 n 和 l 相同的轨道上分布的电子，将尽可能分占 m 值不同的轨道，且自旋平行。

例如：C：6 个电子，$1s^2 2s^2 2p^2$；

N：$1s^2\ 2s^2 2p^3$ 也可写成[He] $2s^2 2p^3$。

式中[He] 表示氦原子的原子芯。所谓"原子芯"是指某原子的原子核及电子排布与某稀有气体原子里电子排布相似的那部分实体。

作为洪特规则的特例，当能量相同的轨道又称简并轨道处于半充满（s^1，p^3，d^5，f^7）、全充满（s^2，p^6，d^{10}，f^{14}）或全空（s^0，p^0，d^0，f^0）的状态时，能量较低，比较稳定。这又称为半满全满规则。

如：Z=24，Cr：$1s^2 2s^2 2p^6 3s^2 3p^6 3d^5 4s^1$；Z=29，Cu：[Ar]$3d^{10} 4s^1$。

2. 基态原子的核外电子排布

基态原子的核外电子在各原子轨道上排布顺序：1s，2s，2p，3s，3p，4s，3d，4p，5s，4d，5p，6s，4f，5d，6p，7s，5f，6d，7p……这是从实验中得到的一般规律，适合于大多数原子的排布。

Z=11，Na：$1s^2 2s^2 2p^6 3s^1$或[Ne] $3s^1$；

Z=20，Ca：$1s^2 2s^2 2p^6 3s^2 3p^6 4s^2$ 或[Ar] $4s^2$；

Z=50，Sn：[Kr] $4d^{10} 5s^2 5p^2$；

Z=56，Ba：[Xe] $6s^2$。

外层电子排布式在内层原子轨道上运行的电子能量较低而较不活泼，在外层原子轨道上运行的电子能量较高而较活泼。一般情况下，化学反应只涉及外层原子轨道上的电子，人们称这些电子为价电子。外层电子排布式也称为价电子排布式。例如，钠（Na）原子外层电子排布式为 $3s^1$，碘（I）原子外层电子排布式为 $5s^2 5p^5$。元素的化学性质主要取决于价电子层结构。所以在讨论原子的结构及其性质时，只需列出价电子构型即可。

未成对电子如果一个轨道中只有一个电子，我们就称这个电子为未成对电子或单电子。

表 6-2　原子的电子排布

原子序数	元素	电子构型	原子序数	元素	电子构型	原子序数	元素	电子构型
1	H	$1s^1$	13	Al	[Ne]$3s^2 3p^1$	25	Mn	[Ar]$3d^5 4s^2$
2	He	$1s^2$	14	Si	[Ne]$3s^2 3p^2$	26	Fe	[Ar]$3d^6 4s^2$
3	Li	[He]$2s^1$	15	P	[Ne]$3s^2 3p^3$	27	Co	[Ar]$3d^7 4s^2$
4	Be	[He]$2s^2$	16	S	[Ne]$3s^2 3p^4$	28	Ni	[Ar]$3d^8 4s^2$
5	B	[He]$2s^2 2p^1$	17	Cl	[Ne]$3s^2 3p^5$	29	Cu	[Ar]$3d^{10} 4s^1$
6	C	[He]$2s^2 2p^2$	18	Ar	[Ne]$3s^2 3p^6$	30	Zn	[Ar]$3d^{10} 4s^2$
7	N	[He]$2s^2 2p^3$	19	K	[Ar]$4s^1$	31	Ga	[Ar]$3d^{10} 4s^2 4p^1$
8	O	[He]$2s^2 2p^4$	20	Ca	[Ar]$4s^2$	32	Ge	[Ar]$3d^{10} 4s^2 4p^2$
9	F	[He]$2s^2 2p^5$	21	Sc	[Ar]$3d^1 4s^2$	33	As	[Ar]$3d^{10} 4s^2 4p^3$
10	Ne	[He]$2s^2 2p^6$	22	Ti	[Ar]$3d^2 4s^2$	34	Se	[Ar]$3d^{10} 4s^2 4p^4$
11	Na	[Ne]$3s^1$	23	V	[Ar]$3d^3 4s^2$	35	Br	[Ar]$3d^{10} 4s^2 4p^5$
12	Mg	[Ne]$3s^2$	24	Cr	[Ar]$3d^5 4s^1$	36	Kr	[Ar]$3d^{10} 4s^2 4p^6$

（续表）

原子序数	元素	电子构型	原子序数	元素	电子构型	原子序数	元素	电子构型
37	Rb	$[Kr]5s^1$	62	Sm	$[Xe]4f^6 6s^2$	87	Fr	$[Rn]7s^1$
38	Sr	$[Kr]5s^2$	63	Eu	$[Xe]4f^7 6s^2$	88	Ra	$[Rn]7s^2$
39	Y	$[Kr]4d^1 5s^2$	64	Gd	$[Xe]4f^7 5d^1 6s^2$	89	Ac	$[Rn]6d^1 7s^2$
40	Zr	$[Kr]4d^2 5s^2$	65	Tb	$[Xe]4f^9 6s^2$	90	Th	$[Rn]6d^2 7s^2$
41	Nb	$[Kr]4d^4 5s^1$	66	Dy	$[Xe]4f^{10} 6s^2$	91	Pa	$[Rn]5f^2 6d^1 7s^2$
42	Mo	$[Kr]4d^5 5s^1$	67	Ho	$[Xe]4f^{11} 6s^2$	92	U	$[Rn]5f^3 6d^1 7s^2$
43	Tc	$[Kr]4d^5 5s^2$	68	Er	$[Xe]4f^{12} 6s^2$	93	Np	$[Rn]5f^4 6d^1 7s^2$
44	Ru	$[Kr]4d^7 5s^1$	69	Tm	$[Xe]4f^{13} 6s^2$	94	Pu	$[Rn]5f^6 7s^2$
45	Rh	$[Kr]4d^8 5s^1$	70	Yb	$[Xe]4f^{14} 6s^2$	95	Am	$[Rn]5f^7 7s^2$
46	Pd	$[Kr]4d^{10}$	71	Lu	$[Xe]4f^{14} 5d^1 6s^2$	96	Cm	$[Rn]5f^7 6d^1 7s^2$
47	Ag	$[Kr]4d^{10} 5s^1$	72	Hf	$[Xe]4f^{14} 5d^2 6s^2$	97	Bk	$[Rn]5f^9 7s^2$
48	Cd	$[Kr]4d^{10} 5s^2$	73	Ta	$[Xe]4f^{14} 5d^3 6s^2$	98	Cf	$[Rn]5f^{10} 7s^2$
49	In	$[Kr]4d^{10} 5s^2 5p^1$	74	W	$[Xe]4f^{14} 5d^4 6s^2$	99	Es	$[Rn]5f^{11} 7s^2$
50	Sn	$[Kr]4d^{10} 5s^2 5p^2$	75	Re	$[Xe]4f^{14} 5d^5 6s^2$	100	Fm	$[Rn]5f^{12} 7s^2$
51	Sb	$[Kr]4d^{10} 5s^2 5p^3$	76	Os	$[Xe]4f^{14} 5d^6 6s^2$	101	Md	$[Rn]5f^{13} 7s^2$
52	Te	$[Kr]4d^{10} 5s^2 5p^4$	77	Ir	$[Xe]4f^{14} 5d^7 6s^2$	102	No	$[Rn]5f^{14} 7s^2$
53	I	$[Kr]4d^{10} 5s^2 5p^5$	78	Pt	$[Xe]4f^{14} 5d^9 6s^1$	103	Lr	$[Rn]5f^{14} 6d^1 7s^2$
54	Xe	$[Kr]4d^{10} 5s^2 5p^6$	79	Au	$[Xe]4f^{14} 5d^{10} 6s^1$	104	Rf	$[Rn]5f^{14} 6d^2 7s^2$
55	Cs	$[Xe]6s^1$	80	Hg	$[Xe]4f^{14} 5d^{10} 6s^2$	105	Db	$[Rn]5f^{14} 6d^3 7s^2$
56	Ba	$[Xe]6s^2$	81	Tl	$[Xe]4f^{14} 5d^{10} 6s^2 6p^1$	106	Sg	$[Rn]5f^{14} 6d^4 7s^2$
57	La	$[Xe]5d^1 6s^2$	82	Pb	$[Xe]4f^{14} 5d^{10} 6s^2 6p^2$	107	Bh	$[Rn]5f^{14} 6d^5 7s^2$
58	Ce	$[Xe]4f^1 5d^1 6s^2$	83	Bi	$[Xe]4f^{14} 5d^{10} 6s^2 6p^3$	108	Hs	$[Rn]5f^{14} 6d^6 7s^2$
59	Pr	$[Xe]4f^3 6s^2$	84	Po	$[Xe]4f^{14} 5d^{10} 6s^2 6p^4$	109	Mt	$[Rn]5f^{14} 6d^7 7s^2$
60	Nd	$[Xe]4f^4 6s^2$	85	At	$[Xe]4f^{14} 5d^{10} 6s^2 6p^5$	110	Ds	$[Rn]5f^{14} 6d^8 7s^2$
61	Pm	$[Xe]4f^5 6s^2$	86	Rn	$[Xe]4f^{14} 5d^{10} 6s^2 6p^6$	111	Rg	$[Rn]5f^{14} 6d^9 7s^2$

§6.5　元素周期表

元素的周期律和周期系是在 1896 年由俄国化学家门捷列夫以当时发现的 63 种元素为基础发表的第一张具有里程碑意义的元素周期表。他指出：元素的性质随着原子量的增加呈现出周期性的变化。当时这种认识是基于他仔细研究了大量的资料和前人工作的基础上处于经验阶段的总结。而对于元素的周期律和周期系实质性的认识还是在人们对物质结构深入研究以后。尽管如此，门捷列夫还是因此获得了1882年英国皇家学会的戴维金质奖章。1955年，科学工作者为了纪念门捷列夫，将人们发现的101号元素命名为钔 Md。

现在人们对周期律的认识是：元素以及由它形成的单质和化合物的性质随着原子序数的依次增加而呈现出周期性的变化。人们越来越认识到原子的核外电子排布与元素的周期、族的划分有着本质的联系，提出了多种形式的周期表。目前最新的元素周期表如图6-15所示。

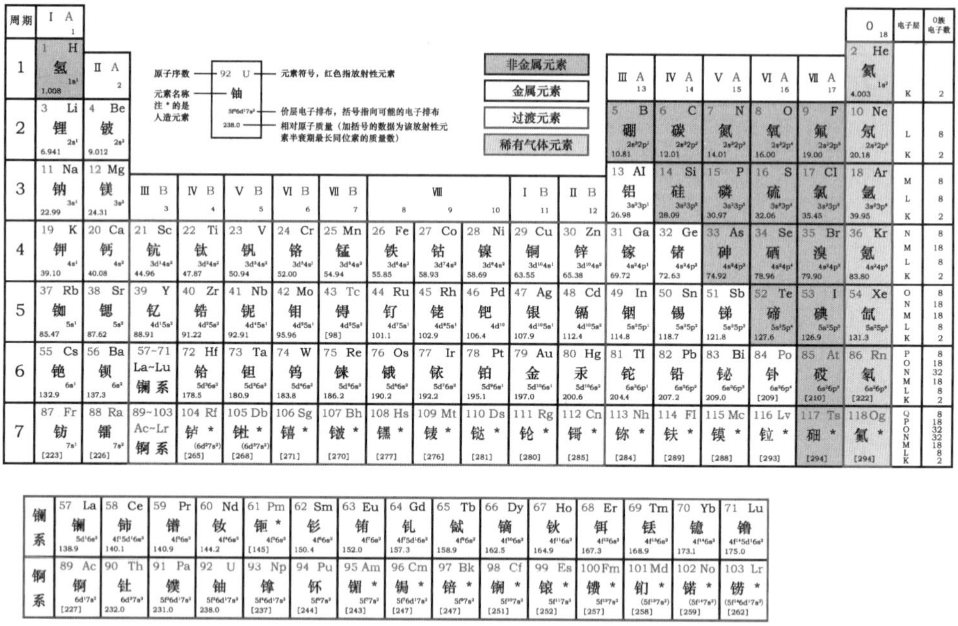

图6-15 元素周期表(后附彩图)

6.5.1 元素的周期

元素中电子排布与元素周期表中的划分有着内在的联系。在周期表中，每一个横行为一个周期。Pauling近似能级图中能级组的序号对应于周期的号数。七个周期对应于七个能级组。即原子核外最外层电子的主量子数是几时，该原子就处于第几周期。元素周期表中的七个周期分别对应7个能级组。第一能级组只有一个1s轨道，至多容纳2个电子。因此，第一周期称最短周期，只有两种元素。第二、第三能级组有两个能级，可容纳8个电子，称短周期。第四、第五能级组有三个能级，可容纳18个电子，称长周期。第六能级组有四个能级，可容纳32个电子，称特长周期。第七能级组由于轨道中的电子没有填满，称为不完全周期。

6.5.2 元素的族

在周期表中每一列为一族。主族元素最后填充的是 ns 或 np 轨道。电子层结

构特征为 $ns^{1\sim2}np^{1\sim6}$。第 1,2,13,14,15,16 和 17 列为主族,即ⅠA,ⅡA,ⅢA,ⅣA,ⅤA,ⅥA,ⅦA。

表 6-3 能级组与周期的关系

周期	特点	能级组	对应的能级	原子轨道数	元素数
一	特短周期	1	1s	1	2
二	短周期	2	2s2p	4	8
三	短周期	3	3s3p	4	8
四	长周期	4	4s3d4p	9	18
五	长周期	5	5s4d5p	9	18
六	特长周期	6	6s4f5d6p	16	32
七	特长周期	7	7s5f6d7p	16	应有 32

主族:族序数=价电子总数。稀有气体(He 除外)为 ns^2np^6,即ⅧA,通常称为零族。

副族元素最后填充的是$(n-1)$d 电子。电子层结构特征为 $(n-1)d^{1\sim10}ns^{1\sim2}$。第 3~7,11 和 12 列为副族。即ⅢB,ⅣB,ⅤB,ⅥB,ⅦB,ⅠB 和ⅡB。前 5 个副族的价电子数=族序数。ⅠB,ⅡB 根据 $(n-1)d^{10}ns^{1\sim2}$ 轨道上电子数划分。第 8,9,10 列元素称为Ⅷ族,价电子排布 $(n-1)d^{6\sim10}ns^{0\sim2}$。

6.5.3 元素的分区

元素周期表中价电子排布类似的元素集中在一起,人们将元素周期表分为 5 个区,并以最后填入的电子的能级代号作为区号。

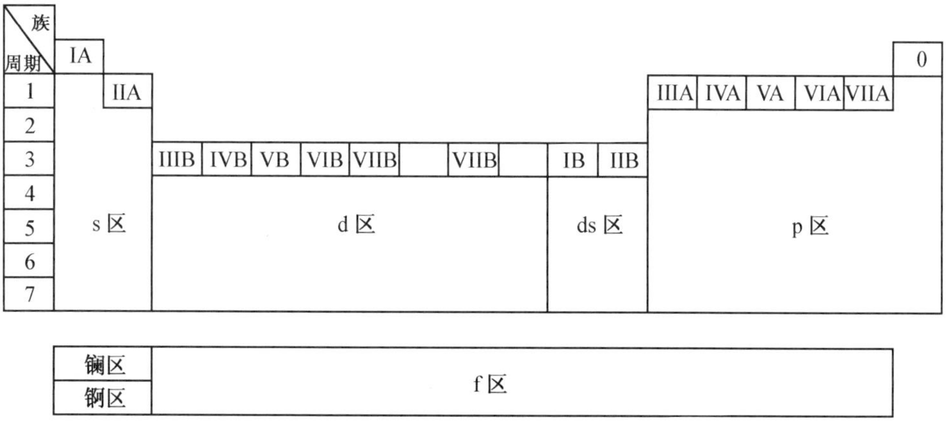

图 6-16 元素周期表的分区

s 区:价电子排布为 $ns^{1\sim2}$ ⅠA~ⅡA 族,最后一个电子填在 s 轨道上,它们都是活泼金属。

p 区:价电子排布为 $ns^2np^{1\sim6}$ ⅢA~ⅦA 及零族元素,最后一个电子填在 p 轨道上。

d 区：价电子排布为$(n-1)d^{1\sim10}ns^{1\sim2}$ ⅢB～ⅦB、Ⅷ族，最后一个电子填在$(n-1)d$轨道上（Pd 无 5s 电子）。

ds 区：价电子排布为$(n-1)d^{10}ns^{1\sim2}$ ⅠB～ⅡB 族。

f 区：价电子排布为$(n-2)f^{0\sim14}(n-1)d^{0\sim2}ns^{2}$

s 区、p 区的元素是主族元素，d 区、ds 区、f 区的元素是副族元素。

§6.6 元素性质的周期性

研究元素性质的周期性，包括元素的氧化性、金属性、酸碱性。我们在这里讨论原子的一些基本性质，如：原子半径、电离能、电子亲和能、电负性等。这些性质对元素的物理和化学性质产生重大影响，通常把这些性质称为原子参数。

6.6.1 原子半径

由于电子在核外运动没有固定的轨道，只有概率分布规律。因此，原子核外的电子云没有明确的界面。我们这里讨论的原子半径，是指形成共价键或金属键时的原子半径。

金属半径是指在金属晶体中，相邻两个金属原子核间距离的一半。共价半径是指同种两个原子以共价键单键结合时，它们核间距离的一半称为该原子的共价半径。范德华半径是指在分子晶体中，分子之间以范德华（van der Waals）力结合的。如稀有气体形成单原子分子晶体时，两个同种原子核间距离的一半。

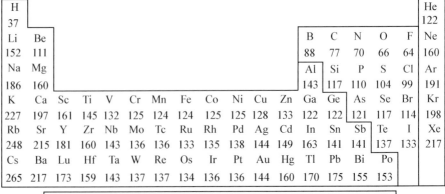

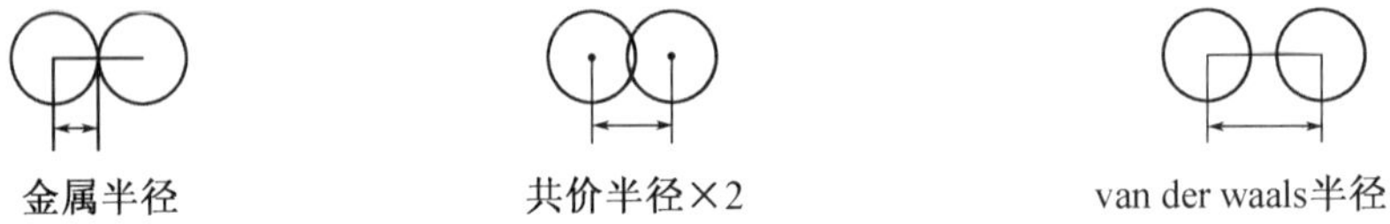

原子半径变化规律：

动画>元素周期律

(1) 主族元素：同一周期从左到右原子半径减小；从上到下原子半径增大。

H 37																	He 122
Li 152	Be 111											B 88	C 77	N 70	O 66	F 64	Ne 160
Na 186	Mg 160											Al 143	Si 117	P 110	S 104	Cl 99	Ar 191
K 227	Ca 197	Sc 161	Ti 145	V 132	Cr 125	Mn 124	Fe 124	Co 125	Ni 125	Cu 128	Zn 133	Ga 122	Ge 122	As 121	Se 117	Br 114	Kr 198
Rb 248	Sr 215	Y 181	Zr 160	Nb 143	Mo 136	Tc 136	Ru 133	Rh 135	Pd 138	Ag 144	Cd 149	In 163	Sn 141	Sb 141	Te 137	I 133	Xe 217
Cs 265	Ba 217	Lu 173	Hf 159	Ta 143	W 137	Re 137	Os 134	Ir 136	Pt 136	Au 144	Hg 160	Tl 170	Pb 175	Bi 155	Po 153		

La	Ce	Pr	Nd	Pm	Sm	Eu	Gd	Tb	Dy	Ho	Er	Tm	Yb
188	183	183	182	181	180	204	180	178	177	177	176	175	194

图 6-17 元素的原子半径

(2) 过渡元素:从左到右原子半径缓慢减小;从上到下原子半径略有增大。

(3) 镧系收缩:从镧(La)到镱(Yb)原子半径依次更缓慢减小,La～Lu 中间有 14 种元素,原子半径只相差 12 pm,半径减少更缓慢。

6.6.2　电离能

基态气体原子失去电子成为带一个正电荷的气态正离子所需要的能量称为第一电离能,用 I_1 表示。

$$E(g) \longrightarrow E^{+}(g) + e^{-} \quad I_1$$

由+1 价气态正离子失去电子成为带+2 价气态正离子所需要的能量称为第二电离能,用 I_2 表示。

$$E^{+}(g) \longrightarrow E^{2+}(g) + e^{-} \quad I_2$$

电离能随原子序数的增加而呈现出周期性的变化。例如:

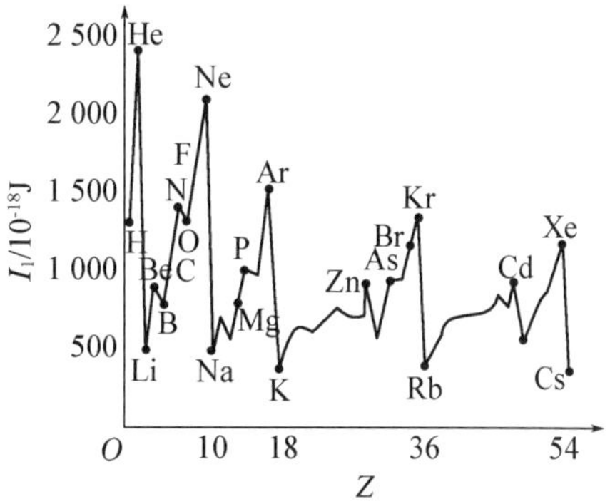

图 6-18　元素的第一电离能

(1) 同一周期:从左到右,元素第一电离能总的变化趋势是逐渐增大。短周期:第一电离能增大。I_1(ⅠA)最小,I_1(稀有气体)最大。长周期的前半部分第一电离能增加缓慢。当元素的原子具有全充满或半充满的电子构型,比较稳定,失电子相对较难,因此其第一电离能比左右相邻元素都高,N,P,As,Sb,Be,Mg 电离能较大(半满、全满)。

(2) 同一族:同一主族从上到下元素的电离能随原子半径的增加而减小。一般情况下 $I_1 < I_2 < I_3$……电离能的大小反映原子得失电子的难易。I_1 愈小,金属越易失去电子,金属性越强。副族元素的电离能变化幅度较小,且不规则。

6.6.3　电子亲和能

元素的气态原子在基态时获得一个电子成为一价气态负离子所放出的能量称为电子亲和能。当负一价离子再获得电子时要克服负电荷之间的排斥力,因此要吸收能量。

例如:$O(g) + e^{-} \longrightarrow O^{-}(g) \qquad A_1 = -140.0\ \text{kJ} \cdot \text{mol}^{-1}$

$$O^{-}(g) + e^{-} \longrightarrow O^{2-}(g) \qquad A_2 = 844.2\ \text{kJ} \cdot \text{mol}^{-1}$$

(1) 同一周期:从左到右,元素的电子亲和能有负值增大趋势,卤素的 A 呈现最大负值。A(Ⅱ_A)为正值,A(稀有气体)为最大正值。碱土金属因为半径大,且有 ns^2 电子结构,难以结合电子,其电子亲和能为正值;氮族元素价电子构型为 ns^2np^3,p 轨道处于半满状态,比较稳定,所以电子亲和能较小。稀有气体的价电子构型为 ns^2np^6,是稳定结构,所以其电子亲和能为正值。

(2) 同一族:从上到下,大多 A 的负值变小。A(N)为正值。而卤素的价电子构型为 ns^2np^5,使其易获得一个电子形成 ns^2np^6 稳定结构,所以卤素的电子亲和能呈现最大负值。A 的最大负值不出现在 F 原子而在 Cl 原子。这是由于 F 的半

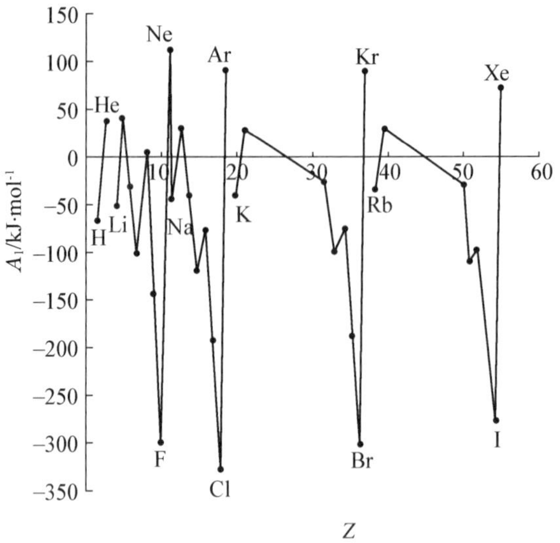

图 6-19　元素的第一电子亲和能

径较小，电子进入会受到原有电子的排斥。由于克服电子的排斥，因此所消耗的能量就相对较多。

6.6.4　电负性

电负性概念最早由鲍林提出，原子在分子中吸引电子的能力称为元素的电负性，用于衡量分子中原子对成键电子吸引能力的相对大小，用 χ 表示。A 和 B 两种元素的原子结合成双原子分子 AB，若 A 的电负性大，表示 A 元素原子在分子中吸引电子的能力强，A 原子带有较多的负电荷，B 原子带有较多的正电荷。电负性有多种标度，如有 Pauling 标度(χ_P)、Mulliken 标度(χ_M)、Allred - Rochow 标度(χ_{AR})和 Allen(χ_s)等。常用的是鲍林(Pauling)标度(χ_P)。尽管电负性标度不同，数据不同，但在周期系中变化规律是一致的。

电负性大小规律：同一周期：同一周期元素的电负性由左到右逐渐增大，稀有气体元素的电负性在同一周期元素中最高。同一主族：从上到下，χ_P 变小。副族元素电负性变化规律不明显。我们最常用的是 Pauling 的电负性标度，他把 H 的电负性指定为 2.2，然后在与其相连的分子中的键能数据出发进行计算，与 H 的电负性做比较，从而得到其他元素的电负性数据。因此，各元素电负性是相对数值。电负性可以综合衡量各种元素的金属性和非金属性。在 Pauling 的电负性标度中，电负性最大的是 F：3.98，最小的是 Fr：0.7；金属元素的电负性一般在 2.0 以下，而非金属元素的电负性一般在 2.0 以上。

H						
2.18						
Li	Be	B	C	N	O	F
0.98	1.57	2.04	2.55	3.04	3.44	3.98
Na					S	Cl
0.93					2.38	3.16
K					Sa	Br
0.82					2.55	2.96
Rb					Te	I
0.82					2.11	2.66

图 6-20　鲍林元素电负性值

练　习

1. 下列各组量子数中错误的是(　　)。
   A. $n=3, l=2, m=0, m_s=+1/2$　　B. $n=2, l=2, m=-1, m_s=-1/2$
   C. $n=4, l=1, m=0, m_s=-1/2$　　D. $n=3, l=1, m=-1, m_s=+1/2$

2. 下列用来表示核外某电子运动状态的各组量子数中，合理的一组是(　　)。
   A. 0,0,0,0　　B. 2,1,−1,−1/2
   C. 3,1,2,+2　　D. 2,1,0,0

3. 决定多电子原子的能量 E 的是(　　)。
   A. 主量子数 n　　B. 量子数 l
   C. 主量子数 n 和量子数 l　　D. 主量子数 n、量子数 l 和量子数 m

4. 下列各套量子数中，可描述元素 Sc $3d^1 4s^2$ 次外层的一个电子的是(　　)。
   A. (3,2,0,+1/2)　　B. (3,1,1,+1/2)
   C. (3,0,1,−1/2)　　D. (3,0,2,+1/2)

5. 下列波函数表示原子轨道正确的是(　　)。
   Λ. $\Psi_{4,2,2,1/2}$　　B. $\Psi_{4,2,2}$　　C. $\Psi_{4,2}$　　D. Ψ_4

6. 在多电子原子中，具有下列量子数的电子，能量最低的电子是(　　)。
   A. 2,0,0,+1/2　B. 2,1,2,−1/2　C. 3,0,0,+1/2　D. 3,1,0,−1/2

7. 下列波函数中，对应于 $3d_{z^2}$ 原子轨道的是(　　)。
   A. $\Psi_{3,0,0}$　　B. $\Psi_{3,2,0}$　　C. $\Psi_{3,1,0}$　　D. $\Psi_{3,2,1}$

8. 某元素的原子最外层只有一个 l=0 的电子，该元素在周期表中必定不属于(　　)。
   A. s 区元素　　B. ds 区元素　　C. d 区元素　　D. p 区元素

9. 下列元素中，电离能变化规律正确的是(　　)。
   A. Mg>Al>Na　B. F>O>N　　C. Li<Na<K　　D. B>Be>Li

10. A,B 两元素，A 原子的 M 层和 N 层电子数分别比 B 原子的 M 层和 N 层的电子数少 7 个和 4 个。写出 A,B 的元素名称和电子排布式。

11. 下列原子半径大小顺序正确的是(　　)。

A. Be<Na<Mg　　B. Be<Mg<Na

C. Be>Na>Mg　　D. Na<Be<Mg

12. 下列离子半径大小顺序中错误的是(　　)。

A. $Mg^{2+}<Ca^{2+}$　B. $Fe^{2+}>Fe^{3+}$　C. $Cs^{+}>Ba^{2+}$　D. $F^{-}>O^{2-}$

13. 下列元素中,电离能变化规律正确的是(　　)。

A. B>Be>Li　B. F>O>N　C. Li<Na<K　D. Mg>Al>Na

14. $3d_{x^2-y^2}$原子轨道是沿着________方向伸展的。

15. 42号元素的核外电子分布式为________,元素符号为________,属于________族。

16. 原子序数为50的元素,其价层电子构型是________,在周期表中位于第________周期,第________族,________区,元素符号________。

17. 某过渡金属元素在Kr之前,此元素失去一个电子后的离子在副量子数为2的轨道中电子恰为全充满,该元素为________,元素符号是________,位于元素周期表中的________周期,________族。

18. 已知某元素的原子序号为50,写出该元素原子核外电子排布式。指出该元素在元素周期表中的位置,该原子处于基态时单电子的数目。

19. 已知某元素的原子序数为29,请写出该元素基态原子的电子排布式和价电子排布式,并指出该元素位于第几周期?第几族?所在区?并用四个量子数描述该元素最外层电子的运动状态。

20. 有A、B、C、D、E、F元素,试按下列条件推断各元素在周期表中的位置、元素符号。

(1) A、B、C为同一周期活泼金属元素,原子半径满足A>B>C,已知C有3个电子层。

(2) D、E为非金属元素,与氢结合生成HD和HE。室温下D的单质为液体,E的单质为固体。

(3) F为金属元素,它有4个电子层并且有6个单电子,并用四个量子数描述最外层电子的运动状态。

21. 试根据原子结构理论预测:

(1) 第八周期将包括多少种元素?

(2) 核外出现第一个5g电子的元素其原子序数是多少?

(3) 第114号元素属于第几周期?第几族?

(4) 第31号元素镓(Ga)是重要的半导体材料之一。(Ga)的核外电子构型为________;外层电子构型为________,它属周期表中的________区。

第 7 章　分子结构

空气中的二氧化碳是温室气体，为什么氮气和氧气不是，水对我们的生命至关重要而且也是优良的溶剂，为什么水具有许多非凡的性质，为什么阿司匹林具有镇痛作用？更深层次的回答这些问题必须根据分子的结构和形状做出。

分子结构（或称分子立体结构、分子形状、分子几何）是指建立在光谱学数据之上，用以描述分子中原子的三维排列方式。分子结构在很大程度上影响了化学物质的反应性、极性、相态、颜色、磁性和生物活性等。

通常除稀有气体外，大多数物质是依靠原子间的某种强的作用力而结合成分子，分子中原子间（一般指同种非金属或者电负性数值相差小于 1.8 的不同元素）的这种强作用力称为共价键。下面我们一起来学习常用的共价键理论。

§7.1　价键理论

7.1.1　Lewis 理论

1916 年美国的 Lewis 首先提出了共价键的概念。Lewis 认为，分子中每个原子都具有形成类似于惰性原子的稳定电子结构的倾向，并通过原子间“共用”电子对即配对的方式结合成分子。由此形成的强烈的相互作用称为共价键，所形成的分子称为共价分子。

Lewis 提出的“共用电子对理论”要点如下：

(1) Lewis 的“八偶律”认为稀有气体的 8 电子外层是一种稳定构型，其他原子倾向于共用电子而使其达到 8 电子外层（H 原子倾向于达到 2 电子稳定构型），如：H—O—H。

(2) 成键电子与孤对电子的表示。成键电子等于键合电子是指形成共价键的电子。孤对电子是指没有参与化合键形成的电子。

(3) 结构式的表示：键合电子用线连，孤对电子用小黑点，如：$:N\equiv N:$。

例如：$H^{\times} + {}_{\times}H = H\overset{\times}{\underset{\times}{}}H$

每个氢原子通过共用一对电子，均成为 He 的电子构型，形成共价键，由此通过这种强烈的相互作用形成了稳定的氢气分子。

又如：HCl　$H\overset{\times}{\cdot}\underset{\cdot\cdot}{\overset{\cdot\cdot}{Cl}}:$　H_2O　$H\overset{\times}{\cdot}\underset{\cdot\cdot}{\overset{\cdot\cdot}{O}}\overset{\times}{\cdot}H$　NH_3　$H\overset{\times}{\cdot}\underset{\cdot\cdot}{\overset{\overset{H}{\times\cdot}}{N}}\overset{\times}{\cdot}H$

Lewis 的贡献在于提出了一种不同于离子键的新的键型，解释了一些简单的非金属单质和化合物分子的形成过程。但是，Lewis 理论存在一定的局限性：① 两个电子配对后，为什么不相互排斥？② 为什么共价键有方向性？③ 八偶体规则例外很多，在有些共价化合物（如 PCl_5，SF_6）中，中心原子周围的价电子总数超过 8，为什么仍然稳定存在？

7.1.2 现代价键理论（VB 理论）

价键理论是 1927 年英国物理学家 Heitler 和 London 用量子力学讨论氢分子形成时，在电子配对形成化学键理论的基础上，根据原子轨道最大重叠的观点，经 Pauling 和 Slater 等人的工作，在三十年代初发展而形成的，较好地解释了共价型分子中化学键的形成过程。

1. 共价键形成的本质

（1）氢分子共价键的形成

运用量子力学近似处理 H_2 分子的结果认为：当两个氢原子相互靠近，且它们的 1s 电子处于自旋状态反平行时，两个电子才能配对成键；当两个氢原子的 1s 电子处于自旋状态平行时，两电子不能配对成键。这使共价键的本质得到初步解决。

ψ_A——两个 1s 电子自旋平行（推斥态），当两个 H 原子逐渐接近时，若两个 H 原子的电子自旋方向相同，当它们逐渐靠近时，彼此间始终存在着排斥作用，随着核间距的减小，两核间的斥力逐渐增大，系统能量 E_A 不断升高，高于两个孤立的 H 原子能量之和，表明两个 H 原子不能结合成稳定的 H_2 分子，这种状态称为 H_2 分子的推斥态。

ψ_S——两个 1*s* 电子自旋反向（基态），如果两个氢原子的电子自旋方向相反，当它们相互接近时，随着核间距 R 减小，系统能量 E_S 逐渐降低，当核间距减小到 74.0 pm（理论值 87.0 pm）时，能量降低到最低值 $E_S = -436\ kJ \cdot mol^{-1}$，远远低于两个孤立的 H 原子能量之和，表明两个 H 原子间形成了共价键，生成了 H_2 分子，这种状态称为 H_2 分子的基态。

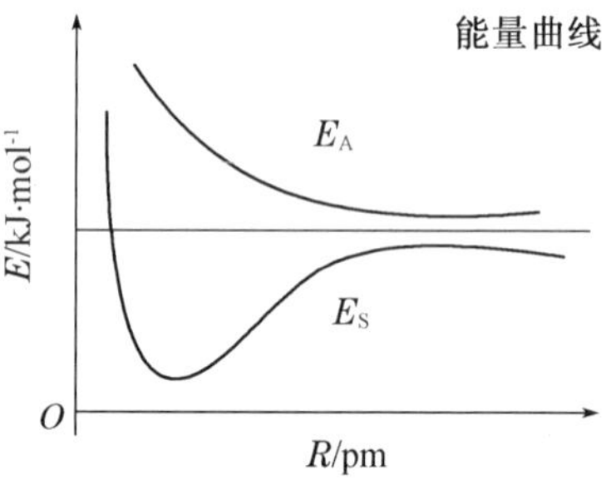

图 7-1 H_2 分子形成过程能量随核间距变化示意图

（2）共价键的本质——原子间由于成键电子所处的原子轨道的重叠而形成化学键。

（3）价键理论基本要点：① 具有自旋反向的未成对电子的原子接近时，可因原子轨道的重叠而形成共价键——电子配对原理。② 一个电子与另一个自旋反向的电子配对成键后，不能再与第三个电子配对成键。③ 原子轨道重叠程度越大，共价键越牢固——原子轨道最大重叠原理。

2. 共价键的特征

（1）饱和性——共价键的数目取决于成键原子所拥有的未成对电子的数目。

一个电子与另一个自旋反向的电子配对后，不能再与第三个电子配对成键。共价键的饱和性是和离子键相比较而言，离子化合物中正负离子都为 s^2p^6 饱和结构，其电荷分布呈球形对称，所以，它们可以从各个方向相互接触，并且尽可能地和异性离子相接触（配位），配位数的多少决定于正负离子的大小。

(2) 方向性——沿轨道的伸展方向重叠，同号重叠。

由于电子运动状态在空间分布是有一定取向的，原子轨道的重叠也是有一定取向的。除 s 轨道外，其他原子轨道均有方向性，要取得最大程度的重叠，成键的两个轨道必须在有利的方向上。

例如：HCl 分子 H 的 1s 轨道和 Cl 的 $3p_x$ 轨道重叠：在下列重叠方式中(a)为同号重叠且重叠程度大，为有效重叠。

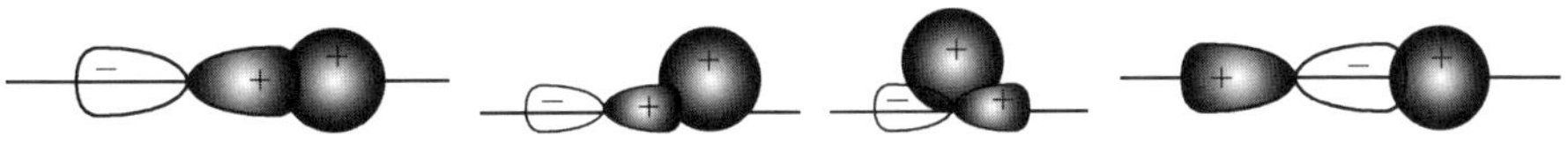

(a)　(b)　(c)　(d)

图 7-2　σ 键最大限度重叠示意图

3. 共价键类型

根据轨道重叠方式不同可将共价键分成两种类型。

(1) σ 键——沿轨道对称轴方向重叠形成的键，"头碰头"方式重叠。

特点是能自由旋转而不改变电子云密度的分布。

图 7-3　σ 键示意图

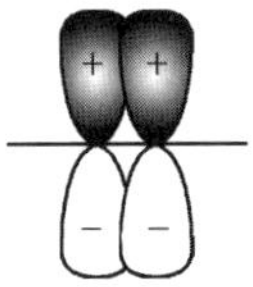

图 7-4　π 键示意图

动画 σ 键与 π 键

(2) π 键——两轨道相互平行侧面重叠，"肩并肩"方式重叠。

如 p_z-p_z 其特点是不能自由旋转，π 键没有 σ 键牢固，易于断裂。π 电子云不集中在两核连线上，受核约束力小，电子流动性大。

实验测得苯(C_6H_6)中 C—C 键长均相等为 139 pm，介于 C═C 键长(133 pm)和 C—C 键长(154 pm)之间，说明苯分子中碳原子间存在不同于 C═C 键的特殊的相互作用，这种特殊的 π 键称为大 π 键（离域 π 键）。

大 π 键的形成条件：① 在同一平面上，且有相互平行的 p 轨道（或 d 轨道，或 p，d 轨道）。② 参与成键的电子数目(m)小于轨道数目(n)的 2 倍。③ 形成大 π 键的原子轨道能量应相近。

按 n 和 m 的大小关系，可将离域 π 键分成三种类型：①正常离域 π 键 $m=n$，p 轨道数目与 p 电子数目相等。② 多电子离域 π 键 $m>n$，即 p 轨道数少于 p 电子。③ 缺电子离域 π 键 $m<n$，p 电子数少于 p 轨道数。

大 π 键的形成产生离域效应（共轭效应）：① 使分子稳定性增加。如苯 π_6^6，CO_3^{2-} π，烯丙基正离子 CH_2═CH_2—CH_2^+ π。② 酸碱性改变。苯酚和羧酸电离后，负离子易形成离域 π 键而稳定存在，显酸性。苯胺、酰胺已形成离域 π 键不易电离,呈弱碱性。③ 化学反应活性的变化。CH_2═CH—Cl 中的 Cl 的反应活性不及 CH_3—CH_2—Cl 中的 Cl 的反应活性。④ 其他性质的差异。CH_2═CH—Cl 的极性小于 CH_3—CH_2—Cl。大 π 键的形成影响导电性。如四氰基奎诺二甲烷(TCNQ)等类的分子能和四硫代富瓦烯(TTF)分子等其他分子组成有机半导体或导体。大 π 键的形成对颜色也有影响,有大 π 键的物质一般会带有颜色,如酚酞在碱液中变成红色是因为发生了反应,扩大了离域范围。

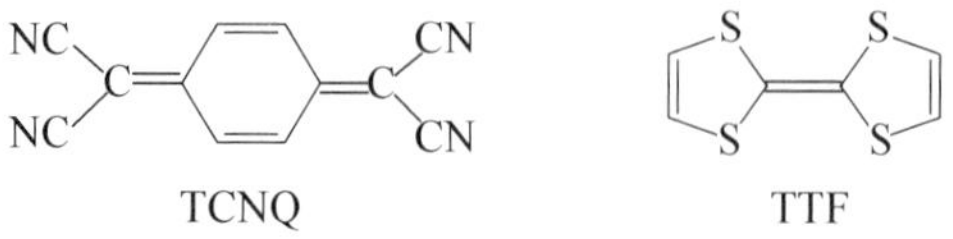

图 7-5 TCNQ 分子和 TTF 分子大 π 键示意图

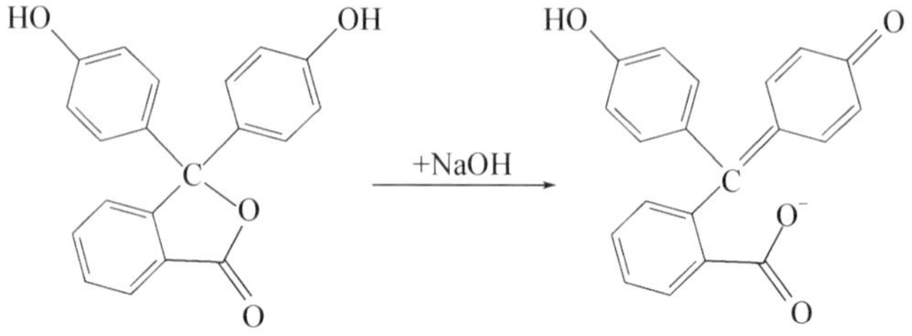

图 7-6 酚酞异构体示意图

7.1.3 杂化轨道理论(HO 理论)

基态 C 原子外层只有 2 个单电子,为何可以与 4 个 H 原子形成 CH_4 分子? 水分子中的键角∠HOH=104.5°,与根据 2 个 H 原子的 1s 原子轨道与 O 原子的 $2p_x$、$2p_y$ 原子轨道重叠形成 90°键角不符。

为了从理论上解释分子的不同空间构型,1931 年 Pauling 等以价键理论为基础,提出化学键的杂化轨道理论。

1. 杂化轨道理论基本要点

在形成分子的过程中,由于原子间的相互影响,若干类型不同而能量相近的原子轨道相互混杂,重新组合成一组能量相等、成分相同的新轨道,这一过程称为杂化。经过杂化而形成的新轨道叫作杂化轨道,杂化轨道与其他原子轨道重叠时形成共价键。

原子在形成分子的过程中,为了使所成化学键强度更大,更有利于体系能量的降低,总趋向于将原来的原子轨道进一步线性组合,以形成新的原子轨道。轨道的杂化只有在形成分子时才能发生,孤立原子是不会发生轨道杂化的。

(1) 只有能量相近的轨道才能杂化(如 1s 轨道和 2p 轨道就因能量相差太大而不能杂化)。

(2) 杂化轨道的数目不变。

(3) 杂化轨道的形状,伸展方向发生变化。

2. sp 型杂化轨道的类型

(1) sp 杂化

进行 sp 杂化时,每个杂化轨道由 ns 轨道和 np 轨道组合而成,两个杂化轨道之间的夹为 180°。因此,由 sp 杂化轨道构成的分子具有直线形的构型,例如:$BeCl_2$。

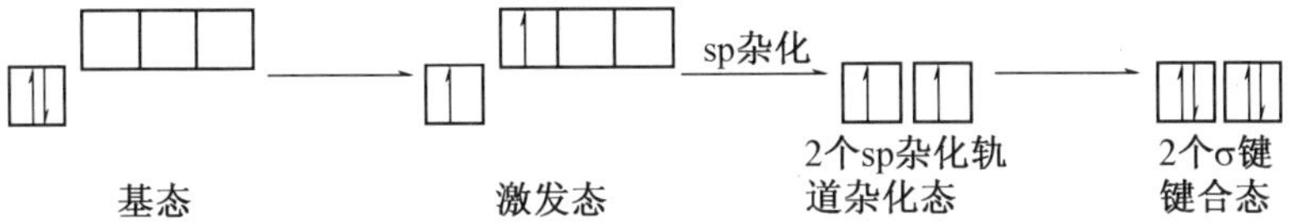

图 7-7　sp 杂化示意图

(2) sp^2 杂化

同一个原子内的 ns 轨道与两个 np 轨道杂化,形成三个等同的 sp^2 杂化轨道,并分别与自旋相反的电子结合,形成三个 σ 键,其相互间夹角为 120°。因此,经 sp^2 杂化而形成的分子具有平面三角形的构型,例如:BF_3。

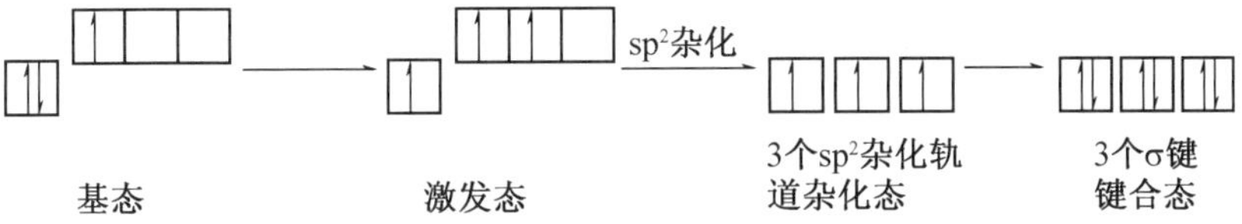

图 7-8　sp^2 杂化示意图

(3) sp^3 杂化

同一个原子内的 ns 轨道与三个 np 轨道杂化,形成四个等同的 sp^3 杂化轨道,并分别与自旋相反的电子结合,形成四个 σ 键,其相互间夹角为 109°28′。因此经 sp^3 杂化而形成的分子具有正四面体的构型,例如:CH_4。

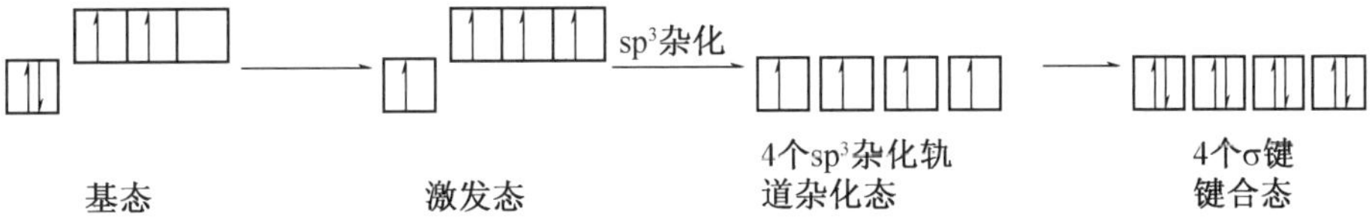

图 7-9　sp^3 杂化示意图

表 7-1　s-p 杂化的常见类型

杂化类型	成分	空间构型	键角	杂化轨道数	中心原子	实例
sp	1/2s,1/2p	直线	180°	2	ⅡA,ⅡB	$BeCl_2$,$HgCl_2$
sp^2	1/3s,2/3p	平面三角形	120°	3	ⅢA	BF_3,BCl_3
sp^3	1/4s,3/4p	正四面体	109°28′	4	ⅣA	CH_4,SiH_4
不等性 sp^3	1/4s,3/4p	三角锥	107°	4	VA	NH_3,PH_3
		V 字形	104°30′		ⅥA	H_2O,H_2S

3. 等性杂化和不等性杂化

根据杂化后形成的所有杂化轨道的能量是否相同，所含杂化轨道的成分是否相等，轨道的杂化分为等性杂化和不等性杂化。

(1) 等性杂化

杂化后所形成的杂化轨道中所含原来轨道的成分(实际是参与杂化的轨道上的电子数)完全相同，能量完全相等，这种杂化称为等性杂化。若参与杂化的原子轨道中电子总数小于或等于轨道总数，参与杂化的原子轨道都含有单电子或都是空轨道，其杂化是等性的。如 $BeCl_2$ 分子中 Be 原子采取的 sp 等性杂化，BF_3 分子中的 B 原子采取的 sp^2 等性杂化。

又如 CH_4 分子中的 C 原子采取的等性 sp^3 杂化，处于激发态的 C 原子有四个未成对电子，各占一个原子轨道，即这四个原子轨道在成键过程中发生杂化，重新组成四个新的能量相等的杂化轨道，在 CH_4 中 C 原子的每个杂化轨道是等同的，都含有 1/4s 成分和 3/4p 成分，故称等性杂化。除了甲烷 CH_4 分子外，CCl_4、CF_4、SiH_4、$SiCl_4$、$GeCl_4$ 等也是 sp^3 等性杂化成键，键角 109°28′，呈正四面体构型。

(2) 不等性杂化

杂化后所形成的杂化轨道中所含原来轨道的成分不完全相同，能量不相等，这种杂化称为不等性杂化。若参与杂化的原子轨道中电子总数大于轨道总数，参与杂化的原子轨道上有孤对电子存在，其杂化是不等性的。如 NH_3 分子中的 N 原子和 H_2O 分子中的 O 原子的杂化都是不等性杂化。

实验测得 NH_3 分子的空间构型为三角锥形，键角为 107°18′。基态 N 原子的价电子构型为 $2s^2 2p_x^1 2p_y^1 2p_z^1$，在形成 NH_3 分子时，N 原子的 1 个具有孤对电子的 2s 轨道和 3 个具有单电子的 2p 轨道进行 sp^3 不等性杂化，形成 4 个 sp^3 杂化轨道，其中 1 个 sp^3 杂化轨道上填充了 1 对电子，含有较多的 2s 轨道成分，能量稍低。另外 3 个 sp^3 杂化轨道上各填充 1 个电子，含有较多的 2p 轨道成分，能量稍高。3 个具有单电子的 sp^3 杂化轨道分别与 3 个 H 原子的具有单电子的 1s 轨道重叠，形成 3 个 N—H σ 键。具有孤对电子的未成键的 sp^3 杂化轨道电子云则密集于 N 原子周围。由于 sp^3 杂化轨道上未参与成键的孤对电子对 N—H 键成键电子的较强的排斥作用，使 3 个 N—H 键键角缩小为 107°18′(小于 CH_4 分子 C—H 键的键角 109°28′)。所以，NH_3 分子的空间构型为三角锥形，如图 7-10 所示。

实验测得 H_2O 分子的空间构型为 V 形，键角为 104°45′。基态 O 原子的价电子构型为 $2s^2 2p_x^2 2p_y^1 2p_z^1$，有两对孤对电子。在形成 H_2O 分子时，O 原子也采取了 sp^3 不等性杂化，形成 4 个 sp^3 杂化轨道，有两个 sp^3 轨道上分别填充了 1 对电子，另两个 sp^3 杂化轨道各填充了 1 个电子。两个具有单电子的 sp^3 杂化轨道分别与 H 原子的具有单电子的 1s 轨道重叠形成两个 O—Hσ 键，由于两个 sp^3 杂化轨道上两对未参与成键的孤对电子对 O—H 键排斥作用更强，使 O—H 键键角变得更小，为 105°45′(小于 NH_3 分子 N—H 键的键角 107°18′)，所以，H_2O 分子的空间构型为 V 形，如图 7-11 所示。

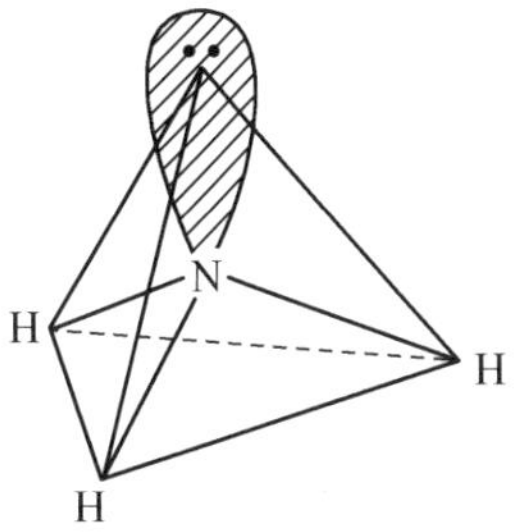

图7-10 NH_3分子的空间构型

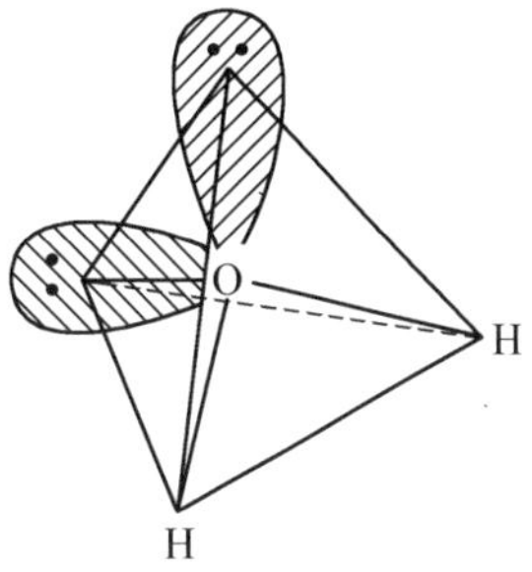

图7-11 H_2O分子的空间构型

杂化轨道理论成功地解释了部分共价分子杂化与空间构型关系，但是仅用杂化轨道理论预测有时是难以确定的。

7.1.4 价层电子对互斥理论（VSEPR理论）

价层电子对互斥理论最初是由英国化学家Sidgwick等人于1940年提出分子几何构型与价电子对互斥作用有关的假设，20世纪50年代后期经加拿大化学家Gielespie等人的补充和发展形成系统理论，成为立体化学理论的重要组成部分。

1. 价层电子对互斥理论基本要点

(1) 一个共价分子或离子AB_n中，中心原子A周围所配置的原子B(配位原子)的几何构型，主要决定于中心原子的价电子层中各电子对间的相互排斥作用。价电子对包括价层轨道电子对和孤对电子对。当价层电子对数目一定时，这些电子对排布在彼此相距尽可能远的空间位置上，以使价电子对之间的互斥作用尽可能最小，而使分子趋于稳定，因此，分子采取尽可能对称的结构。

(2) 键对由于受两个原子核的吸引，电子云比较集中在键轴的位置，而孤对电子不受这种限制。显得比较肥大。由于孤对电子肥大，对相邻电子对的排斥作用较大。不同价电子对间的排斥作用顺序为：

孤对—孤对＞孤对—键对＞键对—键对

另外，电子对间的斥力还与其夹角有关，斥力大小顺序是90°＞120°＞180°

(3) 键对只包括形成σ键的电子对，不包括形成π键的电子对，即分子中的多重键皆按单键处理。π键虽然不改变分子的基本构型，但对键角有一定影响，一般是单键间的键角小，单双键间及双双键间键角较大，叁键＞双键＞单键。

2. 价层电子对理论预测分子空间构型步骤

(1) 确定中心原子价层电子数。它可由下式计算得到：

价层电子对数$=\frac{1}{2}$(中心原子价电子数＋配位原子提供电子数-离子电荷代数值)

式中配位原子提供电子数的计算方法：

① 作为配体，卤素原子和氢原子提供1个电子，氧族元素的原子不提供电子；

② 作为中心原子，卤素原子按提供 7 个电子计算，氧族元素的原子按提供 6 个电子计算；

③ 对于复杂离子，在计算价层电子对数时，还应加上负离子的电荷数或减去正离子的电荷数；

④ 计算电子对数时，若剩余 1 个电子，亦当作 1 对电子处理；

⑤ 双键、叁键等多重键作为 1 对电子看待。

(2) 根据中心原子的价电子对数，找出电子对间斥力最小的电子排布方式。

表 7-2　静电斥力最小的电子对排布

电子对	2	3	4	5	6
电子对的排布	直线	平面三角	四面体	三角双锥	八面体

(3) 把配位原子按相应的几何构型排布在中心原子周围，每一对电子连接一个配位原子，剩下的未与配位原子结合的电子对便是孤对电子。含有孤电子对的分子几何构型不同于价电子的排布，孤电子对所处的位置不同，分子空间构型也不同，但孤电子对总是处于斥力最小的位置，除去孤电子对占据的位置后，便是分子的几何构型。

例如，判断 PCl_5离子的空间构型。中心原子 P 有 5 个价电子，Cl 原子各提供 1 个电子，所以 P 原子的价层电子对数为 $(5+5)/2=5$ 对，其排布方式为三角双锥。因价层电子对中无孤对电子，所以 PCl_5 为三角双锥构型。

例如，判断 H_2O 分子的空间构型。O 是 H_2O 分子的中心原子，它有 6 个价电子，与 O 化合的 2 个 H 原子各提供 1 个电子，所以 O 原子价层电子对数为 $(6+2)/2=4$，其排布方式为四面体，因价层电子对中有 2 对孤对电子，所以 H_2O 分子的空间构型为"V"形。

3. 价层电子对互斥理论应用实例

表 7-3　常见分子的构型

价层电子对数目	电子对的排列方式	分子类型	孤电子对数目	分子构型	实　例
2	直线形	AB_2	0	直线形	BeH_2、$BeCl_2$、$Hg(CH_3)_2$、$Ag(NH_3)_2^+$、CO_2、CS_2
3	正三角形	AB_3 AB_2	0 1	正三角形 角形(V 形)	BF_3、$B(CH_3)_3$、SO_3、CO_3^{2-}、$SnCl_2$
4	正四面体	AB_4 AB_3 AB_2	0 1 2	正四面体形 三角锥形 角形(V 形)	CH_4、CCl_4、SiH_4 PCl_4、NH_4^-、SO_4^{2-} NH_3、NF_3 H_2O、H_2S

(续表)

价层电子对数目	电子对的排列方式	分子类型	孤电子对数目	分子构型	实 例
5	三角双锥	AB_5	0	三角双锥	PF_5、PCl_5、$SbCl_5$、$NbCl_5$
		AB_4	1	变形四面体	SF_4
		AB_3	2	T形	ClF_3
		AB_2	3	直线形	XeF_2
6	正八面体	AB_6	0	正八面体形	SF_6、MoF_6、$[AlF_6]^{3-}$
		AB_5	1	四方锥	IF_5
		AB_4	2	平面四方形	XeF_4

价层电子对互斥理论是继杂化轨道理论之后，用来解释分子空间构型的重要方法。它的特点是简单易懂，不需应用原子轨道概念，而判断、预言分子结构的准确性不比杂化轨道理论逊色。

VSEPR 理论主要适用于讨论中心原子 A 为主族元素的 AB_n 型分子或原子团，副族元素含有 d 轨道情况较为复杂，且只能对分子构型作定性描述。

§7.2 键参数

7.2.1 键级

键级是描述分子中相邻原子之间的成键强度的物理量，是分子稳定性的量度。分子轨道理论（MO 理论）认为，分子轨道由原子轨道线性组合得到，分布在整个分子之中。如果组合得到的分子轨道能量比组合前原子轨道能量之和低，换句话说，原子核间电子云密度增大，那么所得分子轨道称作成键轨道，如：σ，π；如果组合得到的分子轨道能量比组合前原子轨道能量之和高，即原子核间电子云密度减小，则称作反键轨道，以“ * ”标注，如：σ^*，π^*；如果组合得到的分子轨道能量与组合前原子轨道能量之和相差不大，轨道上的电子对分子键合没有贡献，那么该分子轨道则称作非键轨道，常以 n 标注。

键级为成键轨道中的电子数与反键轨道中的电子数之差的一半。

例如：H_2、HF、O_2^{2-} 的键级是 1；O_3 的键级是 1.5；O_2 的键级是 2；O_2^+ 的键级是 2.5；N_2、CO 的键级是 3。键级大于零是分子存在的前提。例如：稳定性 $O_2^+ > O_2 > O_2^- > O_2^{2-}$。

7.2.2 键能

键能(E)是从能量角度衡量化学键强弱的物理量，键能定义为在 298.15 K 和 101.325 kPa 下气态物质（如分子）断开单位物质的量（1 mol）某键而生成气态原子时所吸收的能量。

双原子分子的键能，等于键断裂解离的能量(D)，例如：

H—H 键的键能为：$H_2(g) \longrightarrow 2H(g) \quad E_{(H-H)} = D_{(H-H)} = 435\ kJ \cdot mol^{-1}$

Cl—Cl 的键能为：$Cl_2(g) \longrightarrow 2Cl(g) \quad E_{(Cl-Cl)} = D_{(Cl-Cl)} = 242\ kJ \cdot mol^{-1}$

多原子分子的键能，等于键断裂解离的能量(D)的平均值，例如：水分子含有两个 O—H 键，如果两个键不是同时解离，则两个键的解离能是不相同。

$H_2O(g) \longrightarrow H(g) + OH(g) \quad D_{(O-H)} = 498\ kJ \cdot mol^{-1}$

$OH(g) \longrightarrow H(g) + O(g) \quad D_{(O-H)} = 428\ kJ \cdot mol^{-1}$

O—H 键的键能 $E_{(O-H)} = (498+428)/2 = 463\ kJ \cdot mol^{-1}$

键能其大小等于气态原子生成气态分子的焓变(ΔH)，但符号相反，根据 Hess 定律，可以用已知的热化学数据，求算某未知键能。例如：

已知：$C(s) + 2H_2(g) \longrightarrow CH_4(g) \qquad \Delta_f H^{\ominus}_{m,CH_4(g)} = -74.82\ kJ \cdot mol^{-1}$

$H_2(g) \longrightarrow H(g) + H(g) \qquad D_{(H-H)} = 434.7\ kJ \cdot mol^{-1}$

$C(s) \longrightarrow C(g) \qquad \Delta_s H_{m,C(s)} = 719.0\ kJ \cdot mol^{-1}$

试求 $CH_4(g)$中 C—H 的键能 $E_{(C-H)}$。

$$\Delta_f H^{\ominus}_{m,CH_4(g)} = \Delta_s H^{\ominus}_{m,C(s)} + 2D_{(H-H)} - 4D_{(H-C)}$$

$$E_{(C-H)} = 1/4[\Delta_s H^{\ominus}_{m,C(s)} + 2D_{(H-H)} - \Delta_f H^{\ominus}_{m,CH_4(g)}]$$

$$= 1/4(719.0 + 2 \times 434.7 + 74.82) = 415.8\ kJ \cdot mol^{-1}$$

表 7-4　常见共价键的键能(单位：$kJ \cdot mol^{-1}$)

共价键	键能	共价键	键能	共价键	键能
H—H	435	S—S	268	C═O	803
O—O	143	Si—Si	226	C≡C	820
C—C	347	C—H	413	N≡N	946
Cl—Cl	242	O—H	463	C≡O	1 076
Br—Br	193	C═C	598		
I—I	151	O═O	498		

7.2.3　键长

键长是指分子内两个成键原子的核间平均距离。键长数据可由分子光谱或 X 射线衍射法测定，也可用成键原子共价半径相加而得。但两原子电负性相差较大时，键长明显小于共价半径之和。同一种键在不同分子中键长基本上是个定值，而确定的两原子间形成不同的键，则键长可能不同。这与能量有关，键长越短，键越牢固。

7.2.4　键角

键角是指分子中相邻两个键间的夹角，通常在 60°～180°，可通过分子光谱和

X 射线衍射法测定。知道了分子中所有键的键长和键角数据就可以准确推断分子的空间形状。

表 7－5　键长和键角

共价键	键长/pm	共价键	键长/pm	分子式	键长/pm	键角
H—F	91.8	C—C	154	H_2O	95.8	104°45′
H—Cl	127.4	C=C	134	H_2S	133.6	92°6′
H—Br	140.8	C≡C	122	NH_3	100.8	107°18′
H—I	160.8	N—N	146	PH_3	141.9	93°36′
H—H	74.2	N=N	125	CH_4	109.1	109°28′
F—F	141.8	N≡N	109.8	CO_2	116.2	180°
Cl—Cl	198.8	C—N	147	SF_6	156.4	90°
Br—Br	228.4	C≡N	116	P_4	221	60°
I—I	266.6	S=S	188.7	PCl_3	204	100°

7.2.5　键矩

当由不同的原子成键时，由于电负性的差异，使电子云靠近电负性较大的原子一端，于是在这种分子中，电负性较大的原子具有微负电荷（或叫部分负电荷），电负性较弱的原子则具有微正电荷（或叫部分正电荷），两者电荷大小相等，符号相反。

键矩（μ）的定义为：正（或负）电荷中心的电荷值（q）与正负电荷中心之间的距离（d）的乘积即 $\mu=q\cdot d$。键矩是反映化学键极性大小的物理量，键矩单位是德拜（D，Debye）或库仑·米（C·m），$1\text{D}=3.3336\times10^{-30}\ \text{C}\cdot\text{m}$。键矩是矢量，化学的习惯方向指从正电荷中心到负电荷中心，即由电负性弱的一端指向电负性强的一端，键矩越大化学键的极性越强。

§7.3　分子间的相互作用

7.3.1　分子的偶极矩和极化率

1. 分子的偶极矩

双原子单质分子（如 H_2、O_2、N_2 及卤素分子）中两个原子对共用电子的吸引作用相同，整个分子的正负电荷重心重合，分子不显示极性。分子中的化学键称为非极性共价键。

如果化学键两端为不同元素的原子，由于它们的电负性不同，而使共用电子对偏向某一原子，化学键的正负电荷重心不重合，键中形成正负两个极，这种化学键称为极性共价键。

分子中的正电荷和负电荷又各有其运动规律,但可设想它们各有一个“重心”或“中心”,分子中的正负电荷中心可能重合在一点,也可能不相重合。前一情况,称非极性分子;后一情况就使分子存在电性相反的两个“极”,从而使分子带有极性,称极性分子。

动画>极性分子

分子的极性与化学键的极性并不完全等同。如果组成分子的化学键全部为非极性共价键,则分子肯定无极性。如果组成分子化学键中有极性键则主要取决于分子的空间构型。双原子分子化学键有极性,分子肯定有极性;以极性键组成的多原子分子,具有对称性空间构型者,一般分子无极性。例如,CO_2分子中 C=O 键为极性共价键,但分子为线型对称,两个 C=O 键的极性相互抵消,分子无极性。又如,CH_4、BF_3、BCl_3、CS_2、BCl_2等它们分别具有正四面体、平面三角形、直线型对称构型,键的极性相互抵消,分子的正负电荷重心重合。这些分子均无极性。

分子的极性可用电偶极矩度量。分子的偶极矩是其内部所有化学键键矩的矢量和。在物理学中,把大小相等,符号相反,相互距离为 l 的两个电荷 q^+ 和 q^- 组成的系统称为偶极子。如果电中性分子的正电荷重心和负电荷重心不重合,它们分别带有 $+q$ 与 $-q$ 电荷,其间距离 l,则 $\mu = q \times l$,μ 就称为偶极矩,μ 的常用单位为库仑·米(C·m)。偶极矩是矢量,其方向永远由正极指向负极。极性键组成的对称性分子之所以为非极性分子,是因为分子中各键矩的矢量和为零。

单分子和结构对性的多原子分子偶极矩为零,而结构不对称的多原子分子的偶极矩 μ 则不为零,例如,$\mu(SO_2)=5.34$,$\mu(NO)=0.51$,$\mu(NH_3)=4.9$,$\mu(HF)=6.08$,$\mu(H_2O)=6.18$(均乘以 10^{-30} C·m)。电偶极矩越大,表明分子极性越强。

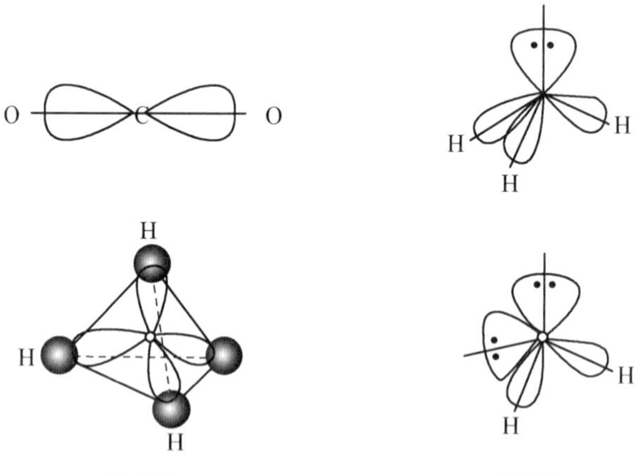

偶级矩=0　　偶级矩≠0

图 7-12　几个简单分子结构与偶极矩示意图

2. 极化率

受到外电场的作用,分子会改变其正常电子云形状,使偶极矩增加,这种现象称为分子的极化。诱导偶极:外电场诱导产生的偶极,称为诱导偶极-μ 诱导,电场撤去，诱导偶极消失。固有偶极：分子原来本身的偶极，称为固有偶极- μ 固有，极性分子具有的极性，与电场无关；在电场中，极性分子的固有偶极取向发生变化。瞬时偶极：分子中原子的电子和核的相对运动会使分子发生瞬时的变形而产生瞬时偶极；瞬时偶极总是以异极相邻状态存在；存在时间极短，却反复发生。

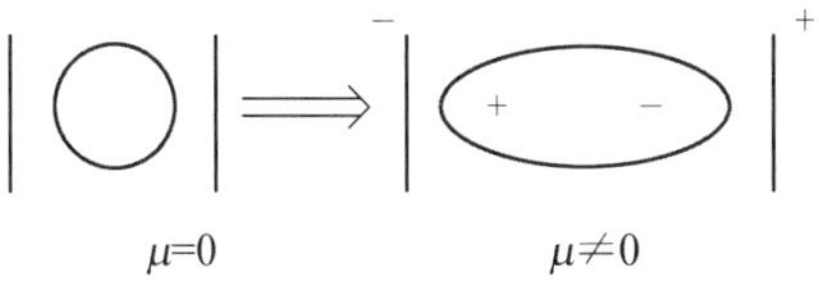

图 7－13　非极性分子在电场中的极化

单位外电场产生诱导偶极的大小称为分子的极化率，$\alpha=\mu/E$。α 又称为分子的变形性，α 大分子的变形性大。正负离子相互接近时，由于各自原子核对对方电子云的吸引和对对方原子核的排斥，总会引起对方电子云主要是最外层电子云的变形，使电子云分布的重心偏离原子核，这种现象称为离子极化。

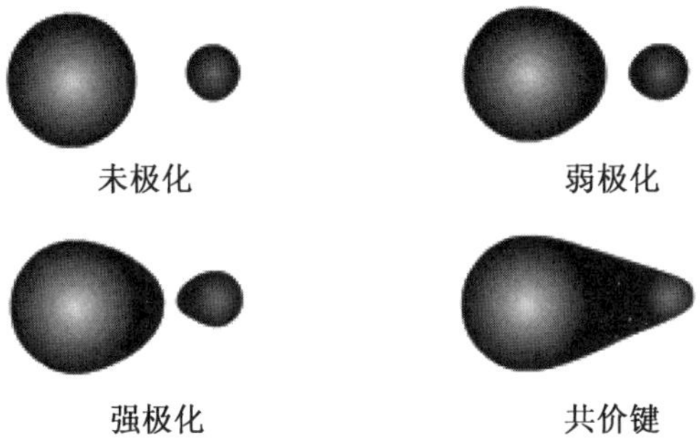

图 7－14　离子极化示意图

离子极化是离子极化力与离子变形性这对矛盾运动的必然结果。所谓离子的极化率是指某离子使异电荷离子发生极化(变形)的能力，它与离子的半径、电荷及离子的电子构型有关。离子极化使离子键增加了电子云向对方变形偏移的成分，即增加了共价键成分，结果使键长减小，键的极性降低，离子的配位情况也因之而变化。离子极化的极端情况可以看作正负离子的电子云共用，离子键转化为共价键。

分子的偶极矩与极化率共同决定了分子间力的大小。

7.3.2　分子间的相互作用

分子间力(包括色散力、诱导力、偶极力)早在 1873 年就已引起 van der Waals(范德华)的注意，所以，后人就把这种分子间力称为范德华力。大量分子聚集状态的特性主要由范德华力来决定，如物质的熔点、沸点、熔化热、汽化热、溶解度、表面张力、黏度等。范德华力本质上仍属静电作用，它与分子的极性和分子的变形性有关。

范德华力可以归结为色散力、诱导力、取向力三种力的总和。

1. 色散力

由于分子中电子高速运动，原子核也在其中心位置附近振动，因此它们的正负电荷重心不可能总是重合在一起的。在某一极短的瞬间由于电子云与原子核的相对位移，便会产生瞬时偶极。当两个分子相距很近时，两个瞬时偶极总是采取异极相邻的状态，相互间自然会产生瞬时的吸引作用，使分子极化变形；邻近分子的极化反过来又使瞬时偶极的变化幅度增大，分子间的相互作用加强。

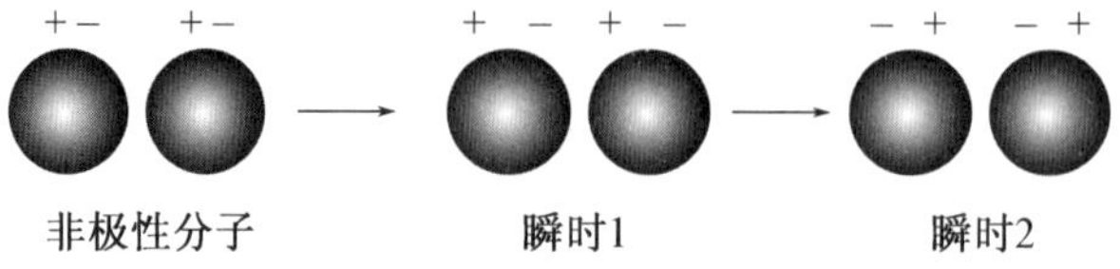

图 7-15 色散作用

虽然吸引作用的时间短暂，但可以不断地重复发生，使分子间始终存在这种作用力——色散力。色散力存在于一切分子之间。色散力与分子的变形性有关，变形性越强越易被极化，色散力也越强。稀有气体分子间并不生成化学键，但当它们相互接近时，可以液化并放出能量，这说明了色散力的存在。

2. 诱导力

非极性分子在相邻极性分子的作用下，电子云与核发生相对位移，分子会产生诱导偶极。诱导偶极与极性分子的固有偶极之间的相互作用力就称为诱导力。

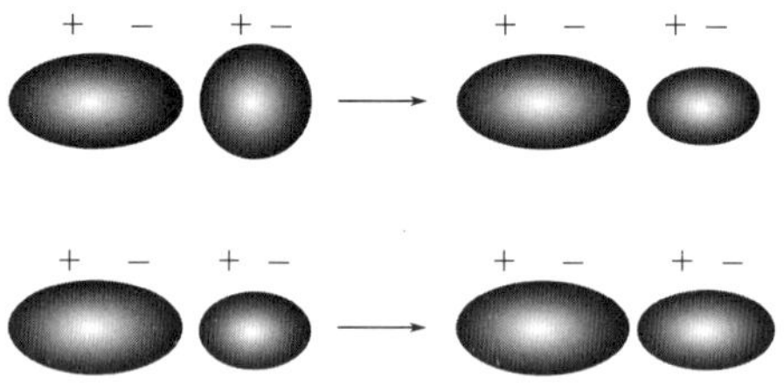

图 7-16 诱导偶极

极性分子与极性分子相互接近时，彼此都使对方产生诱导偶极，使分子极性增大，因此诱导力也存在于极性分子之间。

诱导力与实施诱导的分子的极性及被诱导分子的变形性有关，极性和变形性越大诱导力越强。

3. 取向力

极性分子相互接近，除了色散力、诱导力之外，更主要的是固有偶极间的相互静电吸引。这种力使极性分子按一定方向排列，故称取向力。取向力与分子的极性强弱有关，极性越强，取向力越大。温度也具有重要影响，温度越高，取向越困难，取向力越弱。

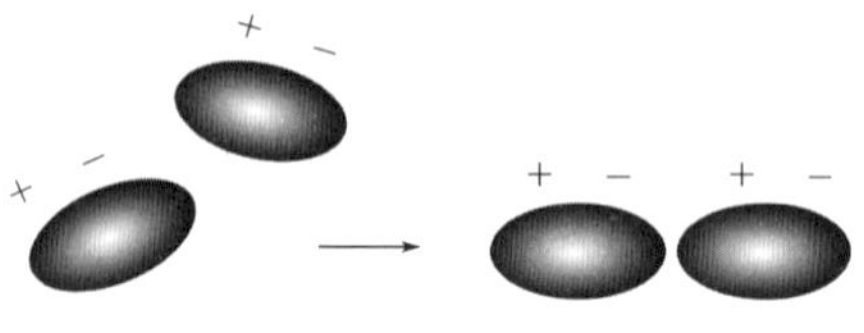

图 7-17 取向作用

在各种情况下，范德华力的三种成分所占比例要看相互作用的分子的极性和变形性而定，分子极性越强，取向力作用越突出。

上述三种力除了与偶极矩有关外，还都与分子间的距离有关，随着分子距离（>10 nm）的增大，分子间力急剧减弱。所以气体在压力较低时分子间距离较大，可以忽略分子间的作用力。

在各种情况下，范德华力的三种成分所占比例要看相互作用的分子的极性和变形性而定，分子极性越强，取向力作用越突出。例如，水分子间全部作用能约为 47 kJ/mol，而取向力就占了约 80%，同时还有诱导力和色散力。

相对分子质量越大，分子中所含电子越多，分子的变形性也越大，色散力所占比例也随之增大。非极性分子之间只有色散力。对于大多数分子，其间的相互作用以色散力为主。

表 7-6　分子间作用能的分配

分子	分子偶极矩 μ/D	分子极化率 α /10^{-24} cm^3	取向力 kJ/mol	诱导力 kJ/mol	色散力 kJ/mol	范德华力 kJ/mol
Ar	0	1.63	0	0	8.50	8.50
CO	0.10	1.99	0.003	0.008	8.75	8.75
HI	0.38	5.40	0.025	0.113	25.87	26.00
HBr	0.78	3.58	0.69	0.502	21.94	23.11
HCl	1.03	2.65	3.31	1.00	16.83	21.14
NH_3	1.47	2.24	13.31	1.55	14.95	29.60
H_2O	1.94	1.48	36.39	1.93	9.00	47.31

范德华力对物质性质具有重要影响特别是熔点、沸点、溶解度、表面张力、气化热和黏度等物理性质。由于范德华力随相对分子质量的增大而增大（主要是色散力），所以同类物质熔点、沸点随相对分子质量增大而升高。非极性分子如 F_2、Cl_2、Br_2、I_2，其物质状态由气态→液态→固态（常温下）。又如 CCl_4 为非极性分子，范德华力以色散力为主，而 H_2O 为极性分子，范德华力以取向力为主，由于 CCl_4 分子间的作用力大于 CCl_4-H_2O 间作用力，所以两者互溶性差。而 I_2 分子间色散力较大，易溶于 CCl_4。这就是"相似相溶"经验规律（即极性与结构相似易相互溶解）的来源。同为非极性分子的 H_2、O_2、N_2、X_2 和稀有气体分子等的溶解作用，主要是其与溶剂分子间的色散力，即使在极性溶剂中诱导力的影响也很小，因此稀有气体在水等溶剂中的溶解度由 He 至 Rn 依次增大。

7.3.3　氢键

1. 氢键的本质

氢键是指 H 原子与电负性极强的元素（F、O、N 等）相结合的同时，还能吸引另一个电负性较大而半径又较小的原子（如 F、O、N 原子），其中 X 原子与 Y 原子可以相同，也可以不同。通常表示为 X—H…Y。

根据元素周期律，卤素氢化物的水溶液均应为强酸性，但 HF 表现为弱酸的性质，这是由于 HF 分子之间氢键的存在。

与电负性极强的元素（F、O、N 等）相结合的氢原子，由于键的极性太强，使共用电子极大地偏向于高电负性原子。而 H 原子几乎成了不带电子、半径极小的带正电的核，它会受到相邻分子中电负性强、半径较小的原子中孤对电子的强烈吸引，而在其间表现出较强的作用力。

氢键的强弱与 X 和 Y 的电负性大小有关，电负性越大氢键越强，半径越小越能接近 X—H，形成氢的键也就越强。因此 F—H…F 是最强的氢键，常见氢键的强弱顺序为：

$$F—H\cdots F > F—H\cdots O > O—H\cdots O > O—H\cdots N > N—H\cdots N$$

元素氯的电负性虽然很强，但氯的原子半径也很大，所以 OH…Cl 作用力很弱。

氢键的大小（一般为 5～30 kJ・mol^{-1}）稍大于范德华力（一般为 0.2～50 kJ・mol^{-1}），比键合（共价键键能一般为 100～450 kJ・mol^{-1}）弱得多。

缔合是指多个分子联系成为复杂分子而又不改变原物质的化学性质的现象，缔合而成的复杂分子称为缔合分子，缔合作用一般约 10～60 kJ・mol^{-1}。

氢键和分子间力有两点不同：

(1) 饱和性和方向性：分子中每一个 X—H 键只能与一个另外分子中的强电负性原子 Y 形成氢键。这是由于氢原子非常小，其周围没有足够空间，与第二个 Y 原子结合。同时，X—H…Y 在同一直线上。由于 H 原子很小。Y 一般有孤对电子，其方向在可能的范围内要与氢键键轴一致。同时 X—H 的偶极矩与 Y 相作用时，只有当 X—H…Y 在同一直线上，才最强烈。即氢键具有饱和性和方向性，而范德华力则没有饱和性和方向性。

(2) 适应性和灵活性：这和范德华力相似而与共价键不同。在具备形成氢键的条件下，将尽可能多地生成氢键以降低物质的能量，即氢键生成最多原理。在有氢键物质的内部，会始终有一定数量的氢键存在。

表 7-7 分子间作用力比较

类型	作用力大小/kJ・mol^{-1}	分子类型
取向力	0～3	极性分子
诱导力	0～1	极性分子与非极性分子之间
色散力	8～25	所有类型分子
氢键	5～30	N,O,F

氢键的形成对化合物的物理和化学性质具有重要影响，在生命物质的形成及生命过程中都扮演着重要角色。

2. 氢键的形成对化合物性质的影响

(1) 对熔点、沸点的影响

化合物的熔沸点，主要取决于分子间力，其中以色散力为主。以氧族元素为例，H_2Te、H_2Se、H_2S 随相对分子质量的减小，色散力依次减弱，因而熔沸点依次降低。然而 H_2O 由于分子间氢键的形成，分子间作用力骤然增强，从而改变了Te－S氢化物熔沸点降低的趋势而猛然升高，卤族中的 HF 和氮族中的 NH_3 也有类似情况。

（2）对溶解度的影响

在极性溶剂中如果溶质分子与溶剂分子之间可以形成氢键。则溶质的溶解性增大，突出的实例是：NH_3 在 H_2O 中的溶解。

一个分子的 X—H 键与其内部的 Y 原子形成的氢键称为内氢键。若溶质分子形成内氢键，则在极性溶剂中溶解度降低，在非极性溶剂中的溶解度增大，如邻硝基酚和对硝基酚，二者在水中的溶解度之比为 0.39，显然前者溶解度较小，而在苯中其比例为 1.93，其主要影响因素是前者形成分子内氢键。

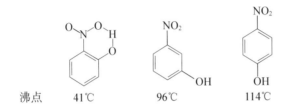

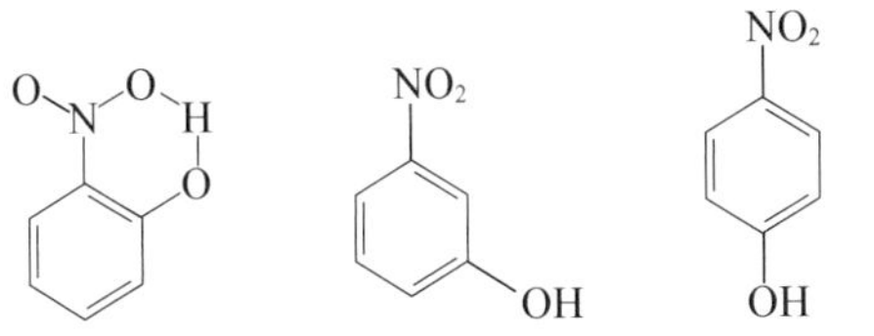

图 7－18 几个硝基甲苯异构体

（3）对酸性的影响

若苯甲酸解离常数为 K，则其邻、间、对位羟基取代物电离常数分别为15.9K、1.26K 和 0.44K；若左右两个邻位均有羟基则解离常数为 800K，这是由于邻位羟基与羧基氧形成氢键，减弱了羧基氧原子对氢的吸引力。

生命过程是具有复杂结构的生命有机体通过化学反应来维持的。生命有机体中的某些作用必须在低能量条件下容易断开和重组，才会出现生命过程。氢键键能介于化学键和范德华力之间，正好适合这种键能条件。

知识链接

超 分 子

我们知道分子是体现物质化学性质的最小微粒。随着近年来对生命体系深入研究，人们已开始认识到，许多复杂的生命化学反应并非可以由单一分子来完成，而必须由许多按规律聚集在一起的分子集合体的相互协同作用才能完成。这种分子集合体表现出不同于单独存在的分子的性质，也不同于无序排列的分子聚集体的性质。例如：细胞膜是许多类磷脂分子依靠分子力的有序聚集体，其具有的许多生物功能都是与分子的有序聚集有关。

随着化学进入这类复杂体系，化学就不仅仅涉及我们研究对象分子的成键和断键，也即不仅是离子键和共价键那样的强作用力，而且必须考虑这一复杂体系中分子的弱相互作用力，如范德华力、库伦力、π－π 堆积和氢键等等。虽然它们的作用力较弱，如其中较强的氢键键能一般仅为普通 C—H 共价键键能的四分之一不到，但由此却组装了分子聚集体、分子互补体系或通称的超分子。

超分子并非指单个分子，而是指许多分子形成的有序体系，体系中分子间存在着氢键、范德华力及疏水作用力等。分子间力孤立地看是一种较弱的相互作用，但是在超分子中所产生的加和效应和协同效应，使超分子具有自组装的重要特征。

化学家们正尝试利用这种分子组装思想，用容易的方式构筑具有特殊物理和化学性质的功能组装体系，并探求其在新催化剂、超分子药物、具有生物相溶性的组织功能材料方面的应用甚至进而超越模拟的层次，使人们在未来可能创造某些低级的生命形式，如病毒、单细胞等。

按照法国 Lehn 教授（1987 年诺贝尔化学奖获得者 Jean-Marie Lehn）的分类，超分子主要包括两大类体系：① 一定数量的若干个组分（一个受体及一个或多个底物）在分子识别原理的基础上，按照特定的构筑方式通过分子间缔合而形成的具有特定功能的寡聚物种；② 数目不定的大量组分自发缔合产生某个特定的相（或准相）而形成的具有一定功能的多分子实体，如胶束、微乳液、囊泡、液晶、膜结构等。构筑超分子体系的主体（受体）分子有：环糊精、冠醚、穴醚、杯芳烃、葫芦脲等。

练习

1. 键具有极性时，组成的分子必定是极性分子。判断对错（　　）。

2. 色散力仅存在于非极性分子中。判断对错（　　）。

3. 凡是含有氢的化合物的分子间都能形成氢键。判断对错（　　）。

4. 乙醇和二甲醚（CH_3OCH_3）的组成相同，但两者的沸点不同。判断对错（　　）。

5. 下列分子中属于极性分子的是（　　）。

A. H_2S　　B. CO_2　　C. NH_3　　D. CH_4

6. 下列分子中偶极矩最小的是（　　）。

A. NH_3　　B. $CHCl_3$　　C. H_2S　　D. SiH_4

7. 在水分子间存在的主要作用力是（　　）。

A. 氢键　　B. 取向力　　C. 色散力　　D. 诱导力

8. 下列分子中，中心原子在成键是以不等性杂化的是（　　）。

A. $BeCl_2$　　B. BF_3　　C. H_2S　　D. $SiCl_4$

9. 下列化合物的化学键中，只存在 σ 键的是；同时 σ 键和 π 键存在的是（　　）。

PH_3，乙烯，甲烷，SiO_2，N_2

10. 常温下 F_2，Cl_2 为气体，Br_2 为液体，I_2 为固体，这是因为：__________。

11. NH_3 与 PH_3 相比，（　　）的沸点较高，这是因为：__________。

12. 排出下列物质：HF，HBr，HCl，HI 的沸点从低到高的顺序：__________。

13. 下列化合物中分子间有氢键的是（　　）。

CH_3NHCH_3（二甲基胺），C_6H_5OH（苯酚），C_3H_6O（丙酮），C_4H_8O（乙酸乙酯），C_3H_9N（三甲基胺）

14. 为什么共价键具有饱和性和方向性，而离子键无饱和性和方向性？

15. 试用杂化轨道理论解释：H_2S 的分子的键角为 92°，而 PCl_3 分子的键角为 102°。

16. 利用 VSEPR 法判断 ClF_3 分子结构。

17. 举例说明什么是分子内氢键和分子间氢键。

18. 试分析下列分子间有哪几种作用力(包括取向力、诱导力、色散力、氢键)。

(1) HCl 分子间　　(2) He 分子间

(3) H_2O 分子和 Ar 分子间　　(4) H_2O 分子间

(5) 苯和 CCl_4 分子间

19. 乙醇可作为汽油的添加剂，生产的方法之一是水蒸气和乙烯反应：

$$H_2C{=}CH_2 + H_2O \longrightarrow CH_3CH_2OH$$

(1) 用路易斯结构完成方程式；

(2) 需要打断反应物中的全部化学键才能生成乙醇吗？解释理由。

20. 长期进行电脑操作容易使眼睛疲老，而并发“电脑眼病综合征”。该症会产生视觉模糊、视力下降、眼睛的干涩等不适现象。因此，长期在电脑前的员工应重视对自己的眼睛的保健。维生素 A 又称维他命 A、抗干眼病维生素，是人类的必需营养之一。维生素 A 的前身是存在于多种植物中的胡萝卜素。维生素 A 视黄醇的化学结构：

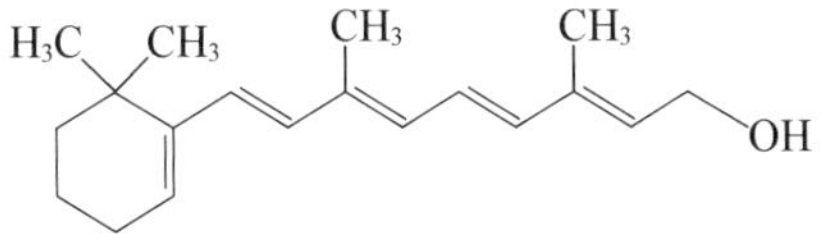

根据其结构预测其水溶性，并说明如何正确地食用胡萝卜。

第 8 章　固体结构

物质通常呈现出气、液、固三种聚集状态，且以固态物质最为常见，它又可分为晶体和非晶体。自然界中大多数固体物质是晶体，如冰、雪花、岩石、泥土、砂石等。

§8.1　晶体结构和类型

什么是晶体？古人曾将自然界中晶莹剔透的水晶称为晶体，后来又将凡是自然界中天然的、未经人工雕琢而成的具有几何多面体形态的固体称为晶体。但这个定义不够全面准确。首先，物质的外形与其生长环境密切相关，在适宜环境下，具有规则内部结构的晶体自由生长往往可以形成规则的几何外形，但如果生长环境不能充分满足晶体自由生长需要时，其最终外形就是不规则的。故仅仅依据外形来界定晶体是不对的。其次，即使是同种晶体，它既可以以多面体形态存在，也可以以不具多面体外形的不规则颗粒存在。由此可见，我们必须从晶体的内部结构去认识它。目前，晶体的定义是指内部质点（原子、分子或离子）在三维空间按一定规律作周期性重复排列所构成的固体物质。

8.1.1　晶体结构的特征

晶体的周期性结构，使得它与非晶体相比，通常具有如下特征。

1. 具有一定的几何外形

从外观上看，晶体一般都具有一定的几何外形。如图 8－1 所示。雪花（冰晶）是六角棱柱体，方解石晶体是棱面体，石英晶体是六角柱体，食盐晶体是立方体。

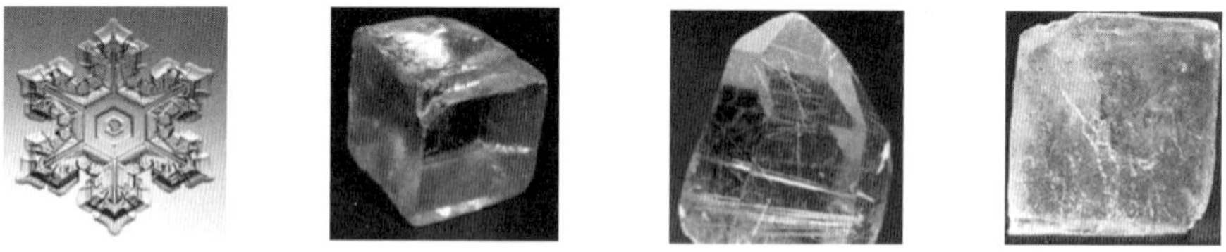

雪花　　方解石　　石英　　食盐

图 8－1　几种晶体的外形

非晶体如玻璃、沥青、石蜡、松香等，没有一定的几何外形，因此又叫作无定形体。

有些物质虽然不具备整齐的外观，但结构分析结果表明，它们是由极微小的晶体组成的，物质的这种状态称为微晶体。如：溶液内刚析出的沉淀、炭黑（即石墨的微晶）等。微晶体仍然属于晶体的范畴。

2. 具有固定的熔点

在一定压力下加热晶体，只有达到某一温度（熔点）时，晶体才开始熔化，没有完全熔化之前，即使继续加热温度也不会升高，此时吸收的热能均消耗在使晶体从固态转变为液态；待完全熔化之后，温度才会上升，即晶体具有固定的熔点。如常压下冰的熔点为 0 ℃。加热非晶体时，先软化成黏度很大的物质，随着温度的升高黏度不断变小，流动性增强，最后成为液体，从软化到熔化，温度不断上升，中间经过一段很长的温度范围，即非晶体没有固定的熔点。如石蜡在 30 ℃～60 ℃会软化，60 ℃以上成为液体。

3. 各向异性

晶体在不同的方向上有不同的物理性质的现象，称为各向异性。晶体的光学性质、力学性质、热和电的传导性质都表现出各向异性。如：石墨的导电率不同方向差别很大，层平行方向为垂直方向的 5 000 倍左右；食盐晶体抗张强度，对角线方向最大，垂直晶面方向最小。非晶体则是各向同性的。

4. 特定的对称性

自然界普遍存在着对称性。如：花朵、蜂巢及动物的形体等。所谓对称性是指物体内的相同部分做有规律的重复。晶体的外形和内部结构都具有对称性，这是由晶体内部微粒的排列方式决定的。晶体的对称性与其性质关系密切。

5. X 射线衍射效应

晶体可以作为三维光栅，使 X 射线产生衍射现象。所以，X 射线衍射是了解晶体内部结构的重要实验方法。那么，晶体与非晶体为什么在性质上有如此差异呢？

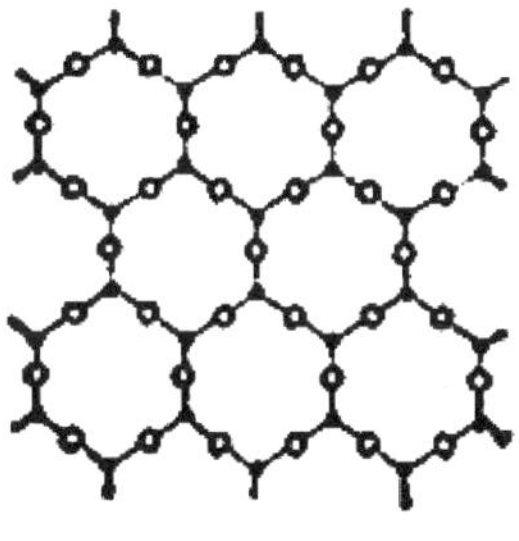

石英晶体（晶体）

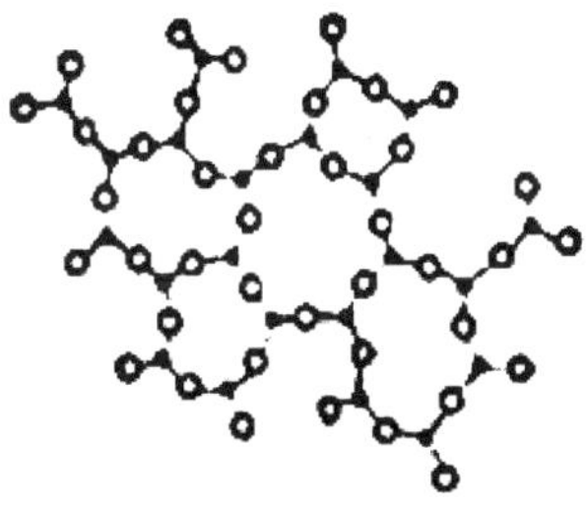

石英玻璃（非晶体）

图 8-2　石英晶体与石英玻璃结构特点示意图

现在，根据科学家的研究我们知道，晶体与非晶体在性质上的差异是源于两者在内部结构上的差别。X 射线研究表明，晶体其内部质点在不同方向上按一定规律周期性排列，这种有次序、周期性的排列规律贯穿整个晶体内部，既远程有序又具有近程规律。而且，在不同方向上的排列方式往往不一样，所以造成晶体的各向异性。非晶体的内部质点排列是混乱的、不规律的，只有近程规律，不能远程有序，所以表现为各向同性。晶体之所以具有 X 射线衍射效应，也是因为晶体结构的周期性，其周期大小与 X 射线的波长相近，所以，会产生 X 射线衍射现象。

为了清楚地表示晶体周期性结构的规律，人为地将晶体中规则排列的内部质点(原子、分子或离子)抽象为几何学上的点，并称为结点，结点的总和即为空间点阵；再用一些假想线条，将点阵中各相邻的点按一定的规则连接起来，便形成了一个可用于描述晶体内部结构的、具有一定几何形状的空间格子，简称晶格(如图 8-3 所示)。晶格是用点和线来反映晶体结构的周期性。实际晶体内的质点就位于晶格的结点上，它们将晶体划分为一个个平行六面体的基本单元。

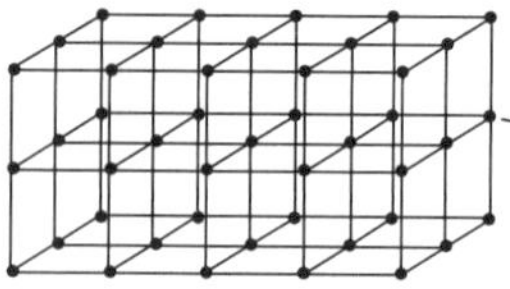

图 8-3　晶格示意图

8.1.2　晶体类型

晶体按其内部质点和作用力的不同可分为四类：离子晶体、原子晶体、分子晶体和金属晶体。

1. 离子晶体

由阳离子和阴离子通过离子键结合而成的晶体，称为离子晶体，如 NaCl、LiF 等。构成离子晶体的基本质点是阴、阳离子，它们在晶格结点上有规则地交替排列着，之间以很强的静电引力互相结合。

(1) 离子晶体的特点

离子晶体具有以下几个特点：

① 无单个分子存在

如氯化钠晶体，Na^+ 和 Cl^- 按一定规则在空间相间排列，使得同性电荷离子之间排斥力最小，异性电荷离子间吸引力最大，如图 8-4 所示。通常将离子晶体内某一离子周围最接近且等距离的异性离子的数目，称为该离子的配位数。由图可以看出，每一个 Na^+ 周围最近且等距排列有 6 个 Cl^-，每一个 Cl^- 周围有 6 个 Na^+。即 NaCl 晶体内，Na^+ 和 Cl^- 配位数都为 6，Na^+ 和 Cl^- 数目比为 1∶1，所以 NaCl 不是分子式，而是化学式，只是表示晶体中阴、阳离子的个数比。

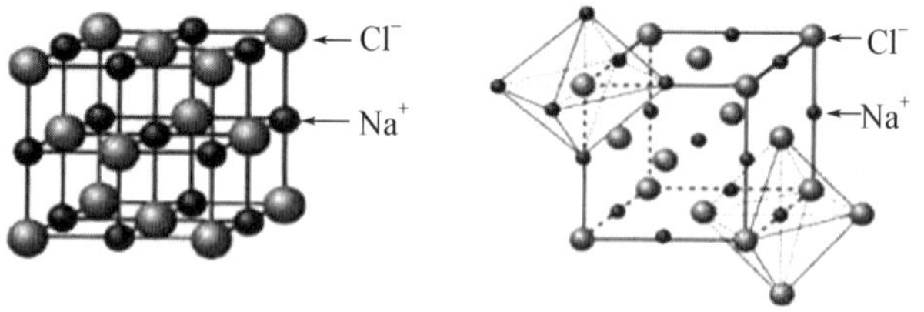

图 8-4　NaCl 晶体结构示意图

② 较高的熔、沸点，难挥发

离子晶体中，阴、阳离子间有较强烈的相互作用——离子键，要克服离子间的相互作用使物质熔化和沸腾，就需要较多的能量。因此，离子晶体具有较高的熔、沸点，难挥发。如：NaF 熔点 993 ℃，沸点 1695 ℃；MgF_2 熔点 1 248 ℃，沸点 2 260 ℃。

③ 硬度较大且脆

由于离子键能较大，约为 836 kJ/mol，阴、阳离子结合比较牢固，所以离子晶体硬度较大。但是当其受到机械作用力时，晶格结点上的离子会发生位移，当位移达到一定距离时便会导致部分离子键发生断裂，晶体结构即被破坏，所以离子晶体比较脆。

④ 易溶于水，水溶液或者熔融状态下能导电

离子晶体中，离子键很强，阴、阳离子被局限在晶格的某些位置上振动，不能自由移动，因此离子晶体不导电。但当其熔化或溶于水后能导电。因为温度升高时，阴、阳离子获得足够的能量克服了离子间的相互作用力，成为自由移动的离子，在外加电场的作用下，离子定向移动而导电。而当其溶于水时，阴、阳离子受到水分子的作用成为可自由移动的水合离子，在外加电场的作用下，阴、阳离子定向移动而导电。

常见离子晶体有：强碱、活泼金属氧化物、大部分的盐类。

(2) 离子晶体的结构类型

阴、阳离子单独存在时，其电荷总是球形对称的，在其周围各方向上，只要空间允许，静电作用力足够大，就能吸引与其带相反电荷的离子成键，所以离子键既无方向性，也无饱和性。但无饱和性并不意味着一个离子周围结合的带相反电荷离子的数目（即配位数）是无限的，相反，离子化合物中各离子的配位数总是确定的。这种离子配位数的有限性，是因为每个离子都有一定的大小，其周围的空间是有限的，在有效静电作用力范围内，每个离子周围只能结合有限数目的带相反电荷的离子，即：离子晶体的构型主要取决于阴、阳离子的半径比和所带电荷的多少。

下面介绍 AB 型离子化合物的几种最简单的结构类型：NaCl 型、CsCl 型和 ZnS 型。

① NaCl 型

NaCl 型结构是 AB 型离子化合物中常见的一种晶体构型。其配位数为 6，每个离子都被 6 个相反电荷的离子所包围。Li^+、Na^+、K^+ 和 Rb^+ 的卤化物；Mg^{2+}、Ca^{2+}、Sr^{2+}、Ba^{2+} 的氧化物；硫化物等离子化合物都是 NaCl 型的。

动画>结构模型

② CsCl 型

配位数为 8，每个离子都被 8 个相反电荷的离子所包围。CsBr、CsI、TlCl、TlBr、NH_4Cl 等都属于 CsCl 型离子化合物。

③ ZnS 型

配位数为 4，每个离子都被 4 个相反电荷的离子所包围。BeO、BeS、BeSe、BeTe、MgTe 等都属于 ZnS 型离子化合物。

2. 原子晶体

晶格结点上排列的是原子，相邻原子间通过强烈的共价键结合，形成空间网状结构的晶体叫作原子晶体。如金刚石和二氧化硅晶体就是典型的原子晶体，如图 8-5 和图 8-6 所示。

图 8-5 金刚石晶体结构示意图

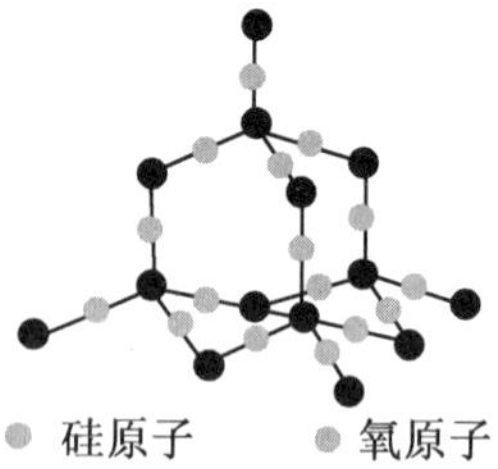

图 8-6 二氧化硅晶体结构示意图

晶体中，由于原子间以键能大的共价键相结合，且形成空间立体网状结构，所以原子晶体一般具有很高的熔、沸点和很大的硬度；一般多为绝缘体，即使熔化也不导电；不溶于水等常见溶剂。如：

原子晶体物质	熔点	沸点	莫氏硬度
金刚石	>3 550 ℃	4 000 ℃（63 个标准大气压下）	10
二氧化硅	1 723 ℃	2 230 ℃	7

在这类晶体中，晶格结点上的原子通过共价键相结合，形成了一个由“无限”数目原子构成的空间网状结构。由于在各个方向上这种共价键是相同的，所以在晶体中不存在独立的小分子，而只能把整个晶体看成一个大分子。晶体有多大，分子就有多大，没有确定的分子量。所以，SiO_2、SiC 这些不是分子式，它们只表示晶体中各种原子的个数比，是晶体的化学式。

常见原子晶体有：金刚石、单晶硅、碳化硅、二氧化硅、氮化硼等。

3. 分子晶体

晶格结点上排列的是分子（极性或非极性分子），它们之间靠分子间作用力（包括范德华力和氢键）结合，分子内的原子间则以共价键结合，这样的晶体统称为分子晶体。分子晶体中存在独立的小分子，所以小分子的化学式就是该分子晶体的分子式。干冰（固体 CO_2）就是一种典型的分子晶体，如图 8-7 所示。

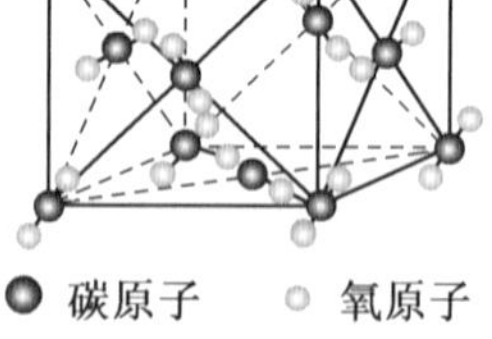

图 8-7 干冰晶体结构示意图

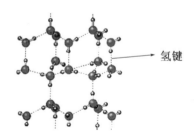

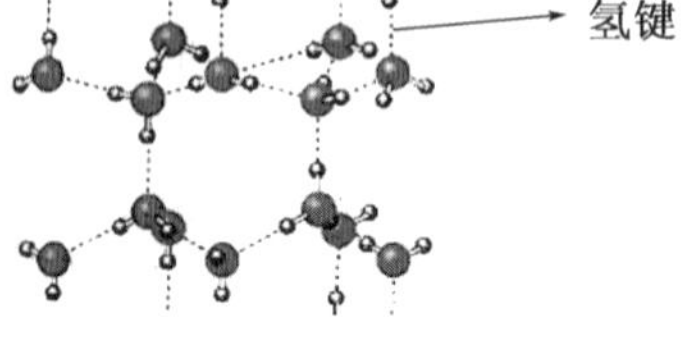

图 8-8 冰的晶体结构示意图

因为分子间作用力比离子键、共价键弱得多，克服它需能量少，所以分子晶体一般具有硬度较小，熔、沸点较低，易挥发，导电性差，易溶解于非极性溶剂中等特点。如：白磷的熔点为 44.1 ℃、沸点为 280 ℃；干冰、固态 O_2 在常温常压下以气态存在;碘、萘等易升华。

有些分子晶体,分子间除了存在分子间作用力外,还同时存在着氢键作用力。如:冰、硼酸、草酸等均为氢键型分子晶体。

4. 金属晶体

晶格结点上排列的质点是金属原子或金属阳离子时所构成的晶体称为金属晶体。

常温下,绝大多数金属单质(汞除外)和合金都是金属晶体。组成金属晶体的原子,部分地失去价电子,金属阳离子或金属原子排列在晶格结点上,游离的电子在整个晶体点阵之中作穿梭运动,不专属于某个金属原子,形成所谓自由电子气。整个晶体就是靠这些自由电子与金属阳离子之间的静电作用力(即金属键)结合起来的。

电子的自由运动使得金属键没有固定的方向,让金属具有很多特性。

(1) 易导电

在金属晶体中,存在着许多自由电子,这些自由电子的运动是没有固定方向的,但在外加电场作用下自由电子就会发生定向运动,形成电流,所以金属容易导电(如图 8-9)。

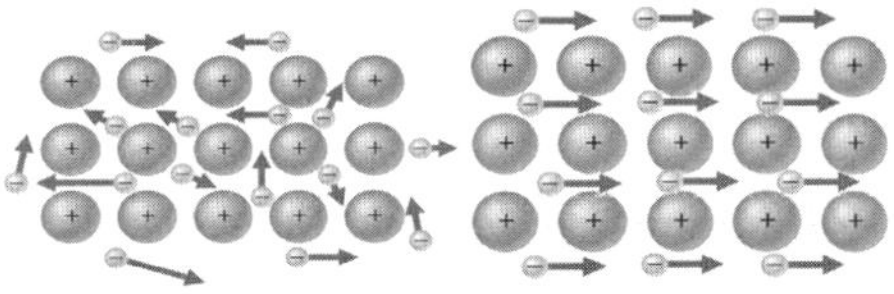

图 8-9 金属晶体导电性示意图

(2) 易导热

金属晶体易导热是因为自由电子运动时与金属离子碰撞,把能量从温度高的部分传到温度低的部分,从而使整块金属达到相同的温度。

(3) 有良好的延展性

受到外力作用如锻压或捶打时,金属晶体中各原子层发生相对滑动,但不改变原来的排列方式。弥漫在金属原子间的自由电子气可起到润滑作用,所以在各原子层之间发生相对滑动后,仍可保持相互间作用,即使在外力作用下,发生形变也不易断裂。因此,金属都有良好的延展性。

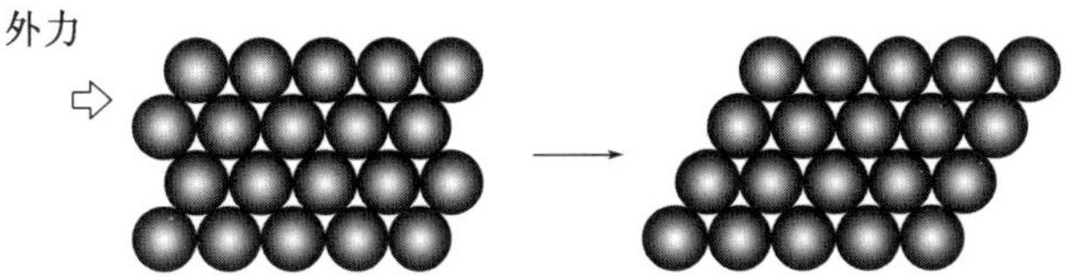

图 8-10 金属延展性示意图

(4) 有金属光泽和颜色

自由电子可吸收所有可见光,之后又很快释放出各种光,因此绝大多数金属具有银白色或钢灰色光泽。部分金属(如铜、金、铯、铅等)由于较易吸收某些频率的光而呈现较为特殊的颜色。当金属成粉末状时,金属晶体的晶面取向杂乱、晶格排列不规则,吸收可见光后发生漫反射,金属即呈现黑色。

但金属晶体的熔点变化差别较大,没有明显的特点,有些很低(如铯的熔点为 28.4 ℃)而有些则很高(如钨的熔点为 3 410 ℃)。

§8.2 离子晶体

上节内容里,我们已经介绍了离子晶体的定义和基本特点,知道离子晶体内的作用力为晶格结点上的阴离子和阳离子之间的静电引力,即离子键。离子键强度较大,使得离子晶体具有较高熔、沸点,难挥发等特点。那么,离子键的强弱如何判断呢? 晶格能的大小可以用来衡量离子晶体中离子键的强弱。

8.2.1 晶格能

在标准状态下,1 mol 离子晶体被拆成相互无限远离的气态离子时所需吸收的能量,称为离子晶体的晶格能,用 U 表示。如:298.15 K、标准状态下拆开 1 mol 的 NaCl 晶体所需要吸收的能量为 786 kJ · mol^{-1}。

$$NaCl(s)\xrightarrow[\text{标准状态下}]{298.15K}Na^{+}(g)+Cl^{-}(g)\qquad U=786\ kJ\cdot mol^{-1}$$

离子键能和晶格能均可表示离子键的强度,且大小关系一致。一般晶格能较为常用。晶格能大小与哪些因素有关呢?

晶体构型相同时,离子电荷数越多,离子半径越小,晶格能越大。如:

MgO 与 NaCl 是同种构型的晶体,MgO 的离子电荷数为 2,NaCl 的离子电荷数为 1;MgO 的晶格能 U 为 3791 kJ · mol^{-1},NaCl 的晶格能 U 为 785 kJ · mol^{-1}。

MgO 与 CaO 是同种构型的晶体,离子电荷数为均为 2,Mg^{2+} 半径为 0.6Å,Ca^{2+} 半径为 1Å,MgO 的晶格能 U 为 3 791 kJ · mol^{-1},CaO 的晶格能 U 为 3 401 kJ · mol^{-1}。

从上述可以看出,利用晶格能数据可以解释和预测离子晶体的某些物理性质。晶格能 U 越大,则形成离子键时释放出的能量就越多,离子键就越强,形成的离子晶体越稳定,相应地,其熔点就越高,硬度越大。所以,MgO、CaO 和 Al_2O_3 常被用作高温材料和磨料。

8.2.2 离子极化

研究表明,有些离子电荷相同、离子半径极为接近的离子晶体,性质上却差别很大。如 NaCl 和 CuCl 晶体的阴、阳离子电荷相同,Na^{+} 半径(95 pm)与 Cu^{+} 半径(96 pm)又很相近,但二者性质上却相差很大,比如 NaCl 易溶于水,但 CuCl 难溶于水。这说明除离子电荷和半径之外,还有一些其他因素会影响离子晶体的性质,离子极化便是其中一个影响显著的因素。

每个离子作为带点粒子均表现出两重性。一方面，离子本身带电荷，会在其周围产生电场，使另一个异性电荷离子的电子云发生变形，称为该离子的极化力；另一方面，在异性电荷离子的极化作用下，该离子本身也可以被极化而发生电子云的变形。所以，离子极化是离子极化力与离子变形性这对矛盾运动的必然结果，离子极化示意图如图 8－11 所示。

未极化
弱极化
强极化
共价键

图 8－11　离子极化示意图

所谓离子的极化力是指某离子使异性电荷离子发生极化(变形)的能力，它与离子的电荷、离子半径及离子的电子构型等因素有关。离子电荷数越多、半径越小，其极化力就越强。当离子电荷相同、半径相近时，电子构型就起到决定性影响。18 电子构型的离子，如 Cu^{+}、Ag^{+}、Hg^{2+} 等；(18＋2)电子构型的离子，如 Sn^{2+}、Pb^{2+}、Bi^{3+} 等；以及 2 电子构型的离子，如 Li^{+}、Be^{2+} 都具有较强的极化力。(9～17)电子构型的离子，如 Fe^{2+}、Cu^{2+}、Mn^{2+} 等次之。8 电子构型的离子(即：具有稀有气体构型)，如 Na^{+}、Ca^{2+} 等极化力最弱。

离子的变形性主要由离子的半径来决定。当离子半径较大时，其外层电子与原子核的距离较远，核对外层电子的束缚力较小，在外电场作用下，外层电子容易变形。当离子电荷相同、半径相近时，离子的电子构型对电子的变形性起到决定性作用。非稀有气体构型的离子(包括外层有 9～17、18 和 18＋2 个电子的离子)比稀有气体构型的离子(即 8 电子构型)变形性大得多。

当阴、阳离子相互靠近时，将发生相互极化和变形，这种结果将导致相应的离子化合物在结构和性质上发生相应的变化。

(1) 离子极化对键型的影响

离子极化使离子键增加了电子云向对方变形偏移的成分，阴、阳离子的外层原子轨道产生相互重叠，增加了共价键成分，结果使键长减小，键的极性降低。离子极化的极端情况可以看作正负离子的电子云共用，离子键转化为极性共价键(见图 8－11)。

(2) 离子极化对晶体构型的影响

晶体中的离子总是在其平衡位置附近不断振动。当离子离开其平衡位置而稍微偏向某异性电荷离子时，该离子将会产生诱导偶极。如果离子极化作用很强、离子变形性很大，足够大的诱导偶极会产生附加引力，破坏离子晶体中离子固有的振动规律，缩短了离子间的距离，使晶体向配位数减小的晶体构型转变。

(3) 离子极化对离子晶体熔、沸点的影响

离子极化作用加强，会使离子键逐渐向极性共价键过渡，导致晶格能降低，熔、沸点下降。如：AgCl 的熔点(455 ℃)远远低于 NaCl 的熔点(800 ℃)。这是因为 AgCl 与 NaCl 属同种晶体构型，但 Ag^{+} 离子的极化力和变形性远大于 Na^{+} 离子。

所以，AgCl 的键型为过渡型，晶格能小于 NaCl 的晶格能。

(4) 离子极化对离子晶体颜色的影响

离子晶体中，阴、阳离子相互极化的结果使电子能级发生改变，致使激发态和基态间的能量差值变小。激发所需的能量由可见光即可满足，从而使化合物呈现颜色。极化作用越强，激发态和基态的能量差越小，化合物的颜色就越深。如 AgCl 为白色，AgBr 为浅黄色，AgI 为黄色；$HgCl_2$ 为白色，HgI_2 红色。

(5) 离子极化对离子晶体溶解性的影响

物质的溶解度与诸多因素有关，但离子的极化往往起到很重要的作用。如果离子极化作用加强，会使离子键逐渐向极性共价键过渡，无疑会增加离子晶体在极性溶剂中溶解的难度。如：NaCl 易溶于水，但 CuCl 难溶于水；离子的变形性 $I^- > Br^- > Cl^-$，所以水中溶解度 AgCl>AgBr>AgI。

§8.3 分子晶体

8.1 节中，我们已经介绍了分子晶体的定义和基本特点，在此不再赘述。本节我们将向大家介绍一些分子晶体的实例。

分子晶体包括多数非金属单质和非金属元素组成的无机化合物，以及绝大多数有机化合物形成的晶体。

零族元素 He、Ne、Ar 等的晶体中，晶格结点上分布的是中性原子，这些原子间不是以化学键结合，而是靠色散力结合起来，所以也是分子晶体。

核酸、蛋白质、多糖等生物大分子分子量大，结构复杂。X 射线晶体衍射分析能解析蛋白质晶体中原子在空间的位置与排列，目前仍然是蛋白质和核酸三维结构测定的最主要方法，已测定了不少蛋白质和核酸晶体的结构，推动了分子生物学的发展。

C_{60} 是金刚石与石墨的同素异形体，是一种由 60 个碳原子构成的分子。C_{60} 分子间再通过范德华力形成分子晶体，其熔、沸点较低，硬度较小，易溶于苯、乙醇等有机溶剂，不导电。C_{60} 具有 60 个顶点和 32 个面，其中 12 个为正五边形，20 个为正六边形，呈足球形状。因此，又被称为足球烯。C_{60} 的研究已涉及化学、生物、材料等众多学科和应用研究领域，并越来越显示出巨大的潜力和重要的研究及应用价值。如：可用作超导材料。C_{60} 本身不导电，但它是一个空心的球形多面体分子，可将其他原子嵌入 C_{60} 分子中。比如当碱金属原子嵌入后，会与其发生相互作用，碱金属原子的外层电子会传递给 C_{60} 分子，在 C_{60} 分子上产生一个导电带，使其导电性发生有趣的改变。

2014 年 7 月 13 日出版的《Nature Chemistry》杂志上发表了美国布朗大学化学家 Lai－Sheng Wang 率领的研究团队的最新研究成果——“40 -原子分子硼球”(如图8 - 15)，它是以六边形、七边形和三角形排列组成的结构。这个由硼构成的新形态有望带来新的纳米材料，并可能在储氢材料中发挥巨大作用。

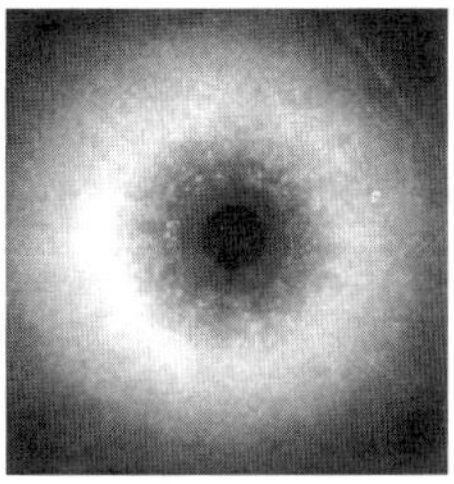

图 8-12 蛋白质的 Laue 衍射图

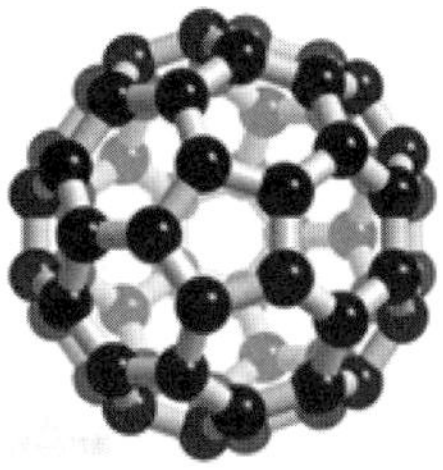

图 8-13 C_{60}微观空间结构

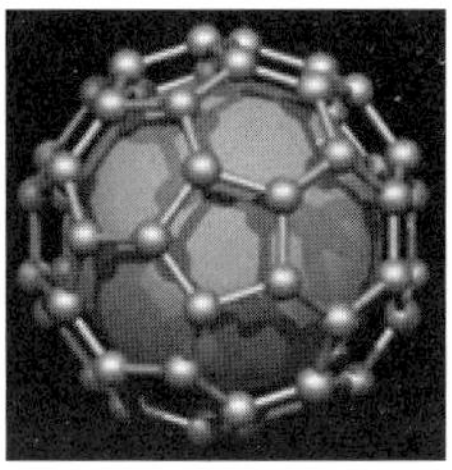

图 8-14 包裹金属的 C_{60}模型

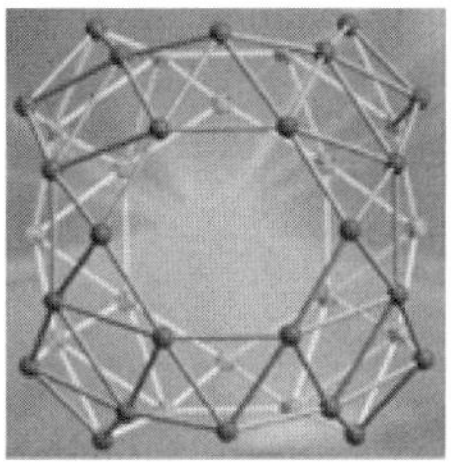

图 8-15 由 40 个硼原子构的硼"足球烯"

§8.4 纳米材料和准晶材料简介

纳米材料和准晶材料是目前材料科学研究的两个热点，本节将向大家做简单介绍。

8.4.1 纳米材料

在宏观物体与微观粒子间还存在着包括微米、亚微米、纳米到团簇尺寸范围的介观层次的物质。其中纳米材料因具有不同寻常的表面和界面效应，具有与宏观材料截然不同的光、电、磁、热以及力学和化学性质，而备受人们的关注，是目前材料科学研究的热点之一。1990 年 IBM 公司研究人员操纵单个铁原子，用扫描隧道显微镜将它们排列成"原子"二字(图 8-16)。

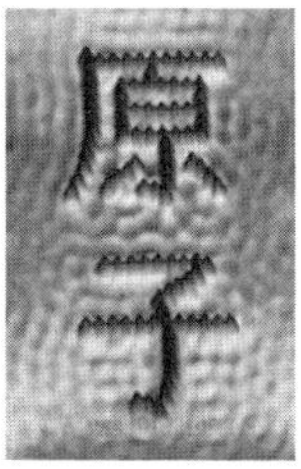

图 8-16 纳米字

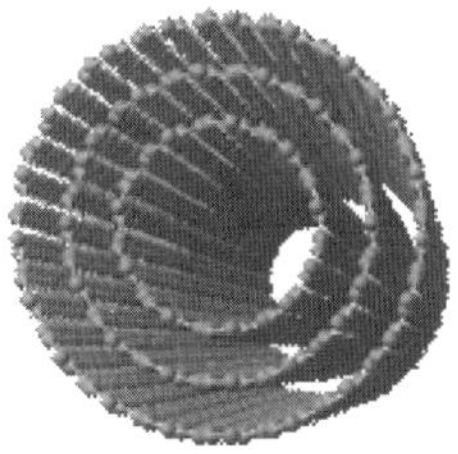

图 8-17 碳纳米管

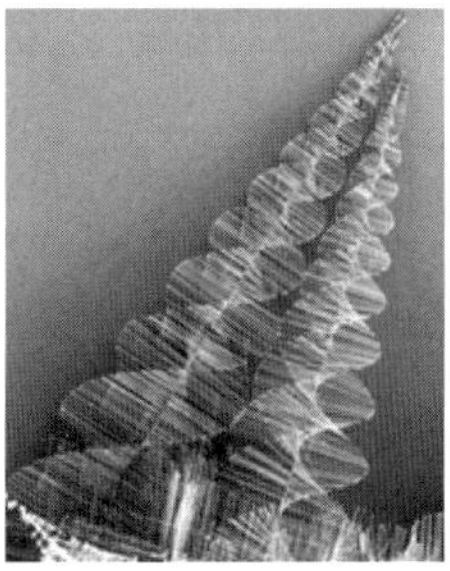

图 8-18 使用硫化铅纳米线制成的圣诞树

最早提出纳米尺度上科学和技术问题的是美国著名物理学家、1965 年诺贝尔物理奖获得者理查德·费曼。他在 1959 年的一次题为《在底部还有很大空间》的演讲中预言：如果人类能够在原子/分子的尺度上来加工材料、制备装置，将会有许多激动人心的新发现。他还指出，人们需要新型的微型化仪器来操纵纳米结构并测定其性质，那时，化学将变成根据人类意志逐个地准确放置原子的问题——这是关于纳米技术的最早的梦想。

图 8-19 理查德·费曼

图 8-20 最早的纳米材料——炭黑

其实，纳米材料的应用很早就存在于人们的生活中。早在一千多年前，中国人利用燃烧的蜡烛形成的烟雾制成炭黑，作为墨的原料或着色染料，被科学家们誉为最早的纳米材料。那么究竟什么是纳米材料呢?

纳米材料是指三维尺度上至少在某一维方向上尺寸在 1～100 nm 范围内，具有特殊功能的材料。它具有一些完全不同于宏观物质的特异性，如：

1. 优异的催化能力

纳米颗粒表面积很大，同质量的金属与纳米金属相比，后者的表面积是前者的成百上千倍。如此大的表面积使得金属纳米粒子的吸附作用非常强，因而具有优异的催化性能。如：纳米铂黑作催化剂时，可使乙烯的催化氢化反应温度从 600 ℃降至室温。

2. 奇异的热学性质

固态物质在其形态为大尺寸时，熔点是固定的，超细微化后却显著降低，当颗粒小于10 nm 量级时尤为显著。如：熔点降低，见表 8-1。

表 8-1 金属熔点降低现象

材料	常规熔点/℃	纳米态熔点/℃
金	1 064	1 037(10 nm)，327(2 nm)
铅	320	15(20 nm)
银	960	100(5 nm)
铜	1 080	139(20 nm)

3. 特殊的光学性能

金属超微颗粒对光的反射率很低，通常可低于 1%，大约几微米的厚度就能完全消光。利用这个特性,将其作为高效率的光热、光电等转换材料,可高效率地将太阳能转变为热能和电能。

超细二氧化钛的粒径小,为 10 nm～50 nm,呈透明状,既能散射紫外线,又能吸收紫外线,故其屏蔽紫外线的能力极强。在阻挡紫外线、透过可见光以及安全性方面具有一般化妆品原料所不具备的许多优良特性和功能。故在防晒霜等护肤品中加入 TiO_2 等纳米氧化物,能很好地吸收有害射线,达到保护皮肤的目的。

又如 1991 年海湾战争,美国 F－117A 型隐形战斗机外表包覆的雷达吸波材料中就含有多种纳米颗粒,它们对不同波段的电磁波产生强烈的吸收,有效地避开了伊拉克的雷达监测,成功地达到了隐形的目的。

图 8－21　F－117A 隐形战斗机

图 8－22　摔不碎的陶瓷

4. 特殊的力学性质

在通常情况下陶瓷材料呈现脆性,但由纳米超微颗粒压制成的纳米材料却具有良好的韧性。氟化钙纳米材料在室温下可以大幅度弯曲而不断裂;纳米铁抗断裂应力较常态铁提高了 12 倍。

8.4.2　准晶材料

2011 年,诺贝尔化学奖授予给以色列科学家丹尼尔·谢赫特曼,以表彰他发现了准晶体,这是一个给材料化学和结构化学带来重大革命的科学发现。

图 8－23　丹尼尔·谢赫特曼图

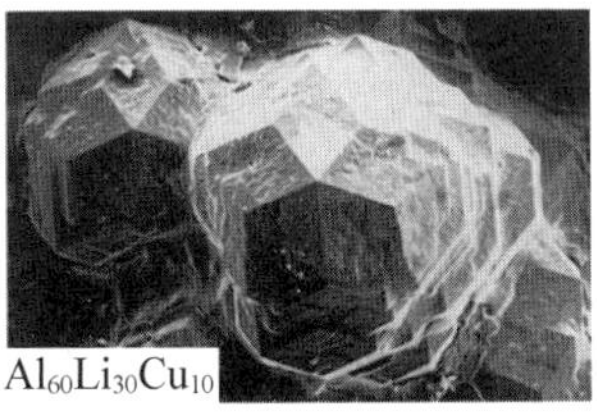

图 8－24　准晶体实例

准周期晶体,简称准晶体,是介于晶体与非晶体(玻璃体)之间的中间形式。

晶体其内部质点呈周期性排列,远程有序;非晶体内部质点排列是不规律的;而准晶体介于两者之间。它具有与晶体相似的长程有序的原子排列,但不具备晶体的平移对称性,因而可以具有晶体所不允许的宏观对称性。

准晶体有别于晶体的最大特点是,具有准周期性结构,即偏离了晶体的三维周期性结构,但仍有规律性;但又有别于非晶体的无序排布。

从组成上看，至今发现的准晶体绝大多数由金属组成。

尽管有关准晶体的组成与结构规律尚未完全阐明，它的发现在理论上已对经典晶体学产生很大冲击，以致国际晶体学联合会在 1992 年建议将晶体定义由原先的“微观空间呈现周期性结构”改为“衍射图谱呈现明确图案的固体”。

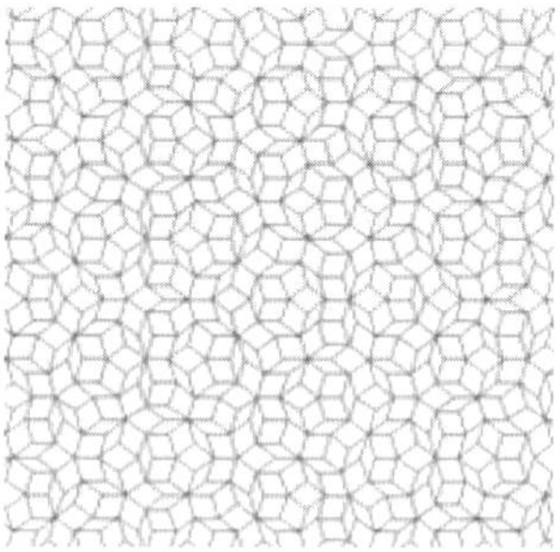

图 8－25　准晶 X 射线衍射图

独特的结构特征决定了准晶体具有独特的属性，如：坚硬又有弹性、非常平滑，虽由金属组成，但导电、导热性差等，因而被科学家研究开发成各种有用的材料，应用于生产生活的各个领域。

（1）表面改性材料

准晶坚硬与不粘的特性最早被利用于烹饪器具的涂层。不粘锅涂层通常是利用喷涂技术将 Al－Cu－Fe 准晶颗粒沉积到基体上，并形成一个均匀薄膜，同时加入 Cr 等合金元素，因此该薄膜除具有较低的表面能，即优良的不粘性能外，还具有优良的耐蚀性、耐高温性（可承受 750 ℃高温）、高的硬度（是不锈钢硬度的 2 倍以上）和高的耐磨性。

（2）隔热材料

与航空发动机常用的隔热材料锆钇氧化物及其他隔热材料相比，准晶涂层具有密度低、硬度高、耐磨、耐蚀、耐氧化、导热率低、使用温度高及易于制造等优点，因而能满足多种场合下的隔热要求。

（3）作为结构材料增强相

由纳米尺度的 Al－Mn－La、Al－Cr－La 准晶颗粒增强的 Al 基合金，因具有优良的弯曲性能和高达 1 200 MPa～1 400 MPa 的弯曲强度，而有望应用于航空工业。

（4）储氢材料

拥有大量四面体配位结构的准晶，从理论上具备了储氢能力，是很好的储氢材料。

（5）太阳能工业薄膜材料

准晶本身不具备光的选择性吸收特性，但准晶薄膜与高反射材料组成的多层结构材料，如“铜/绝缘体/准晶/绝缘体”对太阳光却具有选择吸收的特性。由此构成的绝缘体/准晶/绝缘体多层膜具有很高的热吸收率和很低的热发射率，与现有的工业化材料相比，虽然热吸收率略有降低，但热发射率却要低得多。

知识链接　　## 石墨烯

2004 年，英国曼彻斯特大学安德烈·盖姆和康斯坦丁·诺沃肖洛夫成功地在实验中从石墨中分离出石墨烯，并因在石墨烯（图 8－28）方面的卓越研究而分享了 2010 年的诺贝尔物理学奖。

图8－26　安德烈·盖姆

图8－27　康斯坦丁·诺沃肖洛夫

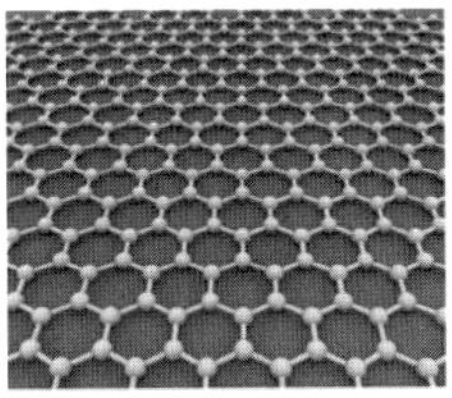
图8－28　石墨烯微观结构图

石墨烯是一种由碳原子以 sp^2 杂化轨道组成的六角型单层片状结构的新材料，是只有一个碳原子厚度(0.335 nm，约为头发直径的20万分之一)的二维材料。石墨烯作为基本结构单元，不但能堆叠成立体的三维石墨，还可以单层或多层包卷起来，形成以长、宽、厚都极小的零维足球烯(C_{60})为代表的各种富勒烯，也可单张卷成只有长度的一维碳纳米管，由同一元素碳可形成具有不同性质和形态的各种同素异性体，见图8－29。

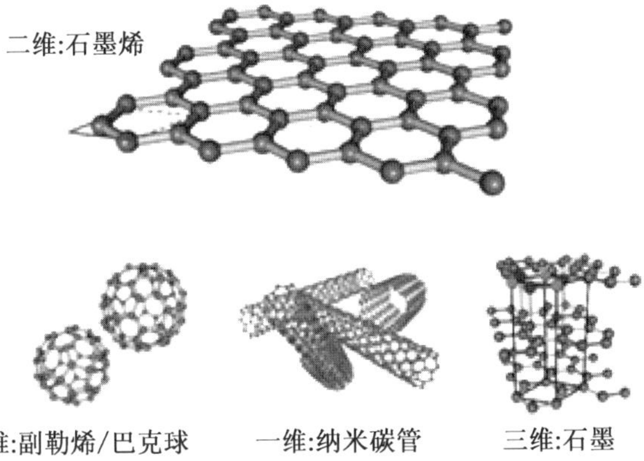

图8－29　碳的不同形态和性质的同素异形体

石墨烯是目前世界上最薄却也是最坚硬的纳米材料，具有超强导热导电性能、超出钢铁数十倍的强度和极好的透光性等特性以及优异的力学性能，有望在高性能电子器件、复合材料、场发射材料、气体传感器及能量存储等领域获得广泛应用。如：

因石墨烯的电阻率极低、电子迁移的速度极快，所以有望用于开发更薄、导电速度更快的新一代电子元件或晶体管。它几乎是完全透明的，又是良好的导体，因此也可用来制造透明触控屏幕、光板甚或太阳能电池。

练习

1. 晶体与非晶体的本质区别是什么？什么是准晶体？
2. 晶体有哪些类型？各有哪些特点？其内部质点间的相互作用力是什么？
3. 常用的硫粉是硫的微晶，熔点为112.8 ℃，溶于 CS_2、CCl_4 等溶剂中，试判断它属于哪一类晶体？

4. 已知下列两类晶体的熔点：

(1)	物质	NaF	NaCl	NaBr	NaI
	熔点/℃	993	801	747	661
(2)	物质	SiF_4	$SiCl_4$	$SiBr_4$	SiI_4
	熔点/℃	−90.2	−70	5.4	120.5

为什么钠的卤化物的熔点比相应硅的卤化物的熔点高？而熔点递变趋势相反？

5. 由气态离子 Ca^{2+}、Sr^{2+} 与 F^- 分别形成 CaF_2、SrF_2 晶体时，何者放出的能量多？为什么？

6. 解释下列事实：

(1) MgO 可作耐火材料；

(2) 金属 Al 和 Fe 都能够压成片、抽成丝，而石灰石则不能；

(3) 卤化银中，AgF 可溶于水，其余卤化银则难溶于水，且从 AgCl 到 AgI 溶解度逐渐减小；

(4) NaCl 易溶于水，而 CuCl 难溶于水。

7. 下列说法是否正确？

(1) 熔化或压碎离子晶体所需要的能量，在数值上等于晶格能；

(2) 溶于水能导电的晶体必为离子晶体；

(3) 稀有气体是由原子组成的，属原子晶体；

(4) 共价化合物呈固态时，均为分子晶体，因此熔、沸点都低；

(5) 离子晶体具有脆性，是由于阴、阳离子交替排列，不能错位的缘故。

8. 根据所学晶体结构知识，填写下表。

物质	晶格结点上的粒子	晶格结点上粒子间的作用力	晶体类型	预测熔点(高或低)
N_2				
SiC				
Cu				
冰				
$BaCl_2$				

第9章　有机化合物

§9.1　概述

有机化学作为一门学科，在19世纪初开始进入人们的视线。当时的化学家把从生物体内得到的化合物称为有机化合物，简称有机物。他们认为这些物质与矿物界得到矿石、金属及盐类化合物的结构和性质不同，提出了有机化学这个概念并断定有机化合物只有在动植物生命力的影响下才能形成，是无法通过人工方法合成的。但随后的实验事实证明了这一论断是错误的。1828年，维勒通过加热氰酸铵制备出了尿素；1845年，柯尔柏用木炭、硫磺、氯、水等无机物合成了乙酸，这说明有机化合物是可以从无机化合物转化而来的。1848年，葛美林认为有机化学是研究含碳化合物的化学，有机化合物即含碳的化合物。现在人们一般定义由碳和氢两种元素组成的烃及烃中氢元素被别的元素所取代的化合物即烃的衍生物为有机化合物。虽然人们保留了有机化合物的名词和分类方法，但已不是原来有机化合物的含义。现在关于有机化学较为严格的定义，如下所述：有机化学是研究有机化合物来源、组成、结构、性能、制备、应用，以及有关理论、变化规律和方法的科学。

1860年前后，德国化学家凯库勒和英国化学家库珀提出价键的概念，他们认为有机化合物分子是由其组成的原子通过键结合而成的，碳元素为四价，碳原子可以以单键、双键、三键和别的元素的原子相连。碳原子与碳原子之间也可以相连。这就为解释同分异构现象和有机化合物分子的多样性奠定了基础。

1916年，美国物理化学家路易斯提出价键的电子理论。他认为原子的外层电子可以配对成键，使原子能够形成一种稳定的惰性气体的电子构型。相互作用的外层电子如从一个原子转移到另一个原子，则形成离子键；两个原子如果共用外层电子，则形成共价键。如果共用电子对由一个原子提供，这样的共价键称为配位键。

1927年以后，海特勒和伦敦用量子力学处理分子结构问题，提出了分子轨道理论。这一理论认为，在分子中，组成分子的所有原子的价电子不只属于相邻的原子，而是处于整个分子的不同能级的分子轨道中。分子轨道一般采用原子轨道线性组合的方法来建立。分子轨道理论在解释 π 轨道以及周环反应等方面发挥了重要的作用。

有机化学发展了200多年，目前是化学中的一门重要基础课程。有机化合物与工农业生产及人们的生活密切相关。例如，在工业上，石油的开采、冶炼为人们带来了最稳定的动力来源，橡胶工业的发展则提供了大量优质的轮胎，使大规模的运输成为可能。在农业上，各种新型杀虫剂、除草剂及化学肥料的合成为粮食作物的生产丰收提供了保障。在医药上，无论是中药、西药大都以有机化合物作为最基本的来源和载体。食品添加剂、香料、染料、洗涤剂等这些与人们的生活密切相关的物质都是有机物。国防上，高氮含能类化合物作为炸药被广泛研究和使用。进入21世纪，有机化学与生命科学、材料科学、高分子化学、应用化学、能源科学、环境科学等各个方面的联系越来越密切。

§9.2 有机化合物分类

有机化合物种类和数量繁多，将有机物进行分类以便更好地进行学习和研究是十分有必要的。目前有机物分类的方法一般有两种，一种是按照碳骨架进行分类，另外一种是按照官能团进行分类。

9.2.1 按碳骨架分类

根据碳骨架的不同，可以分为开链化合物，碳环化合物和杂环化合物。

1. 开链化合物

开链化合物指碳原子相互连接成链状的化合物。这类化合物最初从动物脂肪中获得，也被称为脂肪族化合物。如：

$CH_3—CH_2—CH_2—CH_3$ 丁烷　　$CH_3—CH═CH_2$ 丙烯　　$CH_3—CH_2—OH$ 乙醇

2. 碳环化合物

碳环化合物指碳原子相互连接形成环状结构的化合物。一类是含有饱和的碳原子，化学性质与脂肪族化合物相似，被称为脂环族碳环化合物。如：

环戊烷

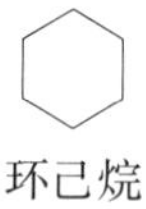
环己烷

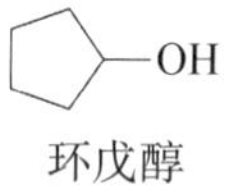

环戊醇

另一类是含有苯环的化合物，由于苯环具有芳香性，这一类化合物被称为芳香族碳环化合物。如：

苯

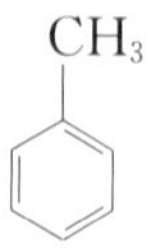

甲苯

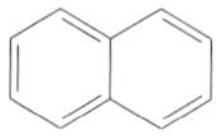
萘

3. 杂环化合物

杂环化合物指环状结构中含有非碳原子的化合物，它包括脂肪族杂环（脂杂环）化合物和芳香族杂环化合物（芳杂环）两种。脂杂环化合物由于具有脂肪族开链化合物的性质，因此可与脂肪族化合物一起学习，如：

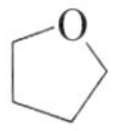

四氢呋喃

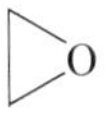

环氧乙烷

平时说的杂环化合物一般指的是芳香性杂环化合物。如：

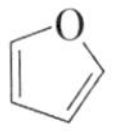

呋喃

噻吩

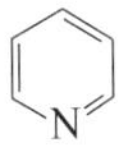

吡啶

9.2.2 按官能团进行分类

在有机化合物中，有些原子或者原子团具有相对较高的化学活性反应位点，称为官能团。例如：烯烃中的双键、卤代烃中的卤素原子、乙醇分子中的羟基等。由于含有相同官能团的化合物往往能发生相似的化学反应，可以在结构和性质之间建立比较好的联系，因而目前大多采用官能团分类的方法为主，见表 9-1。

表 9-1 一些常见化合物的类别及官能团的结构

化合物类别	官能团结构	官能团名称
烯烃	C═C	碳碳双键
炔烃	C═C	碳碳三键
卤代烃	—X (F, Cl, Br, I)	卤素
醇	—OH	羟基
酚	—OH	羟基
醚	C—O—C	醚键
醛	—CHO	醛基
酮	C═O	羰基
羧酸	—COOH	羧基
酯	—COOR	酯基
胺	$—NH_2$	氨基
硝基化合物	$—NO_2$	硝基
腈	—CN	氰基

§9.3 有机化合物结构

与无机化合物相比，有机化合物种类和数量繁多，结构也十分复杂。有机化合物中碳原子与其他碳原子、氢原子及其他元素的原子通过共用外层电子形成共价键产生各种各样的结构。例如，分子式为 C_2H_6O 的化合物可以代表乙醇和甲醚，由于连接方式的不同，这两种有机物有着截然不同的性质。乙醇沸点为 78.5 ℃，而甲醚沸点为 −23 ℃。这种具有相同的分子式而结构和性质不同的有机化合物称为同分异构体，这种现象被称为同分异构现象。同分异构现象在有机化学中非常普遍而且很重要。因此，在有机化学中，不能仅用分子式表示某种有机化合物，必须使用结构式来表示。

§9.4 有机化合物性质

无机物中很多都是离子型化合物，正负离子的静电吸引作用很强，离子排列得也比较整齐，要断裂离子键需要的能量较多，因此无机化合物的熔点、沸点较高，例如 NaCl 的熔点是 800 ℃，沸点是 1 413 ℃。而有机物大多是共价键型的化合物，分子之间的作用力为范德华力，与正负离子的静电吸引作用相比，作用力较弱，因此破坏分子间结合所需要的能量也就较少，有机物的熔点、沸点较低，一般情况下小于 400 ℃。同时，共价键与离子键相比，键能较低，在加热条件下，容易发生断裂，导致有机化合物的热稳定性较差，加热条件下容易发生反应，这也导致某些化合物无法确定准确的熔点和沸点。但是，测定熔点或者沸点仍不失为一种常用的鉴定有机化合物的方法。

有机物可以认为是碳氢化合物的衍生物，碳氢之间的结合力为共价键，由于碳和氢电负性相差不大，这样的共价键极性较小，由这些共价键所组成的有机分子的极性一般也较小，而水属于极性较大的分子，根据相似相溶原理，极性较小的有机物分子在水中的溶解度较小，大多数有机化合物难溶或微溶于水。而无机化合物由于含有离子键，在碰到极性较强的水分子时，离子键解离，变成正负离子，容易与水分子结合，溶解性较大。但某些含有较强极性基团且碳链较短的分子，例如甲醇、乙醇、丙酮等可以溶于水。

§9.5 常见的有机化合物

9.5.1 烷烃、烯烃、炔烃

分子中只含有碳、氢两种元素的有机化合物称为碳氢化合物(hydrocarbon)，简称烃。烃是有机化合物中组成最简单的一类化合物，其他各类有机化合物可以看作是烃的衍生物。

凡分子中碳碳之间的化学键单键相连，并为开链状，碳的其余价键全部为氢原子所饱和的烃，称为饱和脂肪烃，即烷烃(alkane)。

烷烃的天然来源主要是石油、煤和天然气。石油是动植物的遗骸在地下经过漫长的地质变化分解而成的，是烷烃的最主要来源。煤在高温、高压和催化剂的存在下，加氢可得到烃类的复杂混合物(人造石油)。天然气是蕴藏在地层内的可燃气体。它是低级烷烃的混合物，主要成分为甲烷，可作燃料和化工原料。我国政府自实施“西气东输”工程以来，天然气已经进入千家万户。近年来发现在我国东海海底大量存在一种甲烷的水合物 $CH_4 \cdot H_2O$，称为“可燃冰”，它是一种对环境友好的新的绿色能源。页岩气是一种储存于页岩（属于沉积岩）中的非常规天然气，其主要成分也是甲烷，具有分布范围广、厚度大、埋藏浅、开采寿命长等特点。目前，北美、亚太、欧洲及其他地区纷纷展开页岩气前期评估与勘探开发试验，并拟将其作为缓解能源困境的手段，全球范围内的“页岩气革命”浪潮蓄势待发。

最简单的烷烃是甲烷（CH_4），常见的还有乙烷（C_2H_6）、丙烷（C_3H_8）、丁烷（C_4H_{10}）等。比较它们分子式可以看出，任何两个相邻的烷烃在组成上都相差同一个结构单元（CH_2），这样的一系列化合物叫作同系列（homologous series）。同系列中各个化合物互称为同系物（homolog），相邻同系物在组成上相差的同一个结构单元（CH_2）叫作同系差。按照同系列中每个烷烃分子中的碳氢比例，烷烃的通式可以用 C_nH_{2n+2} 表示，其中 n 为碳原子数目。

有机物除烷烃同系列之外，还有其他同系列，同系列是有机化学中的普遍现象。一般来讲，各同系列中的同系物（特别是高级同系物）具有相似的结构和性质。因此，在每一个同系列里，只要学习和研究典型化合物，就可以推论出同系列中其他同系物的性质。同系物虽有共性，但每个具体化合物也可能有特性，特别是同系列中第一个化合物往往有较突出的特性。

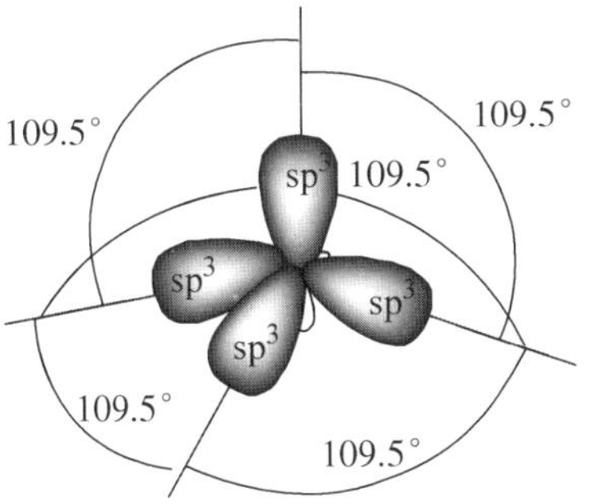

（Ⅰ）

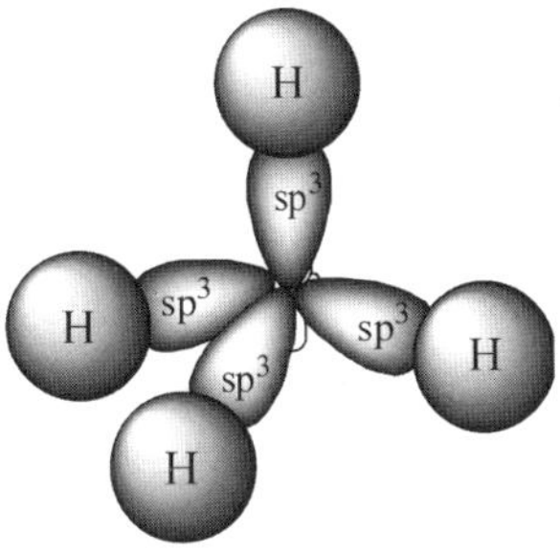

（Ⅱ）

图 9－1　sp^3 杂化轨道形状及在 CH_4 中生成四个等效 C—H 键的示意图

在形成甲烷分子时，四个氢原子的 1s 轨道沿着碳原子的四个 sp^3 杂化轨道的对称轴方向接近，实现最大程度的重叠，形成四个等同的 C—H 键（图 9－1）。乙烷分子中的碳原子也是 sp^3 杂化的。C—C 键是由两个碳原子沿 sp^3 杂化轨道对称轴方向重叠形成的，而 6 个 C—H 键是由氢原子的 1s 轨道和碳原子沿 sp^3 杂化轨道对称轴方向重叠形成（图 9－2）。Csp^3-Hs 键或 Csp^3-Csp^3 键是轨道沿其对称轴方向以“头碰头”的方式重叠形成的，这样形成的键称为 σ 键。在烷烃分子中，碳原子都是以 sp^3 杂化轨道与其他原子形成 σ 键。由于饱和碳原子的四面体构型，这就决定了在烷烃分子中，碳原子的排列不是直线形的。实验证明，气态或液态的两个碳原子以上的烷烃，由于 σ 键自由旋转而形成多种曲折形式。但在结晶状态时，烷烃的碳链排列整齐，且呈锯齿状(图 9－3)的。所谓“直链”烷烃，“直链”二字的含义仅指不带有支链。

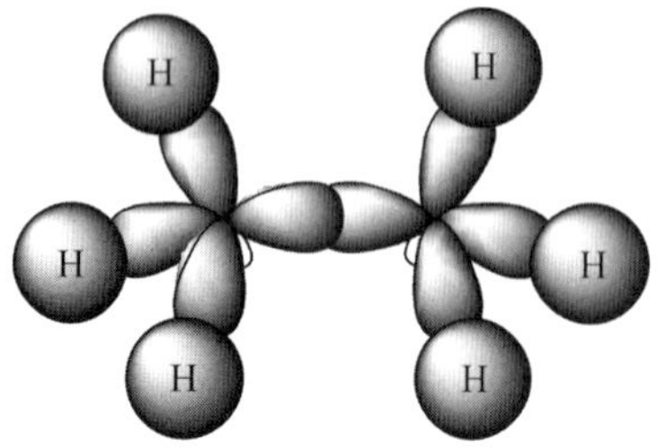

图 9－2 两个 sp^3 杂化碳原子形成的乙烷分子

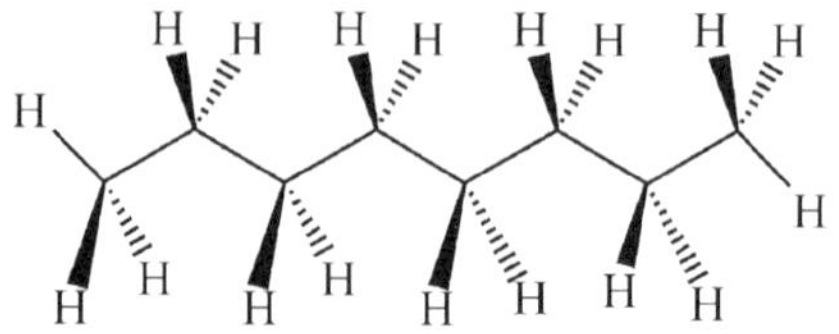

图 9－3 在晶体状态烷烃的排列呈锯齿状

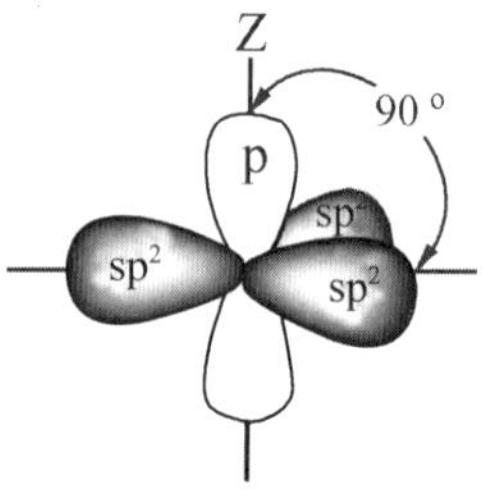

图 9－4 碳原子的三个 sp^2 杂化轨道和一个未杂化的 p 原子轨道

烯烃(alkene)是一类含有碳碳双键的不饱和烃。由于烯烃比同数碳原子烷烃少两个氢原子，所以其通式为 C_nH_{2n}。含有相同碳原子数的烯烃和单环烷烃互为同分异构体。碳碳双键是烯烃的官能团。烯烃的同系列中最简单的是乙烯。物理方法研究表明，烯烃的结构特点是含有碳碳双键，该双键由一个 σ 键和一个 π 键组成。乙烯的分子式为 C_2H_4，每个碳原子的价电子为 sp^2 杂化形式(图 9－4)。形成乙烯时，两个碳原子各以一个 sp^2 杂化轨道沿键轴方向以“头碰头”方式形成 C—C σ 键，每个碳上所余的 sp^2 杂化轨道分别和氢原子的 s 轨道形成两个 C—H σ 键。这五个 σ 键位于同一平面上。碳与碳之间的第二个键是由未参与杂化的 p 轨道重叠而形成的。两个 p 轨道相互平行以“肩并肩”地侧面重叠，形成 π 键。由此可见碳碳双键的两个键并不等同，其中 σ 键的电子云呈重叠程度大，键能较高，而 π 键电子云聚集在分子平面的两侧，重叠程度较小，键能较低，所以 π 键比 σ 键弱，成为烯烃分子中的薄弱环节。如图 9－5 所示。由于形成 π 键的电子云暴露在分子表面，容易受到缺电子试剂的进攻，发生加成反应，使碳碳双键中的 π 键断裂变为碳碳 σ 单键，所以烯烃化合物比烷烃化合物化学性质活泼。

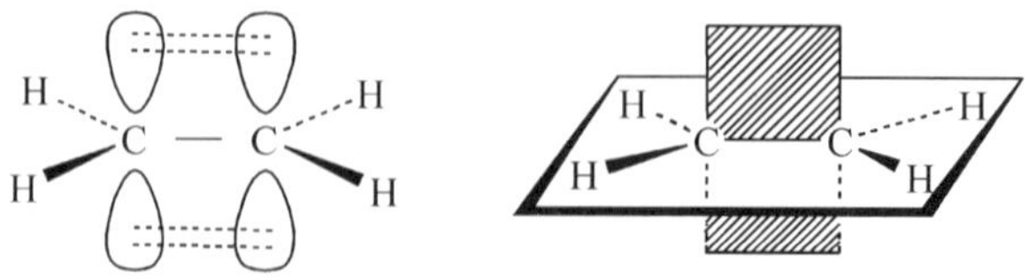

图 9－5 乙烯分子中的 π 键和 σ 键

炔烃(alkyne)是含有碳碳三键，比碳原子数目相同的单烯烃少两个氢原子，通式 C_nH_{2n-2}。炔烃分子中叁键碳原子以 sp 杂化轨道参与成键。sp 杂化轨道是直线型的，每个碳上的一个 sp 轨道相互重叠形成一个碳碳 σ 键，另一个 sp 轨道与氢原子或其他基团形成 σ 键。每个 sp 杂化的碳原子上还剩两个未杂化的 2py 与 2pz 轨道，四个 p 轨道两两平行重叠，形成两个 π 键，所以碳碳三键是由两个 π 键和一个 σ 键组成。叁键与相邻 σ 键的夹角为 180°。以乙炔为例，其杂化轨道见图 9-6，乙炔分子中的 π 键和 σ 键见图 9-7。

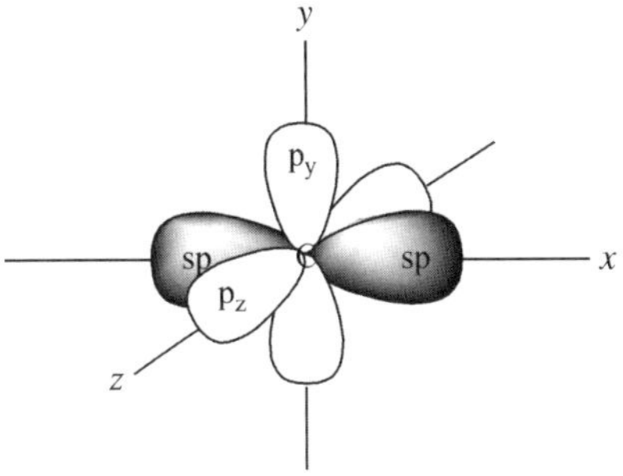

图 9-6 碳原子的两个 sp 杂化轨道和两个未杂化的 2p 原子轨道

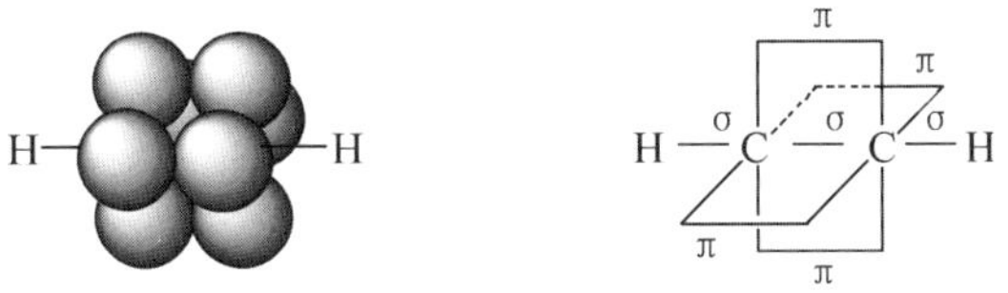

图 9-7 乙炔分子中的 π 键和 σ 键

9.5.2 脂环烃、芳香烃

脂环烃(alicyclic hydrocarbon)是指碳原子成环的烃，其性质和开链的饱和及不饱和的烃类相似。根据环中有无不饱和键，脂环烃可分为饱和与不饱和脂环烃。饱和的脂环烃称为环烷烃，不饱和的脂环烃称为环烯烃和环炔烃。根据所含环的数目，脂环烃还可分为单环、双环和多环脂环烃。单环脂环烃根据成环碳原子的数目分为小环(C3～C4)、普通环(C5～C7)、中环(C8～C11)及大环(C12 以上)。双环和多环脂环烃按环与环的结合方式又分为螺环烃和桥环烃。脂环烃中两个碳环共有一个碳原子的称为螺环烃。脂环烃中两个碳环共有两个或两个以上碳原子的称为桥环烃。

环戊烷　　环己烯(环烯烃)　　环辛炔(环炔烃)

环丙烷的碳是 sp^3 杂化轨道成键的，只有当两个 C—C 键之间的夹角为 109.5° 时，碳与碳的 sp^3 杂化轨道才能达到最大的重叠。环丙烷的几何形状要求碳原子之间的夹角必须是 60°，这时的 sp^3 杂化轨道不能沿键轴进行最大的重叠，环碳之间只得形成一个弯曲的键，形似"香蕉"，称为"弯曲键"或"香蕉键"，使整个分子像拉紧的弓一样有张力，具有此张力的环易开环恢复为正常键角，这种力称为角张力。由于环丙烷结构中弯键比沿键轴重叠的正常 σ 键弱，且环内存在较大张力，因此容易发生开环反应。环丁烷的结构与环丙烷的类似，C—C—C 键角约为 115°，也存在环张力，但其程度不及环丙烷，因此开环加成反应活性不如环丙烷明显。除环丙烷的碳原子为平面结构外，其余环烷烃中的成环碳原子都不在同一平面上，五碳及其以上的环烷烃中碳碳键的夹角差不多是 109.5°，这样可以很好地克服环张力，从而形成稳定的结构。

芳烃又称芳香烃(aromatic compound)，通常是指苯(benzene)及其衍生物以及具有类似苯环结构和性质的一类化合物。“芳香”二字源于最初发现的具有苯环结构的化合物带有香味，然而，后来的研究表明，并非所有含有苯环结构的化合物都具有香味，但由于习惯的原因，人们仍然以芳香族化合物来泛指这类具有独特结构和性质的化合物。它们的结构具有高度的不饱和性，但化学性质又具有特殊的稳定性，如与烷、烯、炔及脂环烃相比，化学性质有很大的区别，容易进行取代反应，不易进行加成和氧化反应，这种化学性质上的特殊性曾被作为芳香性的标志。随着有机化学的发展，芳香性的概念有了新的变化，我们现在常说的芳香烃指的是分子中含有苯环的一类烃。

芳烃按其结构可以分为两大类：

1. 单环芳烃

分子中含有一个苯环，包括苯及其同系物、苯乙烯、苯乙炔等。

苯

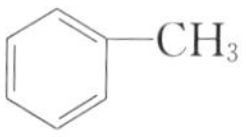

甲苯

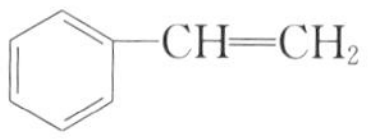

苯乙烯

2. 多环芳烃

分子中含有两个以上苯环，按苯环连接方式又可以分为：

(1) 联苯

苯环各以环上的一个碳原子直接相连的。

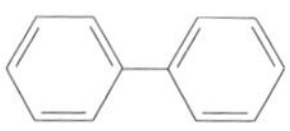

联苯

对联三苯

(2) 多苯代脂肪烃

可以看成是以苯环取代脂肪烃分子中的氢原子而成的。

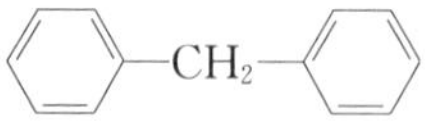

二苯甲烷

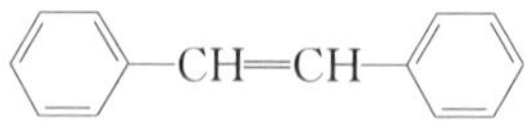

二苯乙烯

(3) 稠环芳烃

两个以上苯环共用两个以上相邻的碳原子稠合而成的。

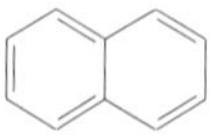

萘

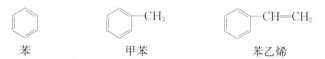

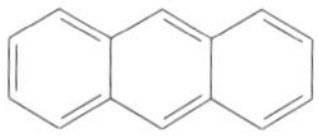

蒽

苯分子中的碳原子均为 sp^2 杂化，每个碳原子的三个 sp^2 杂化轨道分别与相邻的两个碳原子的 sp^2 杂化轨道和氢原子的 s 轨道重叠形成三个 σ 键。由于三个 sp^2

杂化轨道都处在同一平面内，所以苯分子中的所有碳原子和氢原子必然都在同一平面内，六个碳原子形成一个正六边形，所有键角均为 120°。另外，每个碳原子上还有一个未参加杂化的 p 轨道，这些 p 轨道的对称轴互相平行，且垂直于苯环所在的平面。p 轨道之间彼此重叠形成一个闭合共轭大 π 键，闭合共轭大 π 键电子云呈轮胎状，对称分布在苯环平面的上方和下方，如图 9－8 所示。

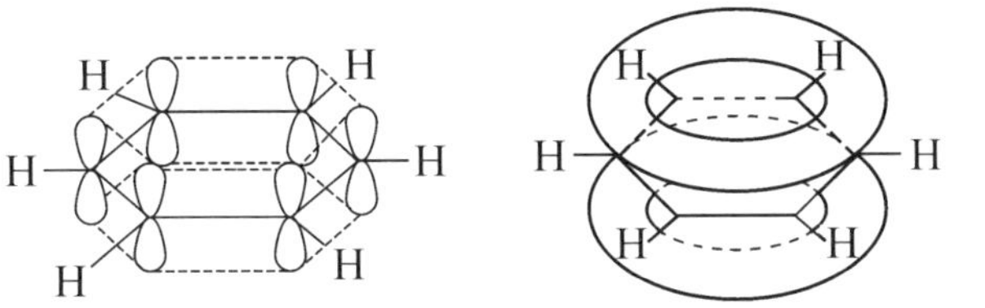

图 9－8　苯的结构

由于六个碳原子完全等同，所以大 π 键电子云在六个碳原子之间均匀分布，即电子云分布完全平均化，因此碳碳键长完全相等，不存在单双键之分。由于苯环共轭大 π 键的高度离域，使分子能量大大降低，因此苯环具有高度的稳定性。

9.5.3　卤代烃

卤代烃(alkyl halides)可以看成是烃分子中的一个或多个氢原子被卤素取代后所生成的化合物，一般用 RX 表示(X=F，Cl，Br，I)，其中卤原子是卤代烃的官能团，包括氟、氯、溴、碘。

$CH_3CH_2CH_2CH_2Cl$　正丁基氯

$CH_2{=}CH{-}Cl$　氯乙烯

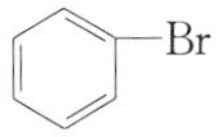

溴苯

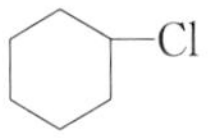

氯代环己烷

大多数卤代烃是由人工合成的，由于碳卤键(C—X)是极性共价键，卤代烃的化学性质比较活泼，能发生多种化学反应生成重要的有机化合物，是联系烃与烃的衍生物的桥梁，因此卤代烃是一类非常重要的有机合成中间体，在有机合成中占有重要位置。同时，卤代烃也可用作溶剂、杀虫剂、制冷剂、阻燃剂、灭火剂、吸入式麻醉剂、防腐剂等。

9.5.4　醇、酚、醚

醇、酚、醚都可以看作是烃的含氧衍生物，也都可以看作是水分子中的氢原子被烃基取代而成的衍生物。水分子中的一个氢原子被脂肪烃基取代的是醇(R—OH)，被芳香烃基取代的叫作酚(Ar—OH)，如果两个氢原子都被烃基取代则形成醚(R—O—R′、Ar—O—R 或 Ar—O—Ar′)。

CH_3OH　甲醇

CH_3CH_2OH　乙醇

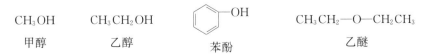

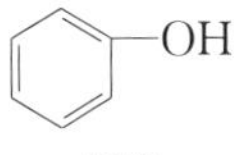

苯酚

$CH_3CH_2{-}O{-}CH_2CH_3$　乙醚

甲醇最初是通过木材干馏制得，故也叫木醇、木酸、木精。甲醇为无色可燃液体，沸点 65 ℃，可与水混合。甲醇有毒，服入或吸入 10 mL 可以致毒，30 mL 可以致死。甲醇是重要的化工原料，用途广泛，主要用于制甲醛，用作溶剂，用作甲基化试剂，也可将其混入汽油中作为汽车或飞机的燃料。

乙醇俗名酒精，是目前应用最广的一种醇。乙醇是无色、透明、易挥发的液体，具有特殊气味，易燃，火焰呈淡蓝色，与水可以混溶，也是非常好的有机溶剂。乙醇是酒的主要成分可以饮用，少量乙醇有兴奋神经的作用，大量乙醇有麻醉作用，可使人体中毒，甚至死亡。

乙醇可以和水形成共沸物，其中含乙醇 95.6%，含水 4.4%，它是通过普通精馏得到的工业酒精的最高浓度，所以不能通过普通精馏的方法从工业酒精制得无水乙醇。工业上通常是向工业酒精中加入一定量的苯，通过先蒸出苯、乙醇和水形成的三元共沸物将其中的一部分水带出，然后蒸出苯和少量乙醇的二元共沸物，待苯全部蒸出后，最后在 78.5 ℃蒸出的是无水乙醇。乙醇在染料、香料、医药等工业中应用广泛，可用作溶剂、防腐剂、消毒剂(70%～75%的乙醇)、燃料等。

苯酚是最简单的酚，俗名石炭酸。苯酚为无色固体，有特殊的刺激性气味。易被氧化，空气中放置即可被氧化而变成红色。室温时稍溶于水，65 ℃以上可与水混溶，易溶于乙醇、乙醚、苯等有机溶剂。苯酚可使蛋白质变性，有杀菌效力，曾用作消毒剂和防腐剂。苯酚有毒，可通过皮肤吸收进入人体引起中毒，现已不用作消毒剂。苯酚是有机合成的重要原料，用于制造塑料、药物、农药、染料等。

乙醚也叫二乙基醚，是无色、易挥发液体。微溶于水，能与多种有机溶剂混溶。易燃，遇火星、高温、氧化剂、过氯酸、氯气、氧气、臭氧等有发生燃烧爆炸的危险，在空气中爆炸极限 2.34%～6.15%。容易形成爆炸过氧化物，所以必须用亚硫酸钠等还原剂处理才能蒸馏。对人有麻醉性，曾用作麻醉剂。乙醚是油类、染料、生物碱、脂肪、天然树脂、合成树脂、硝化纤维、碳氢化合物、亚麻油、松香脂、香料、非硫化橡胶等的优良溶剂。医药工业用作药物生产的萃取剂和医疗上的麻醉剂。毛纺、棉纺工业用作油污洁净剂。火药工业用于制造无烟火药。

9.5.5 醛、酮、醌

醛 (aldehyde) 和酮 (ketone) 都是含有羰基 (C=O，carbonyl group)的化合物，羰基是醛、酮的官能团。羰基两端都与烃基相连的化合物称为酮，通式为 RCOR′，C=O 称为酮羰基；羰基至少与一个氢原子相连的化合物称为醛，通式为 RCHO，CHO 称为醛基。醌分子中也含有羰基，是一类含有 α，β 不饱和双羰基环状结构的化合物。

$CH_3CH_2CH_2CHO$	$CH_3COC_2H_5$	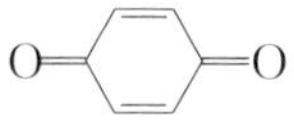
正丁醛	甲基乙基酮	1,4-苯醌

醛、酮和醌广泛存在于自然界，在工业和日常生活中有重要的应用，同时也是动植物体内代谢过程中十分重要的中间体。羰基化合物很活泼，可发生很多化学

反应,在有机合成中占有特殊的位置。

醛、酮根据与羰基相连的结构不同,可分为脂肪族醛(酮)、脂环族醛(酮)和芳香族醛(酮);根据烃基的饱和度可分为饱和醛(酮)和不饱和醛(酮);根据分子中所含羰基的数目分为一元醛(酮)、二元醛(酮)、多元醛(酮)等。

醛酮的官能团羰基(C=O)与碳碳双键相似,羰基双键中一个是 σ 键、一个是 π 键。羰基碳原子为 sp^2 杂化,它的三个 sp^2 杂化轨道可与其他原子形成三个 σ 键,这三个 σ 键在同一平面上,键角接近 120°,羰基碳原子和氧原子上各自的一个 p 轨道侧面重叠形成 π 键,该 π 键垂直于三个 σ 键所在的平面。例如甲醛分子的结构和键参数:

| C＝O | 0.120 2 nm | C—H | 0.110 1 nm |
| ∠HCO | 121.8° | ∠HCH | 116.5° |

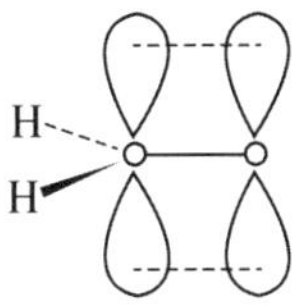

自然界中有许多有用的醌类化合物。例如,茜素是一种从茜草中分离出的很古老的红色染料,后来发现它是蒽醌的二羟基衍生物,从而启发化学家合成了一大类性能优异的蒽醌类染料。作为凝血剂的维生素 K1 分子中也含有 1,4 -萘醌的结构。

9.5.6　羧酸及其衍生物

$$CH_3CH_2CH_2CHCOOH$$
$$\overset{|}{CH_3}$$

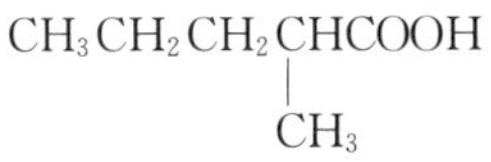

α-甲基戊酸

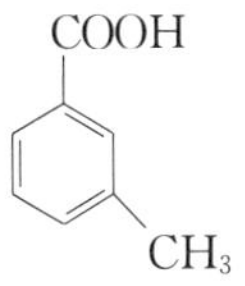

间甲基苯甲酸

分子中仅含有烃基(或氢原子)和羧基(—COOH)的化合物称为羧酸。羧酸常以盐和酯的形式广泛存在于自然界,是许多有机化合物氧化的最终产物,也是重要的化工原料和有机合成中间体。羧酸对于人们的日常生活非常重要,许多羧酸在生物体代谢过程中也起着重要作用。羧基是羧酸的官能团。羧酸分子中,羧基的羟基被其他原子或基团取代后生成的化合物称其为羧酸衍生物,重要的羧酸衍生物有:酰卤、酸酐、酯和酰胺。羧酸分子中都含有羧基官能团。羧基的碳原子是 sp^2 杂化,与相邻的三个原子以 σ 键相结合,剩下的一个 p 轨道与羰基的氧原子的 p 轨道互相交盖形成一个 π 键。

油脂是油和脂(肪)的总称,习惯上把常温下为液态的称为油,例如花生油、大豆油、菜籽油、棉籽油、蓖麻油、桐油等;常温下为固体的称为脂(肪),例如猪油、牛油。油脂是生活中不可缺少的营养成分,在工业上也有广泛的用途。

磷脂,也称磷脂类、磷脂质,是含有磷酸的脂类,属于复合脂。磷脂是组成生物膜的主要成分,分为甘油磷脂与鞘磷脂两大类,分别由甘油和鞘氨醇构成。磷脂为两性分子,一端为亲水的含氮或磷的尾,另一端为疏水(亲油)的长烃基链。磷脂分子亲水端相互靠近，疏水端相互靠近，常与蛋白质、糖脂、胆固醇等其他分子共同构成脂双分子层，即细胞膜的结构。磷脂在细胞膜中以双分子层的形式存在，具有选择透过性，在细胞吸收外界物质和分泌代谢产物的过程中起着重要的作用。

9.5.7 含氮化合物

地球的大气中单质氮体积约占 78%，但是，众所周知，自然界的植物体一般不能直接摄取空气中的惰性 N_2 作为自身的养分，而主要是通过根部吸收土壤中水溶性的铵盐等，再经过特殊的生理作用将它们转化为高级含氮有机化合物。氮作为重要的生理活性物质蛋白质、核酸以及生物碱等的组分，它对生命化学而言是不可或缺的。以尿素为标志，人们已创造合成了大量的含氮有机物，广泛地应用到医药、农药、化肥、染料等领域。元素氮的利用对人类衣、食、住、行产生了巨大的影响和作用，我们的学习先从小分子含氮有机物开始。含氮有机化合物是指分子中含有 C—N 键的化合物，如硝基化合物、胺类以及含氮杂环化合物等含氮的化合物。

$CH_3—NO_2$

硝基甲烷

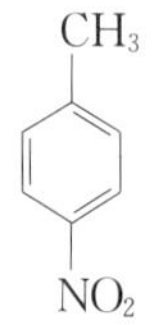

对硝基甲苯

CH_3NH_2

甲胺

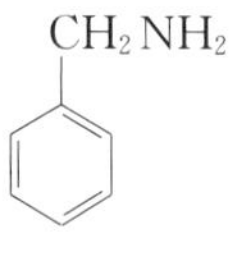

苯甲胺

$(CH_3)_2CHCN$

异丁腈

硝基化合物可看作是烃分子中的一个或多个氢原子被硝基取代的产物，可分为脂肪族硝基化合物和芳香族硝基化合物，前者又可分为伯、仲、叔硝基化合物。也可根据硝基的数目分为一硝基化合物和多硝基化合物。硝基中的氮原子是 sp^2 杂化的，由此形成的分子轨道中发生了 π 电子的离域、氮氧键的键长平均化。

胺是氨的有机衍生物，分子中有一个或多个烃基或芳基与氮原子成键。胺作为有机化合物的一种类型，它包括一些重要的生物活性化合物。胺类在生物活体组织中具有很多功能，如生物调节、神经传递以及防御天敌。因它们具有高的生物活性，许多胺被用作药物。

9.5.8 杂环化合物

由碳原子和非碳原子所构成的环状有机化合物称为杂环化合物，环中非碳原子称为杂原子，最常见杂原子有氧、硫、氮等。通常将环系比较稳定，具有一定芳香性，且符合 Hückel 规则的杂环化合物称为芳杂环。杂环化合物是一大类有机物，在自然界分布很广、功用很多。例如，中草药的有效成分生物碱；动植物体内起重要生理作用的血红素、叶绿素、核酸的碱基；部分维生素、抗生素，一些植物色素、植物染料、合成染料、酶和辅酶中催化生化反应的活性部位等。

杂环化合物简单分为芳香性杂环和非芳香性杂环两大类，芳杂环又可根据环的数目将杂环化合物分为单杂环和稠杂环。单杂环可根据环的大小分为三元、四元、五元、六元和七元环等类型。最常见的杂环化合物是五元和六元杂环化合物，如呋喃、噻吩，吡啶，嘧啶等。稠杂环指苯环与杂环稠合或杂环与杂环稠合在一起的化合物，如喹啉、吲哚、嘌呤等。

呋喃

噻吩

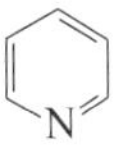
吡啶

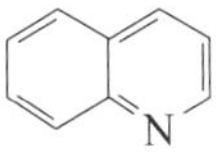
喹啉

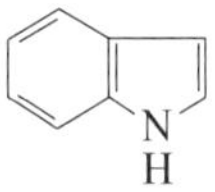
吲哚

生物碱（alkaloid）是存在于自然界（主要为植物，但也有存在于动物）中一类含氮碱性有机化合物。它们大多有复杂环状结构，氮原子大多包含在环内，有显著生物活性，是中草药中重要有效成分，一般具有光学活性。有些来源于天然的含氮有机物，如某些维生素、氨基酸、肽类，习惯上不属于“生物碱”。生物碱种类约在 10 000 种左右，有些结构式还未完全确定。根据其基本结构可分为 60 种类型，主要为：有机胺类、吡啶类、异喹啉类、吲哚类、莨菪烷类、咪唑类、喹唑酮类、嘌呤类、甾体类、二萜类等。由于生物碱种类很多，各具不同结构式，因此彼此间性质会有所差异。生物碱是次级代谢物之一，对生物机体有毒性或强烈的生理作用。

思政案例　　可再生资源——青蒿素

对人类来说，作为精细化工原料的石油和煤是不可再生资源，人类对资源的不断索取，使石油和煤面临枯竭的危机，缓解石油和煤过度使用的有效途径是寻找可再生资源，我国药学家屠呦呦提取青蒿素的原料中药青蒿，即是可再生资源。

1969 年 1 月，39 岁的屠呦呦接受国家“523”抗疟药物研究任务，带领课题组成员开展如下工作：① 从本草研究入手编撰了载有 640 种药物的疟疾单密验方集等资料；② 进行 300 余次筛选实验，确定了以可再生资源中药青蒿（菊科植物黄花蒿的全草）为原料的研究方向；③ 用乙醇冷浸萃取法从中药青蒿中提取抗疟成分，经历 190 次失败后，得到了青蒿素，屠呦呦和团队成员住院一周，以身试药，最终试验确定此药安全。

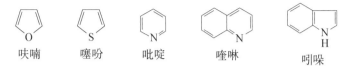

图 9－9　诺贝尔奖获得者屠呦呦和青蒿素

屠呦呦教授依据《肘后备急方》用溶剂从青蒿中萃取的青蒿素获得成效，研制了新型抗疟药——青蒿素和双氢青蒿素，有效降低了疟疾患者的死亡率。20年来，青蒿素和它的衍生物走向国际抗疟临床，并成为全球抗疟一线药物。根据世界卫生组织的统计，2000年—2015年期间全球疟疾发病率下降了37%，疟疾患者的死亡率下降了60%，全球共挽救了620万人的生命。

2015年10月5日，瑞典卡罗琳医学院宣布，将2015年诺贝尔生理学或医学奖授予中国中医科学院的药学家屠呦呦等三名科学家，以表彰他们对治疗疟疾新药的发现、对疟疾等寄生虫病机理和治疗的研究成果。这是中国科学家在中国本土进行的科学研究首次获诺贝尔科学奖，是中国医学界迄今为止获得的世界最高奖，也是中医药成果获得的世界最高奖。

药学家屠呦呦从青蒿素出发研制出新型抗疟药有四点启示：① 青蒿素以可再生资源为原料，符合可持续发展战略；② 我国本土培养科学家在本国进行科学研究，也能获诺贝尔科学奖，这充分体现了我国社会主义制度的优越性；③ 依据《肘后备急方》，用中药青蒿提取抗疟药物青蒿素，说明中国文化的博大精深；④ 要学习老一辈科学家不畏艰难，为祖国和全人类的健康事业努力奋斗，为患者服务的爱国主义和国际主义精神。

习题

1. 有机化合物有哪些分类方法？

2. 写出下列结构的分子各属于哪一类化合物？

(1) CH_3CN

(2) 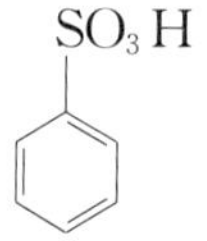

(3) n-$C_5H_{11}CHO$

(4) $C(CH_3)_4$

(5) 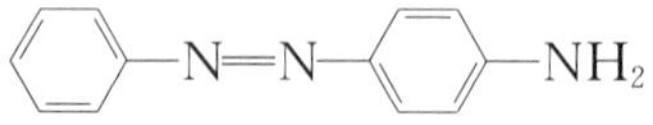

(6) 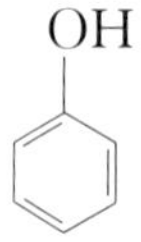

(7) $CH_3COOC_2H_5$

(8) 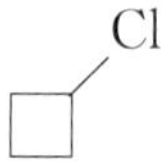

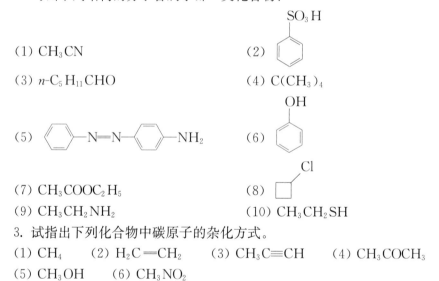

(9) $CH_3CH_2NH_2$

(10) CH_3CH_2SH

3. 试指出下列化合物中碳原子的杂化方式。

(1) CH_4　(2) $H_2C{=}CH_2$　(3) $CH_3C{\equiv}CH$　(4) CH_3COCH_3

(5) CH_3OH　(6) CH_3NO_2

第 10 章　化学能源与环境保护

§10.1　能源概述

能源亦称能量资源或能源资源，是指可产生各种能量（如热量、电能、光能和机械能等）或可做功的物质的统称。包括煤炭、原油、天然气、煤层气、水能、核能、风能、太阳能、地热能、生物质能等一次能源和电力、热力、成品油等二次能源，以及其他新能源和可再生能源。

能源是为人类的生产和生活提供各种能力和动力的物质资源，是国民经济的重要物质基础，未来国家命运取决于对能源的掌控。能源的开发和有效利用程度以及人均消费量是生产技术和生活水平的重要标志。

10.1.1　能源的分类和能量的转化

能源种类繁多，而且经过人类开发与研究，不断出现的新型能源已经开始能够满足人类需求。根据不同的划分方式，能源也可分为不同的类型。

1. 按来源分类

（1）来自地球外部天体的能源（主要是太阳能）。除直接辐射外，并为风能、水能、生物能和矿物能源等的产生提供基础。人类所需能量的绝大部分都直接或间接地来自太阳。各种植物通过光合作用把太阳能转变成化学能在植物体内贮存下来。煤炭、石油、天然气等化石燃料也是由古代埋在地下的动植物经过漫长的地质年代形成的。它们实质上是由古代生物固定下来的太阳能。此外，水能、风能、波浪能、海流能等也都是由太阳能转换来的。

（2）地球本身蕴藏的能量。通常指与地球内部的热能有关的能源和与原子核反应有关的能源，如原子核能、地热能等。温泉和火山爆发喷出的岩浆就是地热的表现。地球可分为地壳、地幔和地核三层，它是一个大热库。地壳就是地球表面的一层，一般厚度为几公里至 70 千米不等。地壳下面是地幔，它大部分是熔融状的岩浆，厚度为 2 900 千米。火山爆发一般是这部分岩浆喷出。地球内部为地核，地核中心温度约 2 000 ℃。可见，地球上的地热资源贮量也很大。

（3）地球和其他天体相互作用而产生的能量。如潮汐能。

2. 按能源的产生方式分类

有一次能源和二次能源。一次能源即天然能源，指在自然界现成存在的能源，如煤炭、石油、天然气、水能等。二次能源指由一次能源加工转换而成的能源产品，如电力、煤气、蒸汽及各种石油制品等。一次能源又分为可再生能源(水能、风能及生物质能)和非再生能源(煤炭、石油、天然气、油页岩等),其中煤炭、石油和天然气三种能源是一次能源的核心,它们成为全球能源的基础;除此以外,太阳能、风能、地热能、海洋能、生物能等可再生能源以及核能也被包括在一次能源的范围内。

3. 再生能源和非再生能源

人们对一次能源又进一步加以分类。凡是可以不断得到补充或能在较短周期内再产生的能源称为再生能源,反之称为非再生能源。风能、水能、海洋能、潮汐能、太阳能和生物质能等是可再生能源;煤、石油和天然气等是非再生能源。地热能基本上是非再生能源,但从地球内部巨大的蕴藏量来看,又具有再生的性质。核能的新发展将使核燃料循环而具有增殖的性质。核聚变的能比核裂变的能可高出5～10倍,核聚变最合适的燃料重氢(氘)又大量地存在于海水中,可谓"取之不尽,用之不竭"。核能是未来能源系统的支柱之一。生物能源(又名生物质能)是利用有机物质(例如植物等)作为燃料,通过气体收集、气化(化固体为气体)、燃烧和消化作用(只限湿润废物)等技术产生能源。只要适当地执行,生物质能也是一种宝贵的可再生能源。

10.1.2 中国能源现状及对策

1. 能源现状

中国能源资源总量比较丰富。中国拥有较为丰富的化石能源资源。其中,煤炭占主导地位。2006年,煤炭保有资源量10 345亿吨,剩余探明可采储量约占世界的13%,列世界第三位。已探明的石油、天然气资源储量相对不足,油页岩、煤层气等非常规化石能源储量潜力较大。中国拥有较为丰富的可再生能源资源。水力资源理论蕴藏量折合年发电量为6.19万亿千瓦时,经济可开发年发电量约1.76万亿千瓦时,相当于世界水力资源量的12%,列世界首位。

中国人口众多,人均能源资源拥有量在世界上处于较低水平。煤炭和水力资源人均拥有量相当于世界平均水平的50%,石油、天然气人均资源量仅为世界平均水平的1/15左右。耕地资源不足世界人均水平的30%,制约了生物质能源的开发。

能源资源储存分布不均衡。中国能源资源分布广泛但不均衡。煤炭资源主要存在于华北、西北地区,水力资源主要分布在西南地区,石油、天然气资源主要存在于东、中、西部地区和海域。中国主要的能源消费地区集中在东南沿海经济发达地区,资源存在与能源消费地域存在明显差别。大规模、长距离的北煤南运、北油南运、西气东输、西电东送,是中国能源流向的显著特征和能源运输的基本格局。

能源资源开发难度较大。与世界相比,中国煤炭资源地质开采条件较差,大部分储量需要井工开采,极少量可供露天开采。石油天然气资源地质条件复杂,埋藏深,勘探开发技术要求较高。未开发的水力资源多集中在西南部的高山深谷,远离负荷中心,开发难度和成本较大。非常规能源资源勘探程度低,经济性较差,缺乏竞争力。

改革开放以来，中国能源工业迅速发展，供给能力明显提高。经过几十年的努力，中国已经初步形成了煤炭为主体、电力为中心、石油天然气和可再生能源全面发展的能源供应格局，基本建立了较为完善的能源供应体系。建成了一批千万吨级的特大型煤矿。商品化可再生能源量在一次能源结构中的比例逐步提高。电力发展迅速，装机容量和发电量分别达到6.22亿千瓦和2.87万亿千瓦时，均列世界第二位。能源综合运输体系发展较快，运输能力显著增强，建设了西煤东运铁路专线及港口码头，形成了北油南运管网，建成了西气东输大干线，实现了西电东送和区域电网互联。

随着中国经济的较快发展和工业化、城镇化进程的加快，能源需求不断增长，构建稳定、经济、清洁、安全的能源供应体系面临着重大挑战。中国优质能源资源相对不足，制约了供应能力的提高；能源资源分布不均，也增加了持续稳定供应的难度；经济增长方式粗放、能源结构不合理、能源技术装备水平低和管理水平相对落后，导致单位国内生产总值能耗和主要耗能产品能耗高于主要能源消费国家平均水平，进一步加剧了能源供需矛盾。单纯依靠增加能源供应，难以满足持续增长的消费需求。煤炭是中国的主要能源，以煤为主的能源结构在未来相当长时期内难以改变。相对落后的煤炭生产方式和消费方式，加大了环境保护的压力。煤炭消费是造成煤烟型大气污染的主要原因，也是温室气体排放的主要来源。随着中国机动车保有量的迅速增加，部分城市大气污染已经变成煤烟与机动车尾气混合型。这种状况持续下去，将给生态环境带来更大的压力。

2. 相关对策

(1) 节能。节能的中心思想是采取技术上可行、经济上合理以及环境和社会可接受的措施，来更有效地利用能源资源。为了达到这一目的，需要从能源资源的开发到终端利用，更好地进行科学管理和技术改造，以达到高的能源利用效率和降低单位产值的能源消费。由于常规能源资源有限，而世界能源的总消费量则随着工农业生产的发展和人民生活水平的提高越来越大，世界各国十分重视节能技术的研究(特别是节约常规能源中的煤、石油和天然气，因为这些还是宝贵的化工原料；尤其是石油，它的世界贮量相对很少)，千方百计地寻求代用能源，开发利用新能源。

(2) 可持续发展。目前人类面临的问题正是：能源资源面临枯竭，环境污染严重。必须寻找一些既能保证有长期足够的供应量又不会造成环境污染的能源。而随着我国城镇化进程的不断推进，能源需求持续增长，能源供需矛盾也越来越突出，迫在眉睫的问题是，中国究竟该寻求一条怎样的能源可持续发展之路？为了实现能源的可持续发展，中国一方面必须“开源”，即开发核电、风电等新能源和可再生能源，另一方面还要“节流”，即调整能源结构，大力实施节能减排。

走能源可持续发展之路，从大的能源结构来讲，还是要加快发展核电。最近一两年，从中央到国务院，都坚定了加快发展核电的信心，近年以来核电的工作力度也在加大。在今后一个时期，在优化能源结构方面，核电的比重、速度要保持相对快速的增长，规模要在短期内有比较大的提升。不光是沿海，还要逐步向中部地区发展。

节能减排是能源可持续发展的必由之路。我国能源需求结构不合理，突出表现在能源利用消耗高、浪费大、污染严重。缓解能源供需矛盾问题，从根本上就是大力节约和合理使用，提高其利用效率，严格控制钢铁、有色、化工、电力等高耗能产业发展，进一步淘汰落后的生产能力。同时，还要大力发展循环经济、积极开展清洁生产，全面推进节能管理，大力推广节能市场机制，促进节能发展，广泛开展全民节能活动。

(3) 提高能源效率，走高效、清洁化的能源利用道路。在当前世界能源面临的紧张局势下，发展清洁能源和替代能源是从技术角度解决能源危机的重要途径。发展清洁能源即通过煤气化、煤液化、煤化工、联合循环发电、碳捕获及封存、煤层气等清洁能源技术，减少能源在加工和利用过程中对环境产生的污染，提高能源的有效利用率，推动太阳能、风能和天然气等较清洁的能源的技术发展，并可通过以上单项清洁能源技术，形成有竞争力的技术集成系统和综合能源利用方案。太阳能的利用目前还处于发展阶段，较高的成本制约了太阳能利用技术的推广。大力开发成本低廉、适应性强、易于推广的替代能源，可从一定程度上增大世界范围的能源供给量，缓解能源供需的矛盾。此外，在能源资源的开发利用过程中，注重选取合理的工艺，加强对资源所在地区，特别是生态脆弱地区的环境保护，是在利用能源的同时避免生态环境进一步恶化的重要举措。

§10.2 化石能源

化石能源是指上古时期遗留下来的动植物的遗骸在地层下经过上万年的演变形成的能源。如煤(植物化石转化)，石油(动物体转化)，天然气等。与之相对的是生物能源，又称绿色能源。是指从生物质得到的能源，它是人类最早利用的能源。古人钻木取火、伐薪烧炭，实际上就是在使用生物能源。但是通过生物质直接燃烧获得能量是低效而不经济的。随着工业革命的进程，化石能源的大规模使用，生物能源逐步被以煤和石油天然气为代表的化石能源所替代。

10.2.1 煤炭与煤的气化与液化

1. 煤炭

煤炭是远古植物遗骸，埋在地层下，经过地壳隔绝空气，在一定的压力和温度条件作用下，产生的碳化化石矿物，被人类开采用作燃料。煤炭对于现代化工业来说，无论是能源工业、冶金工业、化学工业、机械工业，还是轻纺工业、食品工业、交通运输业，都发挥着重要的作用，各种工业部门都在一定程度上要消耗一定量的煤炭，因此有人称煤炭是工业的“真正的粮食”。现在虽然煤炭的重要位置已被石油所代替，但在今后相当长的一段时间内，由于石油的日渐枯竭，必然走向衰败，而煤炭因为储量巨大，加之科学技术的飞速发展，煤炭气化等新技术日趋成熟，并得到广泛应用，煤炭必将成为人类生产生活中无法替代的能源之一。

构成煤炭有机质的元素主要有碳、氢、氧、氮和硫等，此外，还有极少量的磷、氟、氯和砷等元素。碳、氢、氧是煤炭有机质的主体，占 95%以上；煤化程度越深，碳的含量越高，氢和氧的含量越低。碳和氢是煤炭燃烧过程中产生热量的元素，氧是助燃元素。煤炭燃烧时，氮在高温下转变成氮氧化合物或氨。硫、磷、氟、氯和砷等是煤炭中的有害成分，其中以硫最为重要。煤炭燃烧时绝大部分的硫被氧化成二氧化硫（SO_2），随烟气排放，污染大气，危害动、植物生长及人类健康，腐蚀金属设备；当含硫多的煤用于冶金炼焦时，还影响焦炭和钢铁的质量。

煤中的有机质在一定温度和条件下，受热分解后产生的可燃性气体，被称为"挥发分"，它是由各种碳氢化合物、氢气、一氧化碳等化合物组成的混合气体。挥发分是煤质的主要指标，在确定煤炭的加工利用途径和工艺条件时，挥发分有重要的参考作用。煤化程度低的煤，挥发分较多。如果燃烧条件不适当，挥发分高的煤燃烧时易产生未燃尽的碳粒，俗称"黑烟"；并产生更多的一氧化碳、多环芳烃类、醛类等污染物，热效率降低。

煤中的无机物质含量很少，主要有水分和矿物质，它们的存在降低了煤的质量和利用价值。矿物质是煤炭的主要杂质，如硫化物、硫酸盐、碳酸盐等，其中大部分属于有害成分。

"水分"对煤炭的加工利用有很大影响。水分在燃烧时变成蒸汽要吸热，因而降低了煤的发热量。煤炭中的水分可分为外在水分和内在水分，一般以内在水分作为评定煤质的指标。煤化程度越低，煤的内部表面积越大，水分含量越高。

"灰分"是煤炭完全燃烧后剩下的固体残渣，是重要的煤质指标。灰分主要来自煤炭中不可燃烧的矿物质。矿物质燃烧灰化时要吸收热量，大量排渣要带走热量，因而灰分越高，煤炭燃烧的热效率越低；灰分越多，煤炭燃烧产生的灰渣越多，排放的飞灰也越多。一般，优质煤和洗精煤的灰分含量相对较低。

伴生元素指以有机或无机形态富集于煤层及其围岩中的元素。有些元素在煤中富集程度很高，可以形成工业性矿床，如富锗煤、富铀煤、富钒石煤等，其价值远高于煤本身。

根据煤中伴生元素的性质和用途，可分为有益元素、有害元素和其他元素 3 类。有益元素主要有锗、镓、铀、钒等，可被利用。有害元素主要有硫、磷、氟、氯、砷、铍、铅、硼、镉、汞、硒、铬等。硫是煤中常见的有害成分，其他有害元素在煤中含量一般不高，但危害极大，如砷是一种有毒元素。煤在燃烧中，硫是造成城镇环境污染的主要物质源。当然，对有害元素如果收集、处理得当也可变成对人有用的财富。

现在，人对环境质量的要求越来越高。最常用的煤也不再是直接燃烧，而是通过一系列的生产处理后再进行燃烧，气化与液化就是最常用的两种方式。通过这些方法不但可以减少污染，还可以使其价值最大化。

2. 煤的气化

一般包括干燥、热解、气化和燃烧四个阶段。干燥属于物理变化，随着温度的升高，煤中的水分受热蒸发。其他属于化学变化，燃烧也可以认为是气化的一部分。煤在气化炉中干燥以后，随着温度的进一步升高，煤发生热分解反应，生成大量挥发性物质(包括干馏煤气、焦油和热解水等)，同时煤粘结成半焦。煤热解后形成的半焦后在更高的温度下与通入气化炉的汽化剂发生化学反应，生成以一氧化碳、氢气、甲烷以及二氧化碳、氮气、硫化氢、水等为主要成分的气态产物，即粗煤气。气化反应包括很多的化学反应，主要是碳、水、氧、氢、一氧化碳、二氧化碳相互间的反应，其中碳与氧的反应又称燃烧反应，提供气化过程的热量。

煤炭气化技术虽有很多种不同的分类方法，但一般常用按生产装置化学工程特征分类方法进行分类，或称为按照反应器形式分类。气化工艺在很大程度上影响煤化工产品的成本和效率，采用高效、低耗、无污染的煤气化工艺是发展煤化工的重要前提，其中反应器便是工艺的核心，可以说气化工艺的发展是随着反应器的发展而发展的，为了提高煤气化的气化率和气化炉气化强度，改善环境，新一代煤气化技术开发总的方向，气化压力由常压向中高压(8.5 MPa)发展；汽化温度向高温(1 500～1 600 ℃)发展；气化原料向多样化发展；固态排渣向液态排渣发展。气化工艺主要分为：固定床气化、流化床气化和气流床气化。

固定床气化也称移动床气化。固定床一般以块煤或焦煤为原料。煤由气化炉顶加入，汽化剂由炉底加入。流动气体的上升力不致使固体颗粒的相对位置发生变化，即固体颗粒处于相对固定状态，床层高度亦基本保持不变，因而称为固定床气化。另外，从宏观角度看，由于煤从炉顶加入，含有残炭的炉渣自炉底排出，气化过程中，煤粒在气化炉内逐渐并缓慢往下移动，因而又称为移动床气化。

流化床气化又称为沸腾床气化。其以小颗粒煤为气化原料，这些细颗粒在自下而上的汽化剂的作用下，保持着连续不断和无秩序的沸腾和悬浮状态运动，迅速地进行着混合和热交换，其结果导致整个床层温度和组成的均一。流化床气化能得以迅速发展的主要原因在于：生产强度较固定床大；直接使用小颗粒碎煤为原料，适应采煤技术发展，避开了块煤供求矛盾；对煤种煤质的适应性强，可利用如褐煤等高灰劣质煤作原料。

气流床气化是一种并流式气化。从原料形态分有水煤浆、干煤粉两类；从专利上分，Texaco、Shell 最具代表性。前者是先将煤粉制成煤浆，用泵送入气化炉，汽化温度 1 350～1 500 ℃；后者是汽化剂将煤粉夹带入气化炉，在 1 500～1 900 ℃高温下气化，残渣以熔渣形式排出。在气化炉内，煤炭细粉粒经特殊喷嘴进入反应室，会在瞬间着火，直接发生火焰反应，同时处于不充分的氧化条件下。因此，其热解、燃烧以吸热的气化反应，几乎是同时发生的。随气流的运动，未反应的汽化剂、热解挥发物及燃烧产物裹夹着煤焦粒子高速运动，运动过程中进行着煤焦颗粒的气化反应。这种运动状态，相当于流化技术领域里对固体颗粒的“气流输送”，习惯上称为气流床气化。

3. 煤炭液化

煤炭液化是把固态状态的煤炭通过化学加工，使其转化为液体产品(液态烃类燃料，如汽油、柴油等产品或化工原料)的技术。煤炭通过液化可将硫等有害元素以及灰分脱除，得到洁净的二次能源，对优化终端能源结构、解决石油短缺、减少环境污染具有重要的战略意义。煤的液化方法主要分为煤的直接液化和煤的间接液化两大类。

煤在氢气和催化剂作用下，通过加氢裂化转变为液体燃料的过程称为煤炭直接液化。裂化是一种使烃类分子分裂为几个较小分子的反应过程。因煤直接液化过程主要采用加氢手段，故又称煤的加氢液化法。

煤直接液化技术研究始于上世纪初的德国，1927 年在 Leuna 建成世界上第一个 10 万吨/年直接液化厂。1936—1943 年间，德国先后建成 11 套直接液化装置，1944 年总生产能力达到 400 万吨/年，为德国在第二次世界大战中提供了近三分之二的航空燃料和 50%的汽车及装甲车用油。第二次世界大战结束，美国、日本、法国、意大利及苏联等国相继开展了煤直接液化技术研究。50 年代后期，中东地区廉价石油的大量开发，使煤直接液化技术的发展处于停滞状态。1973 年，爆发石油危机，煤炭液化技术重新活跃起来。德国、美国及日本在原有技术基础上开发出一些煤直接液化新工艺，其中研究工作重点是降低反应条件的苛刻度，从而达到降低液化油生产成本的目的。目前不少国家已经完成了中间放大试验，为建立商业化示范厂奠定了基础。

石油资源匮乏和国内石油供应不足已成为中国能源发展的一个严峻现实，随着国民经济的发展，石油供应矛盾将呈持续性扩大趋势。煤炭作为相对充足的能源资源，可获得性好，价格低。将煤转化成优质燃料，正在成为国内能源界、科技界及经济界的共识。煤炭的汽化与液化技术对平衡我国能源结构，解决石油短缺，保证能源安全稳定供给具有重大现实意义和战略意义。

10.2.2　石油和天然气

1. 石油

石油又称原油，由碳氢化合物为主混合而成的，具有特殊气味的、黏稠的、深褐色(有时有点绿色的)可燃性油质液体。地壳上层部分地区有石油储存。它由不同的碳氢化合物混合组成：油质(这是其主要成分)、胶质(一种黏性的半固体物质)、沥青质(暗褐色或黑色脆性固体物质)、碳质(一种非碳氢化合物)。严格地说，石油以氢与碳构成的烃类为主要成分。组成石油的化学元素主要是碳(83%～87%)、氢(11%～14%)，其余为硫(0.06%～0.8%)、氮(0.02%～1.7%)、氧(0.08%～1.82%)及微量金属元素(镍、钒、铁、锑等)。由碳和氢化合形成的烃类构成石油的主要组成部分，约占 95%～99%，各种烃类按其结构分为：烷烃、环烷烃、芳香烃。一般天然石油不含烯烃而二次加工产物中常含有数量不等的烯烃和炔烃。含硫、氧、氮的化合物对石油产品有害，在石油加工中应尽量除去。

加工原油后得到的产品，有煤油、苯、汽油、石蜡、润滑油和润滑脂、沥青、有机溶剂等。

2. 天然气

天然气，是一种多组分的混合气态化石燃料，主要成分是烷烃。它主要存在于油田和天然气田，也有少量出于煤层。天然气燃烧后无废渣产生，相较煤炭、石油等能源具有使用安全、热值高、洁净等优势。

天然气主要成分烷烃，其中甲烷占绝大多数，另有少量的乙烷、丙烷和丁烷，此外一般有硫化氢、二氧化碳、氮和水汽及微量的惰性气体，如氦和氩等。在标准状况下，甲烷至丁烷以气体状态存在，戊烷以上为液体。甲烷是最小的烃分子。

有机硫化物和硫化氢(H_2S)是常见的杂质，在大多数利用天然气的情况下都必须预先除去。尽管天然气是无色无味的，然而在送到最终用户之前，还要用硫醇来给天然气添加气味，以助于泄漏检测。天然气不像一氧化碳那样具有毒性，它本质上对人体无害的。不过如果天然气处于高浓度的状态，并使空气中的氧气不足以维持生命的话，还是会致人死亡的，毕竟天然气不能用于人类呼吸。作为燃料，天然气也会因发生爆炸而造成伤亡.虽然天然气比空气轻而容易发散，但是当天然气在房屋或帐篷等封闭环境里聚集的情况下，达到一定的比例时，就会触发威力巨大的爆炸。爆炸可能会夷平整座房屋，甚至殃及邻近的建筑。甲烷在空气中的爆炸极限下限为5%，上限为15%。

天然气是较为安全的燃气之一，它不含一氧化碳，也比空气轻，一旦泄漏，立即会向上扩散，不易积聚形成爆炸性气体，安全性较高。采用天然气作为能源，可减少煤和石油的用量，因而大大改善环境污染问题。天然气作为一种清洁能源，能减少二氧化硫和粉尘排放量近100%，减少二氧化碳排放量60%和氮氧化合物排放量50%，并有助于减少酸雨形成，舒缓地球温室效应，从根本上改善环境质量。但是，对于温室效应，天然气跟煤炭、石油一样会产生二氧化碳。因此，不能把天然气当作新能源。

石油、天然气在元素组成、结构形式以及生成的原始材料和时序等方面，有其共性、亲缘性，也有其特性、差异性。在化学组成的特征上，天然气相对分子质量小(小于20)，结构简单，H/C原子比高(4～5)，碳同位素的分馏作用显著。石油的相对分子质量大(75～275)，结构也较复杂，H/C原子比相对低(1.4～2.2)。

§10.3 化学电源

化学电源又称电池，是一种能将化学能直接转变成电能的装置，它通过化学反应，消耗某种化学物质，输出电能。电池的性能参数主要有电动势、容量、比能量和电阻。电动势等于单位正电荷由负极通过电池内部移到正极时，电池所做的功。电动势取决于电极材料的化学性质，与电池的大小无关。电池所能输出的总电荷量为电池的容量，通常用安培小时作单位。在电池反应中，1 kg反应物质所产生的电能称为电池的理论比能量。电池的实际比能量要比理论比能量小。因为电池中的反应物并不全按电池反应进行，同时电池内阻也要引起电动势降，因此常把比能量高的电池称作高能电池。电池的面积越大，其内阻越小。

常见的电池大多是化学电源。电池的分类有不同的方法，其分类方法大体上可分为三大类。第一类：按电解液种类划分。包括碱性电池，电解质主要以碱性溶液为主的电池，如：碱性锌锰电池（俗称碱锰电池或碱性电池）、镉镍电池，镍氢电池等；酸性电池，主要以酸性水溶液为介质，如锌锰干电池（有的消费者也称之为酸性电池）、海水电池等；有机电解液电池，主要以有机溶液为介质的电池，如锂电池、锂离子电池等。第二类：按工作性质和贮存方式划分。包括一次电池，又称原电池，即不能再充电的电池，如锌锰干电池，锂原电池等；二次电池，即可充电池，如镍氢电池、锂离子电池、镉镍电池等；蓄电池习惯上指铅酸蓄电池，也是二次电池；燃料电池，即活性材料在电池工作时能连续不断地从外部加入电池，如氢氧燃料电池等；贮备电池，即电池贮存时不直接接触电解液，直到电池使用时，才加入电解液，如镁化银电池又称海水电池等。第三类：按电池所用正、负极材料划分。包括锌系列电池，如锌锰电池、锌银电池等；镍系列电池，如镉镍电池、氢镍电池等：铅系列电池，如铅酸电池等；锂系列电池如锂离子电池、锂锰电池；二氧化锰系列电池，如锌锰电池、碱锰电池等；空气（氧气）系列电池，如锌空气电池等。

最常见的电池就是干电池，干电池也称一次电池，即电池中的反应物质在进行一次电化学反应放电之后就不能再次使用了。常用的有锌锰干电池、锌汞电池、镁锰干电池等。

锌锰干电池是日常生活中常用的干电池，其正极材料为 MnO_2、石墨棒，负极材料：锌片，电解质：NH_4Cl、$ZnCl_2$ 及淀粉糊状物。电池符号可表示为：

（一）$Zn|ZnCl_2$、NH_4Cl（糊状）$||MnO_2|C$（石墨）（＋）

负极反应：$Zn = Zn^{2+} + 2e$

正极反应：$2MnO_2 + 2NH_4^+ + 2e = Mn_2O_3 + 2NH_3 + H_2O$

总反应：$Zn + 2MnO_2 + 2NH_4 + = 2Zn^{2+} + Mn_2O_3 + 2NH_3 + H_2O$

锌锰干电池的电动势为 1.5V。因产生的 NH_3 气被石墨吸附，引起电动势下降较快。如果用高导电的糊状 KOH 代替 NH_4Cl，正极材料改用钢筒和锌粉，MnO_2 层紧靠钢筒，就构成碱性锌锰干电池，由于电池反应没有气体产生，内电阻较低，电动势为 1.5V，比较稳定。

10.3.1 蓄电池

蓄电池是可以反复使用、放电后可以充电使活性物质复原、以便再重新放电的电池，也称二次电池。其广泛用于汽车、发电站、火箭等部门。由所用电解质的酸碱性质不同分为酸性蓄电池和碱性蓄电池。

1. 酸性铅蓄电池

铅蓄电池由一组充满海绵状金属铅的铅锑合金格板做负极，由另一组充满二氧化铅的铅锑合金格板做正极，两组格板相间浸泡在电解质稀硫酸中，放电时，电极反应为：

负极：$Pb + SO_4^{2-} = PbSO_4 + 2e$

正极：$PbO_2 + SO_4^{2-} + 4H^+ + 2e = PbSO_4 + 2H_2O$

总反应：$Pb + PbO_2 + 2H_2SO_4 = 2PbSO_4 + 2H_2O$

放电后，正负极板上都沉积有一层 $PbSO_4$，放电到一定程度之后又必须进行充电，充电时用一个电压略高于蓄电池电压的直流电源与蓄电池相接，将负极上的 $PbSO_4$ 还原成 Pb，而将正极上的 $PbSO_4$ 氧化成 PbO_2，充电时发生放电时的逆反应为：

阴极：$PbSO_4 + 2e = Pb + SO_4^{2-}$

阳极：$PbSO_4 + 2H_2O = PbO_2 + SO_4^{2-} + 4H^+ + 2e$

总反应：$2PbSO_4 + 2H_2O = Pb + PbO_2 + H_2SO_4$

正常情况下，铅蓄电池的电动势是 2.1 V，随着电池放电生成水，H_2SO_4 的浓度要降低，故可以通过测量 H_2SO_4 的密度来检查蓄电池的放电情况。铅蓄电池具有充放电可逆性好、放电电流大、稳定可靠、价格便宜等优点，缺点是笨重，常用作汽车和柴油机车的启动电源，坑道、矿山和潜艇的动力电源，以及变电站的备用电源。

2. 碱性蓄电池

反应是在碱性条件下进行的，所以叫碱性蓄电池，日常生活中用的充电电池就属于这类。它的体积、电压都和干电池差不多，携带方便，使用寿命比铅蓄电池长得多，使用确当可以反复充放电上千次，但价格比较贵。商品电池中有镍-镉（Ni-Cd）和镍-铁（Ni-Fe）两类，它们的电池反应是：

$$Cd + 2NiO(OH) + 2H_2O = 2Ni(OH)_2 + Cd(OH)_2$$

$$Fe + 2NiO(OH) + 2H_2O = 2Ni(OH)_2 + Fe(OH)_2$$

10.3.2 燃料电池

燃料电池是一种将储存在燃料和氧化剂中的化学能，直接转化为电能的装置。当源源不断地从外部向燃料电池供给燃料和氧化剂时，它可以连续发电。依据电解质的不同，燃料电池分为碱性燃料电池（AFC）、磷酸型燃料电池（PAFC）、熔融碳酸盐燃料电池（MCFC）、固体氧化物燃料电池（SOFC）及质子交换膜燃料电池（PEMFC）等。燃料电池不受卡诺循环限制，能量转换效率高，洁净、无污染、噪声低，模块结构、积木性强、比功率高，既可以集中供电，也适合分散供电。

燃料电池十分复杂，涉及化学热力学、电化学、电催化、材料科学、电力系统及自动控制等学科的有关理论，具有发电效率高、环境污染少等优点。总的来说，燃料电池具有以下特点：能量转化效率高；他直接将燃料的化学能转化为电能，中间不经过燃烧过程，因而不受卡诺循环的限制。燃料电池系统的燃料/电能转换效率在 45%～60%，而火力发电和核电的效率大约在 30%～40%。安装地点灵活：燃料电池电站占地面积小，建设周期短，电站功率可根据需要由电池堆组装，十分方便。燃料电池无论作为集中电站还是分布式电，或是作为小区、工厂、大型建筑的独立电站都非常合适。负荷响应快，运行质量高：燃料电池在数秒钟内就可以从最低功率变换到额定功率。主要用于航天领域的氢氧燃烧电池是一种高效低污染的新型电池。它的电极材料一般为活化电极，具有很强的催化活性，如铂电极、活性炭电极等，电解质溶液一般为 40%的 KOH 溶液。

电极反应如下：

负极：$H_2 = 2H$，　$2H + 2OH^- - 2e = 2H_2O$

正极：$O_2 + 2H_2O + 4e = 4OH^-$

电池总反应：$2H_{2+} + O_2 = 2H_2O$

10.3.3　锂电池

锂电池(Lithium battery)是指电化学体系中含有锂(包括金属锂、锂合金和锂离子、锂聚合物)的电池。锂电池大致可分为两类：锂金属电池和锂离子电池。锂金属电池通常是不可充电的，且内含金属态的锂。锂离子电池不含有金属态的锂，并且是可以充电的。

锂金属电池是一种以锂金属或锂合金为负极材料，使用非水电解质溶液的一次电池，与可充电电池锂离子电池、锂离子聚合物电池是不一样的。锂电池的发明者是爱迪生。由于锂金属的化学特性非常活泼，使得锂金属的加工、保存、使用，对环境要求非常高。所以，锂电池长期没有得到应用。随着二十世纪末微电子技术的发展，小型化的设备日益增多，对电源提出了很高的要求。锂电池随之进入了大规模的实用阶段。

锂金属电池是一类由锂金属或锂合金为负极材料、使用非水电解质溶液的电池。最早出现的锂电池使用以下反应：

$$Li + MnO_2 = LiMnO_2$$

该反应为氧化还原反应，放电。

锂离子电池的工作原理就是指其充放电原理。当对电池进行充电时，电池的正极上有锂离子生成，生成的锂离子经过电解液运动到负极。而作为负极的碳为层状结构，它有很多微孔，到达负极的锂离子就嵌入到碳层的微孔中，嵌入的锂离子越多，充电容量越高。同样道理，当对电池进行放电时(即我们使用电池的过程)，嵌在负极碳层中的锂离子脱出，又移动回到正极。回到正极的锂离子越多，放电容量越高。我们通常所说的电池容量指的就是放电容量。不难看出，在锂离子电池的充放电过程中，锂离子处于从正极→负极→正极的运动状态。如果我们把锂离子电池形象地比喻为一把摇椅，摇椅的两端为电池的两极，而锂离子就像优秀的运动健将，在摇椅的两端来回奔跑。

以锂为负极的非水电解质电池有几十种，其中性能最好、最有发展前途的是锂-二氧化锰非水电解质电池，这种电池以片状金属锂为负极，电解活性 MnO_2 作正极，高氯酸及溶于碳酸丙烯酯和二甲氧基乙烷的混合有机溶剂作为电解质溶液，以聚丙烯为隔膜，电池符号可表示为：

$$Li | LiClO_4 || MnO_2 | C(\text{石墨})$$

负极反应：$Li = Li^+ + e$

正极反应：$MnO_2 + Li^+ + e = LiMnO_2$

总反应：$Li + MnO_2 = LiMnO_2$

该种电池的电动势为 2.69 V，重量轻、体积小、电压高、比能量大，充电 1 000 次后仍能维持其能力的 90%，贮存性能好，已广泛用于电子计算机、手机、无线电设备等。

(1) 正极材料

可选的正极材料很多，目前主流产品多采用锂铁磷酸盐。不同的正极材料对照见表10-1。

表 10-1 不同的正极材料

$LiCoO_2$	3.7 V	140 mAh/g
$Li_2Mn_2O_4$	4.0 V	100 mAh/g
$LiFePO_4$	3.3 V	100 mAh/g
Li_2FePO_4F	3.6 V	115 mAh/g

正极反应：放电时锂离子嵌入，充电时锂离子脱嵌。

充电时：$LiFePO_4 \longrightarrow Li_{1-x}FePO_4 + xLi^+ + xe^-$

放电时：$Li_{1-x}FePO_4 + xLi^+ + xe^- \longrightarrow LiFePO_4$

(2) 负极材料

多采用石墨，新的研究发现钛酸盐可能是更好的材料。

负极反应：放电时锂离子脱插，充电时锂离子插入。

充电时：$xLi^+ + xe^- + 6C \longrightarrow LixC_6$

放电时：$Li_xC_6 \longrightarrow xLi^+ + xe^- + 6C$

为了开发出性能更优异的品种，人们对各种材料进行了研究。从而制造出前所未有的产品。比如，锂二氧化硫电池和锂亚硫酰氯电池就非常有特点。它们的正极活性物质同时也是电解液的溶剂。这种结构只有在非水溶液的电化学体系才会出现。所以，锂电池的研究，也促进了非水体系电化学理论的发展。除了使用各种非水溶剂外，人们还进行了聚合物薄膜电池的研究。

锂电池广泛应用于水力、火力、风力和太阳能电站等储能电源系统，邮电通讯的不间断电源，以及电动工具、电动自行车、电动摩托车、电动汽车、军事装备、航空航天等多个领域。

锂离子电池以其特有的性能优势已在便携式电器如手提电脑、摄像机、移动通讯中得到普遍应用。目前开发的大容量锂离子电池已在电动汽车中开始试用，预计将成为 21 世纪电动汽车的主要动力电源之一，并将在人造卫星、航空航天和储能方面得到应用。随着能源的紧缺和世界的环保方面的压力。锂电池现在被广泛应用于电动车行业，特别是磷酸铁锂材料电池的出现，更推动了锂电池产业的发展和应用。

刚研发出来的超级锂电池能在短时间迅速充电完成，例如手机充电一般 20 s，这种电池有可能加大电池未来的使用领域，例如使用在电动汽车上，使中途充电如加油一般方便。

§10.4　新型能源

10.4.1　太阳能

太阳能，一般是指太阳光的辐射能量。自地球形成生物就主要以太阳提供的热和光生存，广义上的太阳能是地球上许多能量的来源，如风能、化学能、水的势能等等。地球轨道上的平均太阳辐射强度为1 369 W/m^2。地球赤道的周长为40 000 km，从而可计算出，地球获得的能量可达173 000 TW。在海平面上的标准峰值强度为1 kW/m^2，地球表面某一点24 h的年平均辐射强度为0.20 kW/m^2，相当于有102 000 TW的能量。尽管太阳辐射到地球大气层的能量仅为其总辐射能量的22亿分之一，但已高达173 000 TW，也就是说太阳每秒钟照射到地球上的能量就相当于500万吨煤。虽然太阳能资源总量相当于现在人类所利用的能源的一万多倍，但太阳能的能量密度低，而且它因地而异，因时而变，这是开发利用太阳能面临的主要问题。目前，太阳能的利用还不是很普及，利用太阳能发电还存在成本高、转换效率低的问题，但是太阳能电池在为人造卫星提供能源方面得到了应用。

（1）太阳能优点是普遍、无害、巨大、长久。

普遍：太阳光普照大地，没有地域的限制无论陆地或海洋，无论高山或岛屿，都处处皆有，可直接开发和利用，且无须开采和运输。

无害：开发利用太阳能不会污染环境，它是最清洁能源之一，在环境污染越来越严重的今天，这一点是极其宝贵的。

巨大：每年到达地球表面上的太阳辐射能约相当于130万亿吨煤，其总量属现今世界上可以开发的最大能源。

长久：根据目前太阳产生的核能速率估算，氢的贮量足够维持上百亿年，而地球的寿命也约为几十亿年，从这个意义上讲，可以说太阳的能量是用之不竭的。

（2）缺点是分散、不稳定、效率低和成本高。

分散：到达地球表面的太阳辐射的总量尽管很大，但是能流密度很低。平均说来，北回归线附近，夏季在天气较为晴朗的情况下，正午时太阳辐射的辐照度最大，在垂直于太阳光方向1 m^{2}面积上接收到的太阳能平均有1 000 W左右；若按全年日夜平均，则只有200 W左右。而在冬季大致只有一半，阴天一般只有1/5左右，这样的能流密度是很低的。因此，在利用太阳能时，想要得到一定的转换功率，往往需要面积相当大的一套收集和转换设备，造价较高。

不稳定：由于受到昼夜、季节、地理纬度和海拔高度等自然条件的限制以及晴、阴、云、雨等随机因素的影响，所以，到达某一地面的太阳辐照度既是间断的，又是极不稳定的，这给太阳能的大规模应用增加了难度。为了使太阳能成为连续、稳定的能源，从而最终成为能够与常规能源相竞争的替代能源，就必须很好地解决蓄能问题，即把晴朗白天的太阳辐射能尽量贮存起来，以供夜间或阴雨天使用，但目前蓄能也是太阳能利用中较为薄弱的环节之一。

效率低和成本高：目前太阳能利用的发展水平，有些方面在理论上是可行的，技术上也是成熟的。但有的太阳能利用装置，因为效率偏低，成本较高，总的来说，经济性还不能与常规能源相竞争。在今后相当一段时期内，太阳能利用的进一步发展，主要受到经济性的制约。

太阳能的利用有光热转换和光电转换两种方式。光热利用的基本原理是将太阳辐射能收集起来，通过与物质的相互作用转换成热能加以利用。目前使用最多的太阳能收集装置，主要有平板型集热器、真空管集热器、陶瓷太阳能集热器和聚焦集热器等四种。通常根据所能达到的温度和用途的不同，而把太阳能光热利用分为低温利用（<200 ℃）、中温利用（200～800 ℃）和高温利用（>800 ℃）。目前低温利用主要有太阳能热水器、太阳能干燥器、太阳能蒸馏器、太阳房、太阳能温室、太阳能空调制冷系统等，中温利用主要有太阳灶、太阳能热发电聚光集热装置等，高温利用主要有高温太阳炉等。现代的太阳热能科技将阳光聚合，并运用其能量产生热水、蒸气和电力。除了运用适当的科技来收集太阳能外，建筑物亦可利用太阳的光和热能，方法是在设计时加入合适的装备，例如巨型的向南窗户或使用能吸收及慢慢释放太阳热力的建筑材料。

太阳能发电，目前已实用的主要有以下两种：① 光-热-电转换。即利用太阳辐射所产生的热能发电。一般是用太阳能集热器将所吸收的热能转换为工质的蒸汽，然后由蒸汽驱动汽轮机带动发电机发电。前一过程为光-热转换，后一过程为热-电转换。② 光-电转换。其基本原理是利用光生伏打效应将太阳辐射能直接转换为电能，它的基本装置是太阳能电池。光伏板组件是一种暴露在阳光下便会产生直流电的发电装置，太阳能利用由几乎全部以半导体物料（例如硅）制成的固体光伏电池组成。由于没有活动的部分，故可以长时间操作而不会导致任何损耗。简单的光伏电池可为手表以及计算机提供能源，较复杂的光伏系统可为房屋提供照明以及交通信号灯和监控系统，并入电网供电。光伏板组件可以制成不同形状，而组件又可连接，以产生更多电能。近年，天台及建筑物表面均可使用光伏板组件，甚至用作窗户、天窗或遮蔽装置的一部分，这些光伏设施通常被称为附设于建筑物的光伏系统。

另外还有光化利用，这是一种利用太阳辐射能直接分解水制氢的光-化学转换方式。它包括光合作用、光电化学作用、光敏化学作用及光分解反应。

光化转换就是因吸收光辐射导致化学反应而转换为化学能的过程。其基本形式有植物的光合作用和利用物质化学变化贮存太阳能的光化反应。

植物靠叶绿素把光能转化成化学能，实现自身的生长与繁衍，若能揭示光化转换的奥秘，便可实现人造叶绿素发电。目前，太阳能光化转换正在积极探索、研究中。

10.4.2 核能

核能俗称原子能，它是原子核里的核子、中子或质子，重新分配和组合时释放出来的能量。核能可分为三类：① 裂变能，重元素（如铀、钚等）的原子核发生分裂时释放出来的能量;② 聚变能,由轻元素(氘和氚)原子核发生聚合反应时释放出来的能量;③ 原子核衰变时发出的放射能。核能有巨大的威力,1 kg 铀原子核全部裂变释放出来的能量,约等于2 700吨标准煤燃烧时所放出的化学能。一座100 万千瓦的核电站,每年只需 25 吨至 30 吨低浓度铀核燃料,运送这些核燃料只需 10 辆卡车;而相同功率的煤电站,每年则需要 300 多万吨原煤,运输这些煤炭,要 1 000 列火车。核聚变反应释放的能量则更为巨大。据测算:1 kg煤只能使一列火车开动 8 m;1 kg 裂变原料可使一列火车开动 4 万千米;而 1 kg 聚变原料可使一列火车行驶 40 万千米,相当于地球到月球的距离。地球上蕴藏着数量可观的铀、钍等核裂变资源,如果把它们的裂变能充分利用,可满足人类上千年的能源需求。在大海里,还蕴藏着大量的核聚变资源——氢的同位素氘,如果可控核聚变在 21 世纪前期变为现实,这些氘的聚变能将可顶几万亿亿吨煤,能满足人类百亿年的能源需求。更可贵的是核聚变反应中几乎不存在放射性污染。聚变能称得上是未来的理想的能源。因此,人类已把解决能源问题的希望,寄托在核能这个能源世界未来的巨人身上了。

重核裂变:铀是自然界中原子序数最大的元素,天然铀由几种同位素构成:除了 0.71%的铀 235(235 是质量数)、微量铀 234 外,其余是铀 238。20 世纪 30 年代末,科学家发现,用中子轰击铀原子核,一个入射中子能使一个铀核分裂成两块具有中等质量数的碎片,同时释放大量能量和两三个中子;这两三个中子又能引起其他铀核分裂,产生更多的中子,分裂更多的铀核。这样形成的自持链式反应,可在瞬间把铀核全部分裂,释放出巨额能量。铀 235 可以被任何能量的中子特别是运动速度最慢的热中子分裂。铀 238 只能被运动速度很快的快中子分裂,对慢中子和热中子则只俘获不分裂。通常所说的核裂变,主要指铀 235 核分裂。一个铀 235 核分裂释放的核裂变能为 2 亿电子伏特。这是原子核结构发生变化的一种方式,叫作裂变反应。

轻核聚变:两个较轻的原子核聚合成一个较重的原子核,同时放出巨大的能量,这种反应叫轻核聚变反应。它是取得核能的重要途径之一。在太阳等恒星内部,因压力、温度极高,轻核才有足够的动能去克服静电斥力而发生持续的聚变。自持的核聚变反应必须在极高的压力和温度下进行,故称为“热核聚变反应”。氢弹是利用氘氚原子核的聚变反应瞬间释放巨大能量起杀伤破坏作用,正在研究受控热核聚变反应装置也是应用这一基本原理,它与氢弹的最大不同是,其释放能量是可以被控制的。

10.4.3 氢能

利用氢燃烧时放出的热量作为能源:$2H_2 + O_2 \longrightarrow 2H_2O$,氢的燃烧热大约是汽油燃烧热的三倍。反应产物是水,对环境没有污染,所以人们把氢称作干净能源。

现在使用的化石燃料(石油和煤炭)资源,到 21 世纪 50 年代将接近枯竭,而且这种燃料对环境有严重的污染。国际科技界正在寻找新的能源,氢能源是其中之一。1976 年组成的国际氢能协会，主要研究氢的发生、储存和利用。目前液氢已用作火箭燃料(液氢、液氨或储氢合金贮存的氢气已用作汽车燃料)。但由于氢的生产成本高于化石燃料，推广使用尚有困难。

氢能源能是一种二次能源，它是通过一定的方法利用其他能源制取的，而不像煤、石油和天然气等可以直接从地下开采、几乎完全依靠化石燃料。随着石化燃料耗量的日益增加，其储量日益减少，终有一天这些资源将要枯竭，这就迫切需要寻找一种不依赖化石燃料的储量丰富的新的含能体能源。氢正是这样一种在常规能源危机的出现和开发新的二次能源的同时，人们期待的新的二次能源。用氢作为汽车燃料，不仅干净，在低温下容易发动，而且对发动机的腐蚀作用小，可延长发动机的使用寿命。由于氢气与空气能够均匀混合，完全可省去一般汽车上所用的汽化器，从而可简化现有汽车的构造。更令人感兴趣的是，只要在汽油中加入 4%的氢气。用它作为汽车发动机燃料，就可节油 40%，而且无需对汽油发动机作多大的改进。氢能在汽车领域的应用还处于研究阶段，离实用化还有很长的路程要走。

10.4.4 生物质能

生物质是指通过光合作用而形成的各种有机体，包括所有的动植物和微生物。而所谓生物质能，就是太阳能以化学能形式贮存在生物质中的能量形式，即以生物质为载体的能量。它直接或间接地来源于绿色植物的光合作用，可转化为常规的固态、液态和气态燃料，取之不尽、用之不竭，是一种可再生能源，同时也是唯一一种可再生的碳源。生物质能的原始能量来源于太阳，所以从广义上讲，生物质能是太阳能的一种表现形式。目前，很多国家都在积极研究和开发利用生物质能。生物质能蕴藏在植物、动物和微生物等可以生长的有机物中，它是由太阳能转化而来的。有机物中除矿物燃料以外的所有来源于动植物的能源物质均属于生物质能，通常包括木材、及森林废弃物、农业废弃物、水生植物、油料植物、城市和工业有机废弃物、动物粪便等。地球上的生物质能资源较为丰富，而且是一种无害的能源。地球每年经光合作用产生的物质有 1 730 亿吨，其中蕴含的能量相当于全世界能源消耗总量的 10～20 倍，但目前的利用率不到 3%。

1. 生物质能源的特点

(1) 可再生性。生物质能源是从太阳能转化而来，通过植物的光合作用将太阳能转化为化学能，储存在生物质内部的能量，与风能、太阳能等同属可再生能源，可实现能源的永续利用。

(2) 清洁、低碳。生物质能源中的有害物质含量很低，属于清洁能源。同时，生物质能源的转化过程是通过绿色植物的光合作用将二氧化碳和水合成生物质，生物质能源的使用过程又生成二氧化碳和水，形成二氧化碳的循环排放过程，能够有效减少人类二氧化碳的净排放量，降低温室效应。

(3) 替代优势。利用现代技术可以将生物质能源转化成可替代化石燃料的生物质成型燃料、生物质可燃气、生物质液体燃料等。在热转化方面，生物质能源可以直接燃烧或经过转换，形成便于储存和运输的固体、气体和液体燃料，可运用于大部分使用石油、煤炭及天然气的工业锅炉和窑炉中。国际自然基金会2011年2月发布的《能源报告》认为，到2050年，将有60%的工业燃料和工业供热都采用生物质能源。

(4) 原料丰富。生物质能源资源丰富，分布广泛。根据世界自然基金会的预计，全球生物质能源潜在可利用量达350EJ/年(约合82.12亿吨标准油，相当于2009年全球能源消耗量的73%)。根据我国《可再生能源中长期发展规划》统计，目前我国生物质资源可转换为能源的潜力约5亿吨标准煤，今后随着造林面积的扩大和经济社会的发展，我国生物质资源转换为能源的潜力可达10亿吨标准煤。在传统能源日渐枯竭的背景下，生物质能源是理想的替代能源，被誉为继煤炭、石油、天然气之外的"第四大"能源。

2. 生物质能源的利用方式

(1) 直接燃烧。生物质的直接燃烧和固化成型技术的研究开发主要着重于专用燃烧设备的设计和生物质成型物的应用。现已成功开发的成型技术按成型物形状主要分为大三类：以日本为代表开发的螺旋挤压生产棒状成型物技术，欧洲各国开发的活塞式挤压制的圆柱块状成型技术，以及美国开发研究的内压滚筒颗粒状成型技术和设备。

(2) 生物质气化。生物质气化技术是将固体生物质置于气化炉内加热，同时通入空气、氧气或水蒸气，来产生品位较高的可燃气体。它的特点是气化率可达70%以上，热效率也可达85%。生物质气化生成的可燃气经过处理可用于合成、取暖、发电等不同用途，这对于生物质原料丰富的偏远山区意义十分重大，不仅能改变他们的生活质量，而且也能够提高用能效率，节约能源。

(3) 液体生物燃料。由生物质制成的液体燃料叫作生物燃料。生物燃料主要包括生物乙醇、生物丁醇、生物柴油、生物甲醇等。虽然利用生物质制成液体燃料起步较早，但发展比较缓慢，由于受世界石油资源、价格、环保和全球气候变化的影响，20世纪70年代以来，许多国家日益重视生物燃料的发展，并取得了显著的成效。

(4) 沼气。沼气是各种有机物质在隔绝空气(还原)并且在适宜的温度、湿度条件下，经过微生物的发酵作用产生的一种可燃烧气体。沼气的主要成分甲烷类似于天然气，是一种理想的气体燃料，它无色无味，与适量空气混合后即可燃烧。

(5) 生物制氢。氢气是一种清洁、高效的能源，有着广泛的工业用途，潜力巨大，近年来生物制氢的研究逐渐成为人们关注的热点，但将其他物质转化为氢并不容易。生物制氢过程可分为厌氧光合制氢和厌氧发酵制氢两大类。

(6) 生物质发电技术。生物质发电技术是将生物质能源转化为电能的一种技术，主要包括农林废物发电、垃圾发电和沼气发电等。作为一种可再生能源，生物质能发电在国际上越来越受到重视，在我国也越来越受到政府的关注和民间的拥护。生物质发电将废弃的农林剩余物收集、加工整理，形成商品，防止秸秆在田间焚烧造成的环境污染，又改变了农村的村容村貌，是我国建设生态文明、实现可持续发展的能源战略选择之一。如果我国生物质能利用量达到5亿吨标准煤，就可解决目前我国能源消费量的20%以上，每年可减少排放二氧化碳中的碳量近3.5亿吨，二氧化硫、氮氧化物、烟尘减排量近2 500万吨，将产生巨大的环境效益。尤为重要的是，我国的生物质能资源主要集中在农村，大力开发并利用农村丰富的生物质能资源，可促进农村生产发展，显著改善农村的村貌和居民生活条件，将对建设社会主义新农村产生积极而深远的影响。

§10.5 环境与环境污染

环境是相对于某一中心事物而言，作为某一中心事物的对立面而存在。它因中心事物的不同而不同，随中心事物的变化而变化，与某一中心事物有关的周围事物，就是这个中心事物的环境。我们通常所说的环境是指以人类为中心的环境，是指以人类为中心的外部世界，即人类生存、繁衍所必需的、相适应的环境，或物质条件的综合体。

根据《中华人民共和国环境保护法》的规定，环境是指影响人类生存和发展的各种天然的和经过人工改造的自然因素的总体，包括大气、水、海洋、土地、矿藏、森林、草原、野生生物、自然遗迹、人文遗迹、自然保护区、风景名胜区、城市和乡村等。根据环境要素、功能以及人类对环境的作用，将环境区分为自然环境（大气环境、水环境、土壤环境等）和社会环境。同时从人类社会生存和发展的作用角度考察，环境还具有整体性、区域性、变动性、稳定性、资源性和价值性的特征。

环境污染是指自然原因和人类活动作用使有害物质或因子进入环境，并在环境中扩散、迁移、转化，使环境系统的结构和功能发生变化，对人类或其他生物的正常生存和发展产生不利影响的现象，常简称污染。主要包括大气环境污染、水体环境污染和固体废弃物污染等。

10.5.1 人类与环境

人是环境的产物。人类的出现，赋予地球更多的生机，同时也给地球环境带来灾难。人类同一切生物一样，要从环境中获取生活所需物质。人类在利用自然的同时，要记住自己是自然的一部分，认清人类的物质、精神生活与环境是密不可分，人类与自然界有机地联系在一起，人的生命形成于环境，又深受环境的影响。环境是人类的共同财富，是人类赖以生存和生活的客观条件，脱离环境，人将无法生存，更谈不上发展，所以人与环境的关系密切。

1. 人体通过新陈代谢与周围环境进行物质和能量的交换

人类生活在地球表面，这里包含了一切生命体生存、发展、繁殖所需的优越的自然环境，包括：新鲜干净的空气、丰富的水源、肥沃的土壤、充足的阳光、适宜的气候等。人体通过新陈代谢与周围环境进行物质和能量交换。从组成人体的元素看，人90%以上是由碳、氢、氧、氮等多种元素组成。此外，还有一些微量元素，到目前已经发现60多种，其中质量不到人体质量1%的元素主要有铁、铜、锌、锰、钴等。据科学家分析，人体微量元素的种类和海洋中所含的元素种类相似。这为海洋是生命起源的学说提供了论据。地球化学家也发现人类血液中化学元素的含量和地壳岩石中化学元素含量具有相关性。这种人体化学元素与环境的化学元素组成有很高统一性的现象，证明了人体与自然环境关系十分密切。

2. 人体与环境间保持动态平衡

人类与环境之间进行物质和能量的交换的四大要素是空气、土壤、水和生物营养物。环境中的四大要素可以维持人类的生命。如果环境污染造成某些化学物质突然增加，就会破坏人与环境的和谐关系，破坏体内原有的平衡状态，引起疾病。外界的环境条件变化时，如果变化较小，没有超过环境的自净能力和人的自我调节能力，人体可以自行调节。如高山缺氧，通过提高呼吸频率即可解决。但是如果外界环境条件变化较大，致使生态平衡失调，超过人体的忍受限度时，就可能引起中毒、致病等危害。

10.5.2 环境污染现状

随着工农业的发展，人口的激增，城市的不断扩大，环境污染所涉及的范围越来越大，不再局限于发生污染源周围，而是由于长期的积累，在更广的范围内也能出现污染的迹象。酸雨和二氧化硫的危害不仅发生在工业发达的地区，世界范围内都有它们的踪迹。在人迹罕至的南极，也能从企鹅体内检测出DDT的存在。因而今天的环境污染已呈现出明显的全球一体化趋势，引起许多重大的全球性环境问题不断出现。我国与其他工业化国家一样，伴随着工业化的发展，环境污染越来越重，特别是改革开放后，环境污染渐呈加剧之势。其中水污染和大气污染，尤为突出。

1. 水污染现状

目前，我国大部分江、河、湖及水库等地面水都不同程度地受到污染，有的已造成严重危害。2012年全国废水排放总量为684.6亿吨，化学需氧量排放总量为2 423.7万吨，与上年相比下降3.05%；氨氮排放总量为253.6万吨，与上年相比下降2.62%。在长江、黄河、珠江、松花江、淮河、海河、辽河、浙闽片河流、西北诸河和西南诸河等十大流域的国控断面中，Ⅰ～Ⅲ类、Ⅳ～Ⅴ类和劣Ⅴ类水质断面比例分别为68.9%、20.9%和10.2%。而62个国控重点湖泊(水库)中，Ⅰ～Ⅲ类、Ⅳ～Ⅴ类和劣Ⅴ类水质的湖泊(水库)比例分别为61.3%、27.4%和11.3%，而且大部分湖泊水体均呈现不同程度富营养化状态。主要污染指标为总磷、化学需氧量和高锰酸盐指数。地下水水质情况仍不乐观，4929个地下水监测点，包括国家级监测点800个的水质评价结果显示：水质呈优良级的监测点580个，占全部监测点的11.8%；水质呈良好级的监测点1348个，占27.3%；水质呈较好级的监测点176个，占3.6%；水质呈较差级的监测点1999个，占40.5%；水质呈极差级的监测点826个，占16.8%。可见一半以上的地下水受到不同程度的污染；地下水的主要污染表现为：硬度和硝酸盐的增加，以及痕量有机物的污染。对于海水污染情况，中国管辖海域海水环境状况总体较好，符合第一类海水水质标准的海域面积约占中国管辖海域面积的94%。但是近海域污染状况仍未得到改善，局部水域污染严重，劣四类海水比例为18.6%，上升1.7个百分点。

2. 大气污染现状

我国煤炭占能源的66.5%，煤炭的大量燃烧以及近年来我国城市机动车辆的迅速增加，使一些城市的大气污染正向燃煤和汽车废气并存的混合型转化。汽车尾气排出的细颗粒物（PM2.5）极易吸附有毒物质，进入人的呼吸道深部而引起更大的危害，而推广使用无铅汽油以后汽车尾气中挥发性有机物特别是苯系物的含量大大增加，使得大气污染变得更加复杂。根据《2012年中国环境状况公报》显示2012年二氧化硫排放总量为2 117.6万吨，与上年相比下降4.52%；氮氧化物排放总量为2 337.8万吨，与上年相比下降2.77%；全国城市环境空气质量总体保持稳定，全国酸雨污染总体稳定，但程度依然严重。对地级以上城市监测发现，4个城市二氧化硫年均浓度超标，占1.2%；43个城市二氧化氮年均浓度超标，占13.2%；186个城市可吸入颗粒物年均浓度超标，占57.2%。环保重点城市中，2个城市二氧化硫年均浓度超标，占1.8%；31个城市二氧化氮年均浓度超标，占27.4%；83个城市可吸入颗粒物年均浓度超标，占73.4%。由此可见，目前主要的大气污染物是可吸入颗粒物的污染。而全国酸雨分布区域主要集中在长江沿线及以南－青藏高原以东地区，酸雨区面积约占国土面积的12.2%，酸雨污染仍然严重。

3. 其他污染现状

除了水污染和大气污染外，土壤污染、噪声污染、辐射污染、热污染等环境污染现状也不容乐观。特别是土壤污染，我国受农业、重金属等污染的土壤面积达上千万公顷，其中矿区污染土壤达200万公顷，石油污染土壤约500万公顷、固废堆放污染土壤约5万公顷。目前土壤污染总体现状已从局部蔓延到区域，从城郊延伸到乡村，从单一污染扩展到复合污染，从有毒有害污染发展至有毒有害污染与N、P营养污染交叉，形成点源与面源污染共存，生活污染、农业污染和工业污染增加、各种新旧污染与二次污染相互复合或混合的态势。

§10.6 大气污染及防治

人类生存依赖空气，成年人平均每天约需1 kg粮食和2 kg水，但对空气的需求就大得多，每天约13.6 kg（合10 m^3）。不仅如此，如果三者都断绝供应，则引起死亡的首先是空气。而对大气污染的关注起源于对空气有害影响的观察，也就是说，如果大气中的某种组分大到一定浓度，并持续足够的时间，达到对公众健康、动物、植物、材料、大气环境美学因素产生可以测量的负面的影响，就是大气污染。

10.6.1 大气的组成与结构

1. 大气的组成

大气是由多种气体混合组成的，按其成分可以概括为三部分：干燥清洁的空气、水蒸气和各种杂质。

（1）干洁空气

大气中除去水汽和各种杂质以外的所有混合气体统称干洁空气。干洁空气的主要成分是氮、氧、氩和二氧化碳气体，其体积分数占全部干洁空气的 99.996%；氖、氦、氪、甲烷等次要成分只占 0.004%左右。如表 10-2 所示。

表 10-2　干洁空气的化学组成

成分	相对分子质量	体积比/%	成分	相对分子质量	体积比/%
氮(N_2)	28.01	78.09	甲烷(CH_4)	16.04	1.5
氧(O_2)	32.00	20.95	氪(Kr)	83.80	1.0
氩(Ar)	39.94	0.93	一氧化二氮(N_2O)	44.01	0.5
二氧化碳(CO_2)	44.01	0.03	氢(H_2)	2.016	0.5
氖(Ne)	20.18	18	氙(Xe)	131.30	0.08
氦(He)	4.003	5.3	臭氧(O_3)	48.00	0.01～0.04

① 氮：按容积占干洁空气的 78.09%，是大气中最多的成分，由于其化学性质不活泼，在自然条件下很少同其他成分进行化合作用而呈氮单质状态存在，只有在豆科植物根瘤菌的作用下才能改变为能被植物体吸收的化合物。氮是地球上生命体的重要成分，是工业、农业化肥的原料。

② 氧：占空气总容积的 20.95%，是大气中的次多成分。它的化学性质活泼，大多数以氧化物形式存在于自然界中。氧是一切生物体进行生命过程所必需的成分。

③ 二氧化碳：在大气中含量甚少，平均为空气总容积的 0.03%。它是通过海洋和陆地中有机物的生命活动、土壤中有机体的腐化、分解以及化石燃料的燃烧而进入大气的。

④ 臭氧：大气中含量很少，主要集中在 15～35 km 间的气层中，尤以 20～30 km 处浓度最大，称臭氧层。大气中臭氧主要是由于大气中的氧分子在太阳紫外辐射（0.1～0.24 μm 波段）照射下发生光解作用（$O_2 + h\nu \longrightarrow O + O$，$h\nu$ 为作用光线的能量），光解的氧原子又同其他氧分子发生化合作用而形成的（$O + O_2 + M \longrightarrow O_3 + M$，M 为第三种中性分子）。臭氧在太阳紫外线（大于 0.2 μm 波段）照射下也不稳定，它可能同光解的氧原子相互碰撞再解离为氧分子（$O_3 + O \longrightarrow O_2 + O_2$）。因而臭氧的形成和解离过程是同时进行、相互联系的，并大体处于平衡状态。

（2）水汽

水汽是低层大气中的重要成分，含量不多，平均不到 0.5%，而且随着时间、地点和气象条件等不同而有较大变化，其变化范围可达 0.01%～4%，是大气中含量变化最大的气体。大气中的水蒸气含量虽少，但却导致了各种复杂的天气现象：云、雾、雨、雪、霜、露等。这些现象不仅引起大气中的湿度变化，而且还导致大气中热能的输送和交换。此外，水蒸气吸收太阳辐射的能力较弱，但吸收地面长波辐射的能力却较强，所以对地面的保温起着重要的作用。

大气中水汽主要来自地表海洋和江河湖等水体表面蒸发和植物体的蒸腾，并通过大气垂直运动输送到大气高层。因而大气中水汽含量自地面向高空逐渐减少，到 1.5～2 km 高度，大气中水汽平均含量仅为地表的一半，到 5 km 高度，已减少到地面的 1/10，到 10～12 km，含量就微乎其微了。大气中水汽含量在水平方向上也有差异，一般而言，海洋上空多于陆地，低纬多于高纬，湿润、植物茂密的地表多于干旱、植物稀疏的地表。

(3) 杂质

杂质是悬浮在大气中的固态、液态的微粒，主要是由于自然过程和人类活动排到大气中的各种悬浮颗粒和气态物质形成的。大多集中在大气底层。其中，大的颗粒很快降回地表或被降水冲掉，小的微粒通过大气垂直运动可扩散到对流层高层，甚至平流层中，能在大气中悬浮 1～3 年，甚至更长时间。

大气中的悬浮颗粒，除了由水蒸气凝结成的水滴和水晶外，主要是各种有机的和无机的固体颗粒。有机微粒数量较少，主要是植物花粉、微生物等。无机微粒数量较多，主要有岩石或土壤风化后的尘粒，流星在大气层中燃烧后产生的灰烬，火山喷发后留在空中的火山灰，海洋中浪花溅起在空气中蒸发留下的盐粒，以及地面上燃料燃烧和人类活动产生的烟尘等。

大气中的各种气体物质，也是由于自然过程和人类活动产生的，主要有硫氧化物、氮氧化物、一氧化碳、二氧化碳、硫化氢、氨、甲烷、甲醛、烃蒸气、恶臭气体等。

2. 大气垂直结构

地球表面环绕着一层很厚的气体，称为环境大气或地球大气，简称大气。大气是自然环境的重要组成部分，是人类及生物赖以生存的必不可少的物质。自然地理学将受地心引力而随地球旋转的大气层称为大气圈。通常，把大气圈的上界定位 1 200～1 400 km。在1 400 km以外，气体非常稀薄，就是宇宙空间了。

大气圈的垂直结构指气象要素的垂直分布情况，如气温、气压、大气密度和大气成分的垂直分布等。根据气温在垂直于下垫面(即地球表面情况)方向上的分布，可将大气圈分为五层：对流层、平流层、中间层、暖层和散逸层(图 10-1)。

(1) 对流层

对流层是大气圈最低的一层。由于对流程度在热带要比寒带强烈，故自下垫面算起的对流层的厚度随纬度增加而降低；赤道处约 16～17 km，中纬度地区约 10～12 km，两极附近只有 8～9 km。对流层的主要特征是：① 对流层虽然较薄，但却集中了整个大气质量的 3/4 和几乎全部水蒸气，主要的大气现象都发生在这一层中，它是天气变化最复杂、对人类活动影响最大的一层；② 大气温度随高度增加而降低，每升高 100 m 平均降温约 0.65 ℃；③ 空气具有强烈的对流运动，主要是由于下垫面受热不均及其本身特性不同造成的。④ 温度和湿度的平均分布不均匀，在热带海洋上空，空气比较温暖潮湿，在高纬度内陆上空，空气比较寒冷干燥，因此也经常发生大规模空气的水平运动。

对流层的下层，厚度约 1～2 km，其中气流受地面阻滞和摩擦的影响很大，称

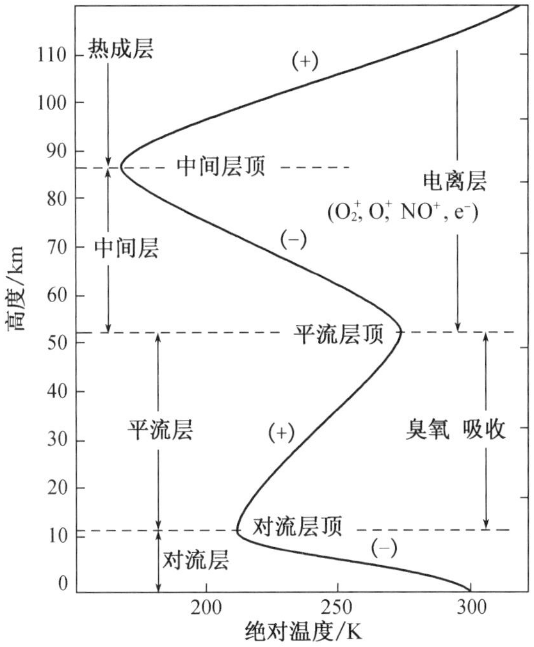

(-)-负值 温度垂直梯度　(+)-正值 温度垂直梯度

图 10-1　大气垂直方向的分层

为大气边界层(或摩擦层)。其中从地面到 50～100 m 左右的一层又称近地层。在近地层中，垂直方向上热量和动量的交换甚微，所以上下气温之差很大，可达 1～2 ℃。在近地层以上，气流受地面摩擦的影响越来越小。在大气边界层以上的气流，几乎不受地面摩擦的影响，所以称为自由大气。

(2) 平流层

从对流层顶到 50～55 km 高度的一层称为平流层。从对流层顶到 25～35 km 左右的一层，气温几乎不随高度变化，为－55 ℃左右，故称为同温层。从这一高度上升到平流层顶，气温随高度增高而增高，至平流层顶达－3 ℃左右，亦称逆温层。平流层集中了大气中大部分臭氧(O_3)，并在 20～25 km 高度上达到最大值，形成臭氧层。臭氧层能强烈吸收波长为 200～300 nm 的太阳紫外线，保护了地球上的生命免受紫外线伤害。在平流层中，几乎没有大气对流运动，大气垂直混合微弱，极少出现雨雪天气，所以进入平流层中的大气污染物的停留时间很长。特别是进入平流层的氟氯烃(CFCs)等大气污染物，能与臭氧发生光化学反应，致使臭氧层的臭氧逐渐减少。

平流层中水汽、杂质极少，出现在对流层中的云、雨现象，在这里近于绝迹。有时在中、高纬度晨昏时的高空(22～27 km)能见到绚丽多彩的珠母云(由细小冰晶组成)。平流层没有强烈对流运动，气流平稳、能见度好，是良好的飞行层次。

(3) 中间层

从平流层顶到 85 km 高度的一层称为中间层。这一层已经没有臭氧，而且紫外辐射中小于 0.175 μm 的波段由于上层吸收已大为减弱，以致吸收的辐射能明显减小，并随高度递减，因而这层的气温随高度升高迅速下降，到顶部降到－83 度以下，几乎成为整个大气层中的最低温。这种温度垂直分布有利于垂直运动发展，因而垂直运动明显，又称“上对流层”或“高空对流层”。在中间层顶附近(80～85 km)的高纬地区黄昏时，有时观察到夜光云，其状如卷云、银白色、微发青，十分明亮，可能是水汽凝结物。

(4) 暖层

从中间层顶到 800 km 高度为暖层。这是一个比较深厚层次，但是空气密度甚小，其质量只占整个大气层质量的 0.5%。在 270 km 高度上空气密度仅是地面空气密度的百亿分之一，再往上就更稀薄了。热层气温随高度迅速升高。据测定，在 300 km 高度气温已达 1 000 ℃以上。热层高温的形成和维持主要是吸收了太阳外层(色球和日冕层)发射的辐射的结果。虽然这些辐射只占太阳总辐射中的很小比数，但被质量极小的气层吸收，实际上相当于单位质量大气吸收了非常巨大的能量，产生高温。因而，被称为暖层。热层中的 N_2、O_2、O 气体成分在强烈太阳紫外辐射(主要是波长短于 0.1 μm 波段)和宇宙射线作用下，处于高度电离状态，因而又称电离层。热层中不同高度电离程度不均匀。在 100～200 km 间的 E 层和 200～400 km 间的 F 层电离程度最强，而位于 60～90 km 高度的 D 层电离程度较弱。电离层的结构和强度随太阳活动的变化有强烈的脉动。电离层具有吸收和反射无线电波的能力，能使无线电波在地面和电离层间经过多次反射，传播到远方。

(5) 散逸层

散逸层是指 800 km 高度以上的大气层。这一层的气温随高度增高而升高。高温使这层上部的大气质点运动加快，而地球引力却大大减少，因而大气质点中某些高速运动分子不断脱离地球引力场而进入星际空间。这一层也可称为大气层向星际空间的过渡层。散逸层的上界也就是大气层的上界。上界到底有多高？还没有公认确切的定论。以前研究者把极光出现的最大高度作为大气层上界。因为极光是太阳辐射产生的带电离子流与稀薄空气相撞，原子受激发产生的发光现象。极光出现过的最大高度大约在 1 200 km，因而大气上界应该不低于 1 200 km。据现代卫星探测资料分析，大气上界大体为 2 000～3 000 km。

10.6.2 大气污染物及其危害

1. 大气污染物

大气污染物是指由于人类活动或自然过程排入大气，并对人和环境产生有害影响的物质。

大气污染物的种类很多，按其存在状态可概括为两大类：气溶胶状态污染物、气体状态污染物。

(1) 气溶胶状态污染物

气体介质和悬浮在其中的分散粒子所组成的系统称为气溶胶。在大气污染中，气溶胶粒子是指沉降速度可以忽略的小固体粒子、液体粒子或固液混合粒子。

从大气污染控制的角度，按照气溶胶粒子的来源和物理性质，可将其分为如下几种：

① 粉尘：粉尘是指悬浮于气体介质中的小固体颗粒，受重力作用能发生沉降，但在一段时间内能保持悬浮状态。它通常是由于固体物质的破碎、研磨、分级、输送等机械过程，或土壤、岩石的风化等自然过程形成的。颗粒的形状往往是不规则的。颗粒的尺寸范围，一般为 1～200 μm。属于粉尘类的大气污染物的种类很多，如黏土粉尘、石英粉尘、煤粉、水泥粉尘、各种金属粉尘等。

② 烟：烟一般是指由冶金过程形成的固体颗粒的气溶胶。它是由熔融物质挥发后生成的气态物质的冷凝物，在生成过程中总是伴有诸如氧化之类的化学反应。烟颗粒的尺寸很小，一般为 0.01～1 μm。产生烟是一种较为普遍的现象，如有色金属冶炼过程中产生的氧化铅烟、氧化锌烟，在核燃料后处理厂的氧化钙烟等。

③ 飞灰：飞灰是指随燃料燃烧产生烟气排出的分散得较细的灰分。

④ 黑烟：黑烟一般是指由燃料燃烧产生的能见气溶胶。

在某些状况下，粉尘、烟、飞灰、黑烟等小固体颗粒的界限，很难明显区分开，在各种文献特别是工程中，使用得比较混乱。根据我国的习惯，一般可将冶金过程和化学过程形成的固体颗粒称为烟尘；将燃料燃烧过程产生的飞灰和黑烟，在不需仔细区分时，也称为烟尘。在其他情况下，或泛指小固体颗粒时，则统称为粉尘。

⑤ 霾：霾天气是大气中悬浮的大量微小尘粒使空气混浊，能见度降低到 10 km 以下的天气现象，易出现在逆温、静风、相对湿度较大等气象条件下。构成霾的主要颗粒物是空气动力学当量直径小于等于 2.5 μm 的污染物颗粒，颗粒的化学组成主要为：硫酸盐、颗粒有机物和炭黑。

⑥ 雾：雾是气体中液滴悬浮体的统称。在气象中，雾是指造成能见度小于 1 km的小水滴悬浮体。

在工程中，雾一般泛指小液体粒子悬浮体，它可能是由于液体蒸气的凝结、液体的雾化及化学反应等过程形成的，如水雾、酸雾、碱雾、油雾等。

在我国的环境空气质量标准中，还根据粉尘颗粒的大小，将其分为总悬浮颗粒物和可吸入颗粒物，可吸入颗粒又包含细颗粒物。

总悬浮颗粒物(TSP)：指能悬浮在空气中，空气动力学当量直径≤100 μm 的颗粒物的总和。

可吸入颗粒物(PM_{10})：指能悬浮在空气中，空气动力学当量直径≤10 μm 的颗粒物的总和。

视频> $PM_{2.5}$

细颗粒物($PM_{2.5}$)：指能悬浮在空气中，空气动力学当量直径≤2.5 μm 的颗粒物，这部分颗粒污染物可通过呼吸道吸入肺泡，危害很大，又称可入肺颗粒物。

(2) 气体状态污染物

气体状态污染物是以分子状态存在的污染物，简称气态污染物。气态污染物的种类很多，总体上可以分为五大类：以二氧化硫为主的含硫化合物、以一氧化氮和二氧化氮为主的含氮化合物、碳的氧化物、有机化合物及卤素化合物等，如表 10-3所示。

表 10-3 气体状态污染物的总分类

污染物	一次污染物	二次污染物
含硫化合物	SO_2、H_2S	SO_3、H_2SO_4、MSO_4
含氮化合物	NO、NH_3	NO_2、HNO_3、MNO_3
碳的氧化物	CO、CO_2	无
有机化合物	C_1～C_{10}化合物	醛、酮、过氧乙酰硝酸酯、O_3
卤素化合物	HF、HCl	无

注：MSO_4、MNO_3分别为硫酸盐和硝酸盐

对于气态污染物，又可分为一次污染物和二次污染物。一次污染物是指直接从污染源排放到大气中的原始污染物质；二次污染物是指由一次污染物与大气中已有组分或几种一次污染物之间经过一系列化学或光化学反应而生成的与一次污染物性质不同的新污染物质。在大气污染控制中，受到普遍重视的一次污染物主要有硫氧化物(SO_x)、氮氧化物(NO_x)、碳氧化物(CO、CO_2)及有机化合物(C_1～C_{10}化合物)等；二次污染物主要有硫酸烟雾和光化学烟雾。

对上述主要气态污染物的特征、来源等简单介绍如下：

① 硫氧化物：硫氧化物中主要有 SO_2，它是目前大气污染物中数量较大、影响范围较广的一种气态污染物。大气中 SO_2 的来源很广，几乎所有工业企业都可能产生。它主要来自化石燃料的燃烧过程，以及硫化物矿石的焙烧、冶炼等热过程。火力发电厂、有色金属冶炼厂、硫酸厂、炼油厂以及所有烧煤或油的工业炉窑等都排放 SO_2 烟气。

② 氮氧化物：氮和氧的化合物有 N_2O、NO、NO_2、N_2O_3、N_2O_4 和 N_2O_5，总体用氮氧化物(NO_x)表示。其中污染大气的物质主要是 NO、NO_2。NO 毒性不太大，但进入大气后可被缓慢地氧化成 NO_2，当大气中 O_3 等强氧化剂存在时，或在催化剂作用下，其氧化速率会加快。NO_2 的毒性约为 NO 的 5 倍。当 NO_2 参与大气中的光化学反应，形成光化学烟雾后，其毒性更强。人类活动产生的 NO_x，主要来自各种炉窑、机动车和柴油机的排气，除此之外是硝酸生产、硝化过程、炸药生产及金属表面处理等过程。其中燃料燃烧产生的 NO_x 约占 83%。

③ 碳氧化物：CO 和 CO_2 是各种大气污染物中发生量最大的一类污染物。主要来自燃料燃烧和机动车排气。CO 是一种窒息性气体，进入大气后，由于大气的扩散稀释作用和氧化作用，一般不会造成危害。但在城市冬季采暖季节或在交通繁忙的十字路口，当气象条件不利于排气扩散稀释时，CO 的浓度有可能达到危害人类身体健康的水平。

④ 有机化合物：有机化合物种类很多，从甲烷到长链聚合物的烃类。大气中的挥发性有机物(VOCs)一般是 C_1～C_{10} 化合物，它不完全相同于严格意义上的碳氢化合物，因为它除含有碳和氢原子外，还常含有氧、氮、硫的原子。甲烷被认为是一种非活性烃，所以人们以总非甲烷烃类(NMHCs)的形式来报道环境中烃的浓

度。特别是多环芳烃类(PAHs)中的苯并[a]芘(B[a]P),是强致癌物质,因而作为判断大气受 PAHs 污染的依据。VOCs 是光化学氧化剂臭氧和过氧乙酰硝酸酯(PAN)的主要贡献者,也是温室效应的贡献者之一,所以必须进行控制。VOCs 主要来自机动车和燃料燃烧排气,以及石油炼制和有机化工生产等。

⑤ 硫酸烟雾:硫酸烟雾是大气中的 SO_2 等硫氧化物,在有水雾、含有重金属的悬浮颗粒物或氮氧化物存在时,发生一系列化学或光化学反应而生成的硫酸雾或硫酸盐气溶胶。硫酸烟雾引起的刺激作用和生理反应等危害,要比 SO_2 气体大得多。

⑥ 光化学烟雾:光化学烟雾是在阳光照射下,大气中的氮氧化物、碳氢化合物和氧化剂之间发生一系列光化学反应而生成的蓝色烟雾(有时带些紫色或黄褐色)。其主要成分有臭氧、过氧乙酰硝酸酯、酮类和醛类等。光化学烟雾的刺激性和危害要比一次污染物严重得多。

2. 危害

(1) 对人体的危害

大气污染物对人体健康的危害严重,如细颗粒物与硫化物、一氧化碳、光化学烟雾等均对人体健康产生不利影响。污染物对健康的影响程度取决于污染物的浓度和组成、暴露水平及人体健康状况而异。

① 大气颗粒物:颗粒物组成复杂,其表面浓缩和富集多种化学物质,有多环芳烃类化合物、重金属等。一般粒径大于 10 μm 的颗粒物吸入后大部分阻留在鼻腔和鼻咽喉部,很少部分进入气管和肺内,但是小于 10 μm 的颗粒物,特别是$PM_{2.5}$,吸入后引起支气管炎、气管炎、哮喘病、尘肺、破坏心血管系统等疾病。

② 二氧化硫:SO_2进入呼吸道后,部分被阻滞在上呼吸道。在潮湿的黏膜上生成具有刺激性的亚硫酸、硫酸和硫酸盐,增强刺激作用。而且进入血液循环的 SO_2 破坏酶的活力,影响碳水化合物及蛋白质的代谢,对肝脏也有一定的伤害。

③ 一氧化碳:CO 是无色无味的有毒气体。CO 和血液中的血红蛋白的亲和力约是氧的 210 倍,它们结合生成碳氧血红蛋白(HbCO),将严重阻碍血液输氧,导致人体缺氧,发生中毒。

④ 氮氧化物:氮氧化物有一定的异味,容易引起支气管炎、气管炎、肺水肿、肺气肿等疾病。

⑤ 碳氢化合物:主要是挥发性有机物,比如多环芳烃类,这对皮肤和肝脏均有伤害,有一些还是致癌物质。

⑥ 光化学烟雾和硫酸烟雾:对人体皮肤,眼睛都有伤害,而且容易引起胸痛,全身疼痛等症状,严重的话 1 小时内死亡。

(2) 对动植物的危害

大气污染物对植物的伤害主要分两类:一类是受高浓度大气污染物的袭击,短期内即在叶片上出现坏死斑,称之为急性毒害;另一类是长期与低浓度大气污染物接触,因生长受阻,发育不良,出现失绿、早衰等现象,称之为慢性毒害。相对植物而言,动物因可以走动,可以避开污染的环境,大气污染物对动物的危害主要是呼吸道感染和食用被大气污染后的食物,导致中毒等。

(3) 其他的危害

大气污染物可使建筑物和暴露在空气中的金属制品及皮革、纺织等物品性质发生改变,造成直接或间接的经济损失。颗粒物尤其是 $PM_{2.5}$ 及光化学烟雾等显著降低大气的能见度,严重影响交通。此外,CO_2 浓度增加导致全球气候变化,人工合成的氟氯烃化合物等化学物质导致臭氧层消耗等全球环境问题。

10.6.3 大气污染防治技术

1. 大气污染的控制

(1) 消烟除尘技术

粉尘与烟气主要来源于燃烧设备与工业生产工艺。从废气中回收颗粒物的过程称之为除尘。常使用的除尘技术设备见表 10-4。

表 10-4 烟尘的净化控制技术

技术名称	技术原理	典型装置	除尘效率	广泛应用领域
机械除尘	利用重力、离心力和惯性力等质量力原理	重力沉降室 旋风除尘器 惯性除尘器	≤90%	小型设备、低烟气量的粉尘处理或预处理
吸收除尘	吸收原理	吸收洗涤塔	≥95%	工业生产;有害粉尘的处理
过滤除尘	捕集原理	袋式除尘器 过滤除尘器	≥95%	工业生产;有害粉尘的处理
静电除尘	电场原理	静电除尘器	≥95%	大型燃煤设备;其他工业设备

(2) 气态污染物治理技术

① 二氧化硫净化技术

二氧化硫的净化可以分为湿法和干法两种。其中湿法是指利用水或水溶液作为吸附剂,吸收烟气中的 SO_2;干法是利用固体吸附剂或吸收剂吸附或吸收烟气中的 SO_2。下面做一个简单介绍。

(a) 湿法脱硫。根据吸收剂的不同,湿法脱硫有碱液吸收法、氨法、钙法、镁法等。以碱液吸收法为例对其原理进行介绍:以苛性钠溶液作为吸收剂,吸收烟气中的 SO_2 的原理:

$$2NaOH + SO_2 = Na_2SO_3 + H_2O$$

$$Na_2SO_3 + SO_2 + H_2O = 2NaHSO_3$$

$$NaHSO_3 + NaOH = Na_2SO_3 + H_2O$$

(b) 干法脱硫。干法脱硫主要有活性炭吸附法以及喷雾干燥吸收法等。

活性炭吸附法是利用活性炭的活性及较大的比表面积使烟气中的 SO_2 在活性炭表面与水及氧气反应生成硫酸的方法,即

$$2SO_2 + O_2 + 2H_2O = 2H_2SO_4$$

喷雾干燥吸收法是利用被雾化后的 $Ca(OH)_2$浆液或 Na_2CO_3溶液吸收 SO_2的过程。

② 氮氧化物的净化技术

去除 NO_x 的技术主要有干法和湿法两大类，其中干法包括催化还原法、吸附法，而催化还原法又可分为选择性催化还原（SCR）和非选择性催化还原（SNCR）；湿法则包括水吸收法、酸吸收法、碱吸收法等。简单介绍如下：

(a) 选择性催化还原法。指以贵金属或铜、铬、铁、镍等的氧化物（以铝矾土为载体）为催化剂，以氨为还原剂，选择出最适应的温度范围进行脱氮反应。

(b) 非选择性催化还原法。指利用钯或铂系作为催化剂，以氢或甲烷等还原性气体作为还原剂，将烟气中的 NO_x还原成 N_2的过程。

(c) 水吸收法、酸吸收法和碱吸收法。水吸收法的吸收剂是水，酸吸收法的吸收剂主要是稀硝酸和浓硫酸，碱吸收法的则主要是 NaOH、Na_2CO_3和 NH_3。其中水吸收法的反应如下：

$$2NO_2 + H_2O = HNO_3 + HNO_2$$

$$2HNO_2 = H_2O + NO + NO_2$$

$$2NO + O_2 = 2NO_2$$

③ 氟化物的净化技术

气体中氟化物的去除一般分为湿法和干法两种，湿法包括水吸收法和碱吸收法。

(a) 水吸收法。主要是利用氟化物易溶于水的特性。HF 溶解于水成氢氟酸，SiF_4溶于水中也生成氢氟酸。

(b) 碱吸收法。采用 NaOH、Na_2CO_3、氨水等碱性物质作为吸收剂，直接吸收废气中的氟化物。其中最常用的是 Na_2CO_3作为吸收剂。

(c) 干法。主要是应用固态氧化铝为吸附剂，吸附后的含氟化物的氧化铝可用于炼铝的原材料。该法的去除效率达 89%以上。

2. 大气污染综合防治

(1) 全面规划、合理布局

城市或工业区的大气污染控制，是一项十分复杂、综合性很强的技术、经济和社会问题。影响环境空气质量的因素很多，从社会、经济发展方面看，涉及城市的发展规模、城市功能区划分、人口增长和分布、经济发展类型、规模和速度、能源结构及改革、交通运输发展和调整等各方面；从环境保护方面看，涉及污染源的类型、数量和分布，及污染物排放的种类、数量、方式和特性等。因此，为了控制城市和工业区的大气污染，必须在进行区域的经济和社会发展规划的同时，根据该区域的大气环境容量，做好全面环境规划，采取区域性综合防治措施。

(2) 严格环境管理

环境管理的概念，一般有两种范畴：一种是狭义的环境管理，即对环境污染源和污染物的管理，通过对污染物的排放、传输、承受三个环节的调控达到改善环境的目的;另一种是广义的环境管理,即从环境经济、环境资源、环境生态的平衡管理,通过经济发展的全面规划和自然资源的合理利用,达到保护生态和改善环境的目的。环境管理的方法是运用法律、经济、技术、教育和行政等手段,对人类的社会和经济活动实施管理,从而协调社会和经济发展与环境保护之间的关系。完整的环境管理体制是由环境立法、环境监测和环境保护管理机构三部分组成的。环境法是进行环境管理的依据,它以法律、法令、条例、规定、标准等形式构成一个完整的体系。环境监测是环境管理的一个重要的手段,可为环境管理及时提供准确的监测数据。环境保护管理机构是实施环境管理的领导者和组织者。

(3) 实施清洁生产及可持续发展的能源战略

① 清洁生产包括清洁的生产过程和清洁的产品两个方面:对生产工艺而言,节约资源与能源、避免使用有毒有害原材料和降低排放物的数量和毒性,实现生产过程的无污染或少污染;对产品而言,使用过程中不危害生态环境、人体健康和安全,使用寿命长,易回收再利用。

② 可持续发展的能源战略包括四个方面:综合能源规划与管理,改善能源供应机构和布局,提高清洁能源和优质能源的比例,加强农村能源和电气化建设;提高能源利用效率和节约能源;推广少污染的煤炭开采技术和清洁煤技术;积极开发利用新能源和可再生能源,如水电、核能、太阳能、风能、地热能、海洋能等。

(4) 采取废气净化技术,严格控制污染源排放

当采取了各种大气污染防治措施后,大气污染物的排放浓度(或排放量)仍达不到排放标准或环境空气质量标准时,则必须采取废气净化技术,对污染源进行治理。采取废气净化技术,是控制环境空气质量的基础,也是实行规划与管理等综合防治措施的前提。加强对高污染企业如煤炭、钢铁、有色、石油化工和建材等的废气污染源控制。

(5) 加强机动车污染控制

随着城市机动车数量的迅猛增加,其排放污染问题日益突出。一些大城市的大气污染类型正在由煤烟型向混合型或机动车污染型转化,机动车尾气排放已经成为主要城市的重要污染源。控制机动车污染的措施有:① 合理规划城市交通,减少对汽车的依靠;② 发展公共交通车;③ 采用清洁油品;④ 严格汽车排放标准及相关法规。

(6) 绿化造林

绿色植物是区域生态环境中不可缺少的重要组成部分,绿化造林不仅能美化环境,调节空气温湿度或城市小气候,保持水土,防风治沙,而且在净化空气和降低噪声方面皆会起到显著作用。

§10.7 水污染及防治

水体是江河湖海、地下水、冰川等的总称,是被水覆盖地段的自然综合体。它不仅包括水,还包括水中溶解物质、悬浮物、底泥、水生生物等。水体按类型还可划

分为海洋水体和陆地水体，陆地水体又分为地表水体和地下水体。地表水体包括河流、湖泊等。水与水体是两个紧密联系又有区别的概念。从水体概念去研究水环境污染，才能得出全面、准确的认识。研究水体污染主要研究水污染，同时也研究底质（底泥）和水生生物体污染。所谓水污染是指排入水体的污染物使该物质在水体中的含量超过了水体的本底含量和水体的自净能力，从而破坏了水体原有的用途。造成水体污染的因素是多方面的：向水体排放未经过妥善处理的城市生活污水和工业废水；施用的化肥、农药及城市地面的污染物，被雨水冲刷，随地面径流进入水体；随大气扩散的有毒物质通过重力沉降或降水过程而进入水体等。其中第一项是水体污染的主要因素。

10.7.1　水资源与水质指标

水是生命的重要组成部分，没有水就没有生命。同时水也是工农业发展的重要资源和战略性的社会经济资源。水是生命的摇篮，生物的进化就是从水生向陆地发展的，人类的发展也与水密切相关。在人类历史上，从依山傍水而建的古代城市到蓬勃发展的现代化大都市，水都发挥了重要的作用。然而，长期以来，人们普遍认为水资源是大自然赋予人类的，取之不尽，用之不竭。因此，地球上的水资源被人类肆意浪费，水体被污染，导致水质变差，水资源短缺问题越来越严重。

1. 世界水资源形势

地球上水的总量并不小，包括高含盐量的咸水和淡水。但与人类生产生活关系密切又容易开发利用的淡水资源仅占全球总水量的 0.3%，主要为河流、湖泊和地下水。同时，统计出的淡水资源总量并不能充分为人们所利用。例如，美国人均年占有淡水资源11 610 m^3，但约有 2/3 通过湖泊、河流、湿地及草木等表面蒸发或蒸腾到大气中去。另外，世界上一些地方因过量取水造成地下水位下降。陆地上的淡水资源分布很不均匀，巴西、俄罗斯、加拿大、美国、中国、印度尼西亚、印度、哥伦比亚和扎伊尔等 9 个国家已经占去了淡水资源的 60%。

目前世界水资源正面临短缺和匮乏的现实，表现为：

(1) 世界上许多河流濒临枯竭。2006 年联合国《世界水资源发展报告》称，滋养着人类文明的河流在许多地方被掠夺式开发利用，加上工业活动造成的全球暖化，未来的水资源已严重受到威胁——全球 500 条主要河流中至少有一半严重枯竭或被污染。世界各地主要河流正以惊人的速度走向干涸，昔日大河奔流的景象不复存在。

(2) 许多河流受到不同程度的污染。全球经济的快速发展使许多水域和河流受到严重污染。污染的河流致使农业灌溉用水、饮用水源及工业用水的安全保障受到威胁，受损的河流区域生态系统使 1/5 的淡水水生生物濒临灭绝。

(3) 全球气候变化引发一些地区的水文异常。气候变化对全球水资源产生了一定的影响。据研究，北纬 30 度到南纬 30 度地区的降水量将可能增加，但许多热带和亚热带地区的降雨则可能减少并变得不稳定。干旱、泥石流、台风等将可能增加，而河流在枯水期的流量将可能进一步减小。最近的估算表明：今后一段时间的气候变化将使全球水紧张程度提高 20%。

水资源短缺的现实与目前不合理的开发利用方式密切相关，表现为：

(1) 水资源的供需矛盾持续增加。全球用水量在 20 世纪增加了 6 倍，其增长速度是人口增速的 2 倍，持续增长的全球用水需求是水资源短缺的核心问题。

(2) 用水浪费严重加剧了水资源短缺。在不发达的地区和国家，由于技术设备和生产工艺落后，工业生产用水的浪费十分惊人，造成了工业水耗过高；农业灌溉设备工程落后造成了灌溉漏失率过高，浪费水资源；在城市用水中，由于输水管道和卫生设备渗漏，造成大量水资源的浪费。

以上表明，现在全球正面临着严重的水危机，不仅制约着经济发展，还会影响人类身体健康。我们需要妥善保护与利用水资源，使得 200 亿人可持续发展。

2. 中国水资源现状分析

(1) 我国水资源主要问题

我国水资源现状复杂，面临诸多问题，表现在：中国水资源总量丰富，但人均水资源占有量仅相当于世界人均水资源占有量的 1/4，位列世界第 110 位，是联合国认定的“水资源紧缺”国家。不仅如此，水资源在全国范围的分布严重不均，占全国面积三分之一的长江以南地区拥有全国五分之四的水量，而面积广大的北方地区只拥有不足五分之一的水量，其中西北内陆的水资源量仅占全国的 4.6%。水土流失严重，江河含沙量高是我国水资源的又一突出问题。中国西部地区是长江、黄河等主要河流发源地，地形高差大，又有大面积的黄土高原。自然因素加上长时间的人为破坏，使很多地区水土流失严重，使许多江河夹带大量的泥沙，黄河的含沙量更是世界之最。还有，我国水资源开发利用各地很不平衡。在南方多水地区，水的利用率较低，如长江只有 16%，珠江 15%，浙闽地区河流不到 4%，西南地区河流不到 1%。但在北方少水地区，地表水开发利用程度比较高，如海河流域利用率达到 67%，辽河流域达到 68%，淮河达到 73%，黄河为 39%，内陆河的开发利用达 32%。地下水的开发利用也是北方高于南方，目前海河平原浅层地下水利用率达 83%，黄河流域为 49%。

(2) 水资源开发保护

从当前和 21 世纪的发展看，洪涝灾害、水源短缺、水生态环境恶化三大问题，将越来越成为制约我国农业和经济和社会发展的重要因素。其中水源短缺、水生态环境恶化又是重中之重。为缓解严峻的水形势：一是节水优先。这主要体现在控制需求，创建节水型社会。在国家发展过程中，选择适当的发展项目，建立“有多少水办多少事”的理念，杜绝水资源浪费。同时需要采用良好的管理和技术手段，提高水资源利用率。积极发展节水的工业、农业技术，大力推广应用节水器具，发现并杜绝水的漏泄，包括用水器具及输水管网中的漏泄。二是治污为本。这要求我国的水污染防治战略应尽快实行调整，从末端治理转向源头控制和全过程控制。

同时，从传统水资源开发转向非传统水资源开发。为了提高供水能力，过去主要着眼于传统水资源的开发即当地的地表水和地下水开发，当发现地下水水位持续下降和地表水逐渐枯竭后又想到远距离调水。远距离调水除了需要十分昂贵的基建投资和运行费用外，还有施工、管理等各方面的困难，同时生态影响是近年来人们关心的又一重要问题。非传统水资源包括：雨水、再生的污废水、海水、空中水资源。据介绍，目前我国工业用水重复利用率只有 60%，城市废水利用几乎没有。而以色列的城市废水利用达到 90%，美国的洛杉矶也是利用处理过的城市废水浇灌绿地。城市废水的再利用不仅减少了污染，还可以缓解水资源紧张的矛盾。

3. 水质

水质，即水的品质，是指水与其中所含杂质共同表现出来的物理学、化学和生物学的综合特性。水中所含的杂质，按其在水中的存在状态可分为三类：悬浮物质、溶解物质和胶体物质。悬浮物质是由大于分子尺寸的颗粒组成，它们借浮力和黏滞力悬浮于水中；溶解物质则是分子或离子组成，它们被水的分子结构所支撑；胶体物质则介于悬浮物质和溶解物质之间。

为了更好地体现水的物理、化学和生物学特性，通常采用水质指标来衡量水质的好坏，水质指标可以分为三大类：

(1) 第一类，物理性水质指标，包括：

① 感官物理性指标，比如，温度，色度、嗅味、透明度等。

② 其他物理性指标，比如，悬浮固体、电导率、总固体、溶解性固体等。

(2) 第二类，化学性水质指标，包括：

① 一般的化学性水质指标，比如，pH、硬度、各种阴阳离子、总含盐量、氨氮、总磷等。

② 有毒的化学性水质指标，比如，重金属，氰化物，各种农药等。

③ 有关氧平衡的水质指标，比如，溶解氧(DO)、化学需氧量(COD)、生化需氧量(BOD)等。

(3) 第三类，生物学水质指标，比如，细菌总数、总大肠菌数、各种病原细菌等。

以下针对最常用水质指标作一个简要的说明。

(1) pH

pH 反映了水的酸碱性质，一般分三个等级，pH 在 0～7 的水体为酸性，pH=7 的水体为中性，pH 在 7～14 的水体为碱性，天然水体的 pH 一般在 6～9，饮用水的适宜 pH 在 6.5～8.5。生活污水一般呈弱碱性，而某些工业废水一般呈强酸和强碱性，它们的排放对天然水体的酸碱性产生较大影响。大气中的污染物如 SO_2、NO_x 等也会影响水体的 pH，不过天然水体对酸碱性具有一定的缓冲能力。

(2) 悬浮固体(SS)

悬浮固体可以利用重力的作用或其他物理作用与水分离，它们随着废水进入天然水体，则易形成河体的沉积物。悬浮物的化学成分比较复杂，可能是无机物，也可能是有机物，还有可能是一些剧毒物质，或者是均有。悬浮固体物影响水体的透明度，甚至水体的溶解氧。

(3) COD 和 BOD

这两个水质指标是表示水中有机物的含量，天然水体的有机物含量极少，水体中的有机物含量升高一般都是由废水的排放引起。由于有机物种类繁多，分别测定其含量工作量大且比较困难。一般监测水体COD和BOD综合性间接衡量水体有机物含量。

① 化学需氧量(COD)是指在一定条件下，水中各种有机物与外加的强氧化剂作用时所消耗的氧化剂的量，以氧量(mg/L)计。常用的氧化剂是重铬酸钾($K_2Cr_2O_7$)。② 生化需氧量(BOD)是指在有氧条件下，由于微生物作用降解有机物所消耗的氧量。

10.7.2 水体污染物及其危害

造成水体水质、水中生物群落以及水体底泥质量恶化的各种有害物质(或能量)都可叫作水体污染物。1960年美国学者曾把水中污染物大体划分为八类：耗氧污染物；致病污染物；合成有机物；植物营养物；无机及矿物质；土壤、岩石等冲刷下来的沉积物；放射性物质；热污染。从环境保护的角度，根据污染物的物理、化学、生物性质及其污染特性，可将水体污染物分为以下几种类型。

1. 无机无毒物

主要是指排入水体中的酸、碱以及一般无机盐类。酸、碱污染水体pH值发生变化，破坏其自然缓冲作用，消灭或抑制细菌及微生物的生长，妨碍水体自净，还可腐蚀船舶。酸、碱污染物不仅能改变水体pH，而且可大大增加水中的含盐量，提高水的硬度，对工业、农业、渔业和生活用水都会产生不良的影响。

2. 无机有毒物

这类物质具有强烈的生物毒性，它们排入天然水体，会影响水中生物，并可通过食物链危害人类身体健康。这类污染物都具有明显的积累性，可使污染影响持久扩大。主要包括重金属、砷、氰化物、氟化物等。

在环境污染方面所说的重金属主要指汞、镉、铅、铬、锌、铜、镍、锡等。重金属污染是污染最大的水污染问题之一。而砷、氰化物、氟化物都是剧毒物质，影响人类身体健康，具有致癌作用。

3. 有机无毒物

有机物无毒物主要指需氧有机物。生活污水和某些工业废水中含有糖类、蛋白质、氨基酸、酯类、纤维素等有机物质，这些物质以悬浮状态或溶解状态存在于水中，排入水体后能在微生物作用下分解为简单的无机物，在分解过程中消耗氧气，使水体中的溶解氧减少，严重影响鱼类和水生生物的生存。当溶解氧降至零时，水中厌氧微生物占据优势，造成水体变黑发臭，将不能被用于饮用水源及其他用途。需氧有机物的污染是当前我国最普遍的一种水污染。由于有机物成分复杂，种类繁多，一般用综合指标生化需氧量(BOD)、化学需氧量(COD)或总有机碳(TOC)等表示需氧有机物的量。

4. 有机有毒物

近年来，水中有机有毒物质造成的污染问题越来越突出。主要来自人工合成的各种有机物质，包括有机农药、化工产品等。农药中有机氯农药和有机磷农药危害很大。有机氯农药(如DDT，六六六等)毒性大、难降解，并会在自然界积累，造成二次污染，已禁止生产与使用。现在普遍采用的有机磷农药，种类有敌百虫、乐果、敌敌畏、甲基对硫磷等，这类物质毒性大，也属于难生物降解有机物，并对微生物有毒害和抑制作用。

人工合成的高分子化合物种类繁多、成分复杂，使城市污水的净化难度大大增加。在这类物质中已被查明具有三致作用(致癌、致突变、致畸性)的物质有：苯类化合物、氯苯类与多氯联苯、硝基苯类、苯胺类、萘系列化合物、苯并(α)芘等。

5. 植物营养物

所谓植物营养物主要是指氮、磷、钾、硫及其化合物，如氨氮、硝酸盐、亚硝酸盐、磷酸盐、和含氮、磷的有机化合物。由于植物营养物的大量排放，引起湖泊和海湾中的藻类和其他浮游生物的大量繁殖，造成水体的富营养化污染。水体藻类暴发后会产生如下危害：① 引起水质恶化；② 减少鱼类活动的空间；③ 藻类分解的有害物质伤害水生生物；④ 消耗水中的溶解氧，严重影响鱼类生存；⑤ 破坏水生生态系统平衡；⑥ 引起水体老化，湖泊演变为沼泽。

6. 放射性物质

大多数水体在自然状态下都有极微量的放射性。第二次世界大战后，由于原子能工业，特别是核电站的发展，水体的放射性日益增高。放射性物质主要来源有三个途径：① 核电站的迅速增多，必然会带来放射性污染问题；② 核武器的试验，主要是大气中放射性尘埃的降落和地面径流；③ 放射性同位素在化学、冶金、医学、农业等部门的广泛应用，随污水排入水体。

放射性物质可由大气进入海洋，现在世界任何海区均可测出锶-90和铯-137，北半球高于南半球。污染水体的最危险放射性物质有锶-90、铯-137等。这些物质半衰期长，可引起遗传变异或癌症。有时放射性物质在水环境中虽然不多但能经水生食物链而富集。

7. 病原微生物

病原微生物主要有三类：① 病菌。病菌是可以引起疾病的各类细菌，如：大肠杆菌、痢疾杆菌、绿脓杆菌、葡萄状球菌、霍乱弧菌等。② 病毒。病毒一般没有细胞结构，但是病毒是具有遗传、变异、共生、干扰等生命现象的微生物。例如麻疹病毒、流行性感冒病毒、传染性肝炎病毒等等。普通显微镜下难于观察到病毒，多半要用电子显微镜才能够观察到病毒。③ 寄生虫。寄生虫是动物寄生物的总称，如：疟原虫、阿米巴原虫、血吸虫、蛔虫等等。其中有一些不是微生物，而是微型动物。

病原微生物主要来源于生活污水(清扫污水、粪便污水、洗浴污水等)、医院污水、屠宰、制革、洗毛、生物制品、饲养场、养殖场等。

受病原微生物污染的水体会传染疾病。地下水中很少有病原微生物，地表水中常常有病原微生物存在，尤其是在非寒冷地区，病原微生物容易在地表水中繁殖。

中国黄河以北地区，天气比较寒冷，气候干燥，病原微生物不易繁殖，北方人有喝冷水、吃生菜的习惯；而在淮河以南地区，喝冷水、吃生菜必定生病。

城市自来水，在自来水厂经过净化处理，还要经过氯气消毒，大部分病原微生物已经被杀死，但是传染性肝炎病毒等病毒很难消除。

10.7.3 水污染控制技术

1. 水体污染控制的基本原则

水体污染控制的基本原则是将“防”“治”“管”三者有机地结合起来，缺一不可。

“防”是指对污染源的控制，通过有效控制污染源的排放的污染物的量。对于工业污染源，最有效的控制方法就是清洁生产，所谓的清洁生产是指资源能源利用量最小，污染物排放量也是最少的先进生产工艺。一是可以改革原材料的选择，用无毒无害的原材料取代有毒有害的材料，二是进行生产工艺的优化，减少对原料、水及能源的消耗；三是采用循环用水系统，减少废水的排放，回收利用废水中有用成分，降低废水浓度。对生活污染源，应采取有效措施减少生活污水排放量，比如一水多用，使用节水用具，提高公民节水意识。而对面源污染，应该提倡农田科学施肥和农药的合理利用，这样可以减少农田残留的有毒物质，也可以减少农田径流中的氮磷含量和进入河流湖泊的氮磷量。

“治”是水污染防治中不可以缺少的部分，对于已经污染的水体，只防是很难恢复原先的水质，而且采取再多的预防措施都不可能实现污染物的零排放，如生活污水的排放是不可避免的。因此必须对污水进行治理，确保污水在排放前达到国家或者地方规定的污水排放标准。

“管”是指对污染源、水体及处理设施的管理，科学的管理对水污染防治至关重要，包括对污染源的经常监测和管理，对污水处理厂的监测和管理和水体卫生特征经济指标的监测管理。

2. 污水处理技术

污水处理的目的是将其中的污染物以某种分离方法分离处理，或将其分解转化为无害稳定的物质，使污水得到净化，水质得到改善。按照污水处理原理可以将处理技术分为物理法、化学法和生物法三大类。

(1) 物理法

物理法的基本原理是通过物理作用使悬浮态的污染物质与水分离，在处理过程中污染物的性质不发生改变。下面对主要的物理处理技术进行简要叙述：

① 截留，是指通过筛网或格栅将污水中粒径较大的悬浮颗粒物或絮状物拦截，主要去除对象就是悬浮物。

② 沉淀，是指通过重力的作用，使污水中的颗粒物沉降。主要设备有沉砂池和沉淀池。

③ 过滤，是指利用粒状介质层截留水中的细小悬浮物的方法，通常用于废水的深度处理和饮用水处理过程，一般有普通快速滤池和压力滤池。

④ 气浮浮选，是指向污水中通入空气，使之产生大量微小气泡，以这些微小气

泡作为载体，使污水中微细的疏水性悬浮颗粒黏附在气泡上，随气泡浮升到水面，形成泡沫层，然后用机械方法去除，从而实现固、液分离，油、水分离的方法。根据空气打气方式不同，可以分为加压溶气气浮法、叶轮气浮法和射流气浮法。

⑤ 离心分离，是指利用离心力分离水中悬浮颗粒的方法。常用的离心设备有旋流分离器和离心分离器等。

⑥ 膜分离，是指利用过滤性膜的选择透过性对水中杂质进行浓缩、分离的方法。根据膜空隙的大小及过滤时的动力，膜分离可分为微过滤、超过滤、纳米过滤、电渗析、反渗透等。

(2) 化学法

化学法是污水处理的基本方法之一，是利用化学作用去除污水中溶解性物质或者胶体物质，比如污水中的金属离子、细小的胶体有机物、无机物、植物营养素、乳化油、色度、酸碱等。

化学法主要包括中和法、混凝法、氧化还原法、化学沉淀法、电解法、萃取法、吸附、离子交换法等。

① 中和法

很多工业废水往往含酸性或碱性物质，根据我国《污水综合排放标准》，排放废水的 pH 应在 6～9，因此凡是含有酸或碱使 pH 超出规定排放范围的废水，都应该进行处理，一般酸性废水可以加入碱性废水、石灰乳等碱性物进行中和，而碱性废水就可以加入酸性废水中和。

② 混凝法

化学混凝是指投加化学药剂以破坏胶体和悬浮颗粒在水中形成的稳定分散系，使其聚集为具有沉降性能的絮体。常用的混凝剂有硫酸铝、聚合氯化铝等铝盐，硫酸亚铁、三氯化铁等铁盐，以及有机高分子絮凝剂。

③ 氧化还原法

通过化学药剂与污染物质发生氧化还原反应，将废水中的有毒有色污染物转化为无毒或者微毒物质的方法。水处理中常用氧化剂有氧、臭氧、漂白粉、次氯酸钠等；常用还原剂有硫酸亚铁、亚硫酸盐、铁屑、锌粉等。

以硫酸亚铁-石灰法处理含铬废水是还原法的一个典型实例，其反应如下：

$$Cr_2O_7^{2-} + 6Fe^{2+} + 14H^+ = 2Cr^{3+} + 6Fe^{3+} + 7H_2O$$

$$Cr^{3+} + 3OH^- = Cr(OH)_3$$

④ 化学沉淀法

向废水中投加某些化学药剂，使其与废水中污染物发生化学反应，形成难溶的沉淀物的方法。该方法常用于含有重金属、氰化物等废水的处理。例如，利用碳酸钠处理含锌废水，其反应为：

$$ZnSO_4 + Na_2CO_3 = ZnCO_3 \downarrow + Na_2SO_4$$

⑤ 电解法

电解质溶液在直流电作用下发生电化学反应被称为电解，电解是电能转化为化学能的过程。电解法处理废水的作用有氧化反应、还原反应、凝聚作用、气浮作用等。

⑥ 萃取法

萃取过程系指将与水不互溶且密度小于水的特定有机溶剂与被处理水接触，在物理或化学作用下，使原溶解于水中的某种组分由水相转移到有机相的过程。

⑦ 吸附法

吸附法是利用多孔固体物质作为吸附剂，以吸附废水中污染物的方法。吸附法主要用于废水的脱色、除臭和去除重金属离子、可溶性有机物等深度处理。常用的吸附剂有活性炭、硅藻土、粉煤灰等，其中活性炭最为常用。

⑧ 离子交换法

水中的离子态污染物与不溶于水的离子化合物发生离子的交换反应，被称为离子交换。离子交换是一种特殊的吸附过程，通常是可逆的化学吸附。

(3) 生物法

生物法是通过人工培养水中的微生物，利用其新陈代谢的功能，消化分解或吸收废水中的各种溶解的污染物(主要是有机污染物)。该法由于操作成本低而被广泛应用。根据所培养的微生物的种类，生物处理可以分为好氧生物处理和厌氧生物处理两大类。

① 好氧生物处理

好氧生物处理法是需要利用鼓风机等设备不断地向废水中通入空气，也称为曝气，这样可以提供微生物所需的氧气。最常用的好氧生物处理技术是活性污泥法和生物膜法。

(a) 活性污泥法。通过曝气人工培养，使的水中的好氧微生物不断的繁殖形成絮状体，这简称活性污泥，活性污泥悬浮在水中，从而使污水得到净化。这种技术是处理城市生活污水最广泛使用的方法。

(b) 生物膜法。是指利用附着在填料(碎石、煤渣、化学纤维)表面的生物膜不断消化分解水中的污染物。生物膜法的主要设施是生物滤池、生物转盘、生物接触氧化池、生物流化床等。

② 厌氧生物处理

厌氧生物处理是指在无氧条件下，利用厌氧菌和兼性厌氧菌降解有机污染物的过程，分解的主要产物为甲烷，主要处理浓度较高的有机废水。

§10.8 固体废物污染及防治

10.8.1 固体废物污染及其危害

1. 固体废物的来源、分类及特点

在《中华人民共和国固体废物污染环境防治法》(2004 年修订通过，2005 年 4 月 1 日起实施)中指出：固体废物，是指在生产、生活和其他活动中产生的丧失原有利用价值或者虽未丧失利用价值但被抛弃或者放弃的固态、半固态和置于容器中的气态物品、物质以及法律、行政法规规定纳入固体废物管理的物品、物质。其中，不能排入水体的液态物质和不能排入大气的置于容器中的气态物质，都具有较大危害性，在我国归入固体废物管理体系。

（1）固体废物来源及分类

固体废物成分复杂、种类繁多、性质不同，因而有许多不同的分类方法。固体废物可根据其性质、状态及产生源进行分类，如按其化学性质，可分为有机废物和无机废物；按其危害程度，可分为危险废物与一般废物；按其产生源，可分为城市固体废物、矿业固体废物、农业固体废物及放射性固体废物等五类。我国通常把固体废物分为工业固体废物、矿业固体废物、城市垃圾和污泥、农业废物，以及放射性固体废物等，见表10-5。

表10-5 固体废物的分类及发生源

分类	发生源	主要成分(组成)
工业固体废物	各种工业系统、交通系统	各种工业的废料、废渣及污泥
矿业固体废物	开矿、选矿过程	废石、尾矿、废木材、矿泥等
城市垃圾和污泥	居民生活、建筑装修、商业维护、湖泊清淤	厨房垃圾、包装材料、废旧器皿、废家电、废纸、湖泊堆积淤泥
农业废弃物	农、林、牧、副、渔各业	秸秆、人及家畜粪便、树枝、树皮
放射性固体废物	核工业系统及放射性医疗单位	核废料、金属、建材、含放射性物质

① 工业固体废物

这类固体废物是指工业生产过程和工业加工过程所产生的废渣、粉尘、废屑、污泥等，主要包括以下几种：

（a）冶金工业废物。这主要指各种金属冶炼或加工过程中所产生的废渣，如高炉炼铁产生的高炉渣，平炉、转炉、电炉炼钢产生的钢渣，铜、镍、铅、锌等有色金属冶炼过程产生的有色金属渣，铁合金渣以及提炼氧化铝时产生的赤泥等。

（b）能源工业固体废物。这主要指燃煤电厂产生的粉煤灰、炉渣、烟道灰，采煤及洗煤过程中产生的煤石等，还有石油工业产生的油泥、焦油、页岩油、废催化剂等。

（c）化学工业固体废物。这主要指化学工业生产过程中产生的硫铁矿渣、酸渣、碱渣、盐泥等。

（d）其他固体废物。这主要指机械加工过程中产生的金属碎屑、建筑废料以及轻工纺织系统产生的废渣及水处理污泥等。

② 矿业固体废物

主要包括开采和选洗矿石过程中产生的废石和尾矿。废石是指开采过程中，从各种金属矿山、非金属矿山剥离下来的各种围岩。这类废物的特点是数量庞大，多在采矿现场就近堆放；尾矿则是指采得的矿石经过各种选矿、洗矿过程中产生的剩余排放物。大量矿业废物堆存，会对土地、空气、水域和地下水等造成危害或造成滑坡、泥石流等灾害。矿业废物的处理和利用是固体废物处理与利用中的重要内容。

③ 城市垃圾和污泥

城市垃圾指居民生活、商业活动、市政维护、机关办公等生产的生活废物；污泥主要是湖泊清淤堆积的淤泥以及污水处理场所产生的污泥等。

④ 农业固体废物

指农、林、牧、渔各业生产、科研及农民日常生活过程中产生的植物秸秆、牲畜粪便、生活废物等。

⑤ 放射性固体废物

指核燃料生产加工、同位素应用、核电站、科研单位、医疗单位以及放射性废物处理设施产生的放射性废物。如尾矿、被污染的废旧设备、仪器、防护用品、废树脂、水处理污泥及残液等。

（2）固体废物的特点

① 资源和废物的相对性

固体废物具有鲜明的时间和空间特征，从时间方面讲，它仅仅是在目前的科学技术和经济条件下无法加以利用，但随着时间的推移，科学技术的发展，以及人们的要求变化，今天的废物可能成为明天的资源。从空间角度看，废物仅仅相对于某一过程或某一方面没有使用价值，而并非在一切过程或一切方面都没有使用价值。一种过程的废物，往往可以成为另一种过程的原料。固体废物一般具有某些工业原材料所具有的化学、物理特性，且较废水、废气容易收集、运输、加工处理，因而可以回收利用。由于固体废物具有鲜明的时间和空间特征，具有“废物”“资源”的两重特性，固体废物历来有“放错地点的资源”之称，一直也是资源循环利用的重点。

② 富集终态和污染源头的双重作用

固体废物往往是许多污染成分的终极状态。例如，一些有害气体或飘尘，通过治理最终富集成为固体废物；一些有害溶质和悬浮物，通过治理最终被分离出来成为污泥或残渣；一些含重金属的可燃固体废物，通过焚烧处理，有害金属浓集于灰烬中。但是，这些“终态”物质中的有害成分，在长期的自然因素作用下，又会转入大气、水体和土壤，故又成为大气、水体和土壤环境的污染“源头”。

③ 危害具有潜在性、长期性和灾难性

固体废物对环境的污染不同于废水、废气和噪声。固体废物呆滞性大、扩散性小，它对环境的影响主要是通过水、气和土壤进行的。其中污染成分的迁移转化，如浸出液在土壤中的迁移，是一个比较缓慢的过程，其危害可能在数年以致数十年后才能发现。从某种意义上讲，固体废物，特别是有害废物对环境造成的危害可能要比水、气造成的危害严重得多

2. 固体废物污染的途径

固体废物，特别是有害固体废物，如果处理处置不当，能通过不同途径危害人体健康。固体废物的污染不同于水和大气污染，水和大气的污染可以直接污染环境，危害人体健康。固体废物是各种污染物的终态，特别是从污染控制设施排除的

固体废物,浓集了许多污染成分。固体废物露天存放或置于处置场,其中的有害成分可通过环境介质——大气、土壤、地表或地下水等间接传至人体,对人体健康造成极大的危害。通常,工业固体废物所含化学成分能形成化学物质型污染;人畜粪便和生活垃圾是各种病原微生物的滋生地和繁殖场,能形成病原体型污染。固体废物污染途径如图10-2所示。

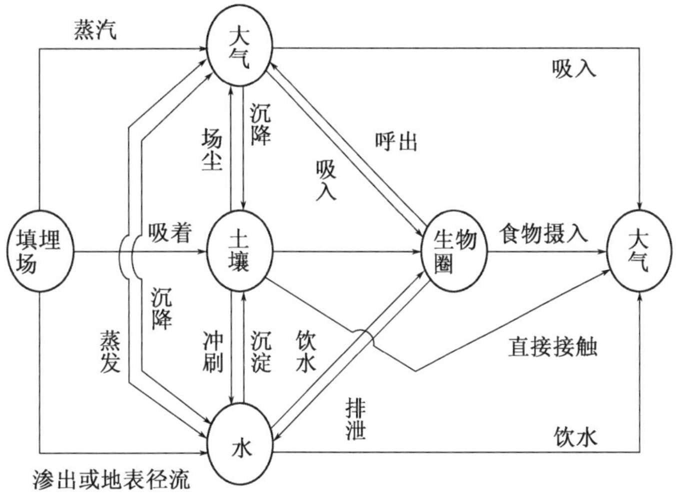

图10-2 固体废物的主要污染途径

3. 固体废物对环境的危害

固体废物堆积量大、占地广。从有害成分迁移转化的角度看,由于废水、废气在处理时其有害成分往往转化成固体形态,因此,固体废物在某种意义上成了有害成分存在的终态。存于固体废物中的有害物质不易破坏衰减,其危害具有长期性和潜在性,不易被人们发现。由于过去只注意防治水、气的污染,加上法制不健全,管理不完善,随意无控处理这些废物,有的甚至直接倒入江河湖海,造成严重污染。

(1) 侵占土地

固体废物的产生量相当迅速,固体废物的露天堆放和填埋处置占用了大量宝贵土地,许多城市利用大片的城郊边缘的农田来堆放他们,使农田造成严重破坏。固体废物产生越多,累积的堆积量越大,填埋处置的比例越高,所需的面积也越大,如此一来,势必使可耕地面积短缺的矛盾加剧。据估算,每存1万吨废物就要占地667 m^2。到2006年,我国固体废物堆存量累积已近80亿吨,占用和毁坏土地200万亩以上。

(2) 污染土壤

固体废物堆放在土地上,如果没有做防渗处理或防渗处理措施不当,其中的有毒有害成分在雨雪淋溶、自然降解后会直接进入土壤,破坏土壤生态环境,导致寸草不生;也可通过水体和大气将其污染组分间接带入土壤。

(3) 污染水体

固体废物在雨水淋溶后通过地表径流进入地表水,也可通过渗透进入地下水,或者是其挥发物和悬浮物随降水进入水体,使水体污染。尤其是固体废物直接入水,危害更大。如垃圾倾倒于海洋之中,会造成海洋的严重污染;沿河堆放垃圾会造成河流的严重污染。

(4) 污染大气

固体废物一般通过以下途径使大气受到污染:① 在适宜的温度下,由废物本身的蒸发、升华及发生化学反应而释放出有害气体;② 废物中的细粒、粉末随风吹扬,加重大气的粉尘污染;③ 在废物运输处理、处置和利用过程中产生有害的气体和粉尘。

(5) 影响人体健康

固体废物尤其是危险废物中含有许多对人体有害的重金属、难以降解的高分子有机化合物等成分,可以直接或间接通过食物链进入人体,对人体具有很强的毒害作用,可以致癌、致畸、致突变等。

(6) 影响环境卫生

城市的生活垃圾和牲畜粪便等,如果清运不及时,便会堆积,腐烂发臭,不仅对人体健康构成潜在威胁,还会影响人们的视觉,影响市容市貌。目前,随着城市人口的迅速增加,城市的生活垃圾每年以 6%～7%的速度增加,固体废物正面临着无处接纳的困难局面。

10.8.2 废渣的综合利用

现代工业的迅猛发展,废渣的排放量也与日俱增,废渣不仅占用大量土地,投入大的运行和维护费用,更重要的是还能对环境造成极大的危害。但又随着科学技术的发展也使人们逐渐认识到废渣不是完全不可以利用的,通过各种处理可以把废渣变成有用的物质或能量。在采用各种合理方法处理废渣的同时,更有价值的是废渣的回收,这种回收包括材料和能源的回收。其中材料的回收主要是根据垃圾的物理性能,研究和发展机械化、自动化分选垃圾技术,如利用磁吸法回收废铁;利用振动弹跳法分选软、硬物质;利用旋风分离法,分离密度不同的物质等。随着可燃性垃圾不断增加,不少国家把它们作为能源的资源。所以积极研究无害化处理,长期受益的良性循环轨道的废渣的处理方法具有十分重要的现实意义。

1. 废渣的来源及分类

废渣是指人类生产和生活过程中排出或投弃的固体、液体废物。按其来源分有工业废渣、农业废渣和城市生活垃圾等。工业废渣是指工业生产过程排出的采矿废石,选矿尾矿、燃料废渣、冶炼及化工过程废渣等。农业废渣主要是指粪便及植物秸秆类。而城市生活垃圾在国内主要为厨房垃圾,有的城市,炉灰占 70%,以厨房垃圾为主的有机物约 20%,其余为玻璃、塑料、废纸等。按其毒性又可分为有毒与无毒废渣两大类。凡含有氟、汞、砷、铬、镉、铅、氰等及其化合物和酚、放射性物质的,均为有毒废渣。它们可通过皮肤、食物、呼吸等渠道侵犯人体引起中毒。工业废渣不仅要占用土地堆放、破坏土壤、危害生物、淤塞河床、污染水质,不少废渣(特别是有机质的)是恶臭的来源,有些重金属废渣的危害还是潜在性的。

2. 废渣的处理与应用

(1) 铝业废渣和副产品在精制钢工业中的应用

在铝业中生产 1 t 铝大约产生 2～4 t 的废渣,其中包括来自氧化铝生产的红泥以及铝电解和铸造产生的浮渣。浮渣是含有铝的氧化物、合金元素、氮化铝、夹杂的金属,以及少量的合成渣组成。对于铝业界来说,浮渣就代表着大量的铝源,所以处理好浮渣具有十分重要的意义。

① 使用电能或氧气—燃料加热及无盐工艺过程已被用来处理铝业浮渣。铝回收后的残渣可为钢铁工业制备铝酸钙合成渣,以取代环境有害物质氟化钙。

② 由于铝和钢两者都是能量集中的、环境敏感的工业。由钢业将铝业产生的废渣和固体废料加以综合利用,可极大地减少废物的排放,提高企业的经济效益,减少对环境的冲击。

③ 由铝业生产的浮渣和副产品制备的铝酸钙合成渣表现出高的熔化速率和好的脱硫性能,被建议为高温金属预处理和钢包炼钢的优质脱硫剂。

(2) 高炉炉渣、铬渣在玻璃工业中的应用

① 高炉炉渣是炼铁过程中产生的一种废渣。在国外,高炉炉渣一般经过粒化—过筛—人工剔除杂质—干燥—磁性分离—粉碎—筛选—磁性分离等一系列的精选加工过程,可制得精选炉渣。将精选的炉渣作为引入玻璃配合料中氧化铝的主要原料,可以制造平板玻璃、器皿玻璃、玻璃纤维、玻璃马赛克等。使用该精选炉渣作为玻璃材料,具有可以加速玻璃的熔制过程,降低融化温度,从而减少能源的消耗。改善玻璃的质量,提高玻璃熔炉的生产率。降低产品成本;改善对环境的污染。

据报道,俄罗斯、瑞典、法国、波兰、美国、日本等国家在玻璃配合料中的加入量大致为:在平板玻璃中,引入 6%左右;在无色玻璃和器皿玻璃中,引入 3%左右;在琥珀色玻璃中,引入 8%～15%左右;在玻璃纤维中引入 15%～20%左右;在矿渣微晶玻璃中,引入 40%以上。而我国宗申明等人以高炉炉渣为主要原料,外加必要的熔剂、晶核剂、着色剂,配合料在 1 490～1 500 ℃下熔制 2～3 h,核化温度 650～700 ℃,晶体温度 860～890 ℃,制得了主晶相为辉石的微晶玻璃,该玻璃的耐磨、耐腐蚀、抗冲击强度等都较好,可用作结构材料和建筑市面材料。

② 铬渣是金属铬和铬盐生产过程中排放的废渣。李有光等人对以铬渣为主要原料制造微晶玻璃建筑装饰板进行了实验研究。铬渣中的三氧化二铬是理想的成核剂,另外在配料中直接加入还原剂。在高温熔融状态下造成还原气氛,使铬渣得到有效利用。此外,用铬渣代替铬铁矿可作为绿色玻璃的着色剂,达到消除污染的目的,同时铬渣中的氧化镁、氧化钙等组分可代替玻璃配合料中的白云石和石灰石原料,大大降低了玻璃制品生产的原料消耗和成本。

(3) 石灰废渣在土木工程中的应用

石灰废渣是石灰厂石灰窑排放出的工业废渣。由于石灰窑在煅烧时是采用石灰石、燃料煤分层堆码在窑内焙烧的简易工艺,因为此成品率不高,未烧透的石灰

石、煤渣以及未选净的生石灰被作为工业废渣遗弃。而现在已经利用石灰改良填料作为路基填料，甚至在高速铁路对路基填料严格要求的情况下也能够满足要求。石灰废渣作路基填料的优越性如下：

① 强度高。石灰废渣用作路基填料强度高，板体性好，能确保工程质量。

② 造价较低，节省投资。

③ 成型快、养护期短，一般养护 7 天即可。

④ 施工方便。因经过长期的自然闷料，一般不需专门闷料；颗料尺寸较适宜，不需过筛，因此，在石灰废渣用作路基填料施工时，一般可直接用于路基填筑。

⑤ 施工工艺简便，易于掌握，便于机械化施工，施工进度快。

⑥ 易于质量控制。石灰废渣材料单一，施工工艺简便，质量控制易于掌握。

⑦ 水稳性好。利用石灰废渣作路基填料水稳性好，非常适宜一年四季雨量充沛的山区气候特点，能保证路基水稳定性。

3. 存在的问题及今后的研究方向

目前人们对废渣的处理方法有：破碎、分选、固化、焚烧、生物处理等。但我们也必须认识到不是所有的废渣都可以通过这些方法得到有效的处理，甚至这些处理方法本身存在着成本高，还能对环境造成二次污染等问题。在使工业废渣资源化、无毒化和开展综合利用研究的同时，切实改革冶炼过程的生产工艺，实现清洁生产和工业废渣的减量化，应是防止环境污染的更直接、更有效的途径。

10.8.3 垃圾的分类处理及综合利用

我们每个人每天都会扔出许多垃圾，在一些垃圾管理较好的地区，大部分垃圾会得到卫生填埋、焚烧、堆肥等无害化处理，而更多地方的垃圾则常常被简易堆放或填埋，导致臭气蔓延，并且污染土壤和地下水体。垃圾无害化处理的费用是非常高的，根据处理方式的不同，处理一吨垃圾的费用约为一百至几百元不等。人们大量地消耗资源，大规模生产，大量地消费，又大量地生产着垃圾，后果将不可设想。从国内外各城市对生活垃圾分类的方法来看，大致都是根据垃圾的成分构成、产生量，结合本地垃圾的资源利用和处理方式来进行分类。如德国一般分为纸、玻璃、金属、塑料等；澳大利亚一般分为可堆肥垃圾，可回收垃圾，不可回收垃圾；日本一般分为可燃垃圾，不可燃垃圾等等。

1. 垃圾的分类

(1) 分类种类

① 可回收垃圾，主要包括废纸、塑料、玻璃、金属和布料五大类。废纸：主要包括报纸、期刊、图书、各种包装纸等等，但是要注意纸巾和厕所纸由于水溶性太强不可回收。玻璃：主要包括各种玻璃瓶、碎玻璃片、镜子、灯泡、暖瓶等。金属物：主要包括易拉罐、罐头盒等。布料：主要包括废弃衣服、桌布、洗脸巾、书包、鞋等。通过综合处理回收利用，可以减少污染，节省资源。如每回收 1 t 废纸可造好纸850 kg，

节省木材 30 kg，比等量生产减少污染 74%；每回收 1 t 塑料饮料瓶可获得 0.7 t 二级原料；每回收 1 t 废钢铁可炼好钢 0.9 t，比用矿石冶炼节约成本 47%，减少空气污染 75%，减少 97%的水污染和固体废物。

② 餐厨垃圾包括剩菜剩饭、骨头、菜根菜叶、果皮等食品类废物，经生物技术就地处理堆肥，每 t 可生产 0.6～0.7 t 有机肥料

③ 其他垃圾包括除上述几类垃圾之外的砖瓦陶瓷、渣土、卫生间废纸、纸巾等难以回收的废弃物，采取卫生填埋可有效减少对地下水、地表水、土壤及空气的污染。

④ 医疗废物包括带血的棉签、手术刀等含病毒垃圾。这种垃圾需要特殊处理，消毒后才可以进行填埋。

垃圾分类是对垃圾收集处置传统方式的改革，是对垃圾进行有效处置的一种科学管理方法。人们面对日益增长的垃圾产量和环境状况恶化的局面，如何通过垃圾分类管理，最大限度地实现垃圾资源利用，减少垃圾处置量，改善生存环境质量，是当前世界各国共同关注的迫切问题之一。垃圾增多的原因是人们生活水平的提高、各项消费增加了。据统计，1979 年全国城市垃圾的清运量是 2 500 多万吨，2013 年城市垃圾的清运量是 1.73 亿吨，是 1979 年的约 7 倍。经过高温焚化后的垃圾虽然不会占用大量的土地，但它投资惊人，难道我们对待垃圾就束手无策了吗？办法是有的，这就是垃圾分类。垃圾分类就是在源头将垃圾分类投放，并通过分类的清运和回收使之重新变成资源。垃圾分类的好处是显而易见的。垃圾分类后被送到工厂而不是填埋场，既省下了土地，又避免了填埋或焚烧所产生的污染，还可以变废为宝。这场人与垃圾的战役中，人们把垃圾从敌人变成了朋友。

(2) 垃圾分类的优点

目前我国的垃圾处理多采用卫生填埋甚至简易填埋的方式，占用上万亩土地；并且虫蝇乱飞，污水四溢，臭气熏天，严重地污染环境。因此进行垃圾分类收集可以减少垃圾处理量和处理设备，降低处理成本，减少土地资源的消耗，具有社会、经济、生态三方面的效益。垃圾分类处理的优点如下：

① 减少占地。生活垃圾中有些物质不易降解，使土地受到严重侵蚀。垃圾分类，去掉可以回收的、不易降解的物质，减少垃圾数量达 60%以上。

② 减少环境污染。废弃的电池含有金属汞、镉等有毒的物质，会对人类产生严重的危害；土壤中的废塑料会导致农作物减产；抛弃的废塑料被动物误食，导致动物死亡的事故时有发生。因此回收利用可以减少危害。

③ 变废为宝。中国每年使用塑料快餐盒达 40 亿个，方便面碗 5 亿～7 亿个，一次性筷子数十亿双，这些占生活垃圾的 8%～15%。1 吨废塑料可回炼 600 kg 的柴油。回收 1 500 t 废纸，可免于砍伐用于生产 1 200 t 纸的林木。一吨易拉罐熔化后能结成一吨很好的铝块，可少采 20 t 铝矿。生活垃圾中有 30%～40%可以回收利用，应珍惜这个小本大利的资源。大家也可以利用易拉罐制作笔盒，既环保，又节约资源。

2. 城市垃圾综合利用措施

(1) 废纸综合利用

回收利用废旧纸张是节约木材缓解纸张紧张的有效途径。随着经济和教育的发展，使用纸张数量剧增。我国造纸工业每年消耗烧碱约 120 万吨以上，其回收率不足 30%，如把回收率提升到 75%就能节约烧碱 55 万吨、节约外汇约一亿美元。加强废旧纸的回收利用不但可节能、更有环保作用。利用 1 t 废纸可生产 0.8 t 好纸，可节约 4 m^3 木材。榨糖后的废渣即蔗渣也可作为造纸的原料，但因为各种原因目前仍被当成垃圾扔掉或烧掉，不但造成资源的浪费也致使环境污染。若每年以产生 300 万吨蔗渣垃圾推算，可造纸 130 万吨、纤维板 55 万吨、产值约有 16 亿元。

(2) 垃圾发电综合利用

在各种垃圾发电技术中，以循环流化床锅炉发电效果最好。如国外将城市生活垃圾分拣、加药、粉碎、成型、制成颗粒垃圾燃料，运用循环流化床锅炉发电每吨垃圾约产生电力 750 kW·h。垃圾发电在国外早已运行多年，在我国也取得良好的效果。如我国每年回收利用 1 亿吨垃圾，可发电 7.8×10^{10} kW·h。

(3) 废旧塑料综合利用

废旧塑料中绝大部分是能够回收和综合利用的。各大城市垃圾中每天的塑料垃圾就多达 1 500～2 000 t，按照经过筛选后可回收 50%～80%推算，每月可回收约 800 t。随着科学技术的发展，利用废旧塑料及制品可裂解生产油漆、汽油等燃料油和润滑油。根据资料 1 kg 塑料可生产 1.2 kg 燃料油，根据上述数字理论计算各大城市每月的塑料垃圾可产 960 t 燃料油。此外还可生产包装用品、合成木材及建筑装饰材料。还可以把废旧塑料裂解再精加工后生产柴油、液化气、垃圾袋、塑料薄膜等。

(4) 废金属综合利用

废旧金属在城市垃圾中数量较少，但如按 1%废旧金属含量推算，那么 1 亿吨垃圾中就会有废金属 100 万吨以上。以矿石和再生废金属钢铁为原料炼钢，1 t 废钢可炼好钢900 kg，还能节约 2～3 t 矿石，节省石灰石 300 kg。那么按照炼1 000 t 钢的节能和环保效益分别为：前者需水 67.4 m^3，耗电 6.94×10^6 kW·h，大气污染物 125 t，水污染 68.5 m^3，探采矿废弃物 2 982 t，而后者仅需水 40.3 m^3、耗电 1.9×10^5 kW·h、大气污染物 16 t、水污染15.4 m^3、探采矿废弃物 61 t，后者比前者各项都有显著降低。

(5) 废旧玻璃综合利用

根据资料，1 t 废玻璃回炉处理可生产平板玻璃或酒瓶，比用新原料生产可节约纯碱 250 kg、石英砂 820 kg、长石粉 80 kg、煤 1 200 kg、电 500 kW·h，并可使成本下降 30%。各大城市每年废弃各种酒瓶达七万个，约合 35 t 玻璃，而其回收利用率仅为 10%。所以应加大回收综合利用力度，为国家节约更多资源。把城市垃圾的被动处理变为积极的回收综合利用，运用多种技术手段相结合的综合治理方式。提高城市垃圾的分类收集，对垃圾中的不同物质进行不同的管理和处置。同时建立与社会主义市场经济相适应的城市生活垃圾管理体制，根据谁污染、谁付费，谁治理、谁收费的原则，向生产者和消费者收取垃圾处理费，逐步实现运营市场化，投资多元化，服务社会化，管理规范化的目标，从而真正达到城市垃圾无害化、减量化和资源化的综合利用效果。

思考题

1. 什么是能源？如何对它进行分类？
2. 什么是电池？如何对它进行分类？
3. 锂离子电池与锂金属电池有什么不同？
4. 什么是生物质能？如何利用生物质能？
5. 太阳的利用方式有哪些？
6. 什么是核能？什么是核聚变？什么是核裂变？各有什么特点？
7. 什么是化石燃料？化石燃料有哪些？
8. 为什么说氢能源是清洁的能源？通过哪些方法可获得氢气？
9. 环境的概念是什么？人类如何与环境相处？
10. 目前主要的环境污染有哪些？请举例说明。
11. 水体主要污染物有些？其危害又是什么？
12. 水污染主要的防治技术有些？
13. 大气污染原因是什么？带来什么危害？
14. 大气污染主要的防治措施有哪些？
15. 固体废弃物如何分类，其特点是什么？
16. 如何有效利用固体废弃物？请举例说明。

第 11 章　化学与生物医药

§11.1　化学与生物

生物是生命的物质基础，生命过程是生物的一种存在状态。生物体是由基本的化学物质所构成。同时，生命过程中许多行为的背后是化学过程的结果，化学是认识和解析这些生物构成与行为的途径。通过化学思想认识生物物质与生命行为的本质后，人类可以利用化学方法来人为地调控与操纵生物与生命过程。进入 21 世纪以来，化学与生物的联系越来越紧密，从基于描述生物的化学分子属性的传统生物化学学科到最近发展起来的化学生物学，都展示了化学与生物之间不可分割的联系。

生命起源来自于基本的物质与能量，化学反应巧妙地将这些基本的物质与能量结合成为复杂的生物体形式，同时生物体在生命进程中的代谢发展本质上也是化学反应与相互作用的过程。

11.1.1　生物的化学组分

尽管生命形态千差万别，但是从化学组成上看，它们表现出高度的相似性。所有生物大分子的构筑都是以非生物界的材料和化学规律为基础，反映了生物界和非生物界并不存在绝对的界限。从元素化学成分来看，构成各种生物体的元素都是普遍存在于无机界的 C、H、O、N、P、S 等元素，也并不存在生物体所特有的元素。从分子成分来看，各种生物体除了含有多种无机化合物，还含有蛋白质、核酸、脂、糖、维生素等多种有机分子。这些有机分子都是生物体的组分和生物过程中的产物。例如许多有机小分子在各种生物体中都是一样的或者基本一致，如能量系统中的葡萄糖、三磷酸腺苷（ATP）等，各种生物都是以 ATP 为储能分子；有些有机分子如蛋白质、核酸等大分子，虽然在不同生物会有不同的组成方式和结构，但构成这些大分子的基本单位却是一致的。例如，构成形形色色生物蛋白质的氨基酸不过 20 种，各种生物的核酸单体也不外乎 8 种核苷酸。这些单体以相同的化学连接方式组成结构或者顺序不同的各种蛋白质和核酸大分子。生物大分子结构与其功能紧密相关，即生命的各种生物学功能起始于化学水平。因此，对生物体的化学组成的深入了解是解释生命本质的基础。

11.1.2　生物的分子组成

所有生物的细胞，其分子组成大体是相同的，即都含有水、无机盐离子、糖、脂类、蛋白质和核酸。在不同类型的细胞中，这些组分的相对含量可能有较大差异。

1. 水

水是生命的介质，没有水就没有生命。水分子中 H 和 O 以共价键相连成为有极性的分子，各水分子以动态氢键连成网络。氢键的存在使得水具有高比热和高蒸发热，对生物体的温度保持起到缓冲保护作用。水具有适当的极性而成为生物体最好的溶剂。细胞骨架和膜等不溶于水，从而能保持细胞的结构性。另一方面，糖、无机盐等在水中可溶，水成为生命系统中各化学反应的理想介质。

2. 无机盐

细胞中的无机盐一般都是以离子状态存在，如 Na^+、K^+、Ca^{2+}、Mg^{2+}、Cl^-、HPO_4^{2-}、HCO_3^- 等，这些无机盐对细胞渗透压和 pH 起到重要的调节作用。有些离子是合成有机物的原料，如 PO_4^{3-} 是合成磷脂、核苷酸等的原料、Mg^{2+}、Ca^{2+} 是生物酶催化的活化因子和调节因子，Fe 是血红蛋白卟啉铁的原料等。

3. 糖类

糖类是生命活动所需的能源，又是重要的中间代谢物。有些糖是构成核酸和糖蛋白等生物大分子的成分。糖类主要是由绿色植物光合作用合成的，又称为碳水化合物。糖分子含 C、H、O 三种元素，三者比例一般是 1∶2∶1。糖类物质是含多羟基的醛类或酮类化合物。

植物体内的淀粉、纤维素、糖分、动物体内的糖原、甲壳素等都属于糖类。在生物体内，糖类物质的作用主要是通过生物氧化提供能量满足生命活动的需要。从结构和分子大小来划分，糖类包括小分子的单糖、双糖、三糖等，以及由单糖构成的大分子的多糖，如淀粉、糖原、纤维素等。

4. 脂类

由脂肪酸与醇发生酯化反应生成的酯及其衍生物统称为脂类，是脂肪（甘油三酯）和类脂（磷脂、蜡、萜类、甾体等）的总称。脂类的主要组成元素也是 C、H、O，但 H 与 O 的比例远大于 2。脂类分子间的差异很大，结构并不相近，但一般都不溶于水。脂类的主要功能有：构成生物膜的骨架；作为主要的能源物质；构成生物表面的保护层和绝缘体；参与细胞识别；参与组成某些重要的生物活性物质，如脂溶性维生素和各类激素。

脂肪又称脂肪三酯，是由 1 分子甘油与 3 分子脂肪酸通过酯键结合而成，是动植物中油脂的主要成分。脂肪酸又可以分为饱和脂肪酸和不饱和脂肪酸。不饱和脂肪酸是人体必需的脂肪酸，在体内不能合成，需要从食物中摄取。重要的必需脂肪酸有三种：亚油酸、亚麻酸、花生四烯酸。必需脂肪酸的缺乏会影响到固醇类代谢，患脂肪肝或引发血管粥样硬化。饱和脂肪酸分子排列紧密，熔点高。动物脂肪大多富含饱和脂肪酸，如硬脂肪酸，因此动物脂肪常温下呈现固态。而植物油脂多为油酸和亚油酸，因此常温下为液态。

脂肪最重要的生理功能是贮存能量和供给能量。脂肪的比能量值较糖原或蛋白质大一倍以上。生物体内有专门用于贮存脂肪的组织，在机体需要时，贮存的脂肪可以被分解而提供能量。动物的脂肪组织还具有保护体温、保护内脏器官的作用。过量的脂肪贮存导致心血管负荷加重和肢体肥胖。蜡和脂肪类似，也是由脂肪酸和醇酯化而成。但蜡的脂肪酸和醇的链都比较长，且只有一个羟基，许多动植物都能分泌蜡，对肢体起到防失水保护作用。

类脂包括磷脂、鞘脂和胆固醇三大类。其中磷脂是构成生物膜的主要成分，具有亲水部分和疏水部分。磷脂除了作为膜的骨架主体，部分磷脂化合物参与细胞信号传导，起到细胞信使分子和生理调节作用。鞘脂也是生物膜的重要成分，在神经组织和脑组织中含量很高。鞘脂类在免疫、血型、细胞识别等方面具有重要功能。糖脂是含有糖基的脂类，与磷脂、鞘脂一起作为生物膜的主要组成部分。构成疏水性的“屏障”，分隔细胞水溶性成分和细胞器，维持细胞正常结构与功能。

类固醇是一类具有特殊芳香结构的物质，不含脂肪酸，但是其理化性质与脂肪相近，都不溶于水而易溶于非极性的有机溶剂。最为人熟知的类固醇是胆固醇。胆固醇是动物细胞膜和神经髓鞘的重要成分，与膜的透性有关。植物细胞不含胆固醇，但含有其他类固醇物质，成为植物固醇。其他一些重要的生物活性物质，如性激素、维生素 D 和肾上腺皮质激素等都属于类固醇。

萜类与类固醇在结构上很相似，萜类不含脂肪酸，是由不同数目的异戊二烯连接而成的分子。萜类的代表物是生物体内的维生素及其前体等。

5. 蛋白质与氨基酸

蛋白质是生命的重要物质基础，是构成细胞的基本有机物。没有蛋白质就没有生命。蛋白质与生命及与各种形式的生命活动紧密联系在一起。机体中的每一个细胞和所有重要组成部分都有蛋白质参与。蛋白质占人体重量的 16%～20%，肌肉、皮肤、血液、毛发的主要成分都是蛋白质，植物体的纤维素比较丰富，所以蛋白质含量比例相对略小。人体内蛋白质的种类很多，性质、功能各异，但都是由 20 多种氨基酸按不同比例和顺序组合而成的，并在体内不断进行代谢与更新。

蛋白质是由氨基酸分子呈线性排列所形成，相邻氨基酸残基的羧基和氨基通过肽键连接在一起。蛋白质的氨基酸序列是由对应基因所编码，除了遗传密码所编码的 20 种“标准”氨基酸，在蛋白质中，某些氨基酸残基还可以被翻译后经修饰而发生化学结构的变化，从而对蛋白质进行激活或调控。多个蛋白质可以一起，往往是通过结合在一起形成稳定的蛋白质复合物，发挥某一特定功能。

氨基酸为分子结构中含有氨基（$—NH_2$）和羧基（—COOH），并且氨基和羧基都直接连接在一个—CH—结构上的有机化合物。通式是 $H_2NCHRCOOH$，R 基为可变基团。根据其结合基团的不同，可分为脂肪族氨基酸、芳香族氨基酸、杂环氨基酸、含硫氨基酸、含碘氨基酸等。

蛋白质经水解后，即生成 20 多种氨基酸，如甘氨酸（Glycine）、丙氨酸（Alanine）、缬氨酸（Valine）、亮氨酸（Leucine）、异亮氨酸（Isoleucine）、苯丙氨酸（Phenylalanine）、色氨酸（Tryptophan）、酪氨酸（Tyrosine）、天冬氨酸（Aspartic acid）、组氨酸（Histidine）、天冬酰胺（Asparagine）、谷氨酸（Glutamic acid）、赖氨酸（Lysine）、谷氨酰胺（Glutamine）、甲硫氨酸（Methionine）、精氨酸（Arginine）、丝氨

酸(Serine)、苏氨酸(Threonine)、半胱氨酸(Cysteine)、脯氨酸(Proline)等。

除甘氨酸外,其他蛋白质氨基酸的 α-碳原子均为不对称碳原子,因此氨基酸可以有立体异构体,即旋光异构,有两种构型:D 型和 L 型,组成蛋白质的氨基酸,都属 L 型。根据氨基连结在羧酸中碳原子的位置,可分为 α、β、γ、δ……的氨基酸。氨基酸除了用来组成蛋白质,还具有调节代谢平衡的作用。如果人体缺乏任何一种必需氨基酸,就可导致生理功能异常,影响代谢的正常进行,最后导致疾病。同样,如果人体内缺乏某些非必需氨基酸,也会产生抗体代谢障碍。精氨酸和瓜氨酸对形成尿素十分重要;胱氨酸摄入不足就会引起胰岛素减少,血糖升高。

肽是两个或两个以上氨基酸通过肽键共价连接形成的聚合物。肽键缩合是一个氨基酸的羧基与另一个氨基酸的氨基缩合,除去一分子水形成的酰胺键,形成一个肽键的反应。肽键缩合反应方程式是:

$$NH_2-\underset{\underset{H}{|}}{\overset{\overset{R}{|}}{C}}-\overset{\overset{O}{\|}}{C}-\boxed{OH+H}-\underset{\underset{H}{|}}{\overset{\overset{R}{|}}{N}}-\underset{\underset{H}{|}}{C}-COOH \longrightarrow NH_2-\underset{\underset{H}{|}}{\overset{\overset{R}{|}}{C}}-\boxed{\overset{\overset{O}{\|}}{C}-\underset{\underset{H}{|}}{N}}-\underset{\underset{H}{|}}{\overset{\overset{R}{|}}{C}}-\overset{\overset{O}{\|}}{C}-OH+H_2O$$

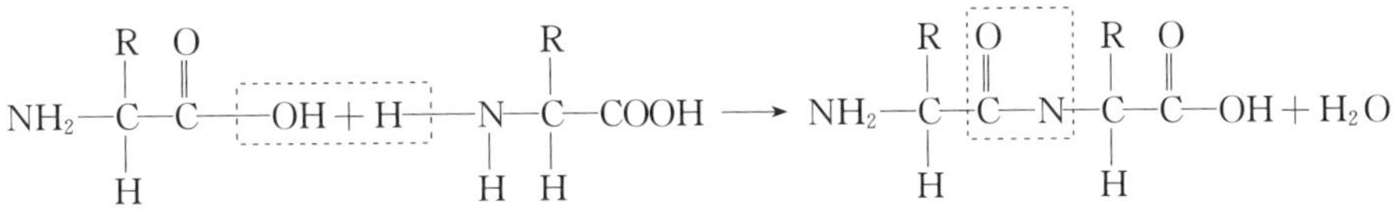

缩合反应在化学上称为缩聚反应,在细胞内进行的场所是核糖体,而且是在相关遗传信息的指导和参与下才能完成。多肽是由多个氨基酸分子缩合而成的含有多个肽键的化合物。肽链通过 R 基与 R 基之间的相互作用形成一定的空间结构。一个执行特殊生理功能的蛋白质可以是由一条肽链组成(如生长激素是由 191 个氨基酸组成的一条肽链),也可以是由多条肽链组成(如胰岛素是由 51 个氨基酸、2 条肽链组成的,血红蛋白是由 574 个氨基酸、4 条肽链组成的)。

肽按其组成的氨基酸数目为 2 个、3 个和 4 个等不同而分别称为二肽、三肽和四肽等。一般含 10 个以下氨基酸组成的称寡肽,由 10 个以上氨基酸组成的称多肽,它们都简称为肽。肽链中的氨基酸已不是游离的氨基酸分子,因为其氨基和羧基在生成肽键中都被结合掉了,因此多肽和蛋白质分子中的氨基酸均称为氨基酸残基。多肽在体内具有广泛的分布与重要的生理功能。其中谷胱甘肽在红细胞中含量丰富,具有保护细胞膜结构及使细胞内酶蛋白处于还原、活性状态的功能。而在各种多肽中,谷胱甘肽的结构比较特殊,分子中谷氨酸是以其 γ-羧基与半胱氨酸的 α-氨基脱水缩合生成肽键的,且它在细胞中可进行可逆的氧化还原反应,因此有还原型与氧化型两种谷胱甘肽。

蛋白质是以氨基酸为基本单位构成的生物高分子。蛋白质分子上氨基酸的序列和由此形成的立体结构构成了蛋白质结构的多样性。蛋白质分子结构的多样性主要从 4 个层次加以理解:一是构成蛋白质分子的氨基酸种类不同;二是组成每种蛋白质分子的氨基酸数目不同;三是氨基酸的排列顺序不同;四是由于前三项造成蛋白质分子的空间结构不同。蛋白质分子结构的多样性实际是由 DNA 分子结构的多样性决定的。蛋白质具有一级、二级、三级、四级结构,蛋白质分子的结构决定了它的功能。

一级结构:氨基酸残基在蛋白质肽链中的排列顺序称为蛋白质的一级结构,每种蛋白质都有唯一而确切的氨基酸序列。

二级结构：蛋白质分子中肽链并非直链状，而是按一定的规律卷曲（如 α-螺旋结构）或折叠（如 β-折叠结构）形成特定的空间结构，这是蛋白质的二级结构。蛋白质的二级结构主要依靠肽链中氨基酸残基亚氨基（—NH—）上的氢原子和羰基上的氧原子之间形成的氢键而实现的。

三级结构：在二级结构的基础上，肽链还按照一定的空间结构进一步形成更复杂的三级结构。肌红蛋白、血红蛋白等正是通过这种结构使其表面的空穴恰好容纳一个血红素分子。

四级结构：具有三级结构的多肽链按一定空间排列方式结合在一起形成的聚集体结构称为蛋白质的四级结构。如血红蛋白由 4 个具有三级结构的多肽链构成，其中两个是 α-链，另两个是 β-链，其四级结构近似椭球形状。

蛋白质分子的空间结构不是很稳定的，蛋白质在重金属盐（汞盐、银盐、铜盐）、酸、碱、乙醇、尿素、鞣酸等的存在下，或加热至 70～100 ℃，或在 X 射线、紫外线等射线的作用下，其空间结构发生改变和破坏，导致蛋白质变性，使蛋白质的生物活性丧失，如酶失去催化能力、血红蛋白失去输氧能力等。在变性过程中不发生肽键的断裂和二硫键破坏，主要发生氢键、疏水键的破坏，使肽链的有序的卷曲、折叠状态变为松散无序。蛋白质变性后溶解度降低，失去结晶能力，并形成沉淀。蛋白质的变性具有不可逆性。变性作用破坏了蛋白质的二级、三级、四级结构，一般不会影响其一级结构。

蛋白质能够在细胞中发挥多种多样的功能，涵盖了细胞生命活动的各个方面：发挥催化作用的酶；参与生物体内的新陈代谢的调剂作用，如胰岛素；一些蛋白质具有运输代谢物质的作用，如离子泵和血红蛋白；发挥储存作用，如植物种子中的大量蛋白质，就是作为萌发时的储备；许多结构蛋白被用于细胞骨架等的形成，如肌球蛋白；还有免疫、细胞分化、细胞凋亡等过程中都有大量蛋白质参与。

6. 核酸与核苷酸

核酸是由许多核苷酸聚合成的生物大分子化合物，为生命的最基本物质之一。核酸广泛存在于所有动植物细胞、微生物体内，生物体内的核酸常与蛋白质结合形成核蛋白。不同的核酸，其化学组成、核苷酸排列顺序等不同。根据化学组成不同，核酸可分为核糖核酸（简称 RNA）和脱氧核糖核酸（简称 DNA）。DNA 是储存、复制和传递遗传信息的主要物质基础。RNA 在蛋白质合成过程中起着重要作用，其中转运核糖核酸，简称 tRNA，起着携带和转移活化氨基酸的作用；信使核糖核酸，简称 mRNA，是合成蛋白质的模板；核糖体的核糖核酸，简称 rRNA，是细胞合成蛋白质的主要场所。

核苷酸，是一类由嘌呤碱或嘧啶碱、核糖或脱氧核糖以及磷酸三种物质组成的化合物。戊糖与有机碱合成核苷，核苷与磷酸合成核苷酸，四种核苷酸组成核酸。核苷酸主要参与构成核酸，许多单核苷酸也具有多种重要的生物学功能，如与能量代谢有关的三磷酸腺苷（ATP）、脱氢辅酶等。

根据糖的不同，核苷酸有核糖核苷酸及脱氧核糖核苷酸两类。根据碱基的不同，又有腺嘌呤核苷酸（腺苷酸，AMP）、鸟嘌呤核苷酸（鸟苷酸，GMP）、胞嘧啶核苷酸(胞苷酸，CMP)、尿嘧啶核苷酸(尿苷酸，UMP)、胸腺嘧啶核苷酸(胸苷酸，TMP)及次黄嘌呤核苷酸(肌苷酸，IMP)等。核苷酸中的磷酸又有一分子、两分子及三分子几种形式。此外，核苷酸分子内部还可脱水缩合成为环核苷酸。以腺嘌呤核糖核苷酸和腺嘌呤脱氧核糖核苷酸为例，它们的分子结构式如下：

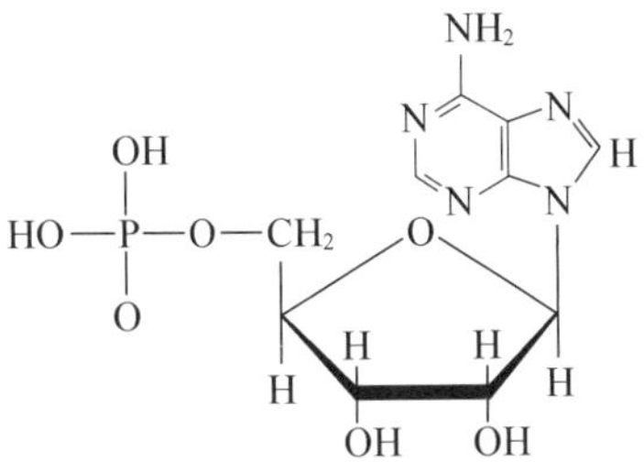

腺嘌呤核糖核苷酸

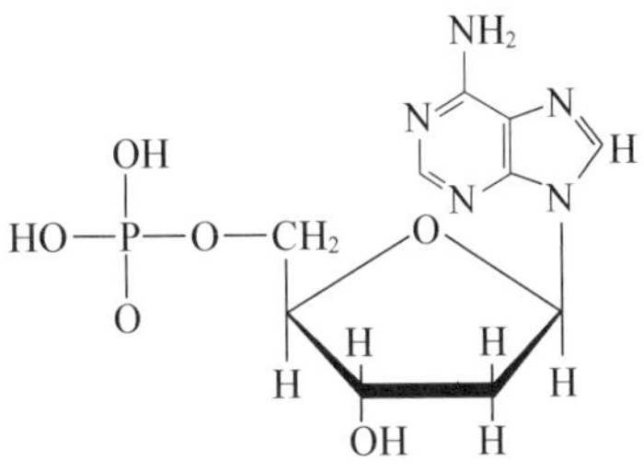

腺嘌呤脱氧核糖核苷酸

图 11-1　两种腺嘌呤核苷酸

核苷酸是核糖核酸及脱氧核糖核酸的基本组成单位，是体内合成核酸的前提。核苷酸随着核酸分布于生物体内各器官、组织、细胞的核及胞质中，并作为核酸的组成成分参与生物的遗传、发育、生长等基本生命活动。生物体内还有相当数量以游离形式存在的核苷酸。三磷酸腺苷(ATP)在细胞能量代谢中起着主要的作用。体内的能量释放及吸收主要是以产生及消耗 ATP 来体现的。物质在氧化时产生的能量一部分贮存在 ATP 分子的高能磷酸键中。ATP 分子分解释放能量的反应可以与各种需要能量做功的生物学反应互相配合，发挥各种生理功能，如物质的合成代谢、肌肉的收缩、吸收及分泌、体温维持以及生物电活动等。因此可以认为 ATP 是能量代谢转化的中心。此外，三磷酸尿苷、三磷酸胞苷及三磷酸鸟苷也是有些物质合成代谢中能量的来源。腺苷酸还是几种重要辅酶，如辅酶Ⅰ(烟酰胺腺嘌呤二核苷酸，NAD^+)、辅酶Ⅱ(磷酸烟酰胺腺嘌呤二核苷酸，$NADP^+$)、黄素腺嘌呤二核苷酸(FAD)及辅酶 A(CoA)的组成成分。NAD^+ 及 FAD 是生物氧化体系的重要组成成分，在传递氢原子或电子中有着重要作用。CoA 作为有些酶的辅酶成分，参与糖有氧氧化及脂肪酸氧化作用。

7. 酶

酶是生物体内各种代谢反应的重要角色之一。人类很早就通过酿酒、发面、酿醋、酿酱等发酵过程对生物体的化学催化作用有了初步的认识。进入 20 世纪，酶的发现、提取、分离、提纯等技术有了极大的发展，对酶的本质也有了更深入的研究和认识。绝大部分酶都是蛋白质，也是催化剂。酶作为催化剂，具有一般无机催化剂所具有的一切特点，如只改变反应速度，不改变反应平衡，能够降低反应物的活化能，促进反应的进行，但自身不被消耗掉等。酶是生物催化剂，除了具有一般的无机催化剂的特点外，还具有生物催化剂所具有的特点，如专一性、高效性、多样性和易受 pH 和温度的影响。

酶的专一性是指一种酶只能催化一种物质或同一类物质的化学反应。酶促反应的专一性与酶是蛋白质的结构有关，每种蛋白质都有特定的空间结构。酶催化反应时，酶蛋白分子首先与底物分子结合，但酶分子与底物分子能否结合，取决于酶分子的活性部位与底物分子在空间构象上是否对应，如图 11－2 所示。例如脲酶只能催化尿素水解生成 NH_3 和 CO_2，而对尿素的衍生物和其他物质都不具有催化水解的作用。近年来研究结果表明，把酶和底物看成刚性分子是不完善的，实际上酶与底物之间是具有柔性相互识别、相互适应而结合的特征。蛋白质分子结构具有多样性，所以酶也具有多样性。生物体内存在许许多多种酶，催化着生物体内各种各样的生物化学反应，所以酶具有多样性的特点。

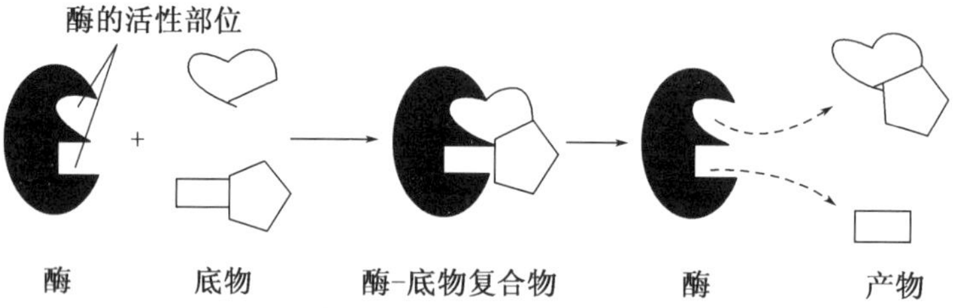

图 11－2　酶-底物相互作用的“钥匙与锁”模型

影响酶促反应的因素主要是温度和 pH。一般酶是蛋白质，蛋白质的分子结构和功能状态要受温度和 pH 的影响。温度对酶的影响是：在较低温度下，随着温度的升高，酶的活性也逐渐提高，达到最适温度时，酶的催化能力最高。但高于最适温度后，酶的催化能力会迅速下降，最后完全失去催化能力，其原因是低温不破坏蛋白质的分子结构，高温会导致蛋白质分子发生热变性，而蛋白质的变性是不可逆的，如图 11－3(a)所示，所以在最适温度两侧的曲线是不对称的。pH 对酶的影响是：酶的催化能力的发挥有一个最适 pH，在低于最适 pH 时，随着 pH 的升高，酶的催化能力也相应升高，高于最适 pH 时，随着 pH 的升高，酶的活性逐渐下降，在最适 pH 两侧的曲线基本是对称的，如图 11－3(b)。酶的催化能力与时间也有关系：即使在最适温度和 pH 的条件下，酶的催化能力也不是一成不变的，酶在“工作”了一段时间后会发生钝化现象，即催化能力开始下降，最后失去催化能力，因为任何蛋白质分子都有一定的寿命，如图 11－3(c)。这些严重钝化或失去催化能力的酶在细胞中水解酶的作用下会被分解成氨基酸，氨基酸可以再度合成蛋白质。酶促反应的速度与底物的浓度也有关系：在酶量一定的条件下，在一定范围内会随着底物浓度的增加，反应速度也增加，但底物达到一定浓度后也就不再增加了，原因是酶饱和了，如图 11－3(d)曲线所示。

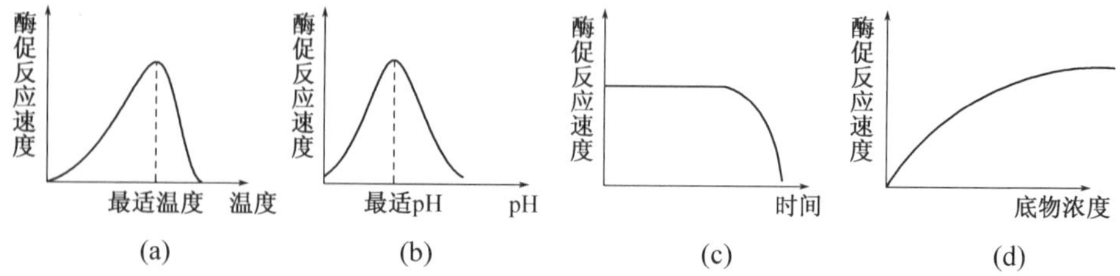

图 11－3　酶活性影响因素

从酶的化学组成来看，可分为单酶和复酶两大类。有些酶纯粹是由蛋白质构成的，称为单酶，如胃蛋白酶。有些酶除了蛋白质外还含有非蛋白部分，或者还需要一些其他物质的参与才能发挥作用，这样的酶称为复酶，其中非蛋白部分称为辅助因子。辅助因子有一些是简单的离子，如：Cl^- 是唾液淀粉酶的辅助因子，Mg^{2+} 是参与葡萄糖降解的一些酶的辅助因子，Fe^{2+} 是氧化物酶的辅助因子，Cu^{2+} 是细胞色素酶等的辅助因子等。有些离子与底物和酶结合起来使酶分子的构象稳定，从而保持其活性；有些离子是酶促反应的作用中心。有些辅助因子是有机化合物，称为辅酶，如B族维生素就是一种羧化酶的辅酶等。细胞代谢过程都是在酶的催化下进行，因而具有高效、专一、可控等特点。

11.1.3 生物代谢与化学

生物的新陈代谢，是生物体内所进行的全部物质和能的变化的总称，是最基本的生命代谢活动。细胞作为生物的基本单位，细胞代谢是细胞内进行的化学反应的总和。细胞代谢的全过程是十分复杂的，全部代谢过程分为合成代谢和分解代谢两个相反相成的部分。

生命物质的合成是一个由小到大，由简单到复杂的过程，分为半合成和从头合成。蛋白质、核酸、多糖和脂类的聚合是一种半合成。自养生物可直接将无机物转化为有机物，氨基酸、核苷酸、单糖、脂肪酸和胆固醇的合成是从无到有，即从头合成。还原型烟酰胺腺嘌呤二核苷酸磷酸(NADPH)是合成代谢所需的还原当量。

生命物质的降解是一个分子由大到小，生成其单体的过程。降解的方式有水解、磷酸解、焦磷酸解、硫解等。降解后的单体进入中间代谢进一步分解。分解的作用一是获得能量，二是获得重要的中间物。ATP是生物体利用能量的共同形式，是机体最主要的能量载体和各种生命活动能量的直接供体。生物体通过物质的氧化获得能量，这些能量以高能键的方式先贮存在生物体的ATP中，当需要时再释放出来供各种生理活动和生化反应需要。分解的最终产物是 CO_2、H_2O、NH_3、H_3PO_4、SO_2 等无机物，因种属差异，各类物质分解的最终产物有所不同。

物质代谢主要包括糖类代谢、蛋白质代谢和脂肪代谢。这三类营养物质的代谢枢纽是呼吸作用，主要是通过呼吸作用的中间产物，如丙酮酸、乙酰辅酶A、柠檬酸等中间产物。糖类转变成蛋白质必须通过转氨基作用，将氨基转移给糖代谢的中间产物就能产生新的氨基酸，如将氨基转给丙酮酸即为丙氨酸。在人体能够合成的氨基酸称为非必需氨基酸，共有12种，还有8种在人体内不能合成，必须从食物中得到的氨基酸称为必需氨基酸，如赖氨酸、色氨酸等。蛋白质转变成糖类必须经过脱氨基作用，形成的不含氮部分才能转变成糖类。糖类转变成脂肪必须通过乙酰辅酶A，脂肪转变成乙酰辅酶A后才能进入呼吸作用，继而再转变成糖类和蛋白质。

各类物质的代谢在相互联系、相互制约下进行，形成一个完整统一的过程。如在能量供应上，糖、脂、蛋白质可以相互替代，相互制约。一般情况下，糖是主要供能物质(50%～70%)，脂主要是储能(供能只占10%～40%)，蛋白质几乎不是供能形式;饥饿或某些病理状态时,糖供能减少,脂和蛋白质分解供能增加。动物、植物和微生物的物质代谢以及动物各组织、器官的物质代谢途径有所不同。肝脏是动物物质代谢的中心。

11.1.4 生物遗传与化学

1944 年,美国的 O. T. Avery 等通过肺炎球菌转化实验证明了 DNA 就是遗传物质;1953 年 Watson 和 Crick 提出了 DNA 双螺旋结构(图 11-4);20 世纪 70 年代初建立起来的重组计划是生命科学发展史中的一个里程碑;1990 年开始的人类基因组计划是人类对生命的探索进入一个新时代。生物遗传行为表象下面的本质是遗传化学的作用。

1. DNA 的分子结构

构成 DNA 分子的基本单位是脱氧核苷酸,许许多多脱氧核苷酸通过一定的化学键连接起来形成脱氧核苷酸链,每个 DNA 分子是由两条脱氧核苷酸链组成。DNA 分子结构的特点是:① DNA 分子的基本骨架是磷酸和脱氧核糖交替排列的两条主链;② 两条主链是平行但反向,盘旋成规则的双螺旋结构,一般是右手螺旋,排列于 DNA 分子的外侧;③ 两条链之间是通过碱基配对连接在一起,碱基与碱基间是通过氢键配对在一起的,其中 A 与 T 以 2 个氢键相配对,C 与 G 之间以 3 个氢键配对。所以在一个 DNA 分子中,G 和 C 的比例较高,则该 DNA 分子就比较稳定。

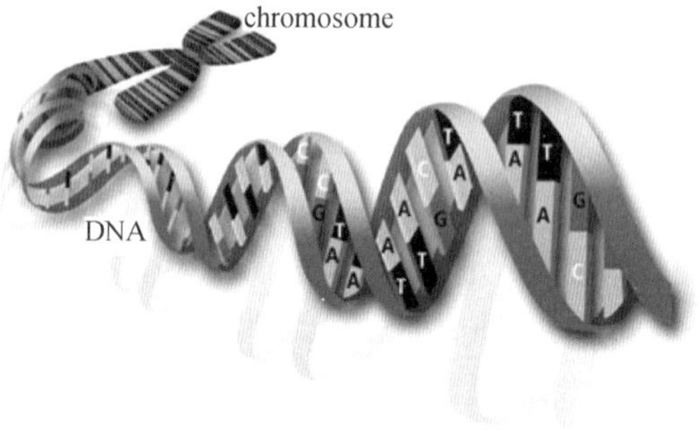

图 11-4 DNA 双螺旋结构

DNA 分子结构具有相对的稳定性是由两个方面决定的:一是基本骨架部分的两条长链是由磷酸和脱氧核糖相互排列的顺序稳定不变;二是空间结构一般都是右旋的双螺旋结构。DNA 分子的多样性是由碱基对的排列顺序的多样性决定的。DNA 分子的特异性是指对于控制某一特定性状的 DNA 分子中的碱基排列顺序是稳定不变的,如控制合成唾液淀粉酶的基因中,不论是何人,这段 DNA 分子中的碱基排列顺序是稳定不变的。

DNA 复制需要满足四项基本条件:① 模板:开始解旋的 DNA 分子的两条单链;② 原料:游离在核液中的脱氧核苷酸;③ 能量:通过水解 ATP 提供;④ 酶:指一个酶系统,不仅仅是指一种解旋酶。能够保证复制时正确无误,有两个原因:

① 模板是精确的;② 碱基互补配对是严格的。复制是严格的,在正常情况下是不会发生差错的。但在内外因素的干扰下,也有可能在复制时发生差错,从而导致基因突变的发生。根据这个原理,有人为因素(适宜剂量的各种射线或某些化学药品)干扰 DNA 的复制,促使其产生基因突变。基因突变是不定向的,人为条件只是提高基因突变的频率,但不能控制基因突变的方向。

2. RNA 的分子结构

RNA 分子是由核糖核苷酸分子连接而成的单链结构。根据 RNA 分子功能的不同,分为三种类型:信使 RNA(mRNA)、转运 RNA(tRNA)和核糖体 RNA(rRNA)。mRNA 的功能将基因中的遗传信息传递到蛋白质上;tRNA 的功能是识别遗传密码和运载特定的氨基酸;rRNA 是核糖体中的 RNA,在蛋白质合成的过程中起重要的作用(见下一节蛋白质合成过程)。mRNA 的空间结构是链状的;tRNA 的空间结构是呈三叶草形。tRNA 一端大环上的 3 个碱基能够与 mRNA 的密码子配对,识别密码子,所以这 3 个称为反密码子。RNA 都是从 DNA 上转录下来的。转录的场所是在细胞核,其中合成 rRNA 是在细胞核中的核仁部位完成的,核仁是形成核糖体的场所。mRNA 和 tRNA 是在细胞核中核仁以外的部位转录的。转录是以 DNA 分子中(基因中)的一条链为模板,按照碱基互补配对原则合成 RNA 的过程。

3. 遗传信息和遗传密码

遗传信息是指基因中的脱氧核苷酸排列顺序或碱基的排列序列,位置在 DNA 分子上。一般认为遗传信息在有遗传效应的一段 DNA 分子的一条链上,称为信息链。信息链是指与模板链互补的这条链。以模板转录成 mRNA,mRNA 上的碱基排列顺序称为遗传密码,所以经过转录后,遗传信息就转化成遗传密码。遗传密码的位置在 mRNA,mRNA 上相邻的 3 个碱基决定一个氨基酸,这 3 个相邻的碱基称为密码子。遗传密码现已查明,共有 64 个密码子,其中有 61 个有效密码子,代表着 20 种氨基酸。每种氨基酸的密码子数目差别很大,有些氨基酸有几种密码子,如亮氨酸一共有 6 个密码子(UUA、UUG、CUU、CUG、CUA、CUC),而甲硫氨酸只有一个密码子(AUG)。在地球上,除极少数的生物(如某些原核生物有小部分不同)外,遗传密码是通用的,这说明地球上的所有生物都是由共同的祖先进化而来的。

§11.2 化学与药物

药物是人类对自然界不断认识和改造过程中发现和发展起来的,人类最早使用的药物是天然产物,主要是天然植物的草、叶、根、茎、皮等,还包括动物的甲壳、脏器及分泌物等。这些都是来自于人们的生活经验积累,比如麻黄能治疗咳嗽、柳树皮能退热、金鸡纳树皮能治疗疟疾等。

药物可分为化学药物、天然药物(中药)和生物药物,其中化学药物是目前临床上使用最广泛的一类药物。化学药物是一类既具有药物功能，又有确切化学结构的物质，主要包括无机矿物质、合成有机物、天然药物活性单体、微生物代谢产物等。

11.2.1 抗生素

20世纪40年代初，随着青霉素用于临床，揭开了抗生素类药物的序幕，开创了抗生素治疗疾病的新纪元。自青霉素之后其他抗生素也相继被发现，链霉素、氯霉素、头孢菌素以及红霉素等新抗生素不断产生，大大增强了人类治疗感染性疾病的能力。

抗生素药物指的是微生物的代谢产物或合成类似物，在小剂量下能抑制微生物的生长和存活，而对宿主不会产生严重的毒性。抗生素药物发展迅速，种类繁多，从化学结构上我们把抗生素分为六大类：β-内酰胺类、四环素类、氨基糖苷类、大环内酯类、氯霉素类及其他类型，其中β-内酰胺类抗生素是临床应用最多的一类。

β-内酰胺类抗生素是指分子中含有β-内酰胺环的抗生素，羰基β-位上的氮和羰基形成一个四元的环内酰胺，即为β-内酰胺环。根据β-内酰胺环所稠合杂环的不同，β-内酰胺抗生素又可分为青霉素类和头孢菌素类。青霉素类是由β-位内酰胺环和五元的氢化噻唑环稠合，而头孢菌素类则由β-内酰胺环与六元的氢化噻嗪环稠合。

1. 青霉素类抗生素

青霉素是青霉菌所产生的一类抗生素的总称，天然的青霉素共有七种，其中青霉素G含量最高、作用最强、应用最广，是第一个用于临床的抗生素，至今仍是临床的一线药物。青霉素G具有抗革兰氏阳性菌作用强、毒性低、价格便宜等优点。

青霉素G在临床上制成粉针剂，现配现用，在使用前必须要先做皮试，主要原因在于青霉素G的性质不稳定，青霉素G的注射液在室温放置24小时后抗菌效力下降一半，并且过敏物含量增加。青霉素G因其结构的特殊性会发生酸水解、碱水解、醇解和胺解，因此在临床上不能与许多药物同时使用。氨茶碱、磺胺嘧啶钠等这些药物偏碱性，在青霉素溶液中如加入这些碱性药物可促使青霉素的β-内酰胺环开环失效。青霉素G不宜口服，须注射给药，因为胃酸是比较强的酸，在酸性条件下青霉素G会发生酸水解开环。另外，青霉素G不可与含醇(或胺)的药物直接配伍使用，比如氢化可的松、氯霉素等药物在临床上均以乙醇为溶媒，而乙醇能加速水解，所以这些药物如与青霉素G合用时会使青霉素G活性降低。

青霉素G对革兰氏阳性菌效果好、毒性低、应用广泛，主要是通过抑制细菌细胞壁的合成而发挥抗菌作用，其主要的不良反应是过敏反应。主要原因是在生产过程中易引起β-内酰胺环的开裂，发生分子间聚合反应，形成高分子聚合物，既失去抗菌活性，又成为引起过敏反应的过敏源。青霉素G在临床使用中常发生交叉过敏反应，其过敏源的主要抗原决定簇是青霉噻唑基。由于不同侧链的青霉素都能形成相同结构的抗原决定簇青霉噻唑基，因此，青霉素类抗生素之间能发生强烈的交叉过敏反应。

随着青霉素 G 的广泛使用，出现许多耐药的细菌株，研究发现 90%的金黄色葡萄球菌对青霉素 G 耐药。正是由于细菌产生耐药性，而导致青霉素 G 的用量越来越大，20 世纪 70 年代中期，青霉素每天的剂量大约 40 万～80 万单位，而目前增大到 400 万～1 000 万单位，增加了几倍至几十倍。为提高青霉素类抗生素的稳定性，药物研究者以青霉素类抗生素的基本结构 6-氨基青霉烷酸为原料，和不同的酰基侧链反应，得到了一系列耐酸、耐酶和广谱的半合成青霉素。如甲氧西林在侧链羰基的邻位有两个位阻较大的甲氧基，可阻止 β-内酰胺酶对它的作用，是第一个用于临床的耐酶青霉素。此外，氨苄西林是第一个用于临床的广谱青霉素，它对革兰氏阳性菌的作用与青霉素 G 相同，对革兰氏阳性菌作用较强如淋球菌、流感杆菌、大肠杆菌等，临床上主要用于呼吸系统、泌尿系统等感染的治疗。

2. 头孢菌素类

1948 年，Bratzu 发现与青霉属近缘的头孢菌属真菌分泌物具有抗革兰氏阳性菌、革兰氏阴性菌的作用，他将其命名为头孢菌素，其中头孢菌素 C 是由头孢菌属真菌所产生的天然头孢菌素之一。头孢菌素 C 的化学结构中含有 β-内酰胺环与氢化噻嗪环稠合的四元环并六元环结构，张力小，并且 N 上孤对电子与 2,3-双键形成共轭体系，使得头孢菌素 C 的稳定性比青霉素高，并且对酸、酶稳定。此外，由于头孢菌素的抗原决定簇取决于 7 位侧链，使得头孢菌素类抗生素很少发生交叉过敏反应。

天然的头孢菌素抗菌活性较低，对其结构修饰后获得了一系列高效广谱的头孢类抗生素。按照抗菌谱、对 β-内酰胺酶和抗菌活性等的不同，临床上常将头孢菌素划分为一、二、三代和四代。

第一代头孢菌素类抗生素首先在 20 世纪 60～70 年代进入临床使用，主要作用于治疗革兰氏阳性菌感染导致的如上下呼吸道感染、皮肤软组织感染、尿路感染、败血症等。早期的头孢噻吩（先锋Ⅰ）和头孢赛定（先锋Ⅱ）等由于肾毒性较大，临床已很少使用。目前仍在使用的代表性药物有头孢氨苄、头孢羟氨苄、头孢唑啉钠、头孢拉定等（表 11-1），其临床应用特点如下。

表 11-1　常用第一代头孢类药物

药物	别名	临床适应症
头孢氨苄	先锋Ⅳ	
头孢唑啉钠	先锋Ⅴ	手术后切口感染
头孢拉定	先锋Ⅵ	急性咽炎、扁桃体炎、中耳炎、支气管炎、肺炎等
头孢羟氨苄	先锋Ⅸ	尿路感染、皮肤软组织感染等

第二代头孢菌素在 20 世纪 70 年代中后期进入临床，除保留了第一代的对革兰氏阳性菌的作用外，对革兰氏阴性杆菌产生的 β-内酰胺酶较第一代稳定，抗菌

谱也较第一代广，所以显著地扩大和提高了对革兰氏阴性杆菌作用。主要用于治疗甲氧西林敏感葡萄球菌、链球菌属、肺炎链球菌等革兰阳性球菌，以及流感嗜血杆菌、大肠埃希菌、奇异变形杆菌等中的敏感株所致的呼吸道感染、尿路感染、皮肤软组织感染、败血症、骨、关节感染和腹腔、盆腔感染等。代表药物头孢呋辛可用于脑膜炎的治疗，也可用于手术前预防用药，头孢克洛、头孢呋辛酯等主要适用于上述感染中的轻症病例。

第三代头孢菌素类抗生素在20世纪80年代后进入临床，对多种β-内酰胺酶稳定，对革兰氏阳性菌和阴性菌均有显著的抗菌活性。与第一、二代相比，其抗菌谱更广，抗菌活性更强，特别对革兰氏阴性杆菌的抗菌谱广、抗菌作用强。临床主要适用于下呼吸道感染、败血症、腹腔感染、肾盂肾炎和复杂性尿路感染、盆腔炎性疾病、骨关节感染、复杂性皮肤软组织感染、中枢神经系统感染等。代表药物有头孢噻肟、头孢曲松、头孢拉定、头孢哌酮等。

第四代头孢菌素类抗生素是近年来发展起来的头孢菌素类药物，对多种β-内酰胺酶的稳定性很好，抗菌谱极广，目前我国一般作为三线抗菌药物(特殊使用类)来使用，以治疗多种细菌的混合感染或多重耐药菌感染引起的疾病。代表药品有头孢匹罗、头孢唑南等。但是，由于抗生素的滥用，对第四代头孢菌素耐药的细菌也开始增多，如鲍曼不动杆菌、绿脓杆菌等，都已显示出较高的耐药性。

3. β-内酰胺酶抑制剂

由于耐药菌株产生的β-内酰胺酶，使得β-内酰胺类抗生素类在发挥抗菌作用之前，就被开环失活。因此，除研究耐酶β-内酰胺抗生素外，研究β-内酰胺酶抑制剂也是解决途径之一。克拉维酸是英国Beecham公司花14年时间筛选500多种菌株分泌物的抗菌作用，于1976年从带棒链霉菌中分离得到第一个用于临床β-内酰胺酶抑制剂。克拉维酸本身抗菌作用很弱，但能抑制β-内酰胺酶与β-内酰胺抗生素起协同作用，可使头孢类抗生素和青霉素类抗生素增效。比如近年上市的奥格门汀是克拉维酸和阿莫西林按1∶2或1∶4复方，活性增强130倍。

11.2.2 维生素

维生素是维持人体正常代谢机能所必需的一类微量有机物质，与酶一起参与机体的新陈代谢过程，因而巧妙调节了机体的机能。如果机体缺少维生素，就会引起新陈代谢的障碍，产生维生素缺乏症。我国古代曾记载了用富含维生素B_1的米糠治疗脚气病，用猪肝治疗“雀目症”。维生素不同于一般的营养品，多食无益且有害，比如鱼肝油吃太多易导致小儿厌食、毛发枯发等维生素A过多症。

20世纪初，科学家认为抗脚气病、抗坏血病等的活性成分都是胺类，并且它们都是生命所必需的，故称为维生素。后来认识到，并不是所有的维生素都属胺类，又将维生胺改为维生素。维生素都是有机物，从化学类型看，有脂肪族、芳香族、脂环族、杂环和甾体化合物等，通常根据它们的溶解性质分为脂溶性和水溶性两大类。

表 11-2　脂溶性维生素名称及其主要功能

药物	通俗名称	功能
维生素 A_1	视黄醇	抗干眼病
维生素 A_2	脱氧视黄醇	抗干眼病
维生素 D_2	麦角骨化醇	抗软骨病
维生素 D_3	胆骨化醇	佝偻病
维生素 E	α、β、γ、δ…生育酚	抗不育
维生素 K_1	叶绿醌	凝血障碍
维生素 K_2	合欢醌	骨质疏松

表 11-3　水溶性维生素及其主要功能

药物	通俗名称	功能
维生素 B_1	硫胺素	抗脚气病
维生素 B_2	核黄素	止吐
维生素 P	尼克酰胺、尼克酸、烟酸	预防脑溢血
维生素 B_6	吡哆醇、吡哆醛、吡哆胺	止吐、脂溢性皮炎
维生素 B_{12}	钴胺素、氰钴素	抗贫血
维生素 B_3	泛酸、遍多酸	糙皮病
维生素 C	抗坏血酸	抗坏血病

1. 维生素 A

维生素 A 存在于动物来源的食物，如肝、奶、蛋黄等，尤以海洋鱼类的鱼肝油中含量最为丰富。维生素 A_1 存在于咸水鱼、哺乳动物肝中，维生素 A_2 存在于淡水鱼肝中，活性仅为维生素 A_1 的 30%～40%。从结构上来看，维生素 A_2 较维生素 A_1 的环上多一个双键。

在植物中仅含有能在动物体内转变成维生素 A 的维生素 A 原，如 α,β,γ-胡萝卜素及玉米黄素等，但它们的转换率并不相同，其中以 β-胡萝卜素的转换率最高。而在人类营养中约 2/3 的维生素 A 来自 β-胡萝卜素，它可被小肠的 β-胡萝卜素 15,15′-加氧酶作用，得到两分子维生素 A_1。

维生素 A 对紫外线不稳定，且易被空气中的氧所氧化，加热或有重金属离子存在可促进氧化。为减少其氧化破坏导致活性降低，维生素 A 应储存于铝制容器，充氮气密封置于阴凉干燥处保存，也可将其溶于含维生素 E 的油中或加入稳定剂。

维生素 A 醋酸酯也是临床常见的一种药物，在体内被酶催化水解成维生素 A，进而氧化成视黄醛，视黄醛可以互变异构体成 11Z 型视黄醛，它是构成视觉细胞的感光物质，参与视觉的形成，视黄醛可进一步氧化为视黄酸排出体外。研究发现维生素 A 酸(视黄酸)是维生素 A 的活性代谢产物,能影响骨的生长和上皮组织代谢,此类化合物在防癌和抗癌方面有较好的疗效。

维生素 A 是一种脂溶性维生素,可储存于皮下脂肪,长期过量使用,可造成维生素 A 过多症,临床表现为疲劳、烦躁、精神抑制、呕吐、低热、高血钙、骨和关节痛等。

2. 维生素 D

维生素 D 是一类抗佝偻病维生素的总称,目前至少有 10 种,它们都是甾醇的衍生物,其中最重要的是维生素 D_2 和维生素 D_3。酵母中提取的麦角甾醇,是制备维生素 D_2 的原料,经紫外线照射转变为维生素 D_2。人体内的胆甾醇可转变成 7-脱氢胆甾醇,并储存于皮下,在日光或紫外线的照射下,B 环裂开可转变为 D_3,故称 7-脱氢胆固醇为 D_3 原,所以多晒太阳是预防维生素 D 缺乏的主要方法之一。

维生素 D_3 在结构上与 D_2 的区别仅为维生素 D_2 侧链 C22-C23 位间有一个双键,24 位上有一甲基。D_3 的化学稳定性高于 D_2,对人的药理作用而言,D_2 与同量的 D_3 抗佝偻病的效价相等。研究维生素 D_3 的代谢发现,维生素 D_3 进入人体后首先在肝脏内,经肝细胞线粒体中维生素 D-25 羟化酶的催化,形成 25-羟维生素 D_3,它是 D_3 在血液循环中的主要形式。25-OH-D_3 经肾脏近侧小管上皮细胞线粒体 25-OH-维生素 D_3-1-羟化酶催化,形成 1,25-二羟基维生素 D_3,它才是真正起作用的"活性维生素 D_3"。

对于儿童及成年人,肝及肾中的羟化酶活性足够用于转化维生素 D_3 为 1,25-二羟基维生素 D,只需使用维生素 D_3 已满足要求。然而老年人肾中的 1-羟化酶活性几乎丧失,因此补充维生素 D_3 作用甚微。维生素 D_3 能促进小肠黏膜或肾小管对钙磷的吸收,维持血钙和磷的稳定,促进骨代谢,促进成骨作用。

3. 维生素 E

维生素 E 是与生殖功能有关的一类维生素总称,又名生育酚,它们都是苯并二氢吡喃衍生物。维生素 E 已知有 8 种,各异构体显示不同强度的生理活性,α-体活性最强,β-体和 γ-体的活性为 α-体的 1/2。维生素 E 除了具有抗不育作用外,还具有抗氧化作用,通过减少巯基酶的氧化,防止脂质自动氧化,并且能阻止体内脂质沉积和过氧化脂质的产生,从而预防动脉硬化。

4. 维生素 C

维生素 C 是一种已糖衍生物,又名抗坏血酸。分子中有两个手性碳原子,故有四个光学异构体。四个异构体中以 L-(+)抗坏血酸的活性最高。在空气、光和热的影响下,维生素 C 分子中内酯环可水解,并可进一步发生脱羧而生成糠醛,以至氧化聚合而呈色,这是维生素 C 在贮存中变色的主要原因。维生素 C 参与机体多种代谢过程,能促使血脂下降,防治动脉粥样硬化症,并且服用适量维生素 C 可以增加机体抵抗能力,预防感冒。另外,维生素 C 可作为抗氧剂,阻止亚硝胺类致癌物质的产生。

11.2.3 合成抗菌药物

1. 磺胺类抗菌药及抗菌增效剂

磺胺类药物是一类对氨基苯磺酰胺的衍生物，其抑菌作用是由于它能干扰细菌的酶系统对对氨基苯甲酸的利用，使细菌生长中的必要物质一叶酸合成受阻而起到杀菌作用。磺胺类药物与其他抗菌药相比，具有抗菌谱广、可口服、吸收分布好、性质稳定、便于长期保存等优点。磺胺类药物的发现，使20世纪二三十年代许多危害人类健康的疾病如肺炎、脑膜炎、败血症等得到了有效的控制，标志着化学治疗药物进入临床应用的开端。

1932年药理学家Domagk直接在细菌感染动物身上进行体内筛选，结果发现红色染料百浪多息能避免链珠菌和葡萄球菌对小鼠及兔的感染，而百浪多息体外无抑菌效果。1933年报道百浪多息治疗第一例葡萄球菌败血症病人获得了成功，引起了人们广泛的兴趣。但磺胺逐渐应用于临床后，发现其抗菌谱窄、毒性较大，长期服用会产生酸中毒。随后药物化学家合成了磺胺醋酰和磺胺吡啶，制成钠盐用于眼科抗感染，至今仍在临床应用。20世纪40年代初期，由于毒霉素逐渐应用于临床，使磺胺类药物的发展受到影响，成为磺胺类药物发展的低潮期，这一时期一直持续到五十年代中期。1956年第一个长效酰胺-磺胺甲氧嗪的出现使磺胺类药物发展进入再盛时期，具有长半衰期的药物相继被发现：如磺胺-2,6-二甲氧嘧啶、磺胺甲氧嘧啶、磺胺甲氧吡嗪、磺胺甲基异恶唑等。1969年人们发现将磺胺甲基异恶唑与磺胺抗菌增效剂甲氧苄氨嘧啶联合使用可显著地增加疗效及扩大抗菌谱，很快被广泛应用临床，该药称为复方新诺明。磺胺增效剂甲氧苄胺嘧啶能够抑制二氢叶酸还原酶的作用，使二氢叶酸不能被还原成四氢叶酸，也能抑制细菌的生长。临床将磺胺类药物与增效剂甲氧苄胺嘧啶联合应用时，使细菌的叶酸代谢遭到双重阻断，抗菌作用可增强数倍至数十倍。

多数磺胺类药物服用后，在体内可不同程度地转变为乙酰化合物，其中有些乙酰化物溶解度小，在酸性尿中易在肾小管析出结晶，造成尿路损害，这是磺胺类药物的主要副作用，临床常用的磺胺甲基异恶唑有此副作用，因此大量服用这些药物时，须同服碳酸氢钠碱化尿液，提高药物在尿中的溶解度。

2. 喹诺酮类抗菌药

喹诺酮类抗菌药是在20世纪70年代末发展起来的一类新型抗菌药，抗菌谱广、活性高、毒副作用低，主要作用于革兰氏阴性菌。

1962年Lesher首先发现萘啶酸具有抗菌作用，它对革兰氏阴性菌有效，但对多数革兰氏阳性菌及绿脓杆菌作用很弱。为了增强其抗菌活性及扩大其抗菌谱，人们进行了结构改造工作，60年代末70年代初发现了喹酸和吡哌酸，它们各自具有不同的抗菌特点，喹酸具有强效抗菌作用，而吡哌酸具有广谱抗菌的活性。

20世纪70年代末，Koga等经过对上面两个化合物的分析，认为结构中环对抗菌活性无关紧要，于是他们选择了4-喹诺酮-3-羧酸类作为构效关系研究对象，他们采用 Hansch 方法进行优化，最终发现高活性的诺氟沙星，其活性比萘啶酸强 16～500 倍，抗菌谱极广，尤其对包括绿脓杆菌在内的革兰氏阴性菌作用极强，超过庆大霉素。

在诺氟沙星问世之后，喹诺酮类抗菌药物得到了迅速的发展，目前已有十余种药物上市，按上市先后及其抗菌性能的不同，分为一、二、三、四代。第一代喹诺酮类，只对大肠杆菌、痢疾杆菌、克雷白杆菌、少部分变形杆菌有抗菌作用，如萘啶酸和吡咯酸等，因疗效不佳现已少用。第二代喹诺酮类，在抗菌谱方面有所扩大，对肠杆菌属、枸橼酸杆菌、绿脓杆菌、沙雷杆菌也有一定抗菌作用，比如吡哌酸、新恶酸和甲氧恶喹酸等。第三代喹诺酮类的抗菌谱进一步扩大，对葡萄球菌等革兰阳性菌也有抗菌作用，对一些革兰阴性菌的抗菌作用则进一步加强。比如诺氟沙星、氧氟沙星、培氟沙星、依诺沙星、环丙沙星等，这些药物的分子中均有氟原子，因此又称为氟喹诺酮。第四代喹诺酮类与前三代药物相比在结构中引入 8 -甲氧基，有助于加强抗厌氧菌活性，而 C - 7 位上的氮双氧环结构则增强抗革兰阳性菌活性并保持原有的抗革兰阴性菌的活性，不良反应更小，多数产品半衰期延长，如加替沙星、莫昔沙星等。

11.2.4 抗病毒药物

病毒性感染疾病是严重危害人类生命健康的传染病，在人类传染病中，病毒性疾病高达 60%～65%。最常见的由病毒引起的疾病有：流感、麻疹、水痘、流行性腮腺炎、脊髓灰质炎、病毒性肝炎、狂犬病、流行性出血热、疱疹病毒引起的各种疾病，艾滋病等。理想的抗病毒药物应是只干扰病毒的复制而不影响正常细胞的代谢，但是，由于病毒与宿主相互作用的复杂性，现有抗病毒药物的作用主要通过影响病毒复制周期的某个环节而实现。比如干扰病毒吸附的药物有丙种球蛋白，阻止病毒穿入和脱壳的药物有金刚烷胺和金刚乙胺，干扰病毒核酸复制的药物碘苷、阿昔洛韦和利巴韦林，影响核糖体翻译的药物美替沙腙、酞丁安，抑制病毒成熟的药物利福霉素等。

金刚烷胺主要是抑制病毒颗粒进入宿主细胞内部，阻断病毒基因的脱壳及阻断核酸转移进入宿主细胞，达到治疗和预防病毒的感染疾病。金刚烷胺对 A 型流感病毒有预防和治疗效果，尤其对亚洲 A2 型流感病毒。金刚烷乙胺是金刚烷胺的衍生物，对 A 型流感病毒感染的治疗作用比金刚烷胺强，中枢神经的副作用也比较轻。

碘苷，又名疱疹净，是美国食品药品监督管理局批准第一个临床有效的抗病毒核苷类化合物。碘苷可和胸苷竞争性抑制 DNA 聚合酶，阻碍病毒 DNA 的合成，对单纯疱疹病毒和牛痘病毒等 DNA 病毒有效，但毒性大。阿糖胞苷是胞嘧啶衍生物，在体内需先转化为活性的三磷酸阿糖胞苷发挥抗病毒作用，阿糖胞苷能抑制 DNA 聚合酶及少量掺入 DNA，阻止脱氧胞嘧啶核苷的形成，从而抑制病毒 DNA 的合成。临床可治疗眼睛带状疱疹和单纯疱疹病毒角膜炎，但毒性较大。拉米夫定是由葛兰素-史克公司研制开发上市的第一个治疗乙肝病毒感染最有效的药物，它是将 2′,3′-二去氧核糖中的 3′位碳用硫原子取代后的非核糖环替代脱氧胞苷中正常的脱氧核糖后得到的脱氧胞苷类似物,可与胸苷竞争性抑制 DNA 聚合酶,阻碍病毒 DNA 的合成。阿糖腺苷是正常腺嘌呤核苷中的 *D*-脱氧核糖被 *D*-阿拉伯糖取代后的腺嘌呤核苷类似物,是广谱的 DNA 病毒抑制剂,对由疱疹病毒等所致的角膜炎、皮炎、脑炎等疗效显著。

阿昔洛韦是第二代广谱抗病毒药物,比碘苷治疗作用强 10 倍,且毒性小,上市以来一直是治疗疱疹病毒感染的首选药物。阿昔洛韦的发现是抗病毒药物发展史上的重大突破,它能有力地抑制疱疹病毒的复制,最显著的特点是对未感染病毒的正常细胞几乎无作用,故具有其他抗病毒药物无法比拟的临床安全性。阿昔洛韦主要用于疱疹性角膜炎、生殖器疱疹、全身性带状疱疹和疱疹性脑炎治疗,也可用于治疗乙型肝炎。阿德福韦酯是一口服开环核苷酸单磷酸酯的前药,口服吸收后迅速转变成具有抗病毒活性的阿德福韦、能够抑制乙型肝炎病毒 DNA 聚合酶的活性,因而可以抑制乙型肝炎病毒的复制与增殖。

齐多夫定是天然脱氧胸腺嘧啶核苷的 3′-羟基被叠氮基取代后的合成类似物,是第一个被批准作为抗艾滋病药物上市。针对齐多夫定会产生耐药,对其进行结构改造发现了许多新的药物,其中司坦夫定通过细胞激酶磷酸化,形成活性三磷酸酯而发挥抗病毒活性,临床适用于齐多夫定不能耐受或治疗无效的艾滋病病人。

11.2.5　抗真菌药物

真菌在自然界大量存在,可引起皮肤、黏膜、皮下组织和内脏的感染,其中表皮、毛发和指甲等真菌感染为浅表真菌病,而皮下组织和内脏的真菌感染称为深部真菌病。浅表真菌病传染性强,约占真菌病患者的 90%以上。深部真菌病虽然不如浅表真菌病普遍,但危害性大,常可导致死亡。

20 世纪 50 年代以前抗真菌药物多为治疗浅部真菌病的外用药,刺激性强,只能用于皮肤、手足等部位。近年来,临床上广谱抗生素的大量使用,破坏了细菌和真菌间正常菌丛的共生关系。并且,皮质激素、放射性治疗和免疫抑制剂的使用,使机体对真菌的抵抗力降低。此外,大型手术的实施,心、肾等脏器的移植和艾滋病的传播等均能损害机体免疫系统,导致真菌感染的增多,使深部真菌病的发病率明显增加。

抗真菌药物按结构可以分为抗真菌抗生素、唑类抗真菌药及其他类抗真菌药。抗真菌抗生素根据结构特点又分为非多烯类和多烯类,前者多用于治疗浅表真菌感染,后者多数用于治疗深部真菌感染病。两性霉素 B 是 1959 年发现的多烯类抗生素,属于多烯类的庚烯类,对光、热不稳定,主要用于深部真菌感染,活性强,但毒性也大。

唑类抗真菌药的发现是抗真菌药物发展史上的里程碑,按时间顺序唑类抗真菌药物分为三代:第一代为咪康唑、益康唑;第二代为酮康唑;第三代为氟康唑、伊曲康唑、伏立康唑、泊沙康唑等。唑类抗真菌药物从结构上又可分为两类:咪唑类和三氮唑类。咪康唑是咪唑类抗真菌药物,可用口服的途径治疗外表及体内深度的真菌感染。益康唑是通过抑制羊毛甾醇 14 α-去甲基化酶，使真菌细胞麦角甾醇生物合成受阻，临床用于念珠菌病和各种癣病的治疗，包括阴道念珠菌病及体癣、股癣、足癣、花斑癣等。酮康唑也是一类咪唑类抗真菌药物，对皮肤真菌、酵母菌、双相真菌和真菌纲具有抑菌和杀菌活性。伊曲康唑是一类三唑类抗真菌药物，抗菌谱与酮康唑相似，对深部真菌与浅表真菌均有抗菌作用，能高度选择性地作用于真菌细胞色素 P-450，抑制羊毛甾醇 14 α-去甲基化酶，造成羊毛甾醇的聚积，从而抑制麦角甾醇的生物合成，起到抑制和杀死真菌的效果。临床适用于浅表真菌感染，也用于全身性真菌病如隐球菌脑膜炎的维持治疗。氟康唑主要用于念珠菌病、隐球菌病、球孢子菌病等深部真菌病的治疗，比如用于治疗口咽部和食道念珠菌感染，腹膜炎、肺炎、尿路感染等念珠菌外阴阴道炎。伏立康唑是一种新型的第二代三唑类抗真菌药物，是氟康唑的衍生物，具有抗菌谱广、抗菌效力强的特点。用于念珠菌属时，无论是对氟康唑敏感的还是对氟康唑耐药的菌株，伏立康唑均具有优于其他抗真菌药的抗菌活性。泊沙康唑是最新上市的三唑类抗真菌药物，从结构上看，它是伊曲康唑的类似物，其口服悬浮液用于预防侵入性曲霉病。

真菌细胞壁为真菌所特有，而 β-(1,3)-D-葡聚糖是真菌细胞壁的独特组分，包括曲霉菌和念珠菌属。针对这一靶点先后上市了三个脂肽类抗深部真菌新药卡泊芬净、米卡芬净和阿尼芬净。卡泊芬净是第一个环六肽脂肽类抗深部真菌新药，通过非竞争性抑制真菌细胞壁中的 β-(1,3)-D-葡聚糖合成酶，阻碍真菌细胞壁的主要成分葡聚糖的合成，使真菌不能形成正常细胞壁而死亡，临床用于侵入性曲霉菌和念珠菌病的治疗。米卡芬净是水溶性棘白菌素脂肽类抗深部真菌新药，用于侵入性念珠菌病的治疗。阿尼芬净也是脂肽类抗深部真菌新药，它是对天然环六脂肽进行半合成结构改造后的产物，用于侵入性念珠菌病的治疗。

11.2.6 抗肿瘤药物

恶性肿瘤是一种严重危害人类身体健康的疾病，按其对人体的危害程度分为良性肿瘤和恶性肿瘤两类。目前临床上对于肿瘤的治疗方法主要有手术治疗、放射治疗、药物治疗(化学治疗)三大常规疗法及免疫治疗、光动力治疗、局部冷冻治疗等新方法。自氮芥用于治疗恶性淋巴瘤和甲氨蝶呤用于治疗白血病取得确切的疗效以来，几十年来合成的抗癌新药有 60 多种。按作用原理和来源，抗肿瘤药物可分为生物烷化剂、抗肿瘤代谢物、抗肿瘤抗生素、抗肿瘤植物药、激酶抑制剂等。

1. 生物烷化剂

生物烷化剂也称烷化剂，是抗肿瘤药物中使用得最早，也是非常重要的一类药物。这类药物在体内能形成缺电子活泼中间体或其他具有活泼亲电性基团的化合物，进而与生物大分子(如 DNA、RNA 或某些重要的酶类)中含有丰富电子的基团(如氨基、巯基、羟基、羧基、磷酸基等)发生共价结合，使其丧失活性或使 DNA 分子发生断裂。烷化剂从结构上可分为氮芥类、乙撑亚胺类、磺酸酯类、亚硝基脲类、金属铂类配合物。

氮芥类抗肿瘤药物的发现与第一次世界大战有关，药物研究者发现作为毒气使用的芥子气能够治疗皮肤癌，因其毒性太大，无法用于临床。在 N 原子上引入甲基成为氮芥后可用于淋巴瘤治疗。但其选择性差，导致毒性很大，在此基础上进一步优化获得了一种目前广泛在临床使用的环磷酰胺。环磷酰胺作为抗肿瘤药物，抗瘤谱广，为烷化剂中应用最广的一种，主要用于恶性淋巴瘤，另外对乳腺癌、卵巢癌、鼻咽癌也有效，毒性比其他氮芥小。环磷酰胺在体外对肿瘤细胞无效，只有进入体内后，经过活化才能发挥作用。另外，雌莫司汀也是一种常见的氮芥类抗肿瘤药物，对前列腺癌具有较高的选择性。泼尼莫司汀是将强的松龙与苯丁酸氮芥拼合得到的一种氮芥类抗肿瘤药物，可用于治疗急性淋巴细胞白血病、急性粒细胞性白血病、淋巴肉瘤、卵巢癌，对骨髓抑制作用较轻。临床上乙撑亚胺类抗肿瘤药物主要有替派和噻替派。替派用于白血病，噻替派用于乳腺癌、卵巢癌、肝癌、膀胱癌，是膀胱癌首选药之一。亚硝基脲类抗肿瘤药物有卡莫司汀、洛莫司汀、司莫司汀等，具有抗肿瘤谱广，脂溶性大等特点，易透过血脑屏障。在亚硝基脲的结构中如引入糖为载体，可以改变其理化性质，提高对某种器官的亲和力，可以提高药物的选择性。比如链佐星在分子结构中引入氨基糖，很容易被胰腺中胰岛的 β-细胞所摄取，而在胰岛中有较高的浓度，对胰岛细胞癌有独特的疗效。甲磺酸酯类药物白消安用于慢性白血病，治疗效果优于放射治疗，但不良反应如骨髓抑制、消化道反应也比较明显。金属铂类配合物是目前临床使用较广泛的一类生物烷化剂，包括顺铂、顺二氨环丁烷铂、氯羟丙胺铂等。顺铂是一种目前临床使用较高的金属铂类抗肿瘤药物，抗瘤谱广，对膀胱癌、前列腺癌、肺癌、头颈癌、乳腺癌等具有非常好的疗效，并且与甲氨蝶呤、环磷酰胺有协同作用，但水溶性差，只能注射给药。奥沙利铂是近年来上市的铂类新药，常用于转移性结直肠癌的治疗。

2. 抗肿瘤代谢物

抗肿瘤代谢物为周期特异性药物，主要作用 S 期，是依据代谢拮抗原理设计出来的一类抗肿瘤药物，主要包括抗嘧啶类、抗嘌呤类、抗叶酸类。

甲氨蝶呤为抗叶酸类抗肿瘤药，通过对二氢叶酸还原酶的抑制而达到抑制肿瘤细胞的生长与繁殖，临床用于急性白血病，尤其是急性淋巴细胞性白血病。

5-氟尿嘧啶为嘧啶类抗肿瘤药，能抑制胸腺嘧啶核苷酸合成酶，阻断脱氧嘧啶核苷酸转换成胸腺嘧啶核苷核，干扰 DNA 合成，临床用于结肠癌、直肠癌、胃癌、乳腺癌、卵巢癌、绒毛膜上皮癌等。卡培他滨是一种可以在体内转变成 5-氟尿嘧啶的抗代谢氟嘧啶脱氧核苷氨基甲酸酯类药物，能够抑制细胞分裂、干扰 RNA 和蛋白质合成，主要用于晚期原发性或转移性乳腺癌，直肠癌、结肠癌和胃癌的治疗。卡培他滨可口服给药，具有靶向性，毒副作用小，在体内经三个代谢转化步骤转变为 5-氟尿嘧啶发挥抑制肿瘤的作用：① 经肝酯酶转变为 5′-脱氧-5-氟胞苷；② 经肝脏和肿瘤组织内活性较高的胞苷脱氨基酶转化为 5′-脱氧-5-氟胞苷；③ 经肿瘤组织中含量较高的腺嘧啶脱氧核苷磷酸化酶转化为有活性的 5-氟尿嘧啶。

3. 抗肿瘤抗生素

阿霉素和丝裂霉素 C 为临床上最有效的抗肿瘤抗生素，其中丝裂霉素 C 是我国从放线菌 H2760 菌株中提出的自力霉素，抗菌谱广，对恶性淋巴瘤、慢性粒细胞白血病疗效较好。阿霉素，又称多柔比星，也是一种抗肿瘤抗生素，可抑制 DNA 和 RNA 的合成，对多种肿瘤均有作用，但毒性较大，常见的毒性反应包括白细胞减少和心脏毒性。

4. 抗肿瘤植物药

天然产物是药物的重要来源之一，对天然抗肿瘤有效成分进行结构修饰，以寻找疗效更好、毒性更低的药物，已成为抗肿瘤药物化学领域中新药研发的一条重要途径。据统计，自 20 世纪 40 年代以来上市的 175 个新分子实体抗肿瘤药物中，来自于天然产物或天然产物结构修饰物的抗肿瘤药物所占比例高达 74.8%。

喜树碱是从中国特有的珙桐科植物喜树中分离得到的生物碱，结构中含有五环稠合的内酯环研究发现其为选择性拓扑异构酶 I 抑制剂，临床上主要有 10-羟基喜树碱、拓扑替康、伊立替康、贝洛替康等喜树碱类抗肿瘤药物。10-羟基喜树碱也是从喜树中分离得到的生物碱，与喜树碱结构和作用特征相似，但抗肿瘤活性更高、毒性更低，很少引起血尿和肝功能损害，临床主要用于肠癌、肝癌和白血病的治疗。拓扑替康为半合成水溶性喜树碱衍生物，临床主要用于转移性卵巢癌的治疗，对小细胞肺癌、肠癌和乳腺癌的疗效也较好。伊立替康也是半合成喜树碱水溶性衍生物，属前药，在体内经酯酶代谢成为有活性的喜树碱衍生物 SN38 起到抗肿瘤作用，临床主要用于小细胞肺癌、结肠癌和卵巢癌等肿瘤的治疗。

长春碱是由夹竹桃科植物长春花中分离得到的吲哚类生物碱，通过干扰微管蛋白的形成而起到抗肿瘤作用，临床主要用于治疗白血病。长春新碱也是从长春花中分离得到的吲哚类生物碱，能干扰微管蛋白形成和蛋白质代谢，阻止细胞有丝分裂，临床用于急性淋巴细胞白血病。长春地辛和长春瑞滨为半合成长春碱衍生物，临床分别用于急性淋巴细胞白血病和非小细胞肺癌等的治疗。

鬼臼毒素是从小蘖科鬼臼属植物中提取到的木脂类抗肿瘤成分，能抑制微管聚合，阻止细胞核有丝分裂，使其停止于中期。但由于毒性太大，未能用于临床抗肿瘤治疗。依托泊苷是鬼臼毒素半合成衍生物，通过抑制核苷转换而抑制细胞有丝分裂前期 DNA、RNA 及蛋白质的合成，属非嵌入型拓扑异构酶 II 抑制剂，临床用于小细胞肺癌。替尼泊苷为另一个鬼臼毒素半合成衍生物，脂溶性较高，可透过血脑屏障，用于脑癌的治疗。

紫杉醇最早是 1971 年由美国科学家 Wall 等从红豆科植物美国西海岸的短叶红豆杉紫杉醇树皮中提取分离得到的二萜类抗肿瘤活性化合物，能抑制微管解聚，干扰 DNA 的合成。抗瘤谱广，临床为卵巢癌、乳腺癌一线用药。紫杉特尔，又称多西紫杉醇，是半合成紫杉烷类抗肿瘤衍生物，水溶性比紫杉醇增大，毒性降低，抗瘤谱更大，但疗效相当。

5. 激酶小分子抑制剂

近十年来抗肿瘤药物研究的一个重大进展是针对肿瘤细胞内信号转导通路的分子靶向性抗肿瘤药物的出现。传统细胞毒类药物主要作用于 DNA 和 RNA 使得选择性低、毒性大。而肿瘤细胞中多种信号转导通路的关键组分与正常细胞存在巨大差异，靶向这些组分的抗肿瘤药物不但能降低毒性，而且可实现个体化治疗。其中选择性酪氨酸激酶抑制剂甲磺酸伊马替尼是首个分子靶向肿瘤生成机制的抗肿瘤新药，用于治疗慢性骨髓性白血病。

吉非替尼是第一个表皮生长因子受体酪氨酸激酶抑制剂，通过抑制表皮生长因子受体自身磷酸化而阻断表皮生长因子受体信号传导通路，抑制肿瘤细胞增殖，实现靶向治疗，用于治疗既往接受过化学治疗的局部晚期或转移性非小细胞肺癌。尼洛替尼是一种口服酪氨酸激酶抑制剂，属第二代选择性更强、疗效更显著的 Bcr - Abl 酪氨酸激酶抑制剂，用于治疗慢性粒细胞白血病的二线药物。舒尼替尼是能选择性针对多种酪氨酸激酶受体的靶向药物，用于治疗胃肠道间质肿瘤和晚期肾细胞瘤。伏立诺他是第一个抑制组蛋白去乙酰化酶的抗癌药物，用于其他药物治疗时或治疗后仍不能治愈，或恶化，或病情反复情况下的转移性皮肤 T 淋巴细胞瘤。依维莫司是一种雷帕霉素类 mTOR 激酶抑制剂，用于舒尼替尼或者索拉替尼治疗失败的晚期肾癌患者的治疗。

11.2.7 心血管药物

血管系统是维持生命最重要的系统，心血管功能失衡，会引起严重的心脑血管疾病如高血压、冠心病、高血脂和脑卒中等，严重危害人类健康。目前全球心脑血管药物有 600 余种，常用的 200 多种，按临床用途分为降血脂药、抗心律失常药、抗心绞痛药、抗高血压药等。

血浆中的脂质主要是胆固醇、甘油三酯和磷脂，它们经常与蛋白质结合，以脂蛋白形式存在。当血脂长期升高后，血脂及其分解产物，逐渐沉积于血管壁上，并伴有纤维组织生成，使血管通道变窄、弹性减小，最后可导致血管堵塞，易引起动脉粥样硬化和冠心病。调血脂药主要有苯氧乙酸类、烟酸类、HMG - CoA 还原酶抑制剂等。氯贝丁酯是乙酸衍生物，能抑制脂肪酸生物合成中的乙酰辅酶 A 羧化酶，具有降胆固醇作用。阿西莫司是氧化吡嗪羧酸衍生物，能使甘油三酯和低密度脂蛋白的量降低，使高密度脂蛋白增加，无烟酸样副作用。他汀类药物是 HMG - CoA 还原酶抑制剂，通过竞争性抑制内源性胆固醇合成限速酶还原酶，阻断细胞内羟甲戊酸代谢途径，使细胞内胆固醇合成减少，从而反馈性刺激细胞膜表面低密度脂蛋白受体数量和活性增加，使血清胆固醇清除增加，降低胆固醇水平。洛伐他丁、辛伐他汀、普伐他汀是天然或半合成产物，是无活性前药，经体内代谢内酯开环成活性成分起到调血脂作用。氟伐他汀、阿托伐他汀、罗伐他汀、匹伐他汀是化学合成产物，也是目前非常有效的降脂药物。在心血管疾病治疗中，作用于离子通道药物起着十分重要的作用，其中钾通道开放剂以舒张血管平滑肌为主，故为抗高血压药，二氢吡啶类钙通道阻滞剂则有硝苯地平、尼莫地平、尼群地平、氨氯地平等药物。硝苯地平血管扩张作用强烈，特别适用于冠脉痉挛所致心绞痛，而尼群地平临床主要用于冠心病、高血压治疗。氨氯地平起效较慢，持续时间长，适用于心绞痛。地尔硫卓是一个高选择性的钙通道阻滞剂，具有扩血管作用，临床常用于治疗包括变异型心绞痛在内的各种缺血性心脏病。盐酸胺碘酮为苯并呋喃衍生物，主要作用是延长心房肌、心室肌及传导系统的动作电位时程和有效不应期，为广谱抗心律失常药物。

一氧化氮是一种内源性物质，能有效地扩张血管降低血压。NO 供体药物能释放外源性一氧化氮分子，可作为治疗心绞痛的主要药物。硝酸酯是最早应用于临床的抗心绞痛药，硝酸甘油、硝酸异山梨醇酯、四硝酸赤藓醇酯等经口腔黏膜吸收迅速起效快，1～2 min 即能缓解心绞痛。

β-受体阻滞剂可竞争性的与β-受体结合而产生拮抗神经递质或激动剂的效应，主要包括对心脏兴奋的抑制作用和对支气管及血管平滑肌的舒张作用，可使心率减慢，心收缩力减弱，心输出量下降，心肌耗氧量下降，延缓心房和房室结的传导。β-受体分为β_1、β_2两种亚型，β_1主要分布在心脏，β_2主要分布在支气管、血管平滑肌。苯氧丙醇胺类药物如阿替洛尔、美托洛尔等均为特异性β_1受体阻滞剂，副作用小，较少发生支气管痉挛，适于哮喘病人使用。拉贝洛尔是一类非典型β_1受体阻滞剂，可阻断β_1受体，同时阻断α_1受体，起到降压协同作用，临床上多用于重症高血压。α_1受体阻断剂是 20 世纪 80 年代后期发展起来的一类降压药，它能选择性阻断突触后膜α_1受体而不影响α_2受体，能松弛血管平滑肌，不引起反射性心动过速，因此副作用较轻，且口服有效。哌唑嗪是第一个α_1受体阻断剂，特拉唑嗪、多沙唑嗪也是α_1受体阻断剂，作用时间更长。

卡托普利是从蛇毒里提取分离得到的一种九肽经优化设计后得到的血管紧张素Ⅰ转化酶抑制剂，用于治疗原发性及肾性高血压。洛沙坦是第一个口服高效、高选择性、竞争性、高特异性的血管紧张素Ⅱ受体拮抗剂，具有良好的抗高血压、抗心衰、利尿作用。同类药物缬沙坦是一种口服有效的特异性血管紧张素Ⅱ受体拮抗剂，能阻断血管紧张素Ⅱ与血管紧张素Ⅱ受体 AT1 的结合，抑制血管收缩，产生降压作用。

11.2.8 解热镇痛和非甾体抗炎药物

解热镇痛药，为一类具有解热、镇痛药理作用，同时还具有抗炎和抗风湿作用的药物。鉴于其结构中不含有甾体结构，又称之为非甾体类抗炎药物。非甾体抗炎药物通过抑制中枢前列腺素的合成发挥解热作用，因此这类药物能使发热者的体温下降，但是仅仅对症治疗，体内药物消除后体温将会再度升高。非甾体抗炎药物能产生中等程度的镇痛作用，镇痛作用部位主要在外周神经系统，对各种创伤引起的剧烈疼痛和内脏平滑肌绞痛无效。常见的非甾体抗炎药物包括阿司匹林、对乙酰氨基酚、吲哚美辛、萘普生、萘普酮、双氯芬酸、布洛芬、尼美舒利、罗非昔布、塞来昔布等，在临床上广泛用于骨关节炎、类风湿性关节炎、多种发热和各种疼痛症状的缓解。

水杨酸类是应用最早的非甾体抗炎药物，最经典的药物是阿司匹林，又称乙酰水杨酸，已有一百多年的历史。阿司匹林具有显著的解热镇痛作用，能使发热者的体温降低到正常，而对体温正常者一般无影响。阿司匹林对轻、中度体表疼痛，尤其是炎症性疼痛有明显疗效，也能明显减轻风湿性关节炎和类风湿性关节炎患者的炎症和疼痛。临床常用于感冒发热头痛、偏头痛、牙痛、神经痛、关节痛、肌肉痛和痛经等。对乙酰氨基酚，又名扑热息痛，解热镇痛作用与阿司匹林相当，抗炎作用极弱，临床仅用于解热镇痛。相比阿司匹林，对乙酰氨基酚无明显胃肠刺激作用。吲哚美辛是非选择性 COX 抑制剂，抗炎、镇痛和解热作用较强，但不良反应多见，临床主要用于抗炎和镇痛，如关节炎、滑液囊炎、腱鞘炎、强直性脊椎炎等的治疗。为减少不良反应的发生，高选择性的 COX－2 抑制剂成为新非甾体抗炎药物的研究方向，先后开发出美洛昔康、塞来昔布和尼美舒利等药物，用于治疗风湿性关节炎、骨关节炎及其他炎症性疼痛。塞来昔布对 COX－2 具有高度的选择性，对靶组织和器官的COX－2 抑制作用比 COX－1 强约 375 倍。塞来昔布口服吸收较好、不良反应低，临床主要用于骨关节炎、类风湿性关节炎和牙痛症的治疗。

11.2.9 抗过敏药物

外源性抗原能引起人体的过敏性反应，与肥大细胞和粒细胞上的抗体免疫球蛋白结合，释放出组胺和其他过敏介质，与受体结合后产生血管舒张、毛细血管渗透性增强，导致局部组织红肿，支气管、胃肠道平滑肌收缩等过敏症状。常用抗过敏药物有三类：抗组胺药、过敏反应介质阻释剂和皮质激素类药物等。抗组胺药主要是组胺 1 型受体拮抗剂，如苯海拉明、氯苯那敏、异丙嗪等，它们能与组胺竞争致敏细胞上的组胺 1 型受体，使组胺不能与其结合而产生过敏反应。而过敏反应介质阻释剂能稳定致敏细胞膜，阻止组胺等多种过敏反应介质如 5－羟色胺、缓激肽等的释放，常用药物有色甘酸钠、酮替芬。糖皮质激素类药物氢化可的松、曲安奈德等具有抑制免疫反应的作用，可缓解过敏反应症状。

第一代抗组胺药(如扑尔敏、苯海拉明)有明显的镇静作用和中枢神经不良反应，抗组胺药是最主要的一类抗过敏药，先后有三代药物上市。服用这类药物后应避免从事开车、操作精密仪器等工作。另外，此类药物还具有抗胆碱能作用，可引起口干、眼干、视力模糊、便秘、尿潴留等症状。第二代抗组胺药，副作用很少，几乎无明显的抗胆碱能作用和镇静作用，常用的药物有西替利嗪、氯雷他定、咪唑斯汀、依巴斯汀等。第三代抗组胺药，如地氯雷他定、非索非那定、左西替利嗪等，副作用更轻，与红霉素、酮康唑等合用也不会产生心脏毒性。

苯海拉明用于瘙痒性变态反应性疾病，如荨麻疹、过敏性皮炎、湿疹、瘙痒症等的治疗。扑尔敏有较强的抗组胺作用，也可用于瘙痒性变态反应性皮肤病，常见不良反应有嗜睡、口干等，但较苯海拉明轻。氯雷他定是一种强力长效的抗组胺药，用于急性或慢性荨麻疹，过敏性鼻炎及其他过敏性皮肤病。而非索非那丁是高效、低毒、长效的第三代抗组胺药物，具有较强的支气管解痉作用，并且未发现第二代抗组胺药物常见的心脏毒性。地氯雷他定是第二代抗组胺药物氯雷他定的活性代谢产物，为长效三环类结构，药理作用与氯雷他定相似，作用更强、副作用更低。

11.2.10 抗溃疡药物

在正常生理环境下胃壁可以释放胃酸和胃蛋白酶，有助于食物消化，但胃酸分泌过多，超过胃粘膜的保护能力，就会造成胃损伤，形成溃疡。另外，幽门螺杆菌也是形成溃疡的原因，70%的溃疡都能检测到幽门螺杆菌。临床上抗溃疡药物主要分四类：抑制胃酸分泌过多的抗酸药物、抑制胃酸分泌的胃酸分泌抑制剂、抗幽门螺杆菌药物、溃疡黏膜保护剂等。抗酸药是最早用于临床的胃药，包括碳酸氢钠、碳酸钙、氢氧化铝等，胃酸分泌抑制剂主要是西咪替丁、雷尼替丁、法莫替丁等组胺 H_2受体拮抗剂，抗幽门螺杆菌治疗药物主要是质子泵抑制剂＋克拉霉素＋阿莫西林或甲硝唑组成的三联疗法，溃疡黏膜保护剂药物包括前列腺素类药物。

西咪替丁是抗溃疡药物研发标志性的药物，它的发现不仅对抗溃疡药的发展起非常重要的作用，而且是第一个通过合理药物设计进入临床的组胺 H_2受体拮抗剂。西咪替丁口服吸收良好，但毒性较大，主要是肾毒性、肝毒性和抗雄性激素作用。雷尼替丁是第二代组胺 H_2受体拮抗剂，副作用小于西咪替丁，对肾脏、肝脏毒性小，而且没有抗雄性激素作用，临床用于治疗胃及十二指肠溃疡、术后溃疡、返流性食管炎等。法莫替丁和尼扎替丁是第三代组胺 H_2受体拮抗剂，活性更强，毒性更低。

随着对胃酸分泌机制研究的深入，研究人员发现 H^+/K^+-ATP 酶是消化道胃酸分泌的关键环节。H^+/K^+-ATP 酶分布在胃壁细胞的表层，具有排出氢离子、氯离子，重吸收钾离子的作用，表现为向胃腔直接分泌高浓度的胃酸，这种作用是不断循环进行的，因此H^+/K^+-ATP 酶又称为质子泵。和组胺 H_2受体不同的是组胺在人体的许多部位都存在，而质子泵仅分布在胃壁细胞，有极高的选择性。奥美拉唑是第一个上市的质子泵抑制剂，临床主要用来治疗急慢性胃和十二指肠溃疡，同类药物还有兰索拉唑、潘妥拉唑等。奥美拉唑的亚砜基具有手性中心，活性更佳的左旋体埃索美拉唑随后上市，作用时间更长，副作用更小。

11.2.11 降血糖药物

糖尿病是由于不同病因引起胰岛素分泌不足或作用减低，导致碳水化合物、脂肪及蛋白质代谢异常，以慢性高血糖为主要表现，并伴有血脂、心血管、神经、皮肤及眼睛等多系统的慢性病变的一组综合征。主要分为胰岛素绝对不足的Ⅰ型糖尿病和胰岛素相对不足的Ⅱ型糖尿病，治疗Ⅰ型糖尿病主要采取胰岛素补充疗法。约 90%以上的糖尿病人属Ⅱ型糖尿病，口服降糖药是主要的治疗手段。目前临床常用的口服降糖药按照作用机制可分为：促胰岛素分泌剂如磺酰脲类、增加外周葡萄糖利用的药物如双胍类、胰岛素分泌模式调节剂如苯丙氨酸类、胰岛素增敏剂如噻唑烷二酮类、减少肠道吸收葡萄糖的药物如 α-葡萄糖苷酶抑制剂类、改善糖尿病并发症的药物。

食物中的碳水化合物和多糖须经转化为葡萄糖才能由小肠吸收，α-葡萄糖苷酶抑制剂通过抑制小肠上各种 α-葡萄糖苷酶，减慢淀粉类分解为麦芽糖并进而分解为葡萄糖的速度，以及蔗糖分解为葡萄糖的速度，减缓了糖的吸收，降低餐后血糖，但并不增加胰岛素分泌。此类降糖药对Ⅰ型和Ⅱ型糖尿病均有效，代表性药物有阿卡波糖、米格列醇和伏格列波糖，

磺酰脲类药物的降糖作用主要是刺激胰岛素分泌，同时减少肝脏对胰岛素的清除，用于治疗轻中度Ⅱ型糖尿病，尤其是老年糖尿病人。格列本脲、格列吡嗪、格列齐特、格列波脲、格列喹酮、格列美脲等是第二代磺酰脲类口服降糖药，降糖作用好、副作用少、用量较小。

盐酸二甲双胍是双胍类口服降糖药的代表药物，目前在临床仍广泛使用。双胍类的降糖机制与磺酰脲类不同，不是促进胰岛素的分泌，而是增加葡萄糖的无氧酵解和利用，增加骨骼肌和脂肪组织的葡萄糖氧化和代谢，减少肠道对葡萄糖的吸收，有利于降低餐后血糖。同时能抑制肝糖的产生和输出，有利于控制空腹血糖。

作为胰岛素促分泌剂，那格列奈与磺酰脲类的作用机制有相同之处，但那格列奈又有着区别于传统胰岛素促分泌剂的特点。那格列奈选择性极高，对心血管的影响较小，并且起效迅速，作用时间短，对血糖水平敏感。瑞格列奈是第一个餐时血糖调节剂，作用机制与那格列奈类似，作用半衰期较那格列奈长，降血糖作用远强于后者。米格列奈是第三个上市的餐时血糖调节剂类药物，起效快、作用持续时间短、疗效强，可作为早期及轻度糖尿病患者的一线治疗药物。

马来酸罗格列酮具有噻唑烷二酮结构，是胰岛素增敏剂，通过改善胰岛素抵抗对Ⅱ型糖尿病产生治疗作用。适用于饮食管理和运动治疗未能满意控制血糖水平或对其他口服抗糖尿病药物或胰岛素疗效欠佳的Ⅱ型糖尿病患者。此类药物还有曲格列酮和吡格列酮等。

11.2.12 甾体激素药物

甾体激素是一种内源性物质，在维持生命、调节性功能、机体发育、免疫调节等方面具有重要的作用，按化学结构可分为三类：孕甾烷、雄甾烷和雌甾烷。

雌激素是最早被发现的甾体激素，能促进雌性附性器官及副性征的发育和维持。雌二醇是活性最强的内源性雌激素，与雌激素受体有很高的亲和力，肠道外给药具有很强的活性，但口服活性较低。炔雌醇是活性很强的口服雌激素，另一个半合成雌激素炔雌甲醚是重要的口服避孕药。雌二醇的3和17β位都有羟基，用疏水性不同的羧酸与羟基成酯后成为长效肌肉注射药物，可预防绝经前妇女的冠状动脉粥样硬化，治疗绝经妇女骨质疏松和绝经症状。雌激素还用于各种月经障碍如闭经、痛经和月经过少，对卵巢发育不良、痤疮和阴道炎有效。

雄激素具有性和代谢两方面的活性，能控制附性器官的发育和维持，还具有蛋白同化活性，能促进蛋白质的合成，抑制蛋白质的代谢，使肌肉发达、骨骼粗壮。睾酮是天然存在的雄激素，口服活性低，为了增加睾酮的作用持续时间，将17β-羟基酯化，分别得到丙酸睾酮、庚酸睾酮和苯乙酸睾酮。丙酸睾酮可肌内注射，有长效作用，进入体内后逐渐水解放出睾酮而起作用。为了提高口服活性，在17α位引入甲基得到甲睾酮，其17β-羟基由原来的二级醇变为三级醇，不易代谢，可舌下给

药。雄激素的重要用途是给予内源性雄激素不足患者的替补治疗，用于治疗去睾症和类无睾症，恢复或保持第二性征，也用于治疗精子发生缺陷、良性前列腺肥大和阳痿、妇女乳房肿胀。由于雄激素能保留钙，还可用于治疗老年人常有的骨质疏松。睾酮曾作为同化激素可用于临床，但由于具有很强的雄激素活性，副作用高。19-去甲睾酮的同化活性与丙酸睾酮相同，但雄激素活性要低得多，将其 17β-羟基用苯丙酸酯化，得到可肌注给药的苯丙酸诺龙。另两个较有效的口服药物是诺乙雄龙和乙烯雌醇，诺乙雄龙比 19-去甲基睾酮有更高的同化激素与雄激素的活性比，因而副作用更低，乙烯雌醇则比诺乙雄龙的活性更强。

黄体酮是天然存在的孕激素，由黄体合成和分泌。黄体酮具有维持妊娠和正常月经的功能，还具有妊娠期间抑制排卵的作用，因而是天然的避孕药，但口服活性很低。己酸孕酮是黄体酮 17α-羟基的己酸酯，注射给药作用持续时间长，用于治疗先天黄体酮不足，也是一种长效避孕药。为了获得口服孕激素，在乙酸黄体酮的 6 位引入取代基，得到甲孕酮、甲地孕酮和氯地孕酮。另外，以炔诺酮为代表不具有经典孕甾基本结构的一类新型孕激素药物，被用于治疗孕激素紊乱，与雌激素合用作为避孕药。孕激素用于治疗痛经、功能性子宫出血和闭经，也可与雌激素联用作为避孕药，包括短效口服避孕药和长效避孕药。

表 11-4 短效口服避孕药

药品名	孕激素/mg	雌激素/mg
复方炔诺酮片	炔诺酮 0.625	炔雌醇 0.035
复方甲地孕酮片	甲地孕酮 1.0	炔雌醇 0.035
复方炔诺孕酮片	炔诺孕酮 0.3	炔雌醇 0.03

表 11-5 长效避孕药

药品名	孕激素/mg	雌激素/mg
复方氯地孕酮片	氯地孕酮 12	炔雌醚 3
复方炔诺孕酮片	炔诺孕酮 12	炔雌醚 3
己酸孕酮	己酸孕酮 250	戊酸雌二醇 5

肾上腺皮质激素是肾上腺皮质所分泌的甾体激素的总称，按其生理作用特点可分为二类：盐皮质激素-主要调节机体的水、盐代谢和维持电解质平衡，亦称电解质代谢激素；糖皮质激素-主要与糖、脂肪、蛋白质的代谢及生长发育有关，大剂量应用时，可产生抗炎、抗风湿、抑制免疫反应等作用，故又称抗炎激素或甾体抗炎药。

氢化可的松和可的松能调节糖、脂肪和蛋白质的生物合成及代谢，有抗炎活性，是一类糖皮质激素。醋酸氢化可的松比原药更稳定，注射后有较长的持续时间，可口服、肌注和关节注射，也可制成洗剂和软膏，作为局部消炎药。可的松和氢化可的松的衍生物分别称为泼尼松和氢化泼尼松，它们的抗类风湿和抗变态活性强于母体，副作用较低。地塞米松、倍他米松也是一类糖皮质激素，用于治疗类风湿病和皮肤病。倍氯米松是地塞米松的类似物，作为吸入气雾剂，治疗哮喘和鼻炎。

思政案例　化学化工面临的挑战

化学是一把双刃剑，化学工业为衣、食、住、行、保健和娱乐以及国防安全提供了丰富的化学物质，极大地丰富了人们的物质生活。20 世纪是人类对资源和环境破坏最严重的一百年，一些商家为了追逐利润，肆意污染环境，浪费能源，毁坏生态，甚至威胁着人类的生存。人类社会正面临着包括全球气候变暖、核冬天威胁、臭氧层破坏、光化学迷雾和大气污染、酸雨、生物多样性锐减、森林破坏、土地荒漠化等环境问题，还包括能源、土地、矿产和生物资源问题，以及健康及可持续发展问题。近年来，随着环境污染的加剧和人类对环境问题的关心，化学化工面临着前所未有的挑战。很多人对化学工业提出质疑，认为环境变差，化学是罪魁祸首。于是对化学产生一种莫名其妙的恐惧心理，害怕、逃避与化学有关联的事物。凡是标有“人工添加剂”的食品都不受欢迎，化妆品广告中也反复强调本品不含任何“化学物质”，甚至西方媒体中出现了一个新词汇“chemphobia”(化学恐惧症)。

随着人类社会和平与发展逐渐成为人类追求文明与进步的共同主题，环境污染已成为威胁世界的第一危机。当今重大的环境问题几乎都与化学品的生产有直接或间接的关系，提起化学化工产业，人们总会把它与污染、癌症联系在一起。化学学科、化学产品在人们的心目中也由喜欢、爱惜转为害怕、厌恶。例如，曾经是最著名的农药和杀虫剂，先被推广为一种奇妙的化学品，后来又跌落神坛，沦为众矢之的的“滴滴涕”。其化学名为双对氯苯基三氯乙烷(DDT，Dichloro-Diphenyl-Trichloroethane)，结构式如式 11－5 所示。

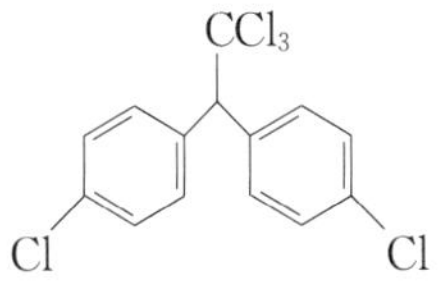

DDT

图 11－5　双对氯苯基三氯乙烷的结构式

1939 年，瑞士化学家保罗·赫尔曼·米勒(Paul Hermann Müller)由氯苯和三氯乙醛在酸性条件下高温缩合制备 DDT；1942 年，投放市场，用于植物杀虫和卫生防护，DDT 等化学农药使用后减少了病虫害，挽回的粮食损失占总产量的 15%；在第二次世界大战和战后时期，DDT 等有效杀灭了蚊虫、苍蝇和虱子，使疟疾、伤寒和霍乱等传染疾病的发病率急剧下降，大约拯救了 2 500 万人的生命。由于在预防传染病方面的重要贡献，保罗·米勒于 1948 年获得了诺贝尔生理学或医学奖。20 世纪 60 年代，科学家们发现 DDT 在生物体内的代谢半衰期为 8 年，并可在动物脂肪内蓄积，甚至在南极企鹅的血液中也检测出 DDT。据研究鸟类体内含 DDT 会导致其产软壳蛋而不能孵化，特别是处于食物链顶级的食肉鸟，如美国国鸟白头海雕几乎因此而灭绝，此外，DDT 对鱼类也是高毒的。1962 年，美国海洋生物学家雷切尔·卡森(Rachel Carson)所著的《寂静的春天》出版后，引起国际社会强烈反响，此书在唤起公众意识方面起到了重要作用。书中对包括 DDT 在内的农药所造成的危害，做过生动的描写：“天空无飞鸟，河中无鱼虾，成群鸡鸭羊病倒和死亡，果树开花但不能结果，农夫们诉说着莫名其妙的疾病接踵袭来。总之，生机勃勃的田野和农庄变得一片寂静，死亡之幽灵到处游荡……”

20 世纪 70 年代后，多数国家禁止或限制生产和使用 DDT，我国政府 1985 年明令禁止使用 DDT，世界卫生组织(WHO)也将其界定为二级致癌物。

20 世纪是化工行业迅速发展的时代，也是给人类带来灾难最严重的年代。环境污染、能源枯竭等问题是当前人们最为关心的热门话题之一，传统化学化工面临着人类可持续发展要求的严重挑战。化学工业的出路在于大力开发和应用基于绿色化学原理产生和发展起来的绿色化学化工技术。

练习

1. 酶作为生物催化剂的特点有哪些？

2. 请简单论述为什么酶可以降低反应的自由能？

3. 有哪些因素可以影响酶催化反应的速度，是如何影响的？

4. 试述蛋白质分子一、二、三、四级结构的概念。

5. 药物在体内的作用过程经历哪些阶段？

6. 某患者经诊断为肺部感染，发热数日，并出现代谢性酸中毒，医生拟用青霉素 G 钠和 5%碳酸氢钠注射液合用治疗，判断其是否合理，并解释原因。

7. 某患者诊断为流行性脑膜炎，医生开据了下列处方：10%磺胺嘧啶钠注射液 2 mL，维生素 C 注射液，5 mL，10%葡萄糖，500 mL。判断其是否合理，并解释原因。

8. 喹诺酮类抗菌药能否与牛奶一起服用？

9. 什么是前药？

10. 环磷酰胺属于哪类抗肿瘤药物，其代谢特点是什么？

11. 服用抗过敏药物苯海拉明的司机能否驾驶车辆？

12. 某患者经诊断为胃溃疡，目前长期服用地西泮，医生开具处方西咪替丁治疗胃溃疡，患者服用后早锻炼时感到困乏，分析其原因。

参考答案

第1章 化学反应的能量方向限度与速率

1. 摩尔质量 279.1 g·mol^{-1};化学式 $HgCl_2$

2. (1) p_1=75 kPa (2) $p(N_2)$=37.5 kPa;$p(O_2)$=112.5 kPa (3) p_3=298.4 kPa

3. (1) 2.00 dm^3 (2) 0.45 dm^3 (3) 1.13 dm^3 (4) 0.71 dm^3

4. −125.5 kJ·mol^{-1}

5. −572 0 kJ·mol^{-1}

6. −280 3 kJ·mol^{-1}

7. −948.928 kJ·mol^{-1}

8. 反应只放热 211 kJ·mol^{-1},相差的部分由 $\Delta_r S_m^\ominus$(179 J·mol^{-1}·K^{-1})提供

9. (1) −13.66 kJ·mol^{-1} (2) 939.3 K

10. 712.7 K;75.25 cm

11. 111 0 K;695.4 K

12. (2)(4)(6)

13. (1) 760.7 K以下,该反应是可以正常进行的,超过 760.7 K后,该反应不能进行,银器表面不会因该反应而变黑。

(2) 该反应的 $\Delta_r H_m^\ominus$ 和 $\Delta_r S_m^\ominus$ 负值都变得更大,说明反应变得更加不容易进行,温度对该反应自发性的影响更大。转折点的温度:$T=\Delta_r H_m^\ominus/\Delta_r S_m^\ominus=-298.2/(-179.6\times10^{-3})=1\ 660$ (K),说明在此温度下方可向左进行。

14. 转折点的温度:T=1 321 K,即超过此温度时即可分解。由于 $\Delta_r H_m^\ominus>0$,$\Delta_r S_m^\ominus>0$,所以是熵驱动的。

15. 解:对于反应:$Cu(s) + I_2(s) = CuI_2(s)$

$\Delta_r H_m^\ominus<0$ 且 $\Delta_r G_m^\ominus<0$,因此该反应应该是自发的。

由于 $\Delta_r S_m^\ominus$ 几乎为零,所以该反应可以满足 $\Delta_r G_m^\ominus<$自发向右进行。

计算可得 $S_m^\ominus(CuI_2,s)$=157.72 J·mol^{-1}·K^{-1}

16. (1) 由速率常数 2.5×10^{-3} min^{-1}的单位可知为一级反应 (2) $t_{1/2}$=277.2 min (3) t=554.5 min (4) c=0.120 5 mol·L^{-1}

17. c =5.355 Ci

18. 18 290 a;测定时,$t/t_{1/2}$需在1/10~10,方可满足误差要求,约为500~50 000年。超过这个范围,误差就太大了。周口店北京猿人距今约50万年,不可用碳14法测定它的生活年代。

19. $K_3=5.556\times10^{-4}$

20. $E_a=1.5998\times10^4$ J·mol^{-1}

21. (1) $K_p=\dfrac{(p_{SO_3})^2}{(p_{SO_2})^2(p_{O_2})}$ (2) $K_p=(p_{NH_3})(p_{CO_2})(p_{H_2O})$ (3) $K_p=p_{CO_2}$ (4) $K_p=$

$(p_{O_2})^{1/2}$ (5) $K=\frac{[CO_2]}{(p_{CO_2})}$ (6) $K=\frac{[H^+][Cl^-][HClO]}{p_{Cl_2}}$ (7) $K=\frac{[H^+][CN^-]}{[HCN]}$ (8) $K=\frac{p_{CO_2}}{p_{CO}}$ (9) $K=\frac{[SO_4^{2-}]}{[CO_3^{2-}]}$ (10) $K=\frac{[Fe^{3+}]}{[H^+]^2(PO_2)^{\frac{1}{2}}}$

22.(1) $K_1=4.84\times10^{-6}$ (2) $K_2=454.5$

23. $K_p=K_c(RT)^{\Delta n}$ (1) $\Delta n=0, K_p=K_c$ (2) $\Delta n=-2, K_p=K_c(RT)^{-2}$ (3) $\Delta n=1, K_p=K_cRT$

24. $K=K_1K_2/K_3=0.882$

25. $\alpha=34.21\%$

26. $N_2O_4(g)\rightleftharpoons 2NO_2(g)$

平衡量/mol	$1-\alpha$	2α 总和为 $1+\alpha$
摩尔分数	$\frac{1-\alpha}{1+\alpha}$	$\frac{2\alpha}{1+\alpha}$
分压/$p^\ominus$	$\frac{1-\alpha}{1+\alpha}\times1$	$\frac{2\alpha}{1+\alpha}\times1$

因此有：

$$K_p=\frac{\left(\frac{2\alpha}{1+\alpha}\right)^2}{\frac{1-\alpha}{1+\alpha}}=0.320$$

得 $\alpha=0.272=27.2\%$

总压是 $2p^\ominus$ 时

$$K_p=\frac{\left(\frac{2\alpha}{1+\alpha}\times2\right)^2}{\frac{1-\alpha}{1+\alpha}\times2}=0.320$$

得 $\alpha=0.196=19.6\%$，解离度之比为 $0.196/0.272=0.721$

当 $K_p=0.563$，总压是 $p^\ominus$ 时，得 $\alpha=0.351=35.1\%$

当 $K_p=0.563$，总压是 $2p^\ominus$ 时，得 $\alpha=0.25641=25.6\%$

解离度之比为 $0.256/0.351=0.730$，略有增大。

27.(1) 该反应是吸热反应，因为温度升高时平衡向右移动 (2) $K=3.97\times10^{-3}$

28.(1) 体积加倍后，浓度减小，平衡向左移动，SO_3 的平衡分压减小。

(2) 升高温度，对于 $\Delta_r H_m^\ominus>0$，平衡向右移动，SO_3 的平衡分压增加。

(3) 增加氧气，平衡向右移动，SO_3 的平衡分压增加。

(4) 增加氩气，平衡不移动，SO_3 的平衡分压不变。

29. $PCl_5(g)\rightleftharpoons PCl_3(g)+Cl_2(g)$

(1) 体积减小后，相当于加压，平衡向左移动，解离度减小。

(2) 体积增加后，相当于减压，平衡向右移动，解离度增加。

(3) 降低温度后，对于吸热反应，平衡向左移动，解离度减小。

(4) 体积加入氩气后，相当于浓度不变，平衡不移动，解离度不变。

30.(1) 增加氨气，平衡向左移动，但 NH_3 的分压仍然增加。

(2) 增加硫化氢，平衡向左移动，NH_3 的分压减小。

(3) 增加 NH_4HS 固体，$NH_4HS(g)$ 压力增加，平衡向右移动，NH_3 的分压增加。

(4) 增加温度，平衡向右移动，NH_3 的分压增加。

(5) 加入氩气以增加体系的总压，平衡不移动，NH_3 的分压不变。

(6) 把反应容器的体积增加到 2V，压力减小，平衡向右移动，NH_3 的分压减小。

31. $K_c = 0.03^3/0.06 = 4.5\times10^{-4}$
32. 平衡浓度为 0.213 mol·L^{-1}
33. 略

第 2 章　溶液中的离子反应

1. (1) 12.1 mol·L^{-1};$x=0.22$　(2) 18.4 mol·L^{-1};$x=0.90$　(3) 15.8 mol·L^{-1};$x=0.40$　(4) 14.8 mol·L^{-1};$x=0.29$

2. (1) FeS_2　(2) $2SO_2+O_2 \underset{\triangle}{\overset{催化剂}{\rightleftharpoons}} 2SO_3$　(3) ①②④

(4) $SO_3(g)+H_2O(l)=H_2SO_4(l)$;$\Delta H=-130.3$ kJ/mol

(5) ① $SO_2+Br_2+2H_2O=4H^++2Br^-+SO_4^{2-}$　② 14.56%;2.31 g

3. 解:根据酸碱质子理论,能给出质子的就是酸,能接受质子的就是碱。

物种	酸碱性	共轭酸	共轭碱
SO_4^{2-}	碱	HSO_4^-	
S^{2-}	碱	HS^-	
$H_2PO_4^-$	两性	H_3PO_4	HPO_4^{2-}
NH_3	碱*	NH_4^+	NH_2^-
HSO_4^-	两性	H_2SO_4	SO_4^{2-}
$[Al(H_2O)_5OH]^{2+}$	两性	$[Al(H_2O)_6]^{3+}$	$[Al(H_2O)_4(OH)_2]^+$
CO_3^{2-}	碱	HCO_3^-	
NH_4^+	酸		NH_3
H_2S	酸*	H_3S^+	HS^-
H_2O	两性	H_3O^+	OH^-
OH^-	碱	H_2O	
H_3O^+	酸		H_2O
HS^-	两性	H_2S	S^{2-}
HPO_4^{2-}	两性	$H_2PO_4^-$	PO_4^{3-}

* NH_3一般认为是质子碱,但是其理论上存在其共轭碱 NH_2^-,所以认为它是酸碱两性的也有一定道理。但是 NH_2^- 是极其不稳定的,H_2S 也是如此。

4. (1) pH=2.90　(2) pH=11.60　(3) pH=3.91
5. $\alpha=2.23\%$
6. $K_a=4.31\times10^{-6}$
7. $K_b=9.07\times10^{-4}$;90.19%
8. 0.006 43 mol·L^{-1};pH=11.81
9. $[H^+]=0.00134$ mol·L^{-1};$[Ac^-]=[H^+]=0.00134$ mol·L^{-1};$[CN^-]=4.63\times10^{-8}$ mol·L^{-1}

10. (1) pH=11.12 (2) pH=9.25 (3) pH=12.82 (4) pH =4.267

11. 生成 $PbSO_4$ 沉淀

12. (1) $K_{sp}=8.59\times10^{-9}$ (2) $K_{sp}=1.32\times10^{-10}$

13. 溶解度关系：s($Mg(OH)_2$)<s($BaSO_4$)<s(AgBr)

14. (1) 用 Na_2SO_4 作沉淀剂，当[SO_4^{2-}]<1.08×10^{-8} mol·L^{-1}时，不沉淀。

当 1.08×10^{-8} mol·L^{-1}<[SO_4^{2-}]<4.93×10^{-3} mol·L^{-1}时，Ba^{2+}沉淀，Ca^{2+}不沉淀。

当[SO_4^{2-}]>4.93×10^{-3} mol·L^{-1}时，两种离子都沉淀。

(2) Na_2SO_4最少 0.143 6 g，Na_2SO_4最多 0.212 0 g

15. 控制 pH 在 3.15～6.34，可以实现两种离子的分离。

16. (1) $K=3.17\times10^{-17}$，该反应不能自发进行。

(2) $K=0.018$，该反应可以向两个方向进行。

(3) $K=7.27\times10^{14}$，该反应只能正向自发进行。

17. $c=0.57$ mol·L^{-1}

18. 黄色 $CoCl_3 6NH_3$ $[Co(NH_3)_4(H_2O)_2]^{3+}$，$3Cl^-$

紫红色 $CoCl_3 5NH_3$ $[Co(NH_3)_4(H_2O)Cl]^{2+}$，$2Cl^-$

绿色 $CoCl_3 4NH_3$ $[Co(NH_3)_4Cl_2]^+$，Cl^-

紫色 $CoCl_3 4NH_3$ $[Co(NH_3)_4Cl_2]^+$，Cl^-

最后两个为顺反异构；离子数之比：4∶3∶2∶2

19. (1) $[CoCl_2H_2O(NH_3)_3]Cl$ (2) $K_2[PtCl_6]$ (3) $(NH_4)_3[CrCl_2(SCN)_4]$

(4) $Ca[Co(C_2O_4)_2(NH_3)_2]_2$

第 3 章 氧化还原平衡

1. (1) 反应过程中元素的氧化数发生了改变的一类反应，称为氧化还原反应。其主要特征是元素的氧化数发生了改变；本质是电子的转移。

(2) 每个半电池含有同一元素不同氧化数的两种物质，其中高氧化数的称为氧化型物质，低氧化数的称为还原型物质，氧化型与还原型物质组成了氧化还原电对。记为"氧化型/还原型"，如 Cu^{2+}/Cu。

(3) (1) 将处于热力学标准状态下的待测电极与标准氢电极组成原电池，于 298.15 K 时测出该电池的电动势 $E^\ominus_{MF}$，根据 $E^\ominus_{MF}=E^\ominus_+-E^\ominus_-$ 可求出待测电极的标准电极电势。

(2) 标准电极电势大的电对，其氧化型物质得到电子的能力强，即氧化能力强；标准电极电势小的电对，其还原型物质失去电子的能力强，即还原能力强。

(4) 原电池也可用图示表示，其书写规则为：

① 负极写在左边，标(－)号；正极写在右边，标(＋)号；

② 不同相界面用"|"表示，物相相同的物质间用"，"分开；

③ 用"||"表示盐桥；

④ 标明各物质的聚集状态，溶液还应注明浓度(严格来说是活度)，气体应注明分压。

(5) 电极电势大的电对为正极，电势小的为负极。原电池中电流自发地从正极流向负极。原电池的电动势等于正极减去负极的电极电势之差。

(6) 电极电势的应用有：① 判断氧化剂、还原剂的相对强弱；② 判断氧化还原反应进行的方向；③ 判断氧化还原反应进行的程度。

(7) 由式 $E(MnO_4^-/Mn^{2+})=E^\ominus(MnO_4^-/Mn^{2+})+\frac{0.059\,2}{5}\lg\frac{[c(MnO_4^-)/c^\ominus][c(H^+)/c^\ominus]^8}{[c(Mn^{2+})/c^\ominus]}$

可知，介质酸性增强，则电极电势 $E(MnO_4^-/Mn^{2+})$ 增大，其氧化型物质 MnO_4^- 氧化性增强。

2. (1) 负极反应：$Fe^{2+} \rightleftharpoons Fe^{3+} + e^-$　正极反应：$Ag^+ + e^- \rightleftharpoons Ag$

电池反应：$Ag^+ + Fe^{2+} \rightleftharpoons Fe^{3+} + Ag$

(2) 负极反应：$H_2 \rightleftharpoons 2H^+ + 2e^-$　正极反应：$2Cl^- + 2e^- \rightleftharpoons Cl_2$

电池反应：$H_2 + 2Cl^- \rightleftharpoons Cl_2 + 2H^+$

(3) 负极反应：$Fe^{2+} \rightleftharpoons Fe^{3+} + e^-$　正极反应：$MnO_4^- + 8H^+ + 5e^- \rightleftharpoons Mn^{2+} + 4H_2O$

电池反应：$5Fe^{2+} + MnO_4^- + 8H^+ \rightleftharpoons 5Fe^{3+} + Mn^{2+} + 4H_2O$

3. 先根据化学反应写出 2 个电对，然后在表 3－1 中查得相应的电极电势，比较它们的大小，电势高的作正极，电势低的作负极，最后再设计成原电池。

(1) 原电池为 $(-)Fe|Fe^{2+}||Cu^{2+}|Cu(+)$

(2) 原电池为 $(-)Ni|Ni^{2+}||Pb^{2+}|Pb(+)$

(3) 原电池为 $(-)Cu|Cu^{2+}||Ag^+|Ag(+)$

(4) 原电池为 $(-)Sn|Sn^{2+}||H^+|H_2|Pt(+)$

4. 根据表 3－1 可查得各电对的标准电极电势值，并将相应标准电极电势进行比较。

(1) 因为 $E^\ominus(Ag^+/Ag) > E^\ominus(Fe^{3+}/Fe^{2+})$，所以 Ag^+ 作氧化剂，Fe^{2+} 作还原剂，两者发生反应生成 Fe^{3+} 和 Ag 是能自发进行的，即反应能自发向右进行（正向自发）。

(2) 因为 $E^\ominus(Cr_2O_7^{2-}/Cr^{3+}) > E^\ominus(I_2/I^-)$，所以 $Cr_2O_7^{2-}$ 作氧化剂，I^- 作还原剂，两者发生反应生成 Cr^{3+} 和 I_2 是能自发进行的，即反应能自发向左进行（逆向自发）。

(3) 因为 $E^\ominus(Fe^{3+}/Fe^{2+}) > E^\ominus(Cu^{2+}/Cu)$，所以 Fe^{3+} 作氧化剂，Cu 作还原剂，两者发生反应生成 Fe^{2+} 和 Cu^{2+} 是能自发进行的，即反应能自发向右进行（正向自发）。

5. (1) 反应涉及的 2 个电对是 $Cr_2O_7^{2-}/Cr^{3+}$ 和 Br_2/Br^-，若 $E(Cr_2O_7^{2-}/Cr^{3+}) > E(Br_2/Br^-)$，则 $Cr_2O_7^{2-}$ 作氧化剂、Br^- 作还原剂生成 Br_2 和 Cr^{3+} 的反应可以自发进行；否则就不可以。

计算可得 $E(Br_2/Br^-) > E(Cr_2O_7^{2-}/Cr^{3+})$，所以反应不能正向自发进行。

(2) 反应涉及的 2 个电对是 MnO_4^-/Mn^{2+} 和 Cl_2/Cl^-，若 $E(MnO_4^-/Mn^{2+}) > E(Cl_2/Cl^-)$，则 MnO_4^- 作氧化剂、Cl^- 作还原剂生成 Cl_2 和 Mn^{2+} 的反应可以自发进行；否则就不可以。

计算可得 $E(Cl_2/Cl^-) > E(MnO_4^-/Mn^{2+})$，所以反应不能正向自发进行。

6. (1) $(-)Pt|I_2|I^-||Fe^{2+},Fe^{3+}|Pt(+)$

(2) $E_{MF}^\ominus = E^\ominus(Fe^{3+}/Fe^{2+}) - E^\ominus(I_2/I^-) = 0.77\ V - 0.54\ V = 0.23\ V$

(3) $\Delta G^\ominus = -nFE_{MF}^\ominus = -2 \times 96\ 500\ J \cdot V^{-1} \cdot mol^{-1} \times 0.23\ V = -44.4\ kJ \cdot mol^{-1}$；$K^\ominus = 5.88 \times 10^7$。

(4) $E_{MF} = 0.052\ V$

7. 合适的氧化剂应满足：其电对的标准电极电势应该大于被氧化物质相应电对的标准电极电势。合适的还原剂应满足：其电对的标准电极电势应该小于被氧化物质相应电对的标准电极电势。

(1) 合适的氧化剂为：① 酸性 MnO_4^-；② Cu^{2+}；③ Br_2

(2) 合适的还原剂为：① Zn；② Sn^{2+}；③ Al

8. (1) 可作氧化剂的有 Fe^{3+}，MnO_4^-，$S_2O_8^{2-}$，Cu^{2+}，Sn^{2+}，Fe^{2+}；可作还原剂的有 Cl^-，Sn^{2+}，Fe^{2+}，Zn。

(2) 因为 $E^\ominus(S_2O_8^{2-}/SO_4^{2-}) > E^\ominus(MnO_4^-/Mn^{2+}) > E^\ominus(Fe^{3+}/Fe^{2+}) > E^\ominus(Cu^{2+}/Cu) > E^\ominus$

$(Sn^{2+}/Sn)>E^{\ominus}(Fe^{2+}/Fe)$，所以氧化能力由强至弱的是 $S_2O_8^{2-}$，MnO_4^-，Fe^{3+}，Cu^{2+}，Sn^{2+}，Fe^{2+}。

因为 $E^{\ominus}(Zn^{2+}/Zn)<E^{\ominus}(Sn^{4+}/Sn^{2+})<E^{\ominus}(Fe^{3+}/Fe^{2+})<E^{\ominus}(Cl_2/Cl^-)$，所以还原能力由强至弱的是 Zn，$Sn^{2+}$，$Fe^{2+}$，$Cl^-$。

第 4 章　定量分析基础

1. (1) 20 mL：m=0.4 g；30 mL：m=0.6 g。称取邻苯二甲酸氢钾基准物质 0.4～0.6 g。(2) 20 mL：m=0.1 g；30 mL：m=0.2 g。称取草酸基准物质 0.1～0.2 g。　(3) 对于邻苯二甲酸氢钾：$E_r=\pm0.03\%\sim\pm0.05\%$；对于草酸：$E_r=\pm0.1\%\sim\pm0.2\%$；　(4) 为减少称量误差，应该选用摩尔质量较大的基准物质。

2. 解：(1) $\bar{x}=67.43\%$；$\bar{d}=0.04\%$　(2) $\bar{d}_r=0.06\%$　(3) s=0.07%　(4) $s_r=0.07\%$　(5) R=0.11%

3. 解：$\bar{x}=41.25\%$；$\bar{d}=0.015\%$；$\bar{d}_r=0.036\%$；$s=0.018\%$；$s_r=0.044\%$

4. 解：对于甲：$\overline{x_1}=39.15\%$；$E_{a1}=-0.04\%$；$s_1=0.03\%$；$s_{r1}=0.08\%$

对于乙：$\overline{x_2}=39.24\%$；$E_{a2}=0.05\%$；$s_2=0.05\%$；$s_{r2}=0.13\%$

由 $|E_{a1}|<|E_{a2}|$，甲的准确度比乙高；由 $s_1<s_2$、$s_{r1}<s_{r2}$ 可知，甲的精密度比乙高；综上，甲测定结果的准确度和精密度高于乙。

5. 解：(1) 1.964；(2) 0.004 139；(3) 9.3×10^{-15} mol·L^{-1}

6. 解：$\bar{x}=20.38\%$；$s=0.02\%$

当 $P=90\%$时，$t_{90\%}=2.92$，则 $\mu=\bar{x}\pm\frac{ts}{\sqrt{n}}=20.38\%\pm0.03\%$

7. 解：当 $n=4$，$t_{95\%}=3.18$，则 $\mu=\bar{x}\pm\frac{ts}{\sqrt{n}}=9.56\%\pm0.19\%$

当 $n=6$，$t_{95\%}=2.57$，则 $\mu=\bar{x}\pm\frac{ts}{\sqrt{n}}=9.56\%\pm0.13\%$

8. 解：对于 P_2O_5：$Q_{计}=0.46$，$P=90\%$，$Q_{计}<Q_{表}$，8.69 应保留，则 $\bar{x}=8.47\%$；$\bar{d}=0.09\%$；$s=0.13\%$；$s_r=1.5\%$

$n=6$，$P=90\%$，$t_{90\%}=2.02$，则 $\mu=\bar{x}\pm\frac{ts}{\sqrt{n}}=8.47\%\pm0.11\%$

对于 P_2O_5：$Q_{计}=0.58$，$P=90\%$，$Q_{计}>Q_{表}$，1.20 应舍弃，则 $\bar{x}=1.61\%$；$\bar{d}=0.08\%$；$s=0.10\%$；$s_r=6.2\%$

$n=5$，$P=90\%$，$t_{90\%}=2.13$，则 $\mu=\bar{x}\pm\frac{ts}{\sqrt{n}}=1.61\%\pm0.10\%$

第 5 章　滴定分析法

1. 略
2. (1) 8.87　(2) 1.19　(3) 5.13　(4) 0.90　(5) 11.1　(6) 12.38　(7) 4.19　(8) 7.00
3. $NaH_2PO_4-Na_2HPO_4$；NaH_2PO_4 溶液 307.7 mL，Na_2HPO_4 溶液 192.3 mL
4. NH_3 水 16.67 mL，固体$(NH_4)_2SO_4$ 1.914 g
5. $[NH_3]=5.5\times10^{-8}$ mol·L^{-1}；$[NH_4^+]=0.100$ mol·L^{-1}
6. pH=8.72，突跃范围 7.74～9.70，酚酞
7. 略

8. 略
9. Na_2CO_3 70.70%，NaOH 17.39%
10. 19.24%
11. H_3PO_4 14.89 mmol，NaH_2PO_4 7.07 mmol
12. $w(P)=0.403\,2\%$
13. 3.2×10^{-11}
14. pH=12.35
15. 有沉淀产生
16. MgF_2 先沉淀
17. 略
18. 0.074 21 $mol\cdot L^{-1}$；0.070 67 $mol\cdot L^{-1}$
19. 85.58%
20. 40.56%
21. (1) 1.6×10^{-4} $mol\cdot L^{-1}$ (2) 2.1×10^{-5} $mol\cdot L^{-1}$ (3) 6.7×10^{-3} $mol\cdot L^{-1}$
22. 6 000 L
23. 0.074%
24～26. 略
27. (1) 1.36 V (2) 0.340 V (3) 0.504 V
28. (1) 1.80 V (2) 0.839 V (3) 1.05 V (4) 0.287 V
29. (1) 1.23 V (2) 1.02 V
30. (1) 8×10^{10} (2) 1.2×10^{-10}
31. 0.002 4 $mol\cdot L^{-1}$
32. (1) 略 (2) 略 (3) 0.883 5 V (4) 4.5×10^{56} (5) -5.12×10^{5} $J\cdot mol^{-1}$
33. 2×10^{-8}
34. 0.082 V
35. (1) 0.67 V，0.47 V (2) ClO_3^-，ClO_2^-，Cl_2
36. 0.026 7 $mol\cdot L^{-1}$
37. $w(PbO)=36.14\%$，$w(PbO_2)=19.4\%$
38. 26.7%

第6章　原子结构

略

第7章　分子结构

1～13. 略

14. 一个电子与另一个自旋反向的电子配对后，不能再与第三个电子配对成键。共价键的饱和性是和离子键相比较而言，离子化合物中正负离子都为 s^2p^6 饱和结构，其电荷分布呈球形对称，所以它们可以从各个方向相互接触，并且尽可能地和异性离子相接触(配位)，配位数的多少决定于正负离子的大小。

15. H_2S 分子中的 S 原子和 PCl_3 分子中的 P 原子均采用 sp^3 不等性杂化，S 原子在 2 个杂化轨道上存在孤电子对，P 原子在 1 个杂化轨道上存在孤电子对，H_2S 和 PCl_3 分子构型分别为 V

形和三角锥形,所以 H_2S 的分子的键角小于 PCl_3 分子的键角,且键角均小于 109°28′。

16. (1) 中心原子 Cl 原子周围的电子对数=1/2(7+1×3)=5。(2) 5 对电子对在中心原子周围呈三角双锥分布。(3) 5 对电子对中有 3 对成键电子对,2 对孤电子对。则 ClF_3 分子有三种可能的结构:a 为 T 字型,b 为四面体,c 为平面三角形。(4) 由电子对之间斥力最小原则,确定排斥力最小的稳定结构。找出三种构型中的最小角度(90°)时的电子对之间排斥作用的数目,进行比较。

	a	b	c
90°孤对-孤对排斥作用数	0	1	0
90°孤对-键对排斥作用数	4	3	6
90°键对-键对排斥作用数	2	2	0

结论:ClF_3 分子结构为 T 字型

17. 邻硝基酚存在分子内氢键和对硝基酚存在分子间氢键。

18. (1) 色散力,诱导力,取向力 (2) 色散力 (3) 色散力,诱导力 (4) 色散力,诱导力,取向力,氢键 (5) 色散力

19. 用路易斯结构式代替分子式,不需要破坏所有化学键只需要断裂 π 键。

20. 维生素 A 只含有 1 个—OH 可以与水形成氢键,分子的其他部分都是由非极性的 C—C 和 C—H 键组成的,使得它为脂溶性物质,所以在饮食中有适量脂肪对其吸收是很重要的,生吃胡萝卜的方法是不科学的。(油炸方法使温度上升到 100 ℃以上,会破坏维生素 A,因此也不科学。)

第 8 章 固体结构

1. 晶体和非晶体均为固体,但两者之间有着本质的区别。晶体是具有格子构造的固体,即:其内部质点在三维空间按一定规律作周期性排列,这种有次序、周期性的排列规律贯穿整个晶体内部,同时具有远程和近程规律。非晶体的内部质点排列是不规律的,只有近程规律。

准晶体是介于晶体与非晶体(玻璃体)之间的中间形式,具有与晶体相似的长程有序的原子排列,但不具备晶体的平移对称性,同时又有别于非晶体的无序排布。

2. 晶体按其内部质点和作用力的不同可分为四类:离子晶体、原子晶体、分子晶体和金属晶体。

(1) 离子晶体——晶格结点上排列的质点是阴、阳离子,它们间的相互作用力是离子键。其特点有:① 无单个分子存在;② 较高的熔、沸点,难挥发;③ 硬度较大且脆;④ 易溶于水,水溶液或者熔融状态下能导电。

(2) 原子晶体——晶格结点上排列的质点是原子,它们间的相互作用力是强烈的共价键。其特点有:晶体中不存在独立的小分子;有很高的熔、沸点和很大的硬度;一般多为绝缘体,即使熔化也不导电;不溶于水等常见溶剂。

(3) 分子晶体——晶格结点上排列的质点是分子,它们间的相互作用力为分子间作用力(包括范德华力和氢键),分子内的原子间以共价键结合。其特点有:硬度较小,熔、沸点较低,易挥发,导电性差,易溶解于非极性溶剂中等。

(4) 金属晶体——晶格结点上排列的质点是金属原子-金属阳离子。游离的电子在整个晶体点阵之中作穿梭运动,不专属于某个金属原子,形成所谓自由电子气.整个晶体就是靠这些自由电子与金属阳离子之间的金属键结合起来的。其特点有:① 易导电;② 易导热;③ 有良好的延展性;④ 有金属光泽和颜色。

3. 从上述描述可以看出，硫粉的熔点较低，易溶于非极性溶剂，这些是分子晶体的特点。所以硫粉属于分子晶体。

4. (1) 钠的卤化物属于离子晶体，硅的卤化物属于分子晶体。所以，钠的卤化物较相应硅的卤化物熔点要高很多。

(2) 因为离子的变形性 $F^- < Cl^- < Br^- < I^-$，所以它们与 Na^+ 间的极化作用依次加强，使得离子键逐渐向极性共价键过渡，导致从 NaF 依次至 NaI，熔点递减。

硅的氟化物为分子晶体，质点间的作用力为范德华力。同种类型的分子，范德华力的大小取决于分子量。从 SiF_4 依次至 SiI_4，分子量递增，所以熔点也递增。

5. 晶格能的定义是指：标准状态下，1 mol 离子晶体被拆成相互无限远离的气态离子时所需吸收的能量。因此本题所指的能量为晶格能。

当晶体构型相同时，离子电荷数越多，离子半径越小，晶格能就越大。CaF_2 与 SrF_2 晶体构型相同，阴离子相同，阳离子半径 $r_{Ca^{2+}} < r_{Sr^{2+}}$，所以 CaF_2 晶格能大，放出的能量多。

6. (1) MgO 是活泼金属氧化物，属于离子晶体，具有较高的熔、沸点，难挥发，所以可以作为耐火材料。

(2) 金属具有良好的延展性，所以 Al 和 Fe 都可以压成片、抽成丝；而石灰石是离子晶体，较脆。

(3) 离子的变形性 $F^- < Cl^- < Br^- < I^-$，所以它们与 Ag^+ 离子间的极化作用依次加强，使得离子键逐渐向极性共价键过渡，导致从 AgF 依次至 AgI 水溶性依次减小。

(4) Cu^+ 是 18 电子构型的离子，Na^+ 是 8 电子构型的离子，所以，Cu^+ 的极化力比 Na^+ 强。CuCl 中几乎是以共价键结合，而 NaCl 是离子晶体。因此 NaCl 易溶于水，而 CuCl 难溶于水。

7. (1) 错。晶格能的定义是指：标准状态下，1 mol 离子晶体被拆成相互无限远离的气态离子时所需吸收的能量。

(2) 错。有些分子晶体溶于水后也可以导电，如干冰。

(3) 错。稀有气体是气态，而晶体是固态的，所以稀有气体不是晶体，但固态稀有气体是晶体，而且是分子晶体。因为稀有气体是单原子分子。

(4) 错。共价化合物不一定都是分子晶体，原子晶体也属于共价化合物，而它的熔沸点通常都较高。

(5) 对。当离子晶体受到机械作用力时，晶格结点上交替排列的阴、阳离子会发生位移，当位移达到一定距离时便会导致部分离子键发生断裂，晶体结构即被破坏，所以离子晶体比较脆。

8. 答：

物质	晶格结点上的粒子	晶格结点上粒子间的作用力	晶体类型	预测熔点(高或低)
N_2	N_2分子	分子间力(范德华力)	分子晶体	很低
SiC	Si 和 C 原子	共价键	原子晶体	很高
Cu	Cu 原子和 Cu^{2+}	金属键	金属晶体	高
冰	H_2O 分子	范德华力和氢键	氢键型分子晶体	低
$BaCl_2$	Ba^{2+} 和 Cl^-	离子键	粒子晶体	较高

第 9 章　有机化合物

1. 按照碳骨架分类和按照官能团分类。

2. (1) 腈 (2) 磺酸 (3) 醛 (4) 烷烃 (5) 偶氮化合物 胺 (6) 酚 (7) 酯 (8) 卤代烃 (9) 胺 (10) 硫醇

3. (1) sp^3 (2) sp^2 (3) sp^3 sp (4) sp^3 和 sp^2 (5) sp^3 (6) sp^3

第 10 章 化学能源与环境保护

略

第 11 章 化学与生物医药

1. ① 高效性酶的催化作用可使反应速度提高 $10^7 \sim 10^{16}$ 倍。比普通化学催化剂效率至少高几倍以上。② 选择性酶是具有高度选择性的催化剂，酶往往只能催化一种或一类反应，作用一种或一类极为相似的物质。③ 反应条件温和酶促反应一般在 pH 5～8 水溶液中进行，反应温度范围为 20～40 ℃。由于反应条件温和，使某些不希望的副反应，如分解反应、异构化反应和消旋化反应等可以尽量减少。④ 酶活力可调节控制如抑制剂调节、共价修饰调节、反馈调节、酶原激活及激素控制等。

2. 酶催化作用的本质是酶的活性中心与底物分子通过短程非共价力（如氢键、离子键和疏水键等）的作用，形成 E－S 反应中间物，其结果使底物的价键状态发生形变或极化，起到激活底物分子和降低过渡态活化能作用。在底物 S 与酶 E 结合之前，两者均处于自由运动状态，在结合过程中，由于底物与酶分子的相互作用产生结合能，结合后形成高度有序、底熵的复合物。在酶-底物复合物 ES 形成过程中，酶分子活性中心结合的水分子和底物分子结合的水分子相继发生脱溶剂化作用，脱溶剂化作用增加了 ES 复合物的能量，使其更活泼而容易反应。当底物进入酶的活性中心时，底物分子的带电荷基团被迫与酶活性中心的电荷相互作用，导致静电去稳定化作用，底物分子发生扭曲、形变，从而引起反应加速进行。

3. 底物浓度对酶促反应速度的影响，当酶的浓度不变，底物浓度[S]较小时，反应速率 v 与[S]呈正比；但当底物浓度很高时，v 几乎不随[S]的改变而变化。pH 对酶的活性具有明显的影响。在一定的 pH 下，酶具有最大的催化活性，通常称此 pH 为最适 pH。在最适 pH 条件下，酶促反应速度最大。温度对酶促反应速度的影响有两个方面：一方面是温度升高，酶促反应速度加快；另一方面，温度升高，酶的高级结构将发生变化或变性，导致酶活性降低甚至丧失。因此大多数酶都有一个最适温度。在最适温度条件下，反应速度最大。某些化合物能与酶相互作用，使酶分子中的活性基团发生变化，从而影响酶与底物分子的结合或减小酶的再生速度，使酶的活性降低或丧失的现象，称为酶的抑制作用。能够引起酶的抑制作用的化合物则称为抑制剂。

4. 蛋白质一级结构是指蛋白质多肽链中氨基酸残基的排列顺序以及共价连接方式。蛋白质的二级结构是指多肽主链骨架的有规则的盘曲折叠所形成的构象，不涉及侧链基团的空间排布。基本类型有 α 螺旋、β 折叠等。蛋白质三级结构是指一条多肽链中所有原子的空间排列，这条多肽链可以是完整的蛋白质分子，也可以是多亚基蛋白的亚基，具有二级结构、超二级结构或结构域的一条多肽链。有些蛋白质分子由两条或两条以上各自独立具有三级结构的多肽链组成，这些多肽链之间通过次级键相互缔合而形成有序排列的空间构象，称为蛋白质的四级结构。

5. 药物的体内过程一般可分为药剂相、药代动力学相和药效相三个阶段。药剂相是指药物经不同的给药途径进入体内后，经过剂型崩解和有效成分溶解形成可供吸收药物的进程。药代动力学相是指药物被吸收进入血液循环，向各组织或器官分布，经代谢或生物转化，最终排出体外的过程。药效相是指药物到达作用部位后，与靶点相互作用，产生生物效应的过程。

6. 不能合用,因为青霉素 G 钠在酸性或碱性时不稳定,易分解失效。

7. 不合理,因为磺胺类药物偏弱酸性,其钠盐水溶液与酸性药物会产生沉淀,维生素 C 注射液是弱酸性药物,因此磺胺嘧啶钠和维生素 C 合用时会发生沉淀,应将这两种药物分别给药。

8. 不能,因为喹诺酮类药物结构中 3,4 位的羧基和酮基易和金属离子如钙、镁、铁、锌等形成螯合物,降低药效,因此不能与牛奶等含钙、铁等的食物同时服用。

9. 前药是指为改善药物分子在体内传输性质方面的缺陷,在母药分子上通过化学修饰的方法连接一个或多个载体基团形成在体外无活性的前药,前药进入体内后在作用部位可以经酶促或非酶促反应脱去载体基团,释放出母药而发挥治疗作用。

10. 环磷酰胺属于抗肿瘤生物烷化剂。环磷酰胺引入吸电子的磷酰基,降低了氮芥基团的烷基化能力,在体外几乎无抗肿瘤活性,属于前药。进入体内被肝脏或肿瘤内存在的过量磷酰胺酶或磷酸酶水解,变为活化磷酰胺氮芥而起作用。

11. 不能,因为苯海拉明除具有抗组胺 H_1 受体起到抗过敏作用,同时具有较强的镇静作用,服药后易产生困倦,影响驾车安全,因此如需要驾驶车辆,应选择非镇静的 H_1 受体拮抗剂如西替利嗪、氯雷他定等。

12. 因为西咪替丁的咪唑环与 P450 酶结合抑制肝脏酶的代谢活性,延缓地西泮的作用时间,导致患者早锻炼时有困乏感。

附　录

附录 1　常见物质的 $\Delta_f H_m^\ominus$、$\Delta_f G_m^\ominus$ 和 $S_m^\ominus$(298.15 K,100 kPa)

物质 B 化学式	状态	$\frac{\Delta_f H_m^\ominus}{kJ \cdot mol^{-1}}$	$\frac{\Delta_f G_m^\ominus}{kJ \cdot mol^{-1}}$	$\frac{S_m^\ominus}{J \cdot mol^{-1} \cdot K^{-1}}$
Ag	cr	0	0	42.5
Ag^+	aq	105.579	77.107	72.68
AgBr	cr	−100.37	−96.90	107.1
AgCl	cr	−127.068	−109.789	96.2
$AgCl_2^-$	aq	−245.2	−215.4	231.4
Ag_2CrO_4	cr	−731.74	−641.76	217.6
AgI	cr	−61.84	−66.19	115.5
AgI_2^-	aq	—	−87.0	—
$AgNO_3$	cr	−124.39	−33.41	140.92
Ag_2O	cr	−31.05	−11.20	121.3
Ag_3PO_4	cr	—	−879	—
Ag_2S	cr(α-斜方)	−32.59	−40.69	144.01
Al	cr	0	0	28.33
Al^{3+}	aq	−531	−485	−231.7
$AlCl_3$	cr	−704.2	−628.8	110.67
AlO_2^-	AO	−930.9	−830.9	−36.8
Al_2O_3	cr(刚玉)	−1 675.7	−1 582.3	50.92
$Al(OH)_4^-$	aq[AlO_2^-(aq)+$2H_2O$(l)]	−1 502.5	−1 305.3	102.9
$Al_2(SO_4)_3$	cr	−3 440.84	−3 099.94	239.3
As	cr(灰)	0	0	35.1
AsH_3	g	66.44	68.93	222.78
As_4O_6	cr	−1 313.94	−1 152.43	214.2
As_2S_3	cr	−169.0	−168.6	163.6
B	cr	0	0	5.86
BCl_3	g	−403.76	−388.72	290.10
BF_3	g	−1 137.00	−1 120.33	254.12
B_2H_6	g	35.6	86.7	232.11
B_2O_3	cr	−1 272.77	−1 193.65	53.97
$B(OH)_4^-$	aq	−1 344.03	−1 153.17	102.5
Ba	cr	0	0	62.8
Ba^{2+}	aq	−537.64	−560.77	9.6
$BaCl_2$	cr	−858.6	−810.4	123.68

（续表）

物质 B 化学式	状态	$\frac{\Delta_f H_m^\ominus}{kJ \cdot mol^{-1}}$	$\frac{\Delta_f G_m^\ominus}{kJ \cdot mol^{-1}}$	$\frac{S_m^\ominus}{J \cdot mol^{-1} \cdot K^{-1}}$
BaO	cr	−553.5	−525.1	70.42
BaS	cr	−460	−456	78.2
$BaSO_4$	cr	−1 473.2	−1 362.2	132.2
Be	cr	0	0	9.50
Be^{2+}	aq	−382.8	−379.73	−129.7
$BeCl_2$	cr(α)	−490.4	−445.6	82.68
BeO	cr	−609.6	−580.3	14.14
$Be(OH)_2$	cr(α)	−902.5	−815.0	51.9
Bi^{3+}	aq	—	82.8	—
$BiCl_3$	cr	−379.1	−315.0	117.0
$BiOCl$	cr	−366.9	−322.1	120.5
Bi_2S_3	cr	−143.1	−140.6	200.4
Br^-	aq	−121.55	−103.96	82.4
Br_2	l	0	0	152.231
Br_2	aq	−2.59	3.93	130.5
Br_2	g	30.907	3.110	245.436
C	cr（石墨）	0	0	5.740
C	cr（金刚石）	1.895	2.900	2.377
CH_4	g	−74.81	−50.72	186.264
CH_3OH	l	−238.66	−166.27	126.8
C_2H_2	g	226.73	209.20	200.94
CH_3COO	aq	−486.01	−369.31	86.6
CH_3COOH	l	−484.5	−389.9	124.3
CH_3COOH	aq	−485.76	−396.46	178.7
$CHCl_3$	l	−134.47	−73.66	201.7
CCl_4	l	−135.44	−65.21	216.40
C_2H_5OH	l	−277.69	−174.78	160.78
C_2H_5OH	aq	288.3	−181.64	148.5
CN^-	aq	150.6	172.4	94.1
CO	g	−110.525	−137.168	197.674
CO_2	g	−393.509	−394.359	213.74
CO_2	aq	−413.80	−385.98	117.6
$C_2O_4^{2-}$	aq	−825.1	−673.9	45.6
CS_2	l	89.70	65.27	151.34
Ca	cr	0	0	41.42
Ca^{2+}	aq	−542.83	−553.58	−53.1
$CaCl_2$	cr	−795.8	−748.1	104.6
$CaCO_3$	cr（方解石）	−1 206.92	−1 128.79	92.9
CaH_2	cr	−186.2	−147.2	42
CaF_2	cr	−1 219.6	−1 167.3	68.87

（续表）

物质 B 化学式	状态	$\frac{\Delta_f H_m^\ominus}{kJ \cdot mol^{-1}}$	$\frac{\Delta_f G_m^\ominus}{kJ \cdot mol^{-1}}$	$\frac{S_m^\ominus}{J \cdot mol^{-1} \cdot K^{-1}}$
CaO	cr	−635.09	−604.03	39.75
$Ca(OH)_2$	cr	−986.09	−898.49	83.39
CaS	cr	−482.4	−477.4	56.5
$CaSO_4$	cr(α)	−1 425.24	−1 313.42	108.4
Cd	cr	0	0	51.76
Cd^{2+}	aq	−75.9	−77.612	−73.2
$Cd(OH)_2$	cr	−560.7	−473.6	96
CdS	cr	−161.9	−156.5	64.9
Cl^-	aq	−167.159	−131.228	56.5
Cl_2	g	0	0	223.066
Cl_2	aq	−23.4	6.94	121
ClO^-	aq	−107.1	−36.8	42
ClO_3^-	aq	−103.97	−7.95	162.3
ClO_4^-	aq	−129.33	−8.52	182.0
Co	cr(六方)	0	0	30.04
Co^{2+}	aq	−58.2	−54.4	−113
Co^{3+}	aq	92	134	−305
$CoCl_2$	cr	−312.5	−269.8	109.16
$Co(NH_3)_4^{2+}$	aq	—	−189.3	—
$Co(NH_3)_6^{3+}$	aq	−584.9	−157.0	146
$Co(OH)_2$	cr(蓝)	——	−450.6	—
$Co(OH)_2$	cr(桃红)	−539.7	−454.3	79
Cr	cr	0	0	23.77
$CrCl_3$	cr	−556.5	−486.1	123.0
CrO_4^{2-}	aq	−881.15	−727.75	50.21
Cr_2O_3	cr	−1 139.7	−1 058.1	81.2
$Cr_2O_7^{2-}$	aq	−1 490.3	−1 301.1	261.9
Cs	cr	0	0	85.23
Cs^+	aq	−258.28	−292.02	133.05
$CsCl$	cr	−443.04	−414.53	101.17
CsF	cr	−553.5	−525.5	92.80
Cu	cr	0	0	33.150
Cu^+	aq	71.67	49.98	40.6
Cu^{2+}	aq	64.77	65.49	−99.6
$CuBr$	cr	−104.6	−100.8	96.11
$CuCl$	cr	−137.2	−119.86	86.2
$CuCl_2^-$	aq	—	−240.1	—
CuI	cr	−67.8	−69.5	96.7
$Cu(NH_3)_4^{2+}$	aq	−348.5	−111.07	273.6
CuO	cr	−157.3	−129.7	42.63

（续表）

物质 B 化学式	状态	$\Delta_f H_m^\ominus$ / $kJ \cdot mol^{-1}$	$\Delta_f G_m^\ominus$ / $kJ \cdot mol^{-1}$	$S_m^\ominus$ / $J \cdot mol^{-1} \cdot K^{-1}$
Cu_2O	cr	−168.6	−146.0	93.14
CuS	cr	−53.1	−53.6	66.5
$CuSO_4$	cr	−771.36	−661.8	109
F^-	aq	−332.63	−278.79	−13.8
F_2	g	0	0	202.78
Fe	cr	0	0	27.28
Fe^{2+}	aq	−89.1	−78.9	−137.7
Fe^{3+}	aq	−48.5	−4.7	−315.9
$FeCl_2$	cr	−341.79	−302.30	117.95
$FeCl_3$	cr	−399.49	−334.00	142.3
Fe_2O_3	cr(赤铁矿)	−824.2	−742.2	87.4
Fe_3O_4	cr(磁铁矿)	−1 118.4	−1 015.4	146.4
$Fe(OH)_2$	cr(沉淀)	−569.0	−486.5	88
$Fe(OH)_3$	cr(沉淀)	−823.0	−696.5	106.7
$Fe(OH)_4^{2-}$	aq	—	−769.7	—
FeS_2	cr(黄铁矿)	−178.2	−166.9	52.93
$FeSO_4 \cdot 7H_2O$	cr	−3 014.57	−2 509.87	409.2
H^+	aq	0	0	0
H_2	g	0	0	130.684
H_3AsO_3	aq	−742.2	−639.80	195.0
H_3AsO_4	aq	−902.5	−766.0	184
$H[BF_4]$	aq	−1 574.9	−1 486.9	180
H_3BO_3	cr	−1 094.33	−968.92	88.83
H_3BO_3	aq	−1 072.32	−968.75	162.3
HBr	g	−36.40	−53.45	198.695
HCl	g	−92.307	−95.299	186.908
HClO	g	−78.7	−66.1	236.67
HClO	aq	−120.9	−79.9	142
HCN	aq	107.1	119.7	124.7
H_2CO_3	aq[CO_2(aq)+H_2O(l)]	−699.65	−623.08	187.4
$HC_2O_4^-$	aq	−818.4	−698.34	149.4
HF	aq	−320.08	−296.82	88.7
HF	g	−271.1	−273.2	173.779
HI	g	26.48	1.70	206.549
HIO_3	aq	−211.3	−132.6	166.9
HNO_2	aq	−119.2	−50.6	135.6
HNO_3	l	−174.10	−80.71	155.6
H_3PO_4	cr	−1 279.0	−1 119.1	110.50
HS^-	aq	−17.06	12.08	62.8
H_2S	g	−20.63	−33.56	205.79

（续表）

物质 B 化学式	状态	$\frac{\Delta_f H_m^\ominus}{kJ \cdot mol^{-1}}$	$\frac{\Delta_f G_m^\ominus}{kJ \cdot mol^{-1}}$	$\frac{S_m^\ominus}{J \cdot mol^{-1} \cdot K^{-1}}$
H_2S	aq	−39.7	−27.83	121
HSCN	aq	—	97.56	—
HSO_4^-	aq	−887.34	−755.91	131.8
H_2SO_3	aq	−608.81	−537.81	232.2
H_2SO_4	l	−831.989	−609.003	156.904
H_2SiO_3	aq	−1 182.8	−1 079.4	109
H_4SiO_4	aq[H_2SiO_3(aq)+H_2O(l)]	−1 468.6	−1 316.6	180
H_2O	g	−241.818	−228.575	188.825
H_2O	l	−285.830	−237.129	69.91
H_2O_2	l	−187.78	−120.35	109.6
H_2O_2	g	−136.31	−105.57	232.7
H_2O_2	aq	−191.17	−134.03	143.9
Hg	l	0	0	76.02
Hg	g	61.317	31.820	174.96
Hg^{2+}	aq	171.1	164.40	−32.2
Hg_2^{2+}	aq	172.4	153.52	84.5
$HgCl_2$	aq	−216.3	−173.2	155
$HgCl_4^{2+}$	aq	−554.0	−446.8	293
Hg_2Cl_2	cr	−265.22	−210.745	192.5
HgI_2	cr(红色)	−105.4	−101.7	180
HgI_4^{2-}	aq	−235.6	−211.7	360
HgO	cr(红色)	−90.83	−58.539	70.29
HgS	cr(红色)	−58.2	−50.6	82.4
HgS	cr(黑色)	−53.6	−47.7	88.3
I^-	aq	−55.19	−51.57	111.3
I_2	cr	0	0	116.135
I_2	g	62.438	19.327	260.69
I_2	aq	22.6	16.40	137.2
I_3^-	aq	−51.5	−51.4	239.3
IO_3^-	aq	−221.3	−128.0	118.4
K	cr	0	0	64.18
K^+	aq	−252.38	−283.27	102.5
KBr	cr	−393.798	−380.66	95.90
KCl	cr	−436.747	−409.14	82.59
$KClO_3$	cr	−397.73	−296.25	143.1
$KClO_4$	cr	−432.75	−303.09	151.0
KCN	cr	−113.0	−101.86	128.49
K_2CO_3	cr	−1 151.02	−1 063.5	155.52
K_2CrO_4	cr	−1 403.7	−1 295.7	200.12
$K_2Cr_2O_7$	cr	−2 061.5	−1 881.8	291.2

（续表）

物质 B 化学式	状态	$\frac{\Delta_f H_m^\ominus}{kJ \cdot mol^{-1}}$	$\frac{\Delta_f G_m^\ominus}{kJ \cdot mol^{-1}}$	$\frac{S_m^\ominus}{J \cdot mol^{-1} \cdot K^{-1}}$
KF	cr	−567.27	−537.75	66.57
$K_3[Fe(CN)_6]$	cr	−249.8	−129.6	426.06
$K_4[Fe(CN)_6]$	cr	−594.1	−450.3	418.8
KHF_2	cr(α)	−927.68	−859.68	104.27
KI	cr	−327.900	−324.892	106.32
KIO_3	cr	−501.37	−418.35	151.46
$KMnO_4$	cr	−837.2	−737.6	171.71
KNO_2	cr(正交)	−369.82	−306.55	152.09
KNO_3	cr	−494.63	−394.86	133.05
KO_2	cr	−284.93	−239.4	116.7
K_2O_2	cr	−494.1	−425.1	102.1
KOH	cr	−424.764	−379.08	78.9
$KSCN$	cr	−200.16	−178.31	124.26
K_2SO_4	cr	−1 437.79	−1 321.37	175.56
Li	cr	0	0	29.12
Li^+	aq	−278.49	−293.31	13.4
Li_2CO_3	cr	−1 215.9	−1 132.06	90.37
LiF	cr	−615.97	−587.71	35.65
LiH	cr	−90.54	−68.05	20.008
Li_2O	cr	−597.94	−561.18	37.57
$LiOH$	cr	−484.93	−438.95	42.80
Li_2SO_4	cr	−1 436.49	−1 321.70	115.1
Mg	cr	0	0	32.68
Mg^{2+}	aq	−466.85	−454.8	−138.1
$MgCl_2$	cr	−641.32	−591.79	89.62
$MgCO_3$	cr(菱镁矿)	−1 095.8	−1 012.1	65.7
$MgSO_4$	cr	−1 284.9	−1 170.6	91.6
MgO	cr(方镁石)	−606.70	−569.43	26.94
$Mg(OH)_2$	cr	−924.54	−833.51	63.18
Mn	cr(α)	0	0	32.01
Mn^{2+}	aq	−220.75	−228.1	−73.6
$MnCl_2$	cr	−481.29	−440.59	118.24
MnO_2	cr	−520.03	−466.14	53.05
MnO_4^-	aq	−541.4	−447.2	191.2
MnO_4^{2-}	aq	−653	−500.7	59
MnS	cr(绿色)	−214.2	−218.4	78.2
$MnSO_4$	cr	−1 065.25	−957.36	112.1
N_2	g	0	0	191.61
NH_3	g	−46.11	−16.45	192.45
NH_3	aq	−80.29	−26.50	111.3

（续表）

物质 B 化学式	状态	$\frac{\Delta_f H_m^\ominus}{kJ \cdot mol^{-1}}$	$\frac{\Delta_f G_m^\ominus}{kJ \cdot mol^{-1}}$	$\frac{S_m^\ominus}{J \cdot mol^{-1} \cdot K^{-1}}$
NH_4^+	aq	−132.51	−79.31	113.4
N_2H_4	l	50.63	149.34	121.21
N_2H_4	g	95.40	159.35	238.47
N_2H_4	aq	34.31	128.1	138.0
NH_4Cl	cr	−314.43	−202.87	94.6
NH_4HCO_3	cr	−849.4	−665.9	120.9
$(NH_4)_2CO_3$	cr	−333.51	−197.33	104.60
NH_4NO_3	cr	−365.56	−183.87	151.08
$(NH_4)_2SO_4$	cr	−1 180.5	−901.67	220.1
NO	g	90.25	86.55	210.761
NO_2	g	33.18	51.31	240.06
NO_2^-	aq	−104.6	−32.0	123.0
NO_3^-	aq	−205.0	−108.74	146.4
N_2O_4	l	−19.50	97.54	209.2
N_2O_4	g	9.16	97.89	304.29
N_2O_5	cr	−43.1	113.9	178.2
N_2O_5	g	11.3	115.1	355.7
NOCl	g	51.71	66.08	261.69
Na	cr	0	0	51.21
Na^+	aq	−240.12	−261.905	59.0
NaAc	cr	−708.81	−607.18	123.0
$Na_2B_4O_7$	cr	−3 291.1	−3 096.0	189.54
$Na_2B_4O_7 \cdot 10H_2O$	cr	−6 288.6	−5 516.0	586
NaBr	cr	−361.062	−348.983	86.82
NaCl	cr	−411.153	−384.138	72.13
Na_2CO_3	cr	−1 130.68	−1 044.44	134.98
$NaHCO_3$	cr	−950.81	−851.0	101.7
NaF	cr	−573.647	−543.494	51.46
NaH	cr	−56.275	−33.46	40.016
NaI	cr	−287.78	−286.06	98.53
$NaNO_2$	cr	−358.65	−284.55	103.8
$NaNO_3$	cr	−467.85	−367.00	116.52
Na_2O	cr	−414.22	−375.46	75.06
Na_2O_2	cr	−510.87	−447.7	95.0
NaO_2	cr	−260.2	−218.4	115.9
NaOH	cr	−425.609	−379.494	64.455
Na_3PO_4	cr	−1 917.4	−1 788.80	173.80
NaH_2PO_4	cr	−1 536.8	−1 386.1	127.49
Na_2HPO_4	cr	−1 478.1	−1 608.2	150.50
Na_2S	cr	−364.8	−349.8	83.7

(续表)

物质B 化学式	状态	$\frac{\Delta_f H_m^\ominus}{kJ \cdot mol^{-1}}$	$\frac{\Delta_f G_m^\ominus}{kJ \cdot mol^{-1}}$	$\frac{S_m^\ominus}{J \cdot mol^{-1} \cdot K^{-1}}$
Na_2SO_3	cr	−1 100.8	−1 012.5	145.94
Na_2SO_4	cr(斜方晶体)	−1 387.08	−1 270.16	149.58
Na_2SiF_6	cr	−2 909.6	−2 754.2	207.1
Ni	cr	0	0	29.87
Ni^{2+}	aq	−54.0	−45.6	−128.9
$NiCl_2$	cr	−305.332	−259.032	97.65
NiO	cr	−239.7	−211.7	37.99
$Ni(OH)_2$	cr	−529.7	−447.2	88
$NiSO_4$	cr	−872.91	−759.7	92
$NiSO_4$	aq	−949.3	−803.3	−18.0
NiS	cr	−82.0	−79.5	52.97
O_2	g	0	0	205.138
O_3	g	142.7	163.2	238.9
O_3	aq	125.9	174.6	146
OF_2	g	24.7	41.9	247.43
OH^-	aq	−229.994	−157.244	−10.75
P	白磷	0	0	41.09
P	红磷(三斜)	−17.6	−121.1	22.80
PH_3	g	5.4	13.4	210.23
PO_4^{3-}	aq	−1 277.4	−1 018.7	−222
P_4O_{10}	cr	−2 984.0	−2 697.7	228.86
Pb	cr	0	0	64.81
Pb^{2+}	aq	−1.7	−24.43	10.5
$PbCl_2$	cr	−359.41	−314.10	136.0
$PbCl_3^-$	aq	—	−426.3	—
$PbCO_3$	cr	−699.1	−625.5	131.0
PbI_2	cr	−175.48	−173.64	174.85
PbI_4^{2-}	aq	—	−254.8	—
PbO_2	cr	−277.4	−217.33	68.6
$Pb(OH)_3^-$	aq	—	−575.6	—
PbS	cr	−100.4	−98.7	91.2
$PbSO_4$	cr	−919.94	−813.14	148.57
S	cr(正交)	0	0	31.80
S^{2-}	aq	33.1	85.8	−14.6
SO_2	g	−296.830	−300.194	248.22
SO_2	aq	−322.980	−300.676	161.9
SO_3	g	−395.72	−371.06	256.76
SO_3^{2-}	aq	−635.5	−486.5	−29
SO_4^{2-}	aq	−909.27	−744.53	20.1
$S_2O_3^{2-}$	aq	−648.5	−522.5	67

（续表）

物质B 化学式	状态	$\Delta_f H_m^\ominus$ / $kJ \cdot mol^{-1}$	$\Delta_f G_m^\ominus$ / $kJ \cdot mol^{-1}$	$S_m^\ominus$ / $J \cdot mol^{-1} \cdot K^{-1}$
$S_4O_6^{2-}$	aq	−1 224.2	−1 040.4	257.3
$SbCl_3$	cr	−382.11	−323.67	184.1
Sb_2S_3	cr(黑)	−174.9	−173.6	182.0
SCN^-	aq	76.44	92.71	144.3
Si	cr	0	0	18.83
SiC	cr(β-立方)	−65.3	−62.8	16.61
$SiCl_4$	l	−680.7	−619.84	239.7
$SiCl_4$	g	−657.01	−616.98	330.73
SiF_4	g	−1 614.9	−1 572.65	282.49
SiF_6^{2-}	aq	−2 389.1	−2 199.4	122.2
SiO_2	α-石英	−910.49	−856.64	41.84
Sn	cr(白色)	0	0	51.55
Sn	cr(灰色)	−2.09	0.13	44.14
Sn^{2+}	aq	−8.8	−27.2	−17
$Sn(OH)_2$	cr	−561.1	−491.6	155
$SnCl_2$	aq	−329.7	−299.5	172
$SnCl_4$	l	−511.3	−440.1	258.6
SnS	cr	−100	−98.3	77.0
Sr	cr(α)	0	0	52.3
Sr^{2+}	aq	−545.80	−559.48	−32.6
$SrCl_2$	cr(α)	−828.9	−781.1	114.85
$SrCO_3$	cr(菱锶矿)	−1 220.1	−1 140.1	97.1
SrO	cr	−592.0	−561.9	54.5
$SrSO_4$	cr	−1 453.1	−1 340.9	117
Ti	cr	0	0	30.63
$TiCl_3$	cr	−720.9	−653.5	139.7
$TiCl_4$	l	−804.2	−737.2	252.34
TiO_2	cr(锐钛矿)	−939.7	−884.5	49.92
TiO_2	cr(金红石)	−944.7	−889.5	50.33
Zn	cr	0	0	41.63
Zn^{2+}	aq	−153.89	−147.06	−112.1
$ZnCl_2$	cr	−415.05	−396.398	111.46
$Zn(OH)_2$	cr(β)	−641.91	−553.52	81.2
$Zn(OH)_4^{2-}$	aq	—	−858.52	—
ZnS	闪锌矿	−205.98	−201.29	57.7
$ZnSO_4$	cr	−982.8	−871.5	110.5

注：cr 为结晶固体；l 为液体；g 为气体；aq 为水溶液，非电离物质，标准状态，$b=1\ mol \cdot kg^{-1}$ 或不考虑进一步解离时的离子。

附录 2　一些难溶化合物的溶度积(298.15 K)

化合物	K_{sp}	化合物	K_{sp}	化合物	K_{sp}
AgBr	5.35×10^{-13}	$BaSO_4$	1.08×10^{-10}	CdS	8.0×10^{-27}
Ag_2CO_3	8.46×10^{-12}	$BaSiF_6$	1×10^{-6}	$CdWO_4$	2×10^{-6}
AgCl	1.77×10^{-10}	$BeCO_3\cdot4H_2O$	1×10^{-3}	CrF_3	6.6×10^{-11}
AgCN	5.97×10^{-17}	$BeMoO_4$	3.2×10^{-2}	$Cr(OH)_2$	2×10^{-16}
$Ag_2C_2O_4$	5.40×10^{-12}	$Be(OH)_2$	6.92×10^{-22}	$Cr(OH)_3$	6.3×10^{-31}
Ag_2CrO_4	1.12×10^{-12}	BiI_3	7.71×10^{-19}	$CrPO_4\cdot4H_2O$ (绿色)	2.4×10^{-23}
$Ag_2Cr_2O_7$	2.0×10^{-7}	BiOBr	3.0×10^{-7}		
AgI	8.52×10^{-17}	BiOCl	1.8×10^{-31}	$CrPO_4\cdot4H_2O$ (紫色)	1.0×10^{-17}
AgOH	2.0×10^{-8}	$Bi(OH)_3$	6.0×10^{-31}		
Ag_3PO_4	8.89×10^{-17}	$BiPO_4$	1.3×10^{-23}	$CoCO_3$	1.4×10^{-13}
Ag_2S	6.30×10^{-50}	Bi_2S_3	1×10^{-97}	$Co_2[Fe(CN)_6]$	1.8×10^{-15}
AgSCN	1.03×10^{-12}	$CaCO_3$	2.8×10^{-9}	$Co(OH)_2$(新制备)	5.92×10^{-15}
Ag_2SO_4	1.20×10^{-5}	$CaC_2O_4\cdot H_2O$	2.32×10^{-9}	$Co(OH)_3$	1.6×10^{-44}
$Al(OH)_3$	1.3×10^{-33}	$CaCrO_4$	7.1×10^{-4}	α-CoS	4.0×10^{-21}
$AlPO_4$	9.84×10^{-21}	CaF_2	5.3×10^{-9}	β-CoS	2.0×10^{-25}
As_2S_3	2.1×10^{-22}	$CaHPO_4$	1.0×10^{-7}	CuBr	6.27×10^{-9}
AuCl	2.0×10^{-13}	$Ca[Mg(CO_3)_2]$ (白云石)	1×10^{-11}	CuCl	1.72×10^{-7}
$AuCl_3$	3.2×10^{-25}			$CuCO_3$	1.4×10^{-10}
AuI	1.6×10^{-23}	$Ca(OH)_2$	5.5×10^{-6}	CuC_2O_4	4.43×10^{-10}
AuI_3	1×10^{-46}	$Ca_3(PO_4)_2$	2.07×10^{-29}	$Cu_2[Fe(CN)_6]$	1.3×10^{-16}
$Au(OH)_3$	5.5×10^{-46}	$CaSO_4$	4.93×10^{-5}	CuI	1.27×10^{-12}
$BaCO_3$	2.58×10^{-9}	$CaSO_4\cdot2H_2O$	3.14×10^{-5}	$Cu(IO_3)_2$	6.94×10^{-8}
BaC_2O_4	1.6×10^{-7}	$Ca[SiF_6]$	8.1×10^{-4}	$Cu(OH)_2$	2.2×10^{-20}
$BaC_2O_4\cdot H_2O$	2.3×10^{-8}	$CaSiO_3$	2.5×10^{-8}	$Cu_3(PO_4)_2$	1.40×10^{-37}
$BaCrO_4$	1.17×10^{-10}	$Cd(CN)_2$	1.0×10^{-8}	$Cu_2P_2O_7$	8.3×10^{-16}
BaF_2	1.84×10^{-7}	$CdCO_3$	1.0×10^{-12}	CuS	6.3×10^{-36}
$Ba_2[Fe(CN)_6]\cdot H_2O$	3.2×10^{-8}	$CdC_2O_4\cdot3H_2O$	1.42×10^{-8}	Cu_2S	2.5×10^{-48}
$Ba(IO_3)_2\cdot H_2O$	4.01×10^{-9}	CdF_2	6.44×10^{-3}	CuSCN	1.77×10^{-13}
$Ba(MnO_4)_2$	2.5×10^{-10}	$Cd_2[Fe(CN)_6]$	3.2×10^{-17}	$FeCO_3$	3.13×10^{-11}
$Ba(OH)_2\cdot8H_2O$	2.55×10^{-4}	$Cd(IO_3)_2$	2.5×10^{-8}	$FeC_2O_4\cdot2H_2O$	3.2×10^{-7}
$Ba_3(PO_4)_2$	3.4×10^{-23}	$Cd(OH)_2$(新制备)	7.2×10^{-15}	$Fe_4[Fe(CN)_6]_3$	3.3×10^{-41}
$Ba_2P_2O_7$	3.2×10^{-11}	$Cd_3(PO_4)_2$	2.53×10^{-33}	$Fe(OH)_2$	4.87×10^{-17}

（续表）

化合物	K_{sp}	化合物	K_{sp}	化合物	K_{sp}
$Fe(OH)_3$	2.79×10^{-39}	$MnCO_3$	2.34×10^{-11}	$SrCO_3$	5.60×10^{-10}
FeS	6.3×10^{-18}	$MnC_2O_4\cdot2H_2O$	1.70×10^{-7}	$SrC_2O_4\cdot H_2O$	1.6×10^{-7}
$HgBr_2$	6.2×10^{-20}	$Mn(OH)_2$	1.9×10^{-13}	$SrCrO_4$	2.2×10^{-5}
Hg_2Br_2	6.40×10^{-23}	MnS(无定形)	2.5×10^{-10}	SrF_2	4.33×10^{-9}
Hg_2Cl_2	1.43×10^{-18}	MnS(晶型)	2.5×10^{-13}	$SrSO_4$	3.44×10^{-7}
Hg_2I_2	5.2×10^{-29}	$Na[Sb(OH)_6]$	4×10^{-8}	$Te(OH)_4$	3.0×10^{-54}
HgS(红色)	4×10^{-53}	α－NiS	3.2×10^{-19}	$Ti(OH)_3$	1×10^{-40}
HgS(黑色)	1.6×10^{-52}	β－NiS	1.0×10^{-24}	TlBr	3.71×10^{-6}
Hg_2S	1.0×10^{-47}	γ－NiS	2.0×10^{-26}	TlCl	1.86×10^{-4}
$Hg_2(SCN)_2$	3.2×10^{-20}	$PbCl_2$	1.70×10^{-5}	Tl_2CrO_4	8.67×10^{-13}
Hg_2SO_4	6.5×10^{-7}	$PbCO_3$	7.4×10^{-14}	TlI	5.54×10^{-8}
$KClO_4$	1.05×10^{-2}	PbC_2O_4	4.8×10^{-10}	$Tl(OH)_3$	1.68×10^{-44}
$K_2Na[Co(NO_2)_6]\cdot H_2O$	2.2×10^{-11}	$PbCrO_4$	2.8×10^{-13}	Tl_2S	5.0×10^{-21}
$K_2[PtCl_6]$	7.48×10^{-6}	PbF_2	3.3×10^{-8}	$Zn(BO_2)_2\cdot H_2O$	6.6×10^{-11}
$K_2[SiF_6]$	8.7×10^{-7}	PbI_2	9.8×10^{-9}	$ZnCO_3$	1.46×10^{-10}
$K_2[ZrF_6]$	5×10^{-4}	$PbBr_2$	6.60×10^{-6}	$ZnC_2O_4\cdot2H_2O$	1.38×10^{-9}
$LiCO_3$	2.5×10^{-2}	$Pb(OH)_2$	1.43×10^{-15}	ZnF_2	3.04×10^{-2}
LiF	1.84×10^{-3}	$Pb(OH)_4$	3.2×10^{-66}	$Zn(OH)_2$	3×10^{-17}
Li_3PO_4	2.37×10^{-11}	PbS	8.0×10^{-28}	$Zn_3(PO_4)_2$	9.0×10^{-33}
$MgCO_3$	6.82×10^{-6}	$PbSO_4$	2.53×10^{-8}	α－ZnS	1.6×10^{-24}
MgF_2	5.16×10^{-11}	$PtBr_4$	3.2×10^{-41}	β－ZnS	2.5×10^{-22}
$MgNH_4PO_4$	2.5×10^{-13}	$Sn(OH)_2$	5.45×10^{-28}		
$Mg(OH)_2$	5.61×10^{-12}	$Sn(OH)_4$	1×10^{-56}	$Zr_3(PO_4)_4$	1×10^{-132}
$Mg_3(PO_4)_2$	1.04×10^{-24}	SnS	1.0×10^{-25}		

附录3 弱电解质的解离常数(298.15 K, $I=0$)

化学式	名称	质子酸	pK_a
H_3AsO_2	次砷酸	H_3AsO_2	9.28
[1] H_3AsO_3	亚砷酸	H_3AsO_3	9.22 (pK_1)
[1] H_3AsO_4	砷酸	H_3AsO_4	2.20, 6.98, 11.50
H_3BO_3	硼酸	H_3BO_3	9.24
HBrO	次溴酸	HBrO	8.55
HCN	氢氰酸	HCN	9.21
HCNO	氰酸	HCNO	3.46

（续表）

化学式	名称	质子酸	pK_a
H_2CO_3	碳酸	H_2CO_3	6.38①，10.32
$HClO$	次氯酸	$HClO$	7.537
$HClO_2$	亚氯酸	$HClO_2$	2.0
H_2CrO_4	铬酸	H_2CrO_4	0.74，6.488
HF	氢氟酸	HF	3.25
HIO	次碘酸	HIO	10.52
HIO_3	碘酸	HIO_3	0.8
HN_3	叠氮酸	HN_3	4.62
HNO_2	亚硝酸	HNO_2	3.14
H_2O_2	过氧化氢	H_2O_2	11.64
[1] H_3PO_2	次磷酸	H_3PO_2	1.23
[1] H_3PO_3	亚磷酸	H_3PO_3	1.3，6.6
H_3PO_4	磷酸	H_3PO_4	2.148，7.198，12.32
$H_4P_2O_7$	焦磷酸	$H_4P_2O_7$	0.91，2.10，6.70，9.35
[1] H_2S	氢硫酸	H_2S	6.88，14.15
[1] $HSCN$	硫氰酸	$HSCN$	0.85
H_2SO_3	亚硫酸	H_2SO_3	1.92，7.21
H_2SO_4	硫酸	H_2SO_4	1.9（pK_2）
$H_2S_2O_3$	硫代硫酸	$H_2S_2O_3$	0.6，1.74
NH_3	氨	NH_4^+	9.25
NH_2OH	羟胺	NH_3OH^+	5.82
$H_2N—NH_2$	联氨（肼）	$^+H_3NNH_3^+$	0.27，7.94
$HCOOH$	甲酸	$HCOOH$	3.751
$H_2C_2O_4$	草酸	$H_2C_2O_4$	1.271，4.272
$C_2H_4O_2$	醋酸（乙酸）	CH_3COOH	4.756
$C_2H_4O_3$	羟基乙酸	$HOCH_2COOH$	3.831
$C_2H_2O_2Cl_2$	二氯乙酸	$Cl_2CHCOOH$	1.26
$C_2H_3O_2Cl$	一氯乙酸	$ClCH_2COOH$	2.867
$C_3H_4O_4$	丙二酸	$HOOCCH_2COOH$	2.826，5.696
$C_3H_6O_3$	乳酸（L-2-羟基丙酸）	OH │ $CH_3CHCOOH$	3.858
$C_4H_6O_4$	琥珀酸（丁二酸）	$HOOC(CH_2)_2COOH$	4.207，5.635

① 此处碳酸的浓度规定为[H_2CO_3]+[CO_2(溶解)]之和。

（续表）

化学式	名称	质子酸	pK_a
[1]$C_4H_6O_5$	苹果酸（L-羟基丁二酸）	OH | $HOOCCH_2CHCOOH$	3.40,5.05
$C_4H_6O_6$	酒石酸 （D-2,3-二羟基丁二酸）	OH | $HOOCCHCHCOOH$ | OH	3.036,4.366
C_6H_6O	苯酚	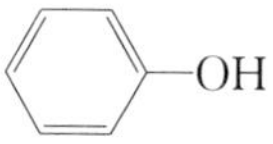	9.99
$C_6H_8O_7$	柠檬酸 （2-羟基丙烷-1,2,3-三羧酸）	COOH | $HOOCCH_2CCH_2COOH$ | OH	3.128,4.761,6.396
$C_7H_6O_2$	苯甲酸	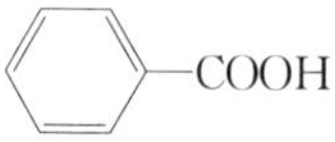	4.204
$C_8H_6O_4$	邻苯二甲酸	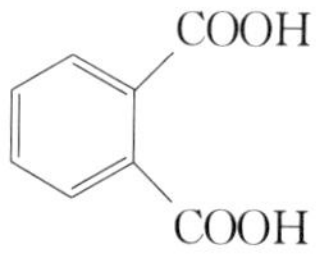	2.950,5.408
$C_8H_8O_2$	苯乙酸	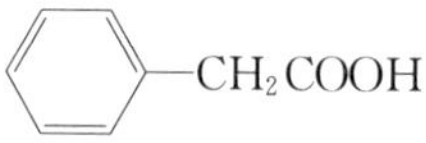	4.312
CH_5N	甲胺	$CH_3NH_3^+$	10.62
C_2H_7N	二甲胺	$(CH_3)_2NH_2^+$	10.77
C_2H_7N	乙胺	$CH_3CH_2NH_3^+$	10.63
①C_2H_8N	乙二胺	$^+H_3NCH_2CH_2NH_3^+$	6.85,9.92
C_5H_5N	吡啶	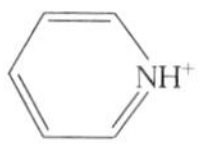	5.17
C_6H_7N	苯胺（氨基苯）	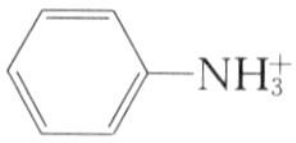	4.60
$C_6H_{12}N_4$	六亚甲基四胺	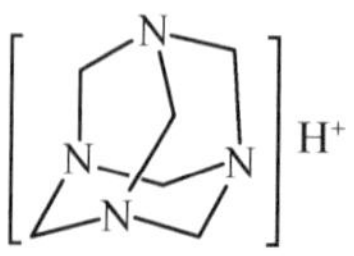	5.13
$C_2H_5O_2N$	甘氨酸（氨基乙酸）	$^+H_3NCH_2COOH$	2.341,9.60

(续表)

化学式	名称	质子酸	pK_a
[1]$C_{10}H_{16}O_8N_2$	乙二酸四乙酸(EDTA)	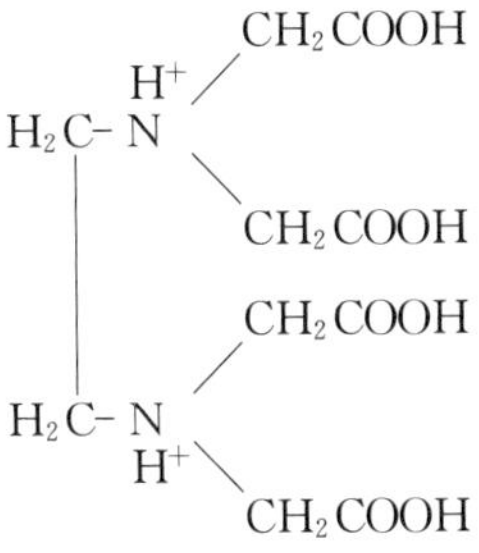	0.9,1.6,1.99 2.67,6.16,10.26
$[Al(H_2O)_6]^{3+}$	水合铝离子	$[Al(H_2O)_6]^{3+}$	4.9(pK_1)
$[Cr(H_2O)_6]^{3+}$	水合铬离子	$[Cr(H_2O)_6]^{3+}$	3.9(pK_1)
$[Fe(H_2O)_6]^{3+}$	水合铁离子	$[Fe(H_2O)_6]^{3+}$	2.22(pK_1)
$[Pb(H_2O)_6]^{2+}$	水合铅离子	$[Pb(H_2O)_6]^{2+}$	7.8(pK_1)

① 摘自:杭州大学化学系分析化学教研组. 分析化学手册(第二版). 北京:化学工业出版社,1997.

附录 4　一些金属配合物的稳定常数(293～303 K,$I\approx 0$)

配离子	$\lg\beta$	配离子	$\lg\beta$	配离子	$\lg\beta$
$[Ag(NH_3)_2]^+$	7.05	$[AgBr_2]^-$	7.33	$[Cd(SCN)_4]^{2-}$	3.6
$[Cd(NH_3)_4]^{2+}$	7.12	$[CdBr_4]^{2-}$	3.70	$[Co(SCN)_4]^{2-}$	3.00
$[Co(NH_3)_6]^{2+}$	5.11	$[HgBr_4]^{2-}$	21.00	$[Cr(NCS)_2]^+$	2.98
$[Co(NH_3)_6]^{3+}$	35.2	$[PtBr_4]^{2-}$	20.5	$[Cu(SCN)_2]^-$	5.18
$[Cu(NH_3)_4]^+$	10.86	$[AgI_2]^-$	11.74	$[Fe(NCS)_2]^+$	3.36
$[Cu(NH_3)_2]^{2+}$	12.86	$[CdI_4]^{2-}$	5.41	$[Hg(SCN)_4]^{2-}$	21.23
$[Hg(NH_3)_4]^{2+}$	19.28	$[HgI_4]^{2-}$	29.83	$[Ni(SCN)_3]^-$	1.81
$[Ni(NH_3)_6]^{2+}$	8.74	$[Ag(CN)_2]^-$	21.1	$[Zn(SCN)]^+$	1.62
$[Zn(NH_3)_4]^{2+}$	9.46	$[Au(CN)_2]^-$	38.3	$[Al(OH)_4]^-$	33.03
$[AlF_6]^{3-}$	19.84	$[Cd(CN)_4]^{2-}$	18.78	$[Bi(OH)_4]^-$	35.2
$[AgCl_2]^-$	5.04	[1]$[Cu(CN)_2]^-$	24.0	$[Cd(OH)_4]^-$	8.62
$[AuCl_2]^+$	9.8	$[Fe(CN)_6]^{4-}$	35	$[Cr(OH)_4]^-$	29.9
$[CdCl_4]^{2-}$	2.80	$[Fe(CN)_6]^{3-}$	42	$[Cu(OH)_4]^-$	18.5
$[CuCl_2]^-$	5.5	$[Hg(CN)_4]^{2-}$	41.4	$[Fe(OH)_4]^{2-}$	8.58
$[HgCl_4]^{2-}$	15.07	$[Ni(CN)_4]^{2-}$	31.3	$[Zn(OH)_4]^{2-}$	17.66
$[PbCl_4]^{2-}$	1.60	$[Zn(CN)_4]^{2-}$	16.7	$[Ag(Ac)_2]^-$	0.64
$[SnCl_6]^{2-}$	4.0	$[Ag(SCN)_2]^-$	7.57	$[Pb(Ac)_4]^{2-}$	8.5
$[ZnCl_4]^{2-}$	0.20	$[Au(SCN)_2]^-$	23	$[Al(C_2O_4)_3]^{3-}$	16.3

（续表）

配离子	lgβ	配离子	lgβ	配离子	lgβ
$[Cu(C_2O_4)_2]^{2-}$	8.5	$[Cd(S_2O_3)_2]^{2-}$	6.44	$[Cu(en)_2]^{+}$	10.8
$[Fe(C_2O_4)_3]^{4-}$	5.22	$[Cu(S_2O_3)_2]^{3-}$	12.22	$[Cu(en)_3]^{2+}$	21.0
$[Fe(C_2O_4)_3]^{3-}$	20.2	$[Pb(S_2O_3)_2]^{2-}$	5.13	$[Fe(en)_3]^{2+}$	9.70
$[Zn(C_2O_4)_3]^{4-}$	8.15	$[Hg(S_2O_3)_2]^{2-}$	29.44	$[Hg(en)_2]^{2+}$	23.3
$[Ca(P_2O_7)]^{2-}$	4.6	$[Ag(en)_2]^{+}$	7.70	$[Mn(en)_3]^{2+}$	5.67
$[Cd(P_2O_7)]^{2-}$	5.6	$[Cd(en)_3]^{2+}$	12.09	$[Ni(en)_3]^{2+}$	18.33
$[Cu(P_2O_7)]^{2-}$	6.7	$[Co(en)_3]^{2+}$	13.94	$[Zn(en)_3]^{2+}$	14.11
$[Ni(P_2O_7)]^{2-}$	5.8	$[Co(en)_3]^{3+}$	48.69		
$[Ag(S_2O_3)_2]^{3-}$	13.46	$[Cr(en)_2]^{2+}$	9.19		

① 摘自：杭州大学化学系分析化学教研组．分析化学手册（第二版）．北京：化学工业出版社，1997.

附录 5　标准电极电势（298.15 K）

1. 在酸性溶液中

电对	电极反应	$\varphi^{\ominus}$/V
Li(Ⅰ)—(0)	$Li^{+}+e^{-}=\!=\!=Li$	−3.045
K(Ⅰ)—(0)	$K^{+}+e^{-}=\!=\!=K$	−2.925
Rb(Ⅰ)—(0)	$Rb^{+}+e^{-}=\!=\!=Rb$	−2.925
Cs(Ⅰ)—(0)	$Cs^{+}+e^{-}=\!=\!=Cs$	−2.923
Ba(Ⅱ)—(0)	$Ba^{2+}+2e^{-}=\!=\!=Ba$	−2.90
Sr(Ⅱ)—(0)	$Sr^{2+}+2e^{-}=\!=\!=Sr$	−2.89
Ca(Ⅱ)—(0)	$Ca^{2+}+2e^{-}=\!=\!=Ca$	−2.87
Na(Ⅰ)—(0)	$Na^{+}+e^{-}=\!=\!=Na$	−2.714
La(Ⅲ)—(0)	$La^{3+}+3e^{-}=\!=\!=La$	−2.52
Ce(Ⅲ)—(0)	$Ce^{3+}+3e^{-}=\!=\!=Ce$	−2.48
Mg(Ⅱ)—(0)	$Mg^{2+}+2e^{-}=\!=\!=Mg$	−2.37
Sc(Ⅲ)—(0)	$Sc^{3+}+3e^{-}=\!=\!=Sc$	−2.08
Al(Ⅲ)—(0)	$[AlF_6]^{3-}+3e^{-}=\!=\!=Al+6F^{-}$	−2.07
Be(Ⅱ)—(0)	$Be^{2+}+2e^{-}=\!=\!=Be$	−1.85
Al(Ⅲ)—(0)	$Al^{3+}+3e^{-}=\!=\!=Al$	−1.66
Ti(Ⅱ)—(0)	$Ti^{2+}+2e^{-}=\!=\!=Ti$	−1.63

（续表）

电对	电极反应	$\varphi^{\ominus}$/V
Si(Ⅳ)—(0)	$[SiF_6]^{2-}+4e^- \!=\!=\! Si+6F^-$	−1.20
Mn(Ⅱ)—(0)	$Mn^{2+}+2e^- \!=\!=\! Mn$	−1.18
V(Ⅱ)—(0)	$V^{2+}+2e^- \!=\!=\! V$	−1.18
Ti(Ⅳ)—(0)	$TiO^{2+}+2H^++4e^- \!=\!=\! Ti+H_2O$	−0.89
B(Ⅲ)—(0)	$H_3BO_3+3H^++3e^- \!=\!=\! B+3H_2O$	−0.87
Si(Ⅳ)—(0)	$SiO_2+4H^++4e^- \!=\!=\! Si+2H_2O$	−0.86
Zn(Ⅱ)—(0)	$Zn^{2+}+2e^- \!=\!=\! Zn$	−0.763
Cr(Ⅲ)—(0)	$Cr^{3+}+3e^- \!=\!=\! Cr$	−0.74
C(Ⅳ)—(Ⅲ)	$2CO_2+2H^++2e^- \!=\!=\! H_2C_2O_4$	−0.49
Fe(Ⅱ)—(0)	$Fe^{2+}+2e^- \!=\!=\! Fe$	−0.440
Cr(Ⅲ)—(Ⅱ)	$Cr^{3+}+e^- \!=\!=\! Cr^{2+}$	−0.41
Cd(Ⅱ)—(0)	$Cd^{2+}+2e^- \!=\!=\! Cd$	−0.403
Ti(Ⅲ)—(Ⅱ)	$Ti^{3+}+e^- \!=\!=\! Ti^{2+}$	−0.37
Pb(Ⅱ)—(0)	$PbI_2+2e^- \!=\!=\! Pb+2I^-$	−0.365
Pb(Ⅱ)—(0)	$PbSO_4+2e^- \!=\!=\! Pb+SO_4^{2-}$	−0.3553
Pb(Ⅱ)—(0)	$PbBr_2+2e^- \!=\!=\! Pb+2Br^-$	−0.280
Co(Ⅱ)—(0)	$Co^{2+}+2e^- \!=\!=\! Co$	−0.277
Pb(Ⅱ)—(0)	$PbCl_2+2e^- \!=\!=\! Pb+2Cl^-$	−0.268
V(Ⅲ)—(Ⅱ)	$V^{3+}+e^- \!=\!=\! V^{2+}$	−0.255
V(V)—(0)	$VO^{2+}+4H^++5e^- \!=\!=\! V+2H_2O$	−0.253
Sn(Ⅳ)—(0)	$[SnF_6]^{2-}+4e^- \!=\!=\! Sn+6F^-$	−0.25
Ni(Ⅱ)—(0)	$Ni^{2+}+2e^- \!=\!=\! Ni$	−0.246
Ag(I)—(0)	$AgI+e^- \!=\!=\! Ag+I^-$	−0.152
I(Ⅴ)—(0)	$2IO^{3-}+12H^++10e^- \!=\!=\! I_2+6H_2O$	1.20
Cl(Ⅴ)—(Ⅲ)	$ClO^{3-}+3H^++2e^- \!=\!=\! HClO_2+H_2O$	1.21
O(0)—(Ⅱ)	$O_2+4H^++4e^- \!=\!=\! 2H_2O$	1.229
Mn(Ⅳ)—(Ⅱ)	$MnO_2+4H^++2e^- \!=\!=\! Mn^{2+}+2H_2O$	1.23
Cr(Ⅵ)—(Ⅲ)	$Cr_2O_7^{2-}+14H^++6e^- \!=\!=\! 2Cr^{3+}+7H_2O$	1.33
Cl(0)—(Ⅰ)	$Cl_2+2e^- \!=\!=\! 2Cl^-$	1.36
I(Ⅰ)—(0)	$2HIO+2H^++2e^- \!=\!=\! I_2+2H_2O$	1.45
Pb(Ⅳ)—(Ⅱ)	$PbO_2+4H^++2e^- \!=\!=\! Pb^{2+}+2H_2O$	1.455
Au(Ⅲ)—(0)	$Au^{3+}+3e^- \!=\!=\! Au$	1.50

（续表）

电对	电极反应	$\varphi^\ominus$/V
Mn(Ⅲ)—(Ⅱ)	$Mn^{3+}+e^- = Mn^{2+}$	1.51
Mn(Ⅶ)—(Ⅱ)	$MnO_2+8H^++5e^- = Mn^{2+}+4H_2O$	1.51
Br(Ⅴ)—(0)	$2BrO^{3-}+12H^++10e^- = Br_2+6H_2O$	1.52
Br(Ⅰ)—(0)	$2HBrO+2H^++2e^- = Br_2+2H_2O$	1.59
Ce(Ⅳ)—(Ⅲ)	$Ce^{4+}+e^- = Ce^{3+}$(1 moL/L HNO_3)	1.61
Cl(Ⅰ)—(0)	$2HClO+2H^++2e^- = Cl_2+2H_2O$	1.63
Cl(Ⅲ)—(Ⅰ)	$HClO_2+2H^++2e^- = HClO+H_2O$	1.64
Pb(Ⅳ)—(Ⅱ)	$PbO_2+SO_4{}^{2-}+4H^++2e^- = Pb^{2+}+2H_2O$	1.685
Mn(Ⅶ)—(Ⅳ)	$MnO_2+4H^++2e^- = Mn^{2+}+2H_2O$	1.695
O(Ⅰ)—(Ⅱ)	$H_2O_2+2H^++2e^- = 2H_2O$	1.77
Co(Ⅲ)—(Ⅱ)	$Co^{3+}+e^- = Co^{2+}$	1.84
S(Ⅶ)—(Ⅵ)	$S_2O_8^{2-}+2e^- = 2SO_4^{2-}$	2.01
F(0)—(Ⅰ)	$F_2+2e^- = 2F^-$	2.87

2. 在碱性溶液中

电对	电极反应	$\varphi^\ominus$/V
Mg(Ⅱ)—(0)	$Mg(OH)_2+2e^- = Mg+2OH^-$	−2.69
Al(Ⅲ)—(0)	$H_2AlO_3^-+H_2O+3e^- = Al+4OH^-$	−2.35
P(Ⅰ)—(0)	$H_2PO_2^-+e^- = P+2OH^-$	−2.05
B(Ⅲ)—(0)	$H_2BO_3^-+H_2O+3e^- = B+4OH^-$	−1.79
Si(Ⅳ)—(0)	$SiO_3^{2-}+3H_2O+4e^- = Si+6OH^-$	−1.70
Mn(Ⅱ)—(0)	$Mn(OH)_2+2e^- = Mn+2OH^-$	−1.55
Zn(Ⅱ)—(0)	$Zn(CN)_4^{2-}+2e^- = Zn+4CN^-$	−1.26
Zn(Ⅱ)—(0)	$ZnO_2^{2-}+2H_2O = Zn+4CN^-$	−1.216
Cr(Ⅲ)—(0)	$CrO^{2-}+H_2O+3e^- = Cr+4OH^-$	−1.20
Zn(Ⅱ)—(0)	$Zn(NH_3)^{2+}+2e^- = Zn+4NH_3$	−1.04
S(Ⅵ)—(Ⅳ)	$SO_4^{2-}+H_2O+2e^- = SO_3^{2-}+2OH^-$	−0.93
Sn(Ⅱ)—(0)	$HSnO_2^-+H_2O+2e^- = Sn+3OH^-$	−0.91
Fe(Ⅱ)—(0)	$Fe(OH)_2+2e^- = Fe+2OH^-$	−0.877
H(Ⅰ)—(0)	$2H_2O+2e^- = H_2+2OH^-$	−0.828

（续表）

电对	电极反应	$\varphi^{\ominus}$/V
Cd(Ⅱ)—(0)	$Cd(NH_3)_4^{2+}+2e^-=Cd+4NH_3$	−0.61
S(Ⅳ)—(Ⅱ)	$2SO_3^{2-}+3H_2O+4e^-=S_2O_3^{2-}+6OH^-$	−0.58
Fe(Ⅲ)—(Ⅱ)	$Fe(OH)_3+e^-=Fe(OH)_2+OH^-$	−0.56
Ni(Ⅱ)—(0)	$Ni(NH_3)_6^{2+}+2e^-=Ni+6NH_3(aq)$	−0.48
Cu(Ⅰ)—(0)	$Cu(CN)_2^-+e^-=Cu+2CN^-$	约−0.43
Hg(Ⅱ)—(O)	$Hg(CN)_4^{2-}+2e^-=Hg+4CN^-$	−0.37
Ag(Ⅰ)—(O)	$Ag(CN)_2^-+e^-=Ag+2CN^-$	−0.31
Cr(Ⅵ)—(Ⅲ)	$CrO_4^{2-}+2H_2O+3e^-=CrO_2^-+4OH^-$	−0.12
Cu(Ⅰ)—(O)	$Cu(NH_3)_2^++e^-=Cu+2NH_3$	−0.12
Mn(Ⅳ)—(Ⅱ)	$MnO_2+2H_2O+2e=Mn(OH)_2+2OH^-$	−0.05
Ag(Ⅰ)—(O)	$AgCN+e^-=Ag+CN^-$	−0.017
Mn(Ⅳ)—(Ⅱ)	$MnO_2+2H_2O+2e=Mn(OH)_2+2OH^-$	−0.05
N(Ⅴ)—(Ⅲ)	$NO_3^-+H_2O+2e^-=NO_2^-+2OH^-$	0.01
Hg(Ⅱ)—(O)	$HgO+H_2O+2e^-=Hg+2OH^-$	0.098
Co(Ⅲ)—(Ⅱ)	$Co(NH_3)_6^{3+}+e^-=Co(NH_3)_6^{2+}$	0.10
Co(Ⅲ)—(Ⅱ)	$Co(OH)_3+e^-=Co(OH)_2+OH^-$	0.17
I(Ⅴ)—(0)	$IO_3^-+3H_2O+6e^-=I^-+6OH^-$	0.26
Cl(Ⅴ)—(Ⅲ)	$ClO_3^-+H_2O+2e^-=ClO_2^-+2OH^-$	0.33
Cl(Ⅶ)—(Ⅴ)	$ClO_4^-+H_2O+2e^-=ClO_3^-+2OH^-$	0.36
Ag(Ⅰ)—(O)	$Ag(NH_3)_2^++e^-=Ag+2NH_3$	0.373
O(0)—(Ⅱ)	$O_2+2H_2O+4e^-=4OH^-$	0.401
I(Ⅰ)—(Ⅰ)	$IO^-+H_2O+2e^-=I^-+2OH^-$	0.49
Mn(Ⅵ)—(Ⅳ)	$MnO_4^{2-}+2H_2O+2e^-=MnO_2+4OH^-$	0.60
Br(Ⅴ)—(O)	$BrO_3^-+3H_2O+6e^-=Br^-+6OH^-$	0.61
Cl(Ⅲ)—(Ⅰ)	$ClO_2^-+H_2O+2e^-=ClO^-+2OH^-$	0.66
Br(Ⅰ)—(Ⅰ)	$BrO^-+H_2O+2e^-=Br^-+2OH^-$	0.76
Cl(Ⅰ)—(Ⅰ)	$ClO^-+H_2O+2e^-=Cl^-+2OH^-$	0.89

参考文献

[1] 吴勇,缪震元.普通化学[M].第二版.南京:南京大学出版社,2017.
[2] 郭宗儒.药物化学总论[M].第三版.北京:科学出版社.2010.
[3] 郑虎.药物化学[M].第七版.北京:人民卫生出版社.2011.
[4] 尤启冬.药物化学[M].第二版.北京:化学工业出版社.2008.
[5] 孟繁浩,余瑜.药物化学(案例版)[M].北京:科学出版社.2010.
[6] 周有俊.药物发现与合成[D].上海:海军军医大学.2012.